住房和城乡建设部"十四五"规划教材
高等学校工程管理专业应用型系列教材

建筑材料

BUILDING MATERIALS

李启明　总主编

汪振双　张　聪　主　编

韩俊南　苏昊林　温小栋　副主编

中国建筑工业出版社

图书在版编目（CIP）数据

建筑材料 =BUILDING MATERIALS/汪振双，张聪主编；韩俊南，苏昊林，温小栋副主编 .—北京：中国建筑工业出版社，2022.1（2023.6 重印）

住房和城乡建设部"十四五"规划教材　高等学校工程管理专业应用型系列教材

ISBN 978-7-112-26935-8

Ⅰ.①建…　Ⅱ.①汪…②张…③韩…④苏…⑤温… Ⅲ.①建筑材料—高等学校—教材　Ⅳ.①TU5

中国版本图书馆 CIP 数据核字（2021）第 249607 号

本书主要介绍了常用建筑材料的原材料、生产工艺、组成、结构及构造、性能及应用、检验及验收、运输及储存等方面的内容。重点介绍了水泥、混凝土、钢材、陶瓷和玻璃等内容，对气硬性无机胶凝材料、建筑砂浆、墙体材料、木材、合成高分子材料和建筑功能材料也做了介绍，并对建筑工程材料的最新研究成果和发展动态进行了介绍。每章内容都附有学习要点和本章小结，并附有适量习题和复习思考题。建筑材料试验部分介绍了试验原理、试验方法和数据处理。

本书根据现行国家或行业标准编写，可作为土木工程专业、工程管理专业、工程造价专业、房地产经营与管理等专业本科教学的教材；也可作为从事土木工程勘测、设计、施工、科研和管理工作人员的参考用书。

为更好地支持相应课程的教学，我们向采用本书作为教材的教师提供教学课件，有需要者可与出版社联系，邮箱：jckj@cabp.com.cn，电话：（010）58337285，建工书院：https：//edu.cabplink.com（PC 端）。

责任编辑：张　晶
文字编辑：冯之倩
责任校对：芦欣甜

住房和城乡建设部"十四五"规划教材
高等学校工程管理专业应用型系列教材

建筑材料
BUILDING MATERIALS
李启明　总主编
汪振双　张　聪　主　编
韩俊南　苏昊林　温小栋　副主编
*
中国建筑工业出版社出版、发行（北京海淀三里河路 9 号）
各地新华书店、建筑书店经销
北京雅盈中佳图文设计公司制版
北京君升印刷有限公司印刷
*
开本：787 毫米 ×1092 毫米　1/16　印张：$23\frac{3}{4}$　字数：503 千字
2021 年 12 月第一版　2023 年 6 月第二次印刷
定价：**58.00** 元（赠教师课件）
ISBN 978-7-112-26935-8
　（38662）

教材编审委员会名单

主　任：李启明

副主任：高延伟　杨　宇

委　员：（按姓氏笔画排序）

王延树　叶晓甦　冯东梅　刘广忠　祁神军　孙　剑　严　玲

杜亚丽　李　静　李公产　李玲燕　何　梅　何培玲　汪振双

张　炜　张　晶　张　聪　张大文　张静晓　陆　莹　陈　坚

欧晓星　周建亮　赵世平　姜　慧　徐广翔　彭开丽

出版说明

党和国家高度重视教材建设。2016年，中办国办印发了《关于加强和改进新形势下大中小学教材建设的意见》，提出要健全国家教材制度。2019年12月，教育部牵头制定了《普通高等学校教材管理办法》和《职业院校教材管理办法》，旨在全面加强党的领导，切实提高教材建设的科学化水平，打造精品教材。住房和城乡建设部历来重视土建类学科专业教材建设，从"九五"开始组织部级规划教材立项工作，经过近30年的不断建设，规划教材提升了住房和城乡建设行业教材质量和认可度，出版了一系列精品教材，有效促进了行业部门引导专业教育，推动了行业高质量发展。

为进一步加强高等教育、职业教育住房和城乡建设领域学科专业教材建设工作，提高住房和城乡建设行业人才培养质量，2020年12月，住房和城乡建设部办公厅印发《关于申报高等教育职业教育住房和城乡建设领域学科专业"十四五"规划教材的通知》（建办人函〔2020〕656号），开展了住房和城乡建设部"十四五"规划教材选题的申报工作。经过专家评审和部人事司审核，512项选题列入住房和城乡建设领域学科专业"十四五"规划教材（简称规划教材）。2021年9月，住房和城乡建设部印发了《高等教育职业教育住房和城乡建设领域学科专业"十四五"规划教材选题的通知》（建人函〔2021〕36号）。为做好"十四五"规划教材的编写、审核、出版等工作，《通知》要求：（1）规划教材的编著者应依据《住房和城乡建设领域学科专业"十四五"规划教材申请书》（简称《申请书》）中的立项目标、申报依据、工作安排及进度，按时编写出高质量的教材；（2）规划教材编著者所在单位应履行《申请书》中的学校保证计划实施的主要条件，支持编著者按计划完成书稿编写工作；（3）高等学校土建类专业课程教材与教学资源专家委员会、全国住房和城乡建设职业教育教学指导委员会、住房和城乡建设部中等职业教育专业指导委员会应做好规划教材的指导、协调和审稿等工作，保证编写质量；（4）规划教材出版单位应积极配合，做好编辑、出版、发行等工作；（5）规划教材封面和书脊应标注"住房和城乡建设部'十四五'规划教材"字样和统一标识；（6）规划教材应在"十四五"期间完成出版，逾期不能完成的，不再作为《住房和城乡建设领域学科专业"十四五"规划教材》。

住房和城乡建设领域学科专业"十四五"规划教材的特点，一是重点以修订教育部、住房和城乡建设部"十二五""十三五"规划教材为主；二是严格按照专业标准规范要求编写，体现新发展理念；三是系列教材具有明显特点，满足不同层次和类型的学校专业教学要求；四是配备了数字资源，适应现代化教学的要求。规划教材的出版凝聚了作者、主审及编辑的心血，得到了有关院校、出版单位的大力支持，教材建设管理过程有严格保障。希望广大院校及各专业师生在选用、使用过程中，对规划教材的编写、出版质量进行反馈，以促进规划教材建设质量不断提高。

住房和城乡建设部"十四五"规划教材办公室

2021 年 11 月

序　言

近年来，我国建筑业迎来转型升级、快速发展，新模式、新业态、新技术、新产品不断涌现；全行业加快向质量效益、集成创新、绿色低碳转型升级。新时期蓬勃发展的建筑行业也对高等院校专业建设、应用型人才培养提出了更高的要求。与此同时，国家大力推动的"双一流"建设与"金课"建设也为广大高等院校发展指明了方向、提供了新的契机。高等院校工程管理类专业也应紧跟国家、行业发展形势，大力推进专业建设、深化教学改革，培养复合型、应用型工程管理专业人才。

为进一步促进高校工程管理专业教育教学发展，推进工程管理专业应用型教材建设，中国建筑出版传媒有限公司（中国建筑工业出版社）在深入调研、广泛听取全国各地高等院校工程管理专业实际需求的基础上，组织相关院校知名教师成立教材编审委员会，启动了高等学校工程管理专业应用型系列教材编写、出版工作。2018年、2019年，教材编审委员会召开两次编写工作会议，研究、确定了工程管理专业应用型系列教材的课程名单，并在全国高校相关专业教师中遴选教材的主编和参编人员。会议对各位主编提交的教材编写大纲进行了充分讨论，力求使教材内容既相互独立，又相互协调，兼具科学性、规范性、普适性、实用性和适度超前性。教材内容与行业结合，为行业服务；教材形式上把握时代发展动态，注重知识呈现方式多样化，包括慕课教材、数字化教材、二维码增值服务等。本系列教材共有16册，其中有12册入选住房和城乡建设部"十四五"规划教材，教材的出版受到住房和城乡建设领域相关部门、专家的高度重视。对此，出版单位将与院校共同努力，致力于将本系列教材打造成为高质量、高水准的教材，为广大院校师生提供最新、最好的专业知识。

本系列教材的编写出版，是高等学校工程管理类专业教学内容变革、创新与教材建设领域的一次全新尝试和有益拓展，是推进专业教学改革、助力专业教学的重要成果，将为工程管理一流课程和一流专业建设作出新的贡献。我们期待与广大兄弟院校一道，团结协作、携手共进，通过教材建设为高等学校工程管理专业的不断发展作出贡献！

高等学校工程管理专业应用型系列教材编审委员会

中国建筑出版传媒有限公司

2021年9月

前　言

　　建筑材料是土木工程建筑物或构筑物的基础。现阶段，我国正经历着人类历史上最大规模的基础设施建设，新材料、新技术、新工艺不断涌现。本书向同学们介绍建筑材料的基本组成、材料性能、质量要求和应用等方面的内容，将理论和实践统一，在满足教学要求的同时，调动学生的学习积极性以及开拓他们的思维领域，使毕业生能尽快适应现代化工程建设的需要，并为新技术的推广做贡献。

　　本书以教育部高校工程管理专业指导委员会制定的工程管理专业培养目标、培养规格和工程管理专业课程设置方案为指导，以专业委员会审定的建筑材料课程教学大纲为基本依据编写。编写内容汲取了近年国内外建筑材料领域新成就和我国有关新标准、新规范内容。本教材可以作为土木建筑类各专业包括土木工程、水利水电工程、工程管理、工程造价以及其他专业的学生学习建筑材料专业课的教学用书，也可作为从事土木工程勘察、设计、施工、科研和管理专业人员的参考用书。

　　本书由汪振双、张聪担任主编，韩俊南、苏昊林、温小栋担任副主编。各章编写人员是：东北财经大学汪振双（绪论、第1章），江南大学张聪（第4章），大连理工大学韩俊南（第3章、第10章），上海交通大学苏昊林（第8章、第11章），宁波工程学院温小栋（第5章、第6章），河南财经政法大学韩卫卫（第2章），河南财政金融学院闫振林（第7章），长沙大学张向超（第9章），湖北知行学院胡歆珮（第12章）。全书由汪振双负责统稿和审校。该书由中国建筑工业出版社张晶编审组稿、策划，在此表示衷心感谢。

　　本书在编写过程中参考了有关专家学者的论著、文献和教材，吸取了一些最新的研究成果，在此向他们表示衷心感谢。

　　由于编者水平的局限性，本书难免有谬误之处，诚请广大读者指正。

目　录

绪　论

【本章要点】

本章介绍了建筑材料在建设中的地位和现状，建筑材料的分类、基本要求及有关标准规定，绿色建筑材料的评价与认证，建筑材料的发展趋势以及本课程的教学要求。着重介绍了建筑材料的基本要求和分类。

【学习目标】

熟悉建筑材料在建设中的地位和现状、绿色建筑材料的评价与认证，以及建筑材料未来的发展趋势；掌握建筑材料的分类以及相关标准分类。

0.1　建筑材料在建设中的地位和现状

建筑材料是建筑工程的物质基础，是指组成建筑物或构筑物各部分实体材料、辅助材料及建筑器材等材料的总称。人类所有的工程建设都必须建立在对建筑材料的合理运用上。比如，我们所住的房子、学校、医院以及高层、大型建筑等一切工程建筑都是由许许多多的建筑材料组成的。在建筑工程中，材料的用量极为庞大，材料的费用占工程总投资的 50% ~ 60%，甚至更高。因此，科学合理地选用材料，不仅可以降低工程造价，也可以明显提高工程的经济效益。

建筑材料与建筑结构和建筑施工之间存在着相互促进、相互依存的密切关系。一种新型建筑材料的出现，必将促进建筑形式的改革与创新，同时结构设计和施工技术也将相应改进和提高。同样，新的建筑形式和新型结构的出现，也会促进建筑材料的发展。例如，为保护土地、节约资源，采用煤矸石制造矸石多孔砖替代实心黏土砖墙体材料，就要求相应的结构构造设计和施工工艺、施工设备的改进；各种高强性能混凝土的推广应用，要求钢筋混凝土结构设计和相关施工技术标准及规程的不断改进；同样，超高层建筑、超大跨度结构的大量应用，要求提供相应的轻质高强材料，以减小构件截面尺寸，减轻建筑物自重。又如，随着人们物质水平的提高，对建筑功能的要求也随之提高，需要提供同时具有满足力学及使用等性能的多功能建筑材料等。

建筑材料的质量直接影响到建筑工程的安全性和耐久性。建筑材料的组成、结构决定其性能，材料的性能在很大程度上决定了建筑物的功能和使用寿命。例如，地下室及卫生间防水材料的防水效果如果不好，就会出现渗漏情况，将影响建筑物正常使用；建筑物使用的钢材如果锈蚀严重、混凝土的劣化严重，将造成建筑物过早破坏，降低其使用寿命。建筑工程的质量在很大程度上取决于材料的质量控制，正确使用建筑材料是保证工程质量的关键。例如，钢筋混凝土结构的质量主要取决于混凝土强度、密实性和是否会产生裂缝。在材料的选择、生产、储运、使用和检验评定过程中，任何环节的失误都可能导致工程事故的发生。事实上，建筑物出现的质量事故，绝大部分与建筑材料的质量缺损相关。

建筑材料的发展具有明显的时代性。建筑艺术的发挥，建筑功能的实现，都需要新技术、新材料的发明和应用，每个时期都有这一时代材料所独有的特点，新型建筑材料的出现推动了建筑形式的变化、施工技术的进步、建筑物多功能性的实现。近年来，随着科技的不断进步以及人们对建筑环境的需求不断提升，极大地促进了建筑材料的创新发展。为了满足新时代人们高品质居住环境的要求，各种新型建筑材料不断涌现，使得我国整体建筑环境明显改善。目前，建筑材料正向着轻质、高性能、多功能的方向阔步前行，低碳绿色和环保的理念也渐入人心。新型复合材料、节能环保材料、利用工农业废料生产的再生材料等在科学的生产工艺、检测手段的促进下，正向着技术创新和可持续发展的方向发展。

0.2 建筑材料的分类和基本要求

建筑材料种类繁多，传统的建筑材料主要包括烧土制品（砖、瓦等）、砂石、胶凝材料（水泥、石灰和石膏）、混凝土、钢材、木材和沥青七大类。现代科学技术的发展大大促进了新型建筑材料的发展。按照不同的划分依据，建筑材料有不同的分类方法。

0.2.1 按照材料的化学成分分类

按化学成分可分为无机材料、有机材料和复合材料，具体见表0-1。

1. 无机材料

无机材料是由无机矿物单独或混合物制成的材料。通常指由硅酸盐、铝酸盐、硼酸盐、磷酸盐等原料和（或）氧化物、氮化物、碳化物、硼化物、硫化物、硅化物、卤化物等原料经一定的工艺制备而成的材料。其包括非金属材料和金属材料。

（1）非金属材料：如天然石材、砖、瓦、石灰、水泥及制品、玻璃、陶瓷等。

（2）金属材料：如钢、铁、铝、铜及合金制品等。

2. 有机材料

有机材料一般是由C、H、O等元素组成。一般来说，具有溶解性、热塑性和热固性、

按化学成分分类   表 0-1

分类			实例
无机材料	金属材料	黑色金属	钢、合金钢、不锈钢、铁等
		有色金属	铜、铝及合金等
	无机非金属材料	天然石材	砂、石及各类石材制品等
		烧土制品	黏土砖瓦、陶瓷、玻璃等
		胶凝材料及制品	石灰、石膏、水玻璃、水泥及其制品、硅酸盐制品等
		无机纤维材料	玻璃纤维、矿棉纤维等
有机材料		植物类材料	木材、竹材、植物纤维及制品等
		沥青类材料	石油沥青、煤沥青、沥青制品等
		合成高分子材料	塑料、涂料、胶黏剂、合成橡胶等
复合材料		有机材料与无机非金属材料复合	聚合混凝土、沥青混凝土、玻璃纤维增强塑料等
		金属材料与无机非金属材料复合	钢筋混凝土（包括预应力钢筋混凝土）、钢纤维增强混凝土等
		金属材料与有机材料复合	PVC 钢板、塑钢门窗等

强度特性及电绝缘性；不过有机材料更容易老化，如木材、沥青、塑料、涂料、油漆等。

3. 复合材料

复合材料包括无机材料与有机材料的复合、金属与非金属的复合等。如钢筋混凝土、沥青混合料、树脂混凝土、铝塑板、塑钢门窗等。

0.2.2 按建筑材料的功能分类

建筑材料通常分为结构材料和功能材料两大类。结构材料主要指梁、板、柱、基础、墙体和其他受力构件所用的材料。最常用的有钢材、混凝土、沥青混合料砖、砌块、墙板、楼板、屋面板、石材和部分合成高分子材料等。功能材料主要有防水材料、防火材料、装饰材料、保温隔热材料、吸声（隔声）材料、采光材料、防腐材料、部分合成高分子材料等。

0.2.3 按建筑材料的使用部位分类

按建筑材料的使用部位通常分为结构材料、墙体材料、屋面材料、楼地面材料、路面材料、路基材料、饰面材料和基础材料等。

建筑材料的基本要求：

（1）具备设计的强度等级和结构稳定性；

（2）建筑物的适用性；

（3）建筑物的耐久性。

这三者总称建筑物的可靠性。度量建筑物可靠性的数值指标叫作建筑物的可靠度。

其定义为：建筑物在规定的期间内（分析时的时间参数，也称设计基准期），在规定的条件下（指设计建筑物时所确定的正常设计、正常施工和正常适用的条件及环境条件，而不受人为过失影响），具有预订功能的概率。从环境改善角度出发，具有环境改善功能的材料、高效率利用和低耗能材料、全寿命环境协调性和零排放的制备技术的材料，都属于环境协调性材料。这种环境协调性材料的基本特征是：无毒无害，减少污染，包括避免温室效应和臭氧层破坏；全寿命过程对资源和能源消耗小；可再生循环利用，且容易回收；能达到高使用率。

0.3 建筑材料的有关标准规定

最开始进行建筑物建造时，选用材料主要凭经验，就近取材，能用即可。随着技术及经济的发展，建筑业迅速发展，在现代社会中形成了行业分工协作的格局。为确保工程质量，建材及相关行业需要建立完善的质量保证体系。建筑材料的标准，是建筑材料生产、销售、采购、验收和质量检验的法律依据，是企业生产的产品质量是否合格的技术依据和供需双方对产品质量进行验收的依据。根据标准的属性又分为国家标准、行业标准、地方标准、企业标准等。标准的一般表示方法是由标准名称、代号、编号和颁布年号等组成。标准的内容主要包括产品规格、分类、技术要求、检验方法、验收规则、标准、运输和储存等方面的内容。

0.3.1 国家标准

国家标准是指在全国范围内统一实施的标准，包括强制性标准和推荐性标准。强制性标准，代号为"GB"，是指在一定范围内通过法律、行政法规等强制性手段加以实施的标准，具有法律属性。强制性标准主要是指涉及安全、卫生方面，保障人体健康、人身财产安全的标准和法律，行政法规规定强制执行的标准。强制性标准一经颁布必须贯彻执行，否则造成恶劣后果和重大损失的单位和个人要受到经济制裁或承担法律责任。例如，工程建设领域的质量、安全、卫生、环境保护及国家需要控制的其他工程建设标准，如《通用硅酸盐水泥》GB 175—2007 等。推荐性标准，代号为"GB/T"。推荐性标准又称非强制性标准或自愿性标准，是指生产、交换、使用等方面，通过经济手段或市场调节而自愿采用的一类标准。如《建设用卵石、碎石》GB/T 14685—2011 等。

0.3.2 行业标准

行业标准是指由我国各主管部、委（局）批准发布，并报国务院标准化行政主管部门备案，在该行业范围内统一使用的标准，包括部级标准和专业标准。建材行业技术标准代号为"JC"；铁道行业建筑工程技术标准代号为"TB"；交通行业建筑工程技术标准代号为"JTG"；城市建设标准代号为"CJJ"；中国工程建设标准化协会标准代号为"CECS"。

0.3.3 地方标准

地方标准是指由省、自治区、直辖市标准化行政主管部门制定，并报国务院标准化行政主管部门和国务院有关行政主管部门备案的有关技术指导性文件，适应本地区使用，其技术标准不得低于国家有关标准的要求，代号为"DB"。如《水污染物排放限值》DB 44/26—2001（广东省地方标准）。

0.3.4 企业标准

企业标准由企业制定，由企业法人代表或法人代表授权的主管领导批准、发布，并报当地政府标准化行政主管部门和有关行政主管部门备案，适应本企业内部生产的有关指导性技术文件。企业标准不得低于国家有关标准的要求，其代号为"QB"。

随着我国对外开放，常常还涉及一些与建筑材料关系密切的国际或外国标准，其中主要有国际标准（ISO）、英国标准（BS）、美国材料试验协会标准（ASTM）、日本工业标准（JIS）、德国工业标准（DIN）、法国标准（NF）等。熟悉有关的技术标准，并了解制定标准的科学依据，为更好地掌握建筑材料知识及合理、正确地使用材料，确保建筑工程质量是非常必要的。

国家标准属于最低要求。一般来讲，行业标准、企业标准等标准的技术要求通常高于国家标准，因此，在选用标准时，除国家强制性标准外，应根据行业的不同选用该行业的有关标准，无行业标准的选用国家推荐性标准或指定的其他标准。

0.4 绿色建筑材料的评价与认证

绿色建筑材料是绿色建筑的基础，绿色建筑材料又称生态建筑材料、环保建筑材料和健康建筑材料等，是指在原材料采取、产品制造、应用过程和使用以后的再生循环利用等环节中对地球环境负荷最小和人类身体健康无害的建筑材料。例如，利用工业废料（粉煤灰、矿渣、煤矸石等）作为掺和料制备混凝土、免烧砖等建筑材料，利用废旧的车轮胎制成橡胶颗粒掺入混凝土中提高抗冲击性能，利用废弃泡沫塑料生产保温体墙板，利用废弃玻璃生产贴面材料等。这些做法既可利用工业废料、减轻环境污染，又可节约自然资源。2010年，大量的绿色建筑材料应用于上海世博会展馆、张江科文交流中心、浦江智谷招商服务大厦、青浦别墅、普陀区旧房改建项目等一系列新建、改建建筑物中，其整个工程建筑能耗低于上海普通建筑能耗的75%。因此，绿色建筑材料已成为各国21世纪建材工业发展的战略重点。目前，每个国家都在积极推进自己的绿色建筑认证体系，主要有美国的LEED、德国的DGNB和英国的BREEAM等。2019年，我国住房和城乡建设部颁布了《绿色建筑评价标准》GB/T 50378—2019，对绿色建筑材料进行了定义：在全寿命周期内可减少对资源的消耗、减轻对生态环境的影响，具有节能、减排、安全、健康和循环特征的建筑材料产品。在绿色建筑材料评价和标识管理中，我国住房和城乡建设部、工业和信息化部联合颁布了《绿色建材评价技术导则（试行）》（第一版）和《绿色建材评价标识管理办法实施细则》。贯彻绿色土木工程材料发展战略，应从原材料的选用、产品的制造过程、应用过程和使用后的再生循环利用四个方面全面系统地进行。

0.5 建筑材料的发展趋势

从人类文明发展早期的木材、石材等天然材料，到近代以水泥、混凝土、钢材为代表的主体建筑材料，进而发展到现代由金属材料、高分子材料、无机硅酸盐材料互相结合而产生的诸多复合材料，形成了丰富多彩的建筑材料大家族。纵观建筑的历史长河，建筑材料的日新月异无疑对建筑科学的发展起到了巨大的推动作用。

建筑材料的发展与土木工程的进步相互制约、相互依赖、相互推动。新型建筑材料的产生推动了土木工程设计方法和施工工艺的发展变化，而新的土木工程设计方法和施工工艺对建筑材料品种和质量提出了更高和多元化的要求。随着社会发展和人类进步，建筑材料的发展必然要在科学发展观的指导下与资源、能源、环境等因素紧密结合，走可持续发展的道路。

现代建筑材料的发展趋势如下：

（1）产品性能上，要求轻质、高强、高耐久、复合多功能、高性能、智能化。建造高层建筑客观上要求结构用建筑材料向轻质、高强方向发展。结构使用年限的提高要求开发高耐久性的材料支撑。耐久性直接关系到土木工程的安全性和经济性。建筑围护与隔墙材料、装饰材料等要求复合材料具有保温、隔声、美观等多种功能。结构材料与功能材料的一体化是未来一个重要发展方向。

为了提高建筑物的安全性和质量，在建筑材料的选择上要求材料具有良好的耐久性，如果材料的耐久性不够好就会使建筑物的使用年限受到影响，更严重的结果会导致建筑物的破坏，因此，我国应该鼓励耐久性材料的研发工作，建筑物中使用耐久性比较强的建筑材料不仅可以延长使用寿命、降低维护保养费用，还会提高建筑物的整体水平。

（2）制品形式上，逐渐预制化、构件化、大尺寸。商品预拌混凝土集中生产，能有效保证工程质量，提高生产效率，减少工程施工现场的噪声。预拌砂浆也是发展方向之一。

（3）生产工艺上，采用现代技术，提高生产效率，降低生产能耗，节约能源。传统建筑材料工业能耗较高，政府或市场经济的运行都需要淘汰落后生产工艺，采用现代科学技术，大大降低生产能耗，提高竞争力。

（4）资源利用上，充分利用工业废物，保护环境，节约资源。建筑材料的发展构筑了人类的物质文明，改善了人类的生存环境，但是加快了资源、能源的消耗，影响了环境质量。节约资源，不产生或不排放污染环境、破坏生态的有害物质，减轻对地球和生态系统的负荷，实现非再生资源的可循环使用、可持续发展，是建筑材料发展的必由之路。

建筑材料的使用不仅改善了使用者的工作和生活环境，而且又有利于我国建设经济和社会可持续发展目标的实现，因此，大力促进节能型建筑材料的研发是节约资源、保护环境的迫切要求。

0.6 本课程的教学要求

处于建筑环境之中的各类建筑物，随着岁月的流逝将遭受损害而产生"病害"或失效。因此，建筑结构及其建筑材料的耐久性至关重要。从根本上说，建筑材料是基础，材料决定了建筑的形式和施工方法，可促使建筑形式的变化、结构方法的改进和施工技术的革新。理想的建筑应使所用材料能最大限度地发挥效能，并能合理、经济地满足各种功能要求。学习本课程主要是使学生掌握常用建筑材料的组成与构造、性质与应用、技术标准、检验方法及保管知识等。掌握建筑材料所涉及的物理学（密度、变形、热以及水分传输等）、化学（酸、碱、盐侵蚀等）、力学（强度、硬度、刚度、弹性模量、徐变、韧性和耐疲劳特性等），甚至生物学（虫蛀等）学科等诸多性质。通过学习，掌握能按照使用目的与使用条件科学合理地选择材料。为了更好地选择材料，必须确切地掌握建筑材料本身的性质以及建筑物各组成部分对材料性能的要求，掌握建筑材料的检验方法、运输保管知识和基本试验技能。了解建筑材料的成分、组分、构造以及矿物形成机理。由此更深入地理解建筑材料的基本性质，以便选择适宜的工艺条件和研究方法，进一步改进材料或开发新材料，为今后从事土木工程结构与材料等方向的科学研究准备必要的基础知识。

【本章小结】

建筑材料是建筑工程的物质基础，是指组成建筑物或构筑物各部分实体材料、辅助材料及建筑器材等材料的总称。建筑材料种类繁多，传统的建筑材料主要包括烧土制品（砖、瓦等）、砂石、胶凝材料（水泥、石灰和石膏）、混凝土、钢材、木材和沥青七大类。根据标准的属性又分为国家标准、行业标准、地方标准、企业标准等。绿色建筑材料是绿色建筑的基础，绿色建筑材料又称生态建筑材料、环保建筑材料和健康建筑材料等，是指在原材料采取、产品制造、应用过程和使用以后的再生循环利用等环节中对地球环境负荷最小和人类身体健康无害的建筑材料。随着社会发展和人类进步，建筑材料的发展必然要在科学发展观的指导下与资源、能源、环境等因素紧密结合，走可持续发展的道路。

复习思考题

1. 建筑材料在土木工程中的意义是什么？
2. 现代建筑材料的发展趋势是什么？
3. 建筑材料有哪些常用分类方法？
4. 产品标准对建筑材料有什么意义？

第1章　土木工程材料的基本性质

【本章要点】

本章主要介绍土木工程材料的基本性质，主要包括物理性质、基本力学性质、耐久性以及材料的组成与结构等。根据工程环境使用的类别要求，土木工程材料需要具备不同的性质。

【学习目标】

熟悉和掌握材料的基本性质，掌握材料的性质与其组成、结构、构造以及环境因素之间的关系，材料的强度计算与测定。在工程设计与施工中正确选择和合理使用各种材料。

1.1　概述

材料是构成土木工程的物质基础。所有的建筑物、桥梁、道路等都是由各种不同的材料经设计、施工建造而成。这些材料所处的环境和部位不同，所起的作用也各不相同，为此要求材料必须具备相应的基本性质。

材料的基本性质是指建筑材料普遍的性质。材料的基本性质包括三个方面，即材料的状态物理性质、材料的功能物理性质及材料的工程性质。材料的状态物理性质是指材料本身的基础物理特性，结构组成等。材料的功能物理性质是指材料具有的声光热的特性。材料的工程性质是指材料的力学、变形、破坏和耐久等性能。例如，用作受力构件的结构材料要承受各种力的作用，因此必须具有良好的力学性能。根据土木工程功能的需要，还要求材料具有相应的防水、绝热、隔声、防火、装饰等性能，如墙体材料应具有绝热、隔声性质；屋面材料应具有防水性质；路面材料应具有防滑、耐磨损性质等。由于土木工程在长期的使用过程中，经常要受到风吹、雨淋、日晒、冰冻和周围各种有害介质的侵蚀，故还要求材料具有良好的耐久性。另外，为了把工程建设对自然环境的负面影响控制在最小范围内，实现建筑与环境的和谐共存，创造健康、舒适的生活环境，要求生产和选用的土木工程材料是绿色和生态的。

可见，材料的应用与其所具有的性质是密切相关的。根据材料科学的基本理论，材料的性质又是由材料的组成、结构（或构造）等因素所决定的。所以，为了确保工程项目能安全、经济、美观、经久耐用，并有利于节约资源和生态环境保护，就需要我们掌握材料的性质，并了解它们与材料的组成、结构的关系，从而合理的选用材料。

1.2　材料的物理性质

1.2.1　材料的密度、表观密度和堆积密度

1. 密度

密度（又称真密度）是材料在绝对密实状态下单位体积的质量，即材料质量 m 与其绝对密实体积 V 之比，通常以 ρ 表示，其计算公式为：

$$\rho = \frac{m}{V} \tag{1-1}$$

式中　ρ——材料密度，g/cm^3 或 kg/m^3；

　　　m——材料质量，g 或 kg；

　　　V——材料绝对密实体积，cm^3 或 m^3。

材料绝对密实体积是指不含有任何孔隙的固体体积。土木工程材料中除了钢材、玻璃等少数材料外，绝大多数材料都含有一定的孔隙，如砖、石材等常见的块状材料。对于这些有孔隙的材料，测定其密度时，须先把材料磨成细粉（排除孔隙），经干燥至恒重后用李氏瓶测定其体积，然后按上式计算得到密度值。材料磨得越细，测得的数值就越准确。

工程上还经常用到相对密度，相对密度用材料质量与同体积水（4℃）质量的比值表示。工程中也可通过查表了解材料的密度值，常用土木工程材料的密度见表1-1。

2. 表观密度

表观密度（体积密度）是材料在自然状态下，不含开口孔时单位体积的质量，即材料质量 m 与其表观体积 V_0 之比，通常以 ρ_0 表示，其计算公式为：

$$\rho_0 = \frac{m}{V_0} \tag{1-2}$$

式中　ρ_0——材料表观密度，g/cm^3 或 kg/m^3；

　　　m——材料质量，g 或 kg；

　　　V_0——材料表观体积，cm^3 或 m^3。

材料中的孔隙可分为闭口孔和开口孔，如图1-1（a）所示。单个材料内部有孔隙，包括开口孔和闭口孔，这样一个整体材料的外观体积称为材料的表观体积。规则外形材料的表观体积，可通过测量体积尺度或蜡封法用静水天平置换法得到。不规则外形材料的表观体积，如砂石类散粒材料，可用排水法测得，它实际上扣除了材料内部开口孔隙体积，故称用排水法测得材料的体积为近似表观体积，也称为视体积，按式（1-2）计算

得到的表观密度也称视密度。

表观密度是反映整体材料在自然状态下的物理参数，材料在不同的含水状态下（干燥状态、气干状态、饱和面干、湿润状态），其表观密度会不同，干燥状态下测得的值称为干表观密度，如未注明，通常指气干状态的表观密度。由于表观体积中包含了材料内部孔隙的体积，材料干表观密度值通常小于其密度值。几种常见土木工程材料的表观密度见表1-1。

土木工程中所用的粉状材料，如水泥、粉煤灰、磨细生石灰粉等，其颗粒很小，与一般块体材料测定密度时所研碎制作的试样粒径相近似，因而它们的表观密度，特别是干表观密度值与密度值可视为相等。

3. 堆积密度

堆积密度是指粉状或散粒材料在自然堆积状态下单位堆积体积的质量，即材料质量m与其堆积体积V_0'之比，通常以ρ_0'表示，其计算公式为：

$$\rho_0' = \frac{m}{V_0'} \qquad (1-3)$$

式中 ρ_0'——材料堆积密度，g/cm^3 或 kg/m^3；

m——材料质量，g 或 kg；

V_0'——材料堆积体积，cm^3 或 m^3。

材料的堆积体积是指在自然、松散状态下，按一定方法装入一定容器的容积，包括材料实体体积、内部所有孔体积和颗粒间的空隙体积，如图1-1（b）所示。堆积体积可以通过测量其所占有容器的容积，或通过测量其规则堆积形状的集合尺寸计算求得。同一种材料堆积状态不同，堆积体积大小也不一样，松散堆积状态下的体积较大，密实堆积状态下的体积较小。按自然堆积体积计算的密度为松堆积密度，以振实体积计算的则为紧堆积密度。对于同一种材料，由于材料内部存在的孔隙和空隙，故一般密度＞表观密度＞堆积密度。常用土木工程材料的堆积密度见表1-1。

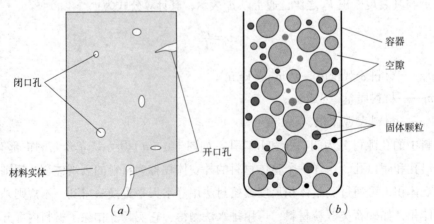

图1-1　材料的孔隙与空隙结构示意图
（a）材料孔隙结构示意图；（b）材料的堆积体积构成示意图

常用土木工程材料的密度、表观密度、堆积密度　　　　　　　表 1-1

材料名称	密度（g/cm^3）	表观密度（kg/m^3）	堆积密度（kg/m^3）
钢材	7.85	7800 ~ 7850	—
铝合金	2.7 ~ 2.9	2700 ~ 2900	—
水泥	2.8 ~ 3.1	—	1600 ~ 1800
烧结普通砖	2.6 ~ 2.7	1600 ~ 1900	—
石灰石（碎石）	2.48 ~ 2.76	2300 ~ 2700	1400 ~ 1700
砂	2.5 ~ 2.6	—	1500 ~ 1700
普通水泥混凝土	—	2000 ~ 2800	—
粉煤灰（气干）	1.95 ~ 2.40	—	550 ~ 800
普通玻璃	2.45 ~ 2.55	2450 ~ 2550	—
红松木	1.55 ~ 1.60	400 ~ 600	—
泡沫塑料	—	20 ~ 50	—

1.2.2　材料的孔隙率、密实度、空隙率与填充率

孔是大多数材料中一个重要的组成部分。它的存在不会影响材料的物理、化学性质，但它会影响大多数材料的功能特性。土木工程材料中，常以规定条件下水能否进入孔中来区分开口孔和闭口孔两类，如图 1-1（a）所示。绝对的闭口孔是不存在的，孔对材料的力学性质、热工性质、声学性质、耐久性等有很大的影响。

1. 孔隙率与密实度

材料中所含孔隙的多少常以孔隙率表示，它是指材料所含孔隙的体积占材料自然状态下总体积的百分率，以 P 表示，其计算公式为：

$$P = \frac{V_0 - V}{V_0} \times 100\% = \left(1 - \frac{\rho_0}{\rho}\right) \times 100\% \qquad (1-4)$$

式中　P——材料孔隙率，%；

　　　V_0——材料表观体积，cm^3 或 m^3；

　　　V——材料绝对密实体积，cm^3 或 m^3；

　　　ρ_0——材料表观密度，g/cm^3 或 kg/m^3；

　　　ρ——材料密度，g/cm^3 或 kg/m^3。

材料孔隙率的大小反映了材料的密实程度，孔隙率大，则密实度小。密实度是与孔隙率相对应的概念，指材料的体积内被固体物质充实的程度，用 D 表示，其计算公式为：

$$D = \frac{V}{V_0} \times 100\% = \frac{\rho_0}{\rho} \times 100\% \qquad (1-5)$$

式中　D——材料的密实度，%。

显然，$P+D=1$。材料的孔隙率与密实度成对应关系。对于非常密实的材料，如钢材、玻璃等，其孔隙率近似为零，则密实度为100%。

材料的许多性质也都与其孔隙率有关，比如强度、热工性质、声学性质、吸水性、吸湿性、抗冻性及抗渗性等。开口孔隙使材料内部孔隙不仅彼此互相贯通，并且与外界相通，如常见的毛细孔。闭合孔隙是指材料内部孔隙彼此不连通，而且与外界隔绝。开口孔隙能提高材料的吸水性、透水性、吸声性，并降低材料的抗冻性。闭口孔隙能提高材料的保温隔热性能和材料的耐久性。材料的孔隙率也分为开孔孔隙率和闭孔孔隙率。因此，当孔隙率相同时，材料的开口孔多，则材料具有较好的吸水性、透水性、吸声性，但材料的抗渗性、抗冻性变差。材料的闭口孔多，则可增强其保温隔热性能和耐久性。一般情况下，闭口孔越细小、分布越均匀，对材料越有利。

材料中孔隙的种类、孔径大小、孔的分布状态也是影响其性质的重要因素，通常称之为孔隙特征。除了孔隙率以外，孔径大小、孔隙特征对材料的性能也具有重要的影响作用。

2. 空隙率与填充率

材料的空隙率与填充率是仅适用于粉状或散粒材料的两个术语。散粒材料在堆积状态下颗粒间空隙体积占总堆积体积 V_0' 的百分率称为空隙率，以 P' 表示，其计算公式为：

$$P'=\frac{V_0'-V_0}{V_0'} \times 100\%=(1-\frac{\rho_0'}{\rho_0}) \times 100\% \tag{1-6}$$

式中　P'——材料空隙率，%；

V_0'——材料堆积体积，cm^3 或 m^3；

V_0——材料表观体积，cm^3 或 m^3；

ρ_0'——材料堆积密度，g/cm^3 或 kg/m^3；

ρ_0——材料表观密度，g/cm^3 或 kg/m^3。

空隙率反映了堆积材料中颗粒间空隙的多少，它对于研究堆积材料的结构稳定性、填充程度及颗粒间相互接触连接的状态具有实际意义。工程实践表明，堆积材料的空隙率较小时，说明其颗粒间相互填充的程度较高或接触连接的状态较好，其堆积体的结构稳定性也较好。

在配制混凝土、砂浆时，空隙率可作为控制集料的级配、计算配合比的依据，其基本思路是粗集料空隙被细集料填充，细集料空隙被细粉填充，细粉空隙被胶凝材料填充，以达到节约胶凝材料的效果。

与空隙率对应的概念是填充率，指散粒材料在堆积状态下颗粒的填充程度，即颗粒体积占总堆积体积 V_0' 的百分率，以 D' 表示，可用下式计算，显然 $P'+D'=1$。

$$D'=\frac{V_0}{V_0'} \times 100\%=\frac{\rho_0'}{\rho_0} \times 100\% \tag{1-7}$$

式中　D'——材料的填充率，%。

1.2.3 材料与水有关的性质

1. 亲水性与憎水性

材料在使用过程中，常与水或大气中的水汽接触，但材料和水的亲和情况是不同的。材料与水接触时，有些材料能被水润湿，而有些材料则不能被水润湿，对这两种现象来说，前者称为亲水性，后者称为憎水性。材料具有亲水性或憎水性的根本原因在于材料的分子结构（是极性分子或非极性分子），亲水性材料与水分子之间的分子亲和力大于水本身分子的内聚力；反之，憎水性材料与水分子之间的亲和力小于水本身分子间的内聚力。

工程实际中，材料通常以润湿角的大小来划分亲水性或憎水性。润湿角是水与材料接触时，在材料、水和空气三相交点处，沿水表面的切线与水和固体接触面所成的夹角，其值越小，材料浸润性越好，越易被水润湿。如果润湿角 θ 为零，表示材料完全被水所浸润。当材料的润湿角 $\theta \leqslant 90°$ 时，为亲水性材料，如图 1-2（a）所示；当材料的润湿角 $\theta > 90°$ 时，为憎水性材料，如图 1-2（b）所示。

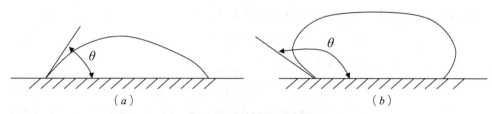

图 1-2 材料润湿示意图
（a）亲水性材料；（b）憎水性材料

亲水性材料可以被水润湿，即水可以在材料表面铺展开，而且当材料存在孔隙时，水分能通过孔隙的毛细作用自动渗入材料内部；而憎水性材料则不能被水润湿，水分不易渗入材料毛细管中。常见的土木工程材料中，水泥制品、玻璃、陶瓷、金属材料、石材等无机材料和部分木材等为亲水性材料；塑料、沥青、油漆、防水油膏等为憎水性材料。憎水性材料表面不易被水润湿，适宜作防水材料和防潮材料；此外还可以用于涂覆亲水性材料表面，以改善其耐水性能，这样外界水分就难以渗入材料的毛细管中，从而能降低材料的吸水性和渗透性。

2. 吸水性

材料与水接触时吸收水分的性质，称为材料的吸水性，并以吸水率表示该能力。材料吸水率的表示方式有两种，即质量吸水率和体积吸水率。

（1）质量吸水率

质量吸水率是指材料在吸水饱和时所吸水量占材料干燥质量的百分比，以 W_m 表示。质量吸水率 W_m 的计算公式为：

$$W_m = \frac{m_b - m}{m} \times 100\% \qquad (1-8)$$

式中　W_m——材料质量吸水率，%；

　　　　m_b——材料吸水饱和状态下的质量，g 或 kg；

　　　　m——材料在干燥状态下的质量，g 或 kg。

（2）体积吸水率

体积吸水率是指材料在吸水饱和时所吸水的体积占干燥材料表观体积的百分率，以 W_V 表示。体积吸水率 W_V 的计算公式为：

$$W_V = \frac{m_b - m}{V_0 \cdot \rho_W} \times 100\% \qquad (1-9)$$

式中　W_V——材料体积吸水率，%；

　　　　m_b——材料吸水饱和状态下的质量，g 或 kg；

　　　　m——材料在干燥状态下的质量，g 或 kg；

　　　　V_0——材料在自然状态下的体积，cm^3 或 m^3；

　　　　ρ_W——水的密度，g/cm^3，常温下取 $\rho_W = 1.0 g/cm^3$。

材料的质量吸水率与体积吸水率之间的关系为：

$$W_V = W_m \cdot \rho_0 \qquad (1-10)$$

式中　ρ_0——材料在干燥状态下的表观密度，g/cm^3。

材料吸水率的大小主要取决于材料的亲水性、孔隙率及孔隙特征。亲水性材料吸水率高；孔隙率大、孔隙微且连通的材料吸水率较大；具有粗大孔隙的材料，虽然水分容易渗入，但仅能润湿孔壁表面而不易在孔内留存，因而其吸水率不高；密实材料以及仅有闭口孔的材料基本上不吸水。所以，不同材料或同种材料不同内部构造，其吸水率会有很大的差别。

材料吸水会使材料的强度降低，表观密度和导热率增大，体积膨胀。因此，吸水往往会对材料性质产生不利影响。

3. 吸湿性

材料的吸湿性是指材料吸收潮湿空气中水分的性质，用含水率表示。当较干燥的材料处于较潮湿的空气中时，便会吸收空气中的水分；而当较潮湿的材料处在较干燥的空气中时，便会向空气中释放水分。前者是材料的吸湿过程，后者是材料的干燥过程（此性质也称为材料的还湿性）。在任一条件下材料内部所含水的质量占干燥材料质量的百分率称为材料的含水率，以 W_h 表示，其计算公式为：

$$W_h = \frac{m_s - m}{m} \times 100\% \qquad (1-11)$$

式中　W_h——材料的含水率，%；

　　　　m_s——材料吸湿后的质量，g 或 kg；

m——材料在干燥状态下的质量，g 或 kg。

显然，材料的含水率不仅与材料本身的孔隙有关，还受所处环境中空气温度和湿度的影响。在一定的温度和湿度条件下，材料与空气湿度达到平衡时的含水率称为材料的平衡含水率。处于平衡含水率的材料，如果环境的温度和湿度发生变化，平衡将会被破坏。一般情况下，环境的温度上升或湿度下降，材料的平衡含水率会相应降低。当材料处于某一湿度稳定的环境中时，材料的平衡含水率只与其本身的性质有关。一般亲水性较强的材料，或含有开口孔隙较多的材料，其平衡含水率就较高，它在空气中的质量变化也较大。材料吸水或吸湿后，除了本身的质量增加外，还会降低其绝热性、强度及耐久性，造成体积的增加和变形，这些多会对工程带来不利影响。当然，在特殊情况下，我们也可以利用材料的吸水或吸湿特性实现除湿效果，保持环境的干燥。

1.2.4 材料与热有关的性质

1. 导热性

导热性是指材料两侧有温差时材料将热量由温度高的一侧向温度低的一侧传递的能力，简称传导热的能力。材料的导热性以导热系数（也称热导率）λ 表示，其含义是当材料两侧的温差为 1K（开尔文，热力学温度单位）时，在单位时间（1s 或 1h）内，通过单位面积（$1m^2$）并透过单位厚度（1m）的材料所传导的热量。以公式表示为：

$$\lambda = \frac{Q \cdot a}{(T_1 - T_2) \cdot A \cdot Z} \quad\quad (1-12)$$

式中 λ——材料的导热系数，W/（m·K）；

$\quad$ Q——传导的热量，J；

$\quad$ a——材料的厚度，m；

$\quad$ A——材料的传热面积，m^2；

$\quad$ Z——传热时间，s 或 h；

$(T_1 - T_2)$——材料两侧的温度差，K。

材料的导热系数是建筑物围护结构（墙体、屋盖）热工计算时的重要参数，是评价材料保温隔热性能的参数。材料的导热系数越大，则其导热性越强，绝热性越差；土木工程材料的导热性差别很大，通常把 $\lambda \leq 0.23$W/（m·K）的材料称为绝热材料。

材料的导热性与其结构和组成、含水率、孔隙率及孔特征等有关，且与材料的表观密度有很大的相关性。固体热导率最大、液体次之、气体最小，一般非金属材料的绝热性优于金属材料；材料的表观密度小、孔隙率大、闭口孔多、孔分布均匀、孔尺寸小、含水率小时，其导热性差，则绝热性好。通常所说的材料导热系数是指干燥状态下的导热系数，当材料一旦吸水或受潮时，导热系数会显著增大，绝热性变差。

单位时间内通过单位面积的热量，称为热流强度，以 q 表示。则式（1-12）可改写成下式：

$$q=\frac{(T_1-T_2)}{a/\lambda}=\frac{(T_1-T_2)}{R} \qquad (1-13)$$

在热工设计中，将 a/λ 称为材料层的热阻，用 R 表示，其单位为（$m^2 \cdot K$）/W，热阻 R 可用来表明材料层抵抗热流通过的能力，在同样温差条件下，热阻越大，通过材料层的热量越少。热阻或热导率是评定材料绝热性能的主要指标。

2. 热容量和比热容

热容量是指材料受热时吸收热量或冷却时放出热量的能力，可用下式表示：

$$Q=m \cdot c \cdot (T_1-T_2) \qquad (1-14)$$

式中　Q——材料的热容量，kJ；

　　　m——材料的质量，kg；

（T_1-T_2）——材料受热或冷却前后的温度差，K；

　　　c——材料的比热容，kJ/（kg $\cdot$ K）。

其中比热容 c 是真正反映不同材料间热容性差别的参数，其物理意义是指质量为 1kg 的材料，在温度改变 1K 时所吸收或放出热量的大小。

比热容 c 与材料质量 m 的乘积，称为热容量。材料的热容量是建筑物围护结构（墙体、屋盖）热工计算的另一个重要参数，设计计算时应选用热容量较大而导热系数较小的建筑材料，以提高建筑物室内温度的保温稳定性。材料的热容量对保持室内温度的稳定、减少能耗、冬期施工等有很重要的作用。

热导率表示热通量通过材料传递的速度，热容量或比热容表示材料内部储存热量的能力。对于建筑围护结构所用的材料，设计时应选择热导率较小而热容量较大的材料，来达到冬季保暖、夏季隔热的目的。

3. 导温系数

在工程结构温度变形及温度场研究时，还会用到另外一个材料热物理参数——导温系数，表示材料被加热或冷却时，其内部温度趋于一致的能力，是材料传播温度变化能力大小的指标。导温系数的定义式为：

$$\alpha=\frac{\lambda}{\rho \cdot c} \qquad (1-15)$$

式中　α——材料的导温系数，又称热扩散率或热扩散系数，m^2/s 或 m^2/h；

　　　λ——材料的导热系数，W/（m $\cdot$ K）；

　　　c——材料的比热容，kJ/（kg $\cdot$ K）；

　　　ρ——材料的密度，kg/m^3。

导温系数越大，表明材料内部的温度分布趋于均匀越快。导温系数也可作为选用保温隔热材料的指标，导温系数越小，绝热性能越好，越容易保持室内温度的稳定性。泡沫塑料一类轻质保温材料的热物理性能的特点就是导热系数很小，静态空气的导温系数非常大，结合两者特点可以使房间温度快速变冷或变热。空调制冷或制热就是利用这个原理。

4. 材料的温度变形性

材料的温度变形是指温度升高或降低时材料体积变化的特性。除个别材料（如277K=3.85℃以下的水）以外，多数材料在温度升高时体积膨胀，温度下降时体积收缩。这种变化表现在单向尺寸时，为线膨胀或线收缩，相应的表征参数为线膨胀系数 α。材料温度变化时的单向线膨胀量或线收缩量可用下式计算：

$$\Delta L = (T_2 - T_1) \cdot \alpha \cdot L \tag{1-16}$$

式中　ΔL——线膨胀或线收缩量，mm 或 cm；

$(T_2 - T_1)$——材料升（降）温前后的温度差，K；

α——材料在常温下的平均线膨胀系数，1/K；

L——材料原来的长度，mm 或 cm。

在土木工程中，对材料的温度变形大多关心其某一单向尺寸的变化，因此，研究其平均线膨胀系数具有实际意义。材料的线膨胀系数与材料的组成和结构有关，通常会通过选择合适的材料来满足工程对温度变形的要求。常见土木工程材料的热工参数见表1-2。

常见土木工程材料的热工参数　　　　　　　　　　　　　　表1-2

材料名称	导热系数 [W·(m·K)$^{-1}$]	比热 [J·(g·K)$^{-1}$]	线膨胀系数（×10^{-6}·K^{-1}）
钢材	55	0.63	10 ~ 12
普通混凝土	1.28 ~ 1.51	0.48 ~ 1.0	5.8 ~ 15
烧结普通砖	0.4 ~ 0.7	0.84	5 ~ 7
木材（横纹）	0.17	2.51	——
水	0.6	4.187	——
花岗岩	2.91 ~ 3.08	0.716 ~ 0.787	5.5 ~ 8.5
玄武岩	1.71	0.766 ~ 0.854	5 ~ 75
石灰石	2.66 ~ 3.23	0.749 ~ 0.846	3.64 ~ 6.0
大理石	2.45	0.875	4.41
沥青混凝土	1.05	——	（负温下）20

5. 耐热性、耐燃性与耐火性

耐热性是指材料长期在高温作用下，不失去使用功能的性质。材料在高温作用下发生性质的变化会影响材料的正常使用。材料在高温下可能发生的变化有受热质变和受热变形，如石英温度上升至573℃时会由 α 石英转变为 β 石英，同时体积增大2%而导致破坏；普通钢材的最高允许使用温度为350℃，超过该温度时，钢材强度显著降低，使钢材产生过大的变形导致结构失去稳定性。

耐燃性是指在发生火灾时，材料抵抗和延缓燃烧的性质，又称防火性。根据耐燃性，可将材料分为非燃烧材料（如混凝土、钢材、石材）、难燃材料（如沥青混凝土、水泥刨花板）和可燃材料（如木材、竹材）。在建筑物的不同部位，根据其使用特点和重要性可选择不同耐燃性的材料。

耐火性是指建筑构件、配件或结构，在一定时间内满足标准耐火试验中规定的稳定性、完整性、隔热性和其他预期功能的能力。耐火性是材料在火焰和高温作用下，保持其不破坏、性能不明显下降的能力，用其耐受时间来表示，称为耐火极限。

这里要注意耐燃性和耐火性概念的区别。材料有良好的耐燃性不一定有良好的耐火性，但材料有良好的耐火性一般都具有良好的耐燃性。如钢材是非燃烧材料，但其耐火极限仅有 0.25h，故钢材虽为重要的建筑结构材料，但其耐火性却较差，使用时须进行特殊的耐火处理。

1.2.5　材料与声有关的性质

1. 吸声性能

当声波遇到材料表面时，一部分被反射，另一部分穿透材料，其余的声能转化为热能而被吸收，声能穿透材料和被材料消耗的性质称为材料的吸声性，评定材料吸声性能好坏的主要指标称为吸声系数（α_s）。吸声系数是指声波遇到材料表面时，被吸收的声能与入射声能之比，即：

$$\alpha_s = \frac{E}{E_0}$$

（1–17）

式中　α_s——吸声系数，%；

　　　E——材料吸收的声能；

　　　E_0——入射到材料表面的全部声能。

假如入射声能的 70% 被吸收，30% 被反射，则该材料的吸声系数就等于 0.7。一般材料的吸声系数在 0 ~ 1 之间，当入射声能 100% 被吸收而无反射时，吸声系数等于 1。

吸声材料的基本特征是多孔、疏松、透气。对于多孔材料，声波能进入材料内相互连通的孔隙中，受到空气分子的摩擦阻滞，由声能转化为热能。对于纤维材料，声波能引起细小纤维的机械振动而转变为热能，从而把声能吸收掉。

任何材料都具有一定的吸声能力，只是吸收的程度有所不同，材料的吸声特性与声波的方向、频率以及材料的表观密度、孔隙构造、厚度等有关。通常取 125、250、500、1000、2000、4000Hz 六个频率的吸声系数来表示材料的吸声频率特性。从不同方向入射，测得六个频率的平均吸声系数大于 0.2 的材料，称为吸声材料。

2. 隔声性能

材料隔绝声音的性质，称为隔声性。对于要隔绝的声音，按声波的传播途径可分为空气声（由于空气的振动）和固体声（由于固体撞击或振动）两种。对于空气声，根据声学中的"质量定律"，墙或板传声的大小主要取决于其单位面积的质量，质量越大，越不易振动，则隔声效果越好，因此应选择密实、沉重的材料作为隔声材料，如黏土砖、钢板、钢筋混凝土等。对于隔空气声，常以隔声量 R 表示：

$$R=10 \cdot \lg \frac{E_0}{E'}$$

（1-18）

式中　R——隔声量，dB；

E_0——入射到材料表面的全部声能；

E'——透过材料的声能。

对于固体声，隔声最有效的措施是采用不连续的结构处理，即在墙壁和承重梁之间、房屋的框架和墙板之间加弹性衬垫，如毛毡、软木、橡皮等材料，或在楼板上加弹性地毯、木地板等柔软材料。

目前噪声已成为一种严重的环境污染，建筑物的声环境问题越来越受到人们的关注和重视。选用适当的材料对建筑物进行吸声和隔声处理是建筑物噪声控制过程中最常用也是最基本的技术措施之一。材料吸声和材料隔声的区别在于，材料的吸声着眼于声源一侧反射声能的大小，目标是反射声能要小；材料隔声着眼于声源另一侧的透射声能的大小，目标是透射声要小。吸声材料对入射声能的衰减吸收一般只有十分之几，因此其吸声能力即吸声系数可以用小数来表示；而隔声材料的隔声能力是指透射声能衰减到入射声能的比例，为方便表达，其隔声量用分贝的计量方法表示。

1.3　材料的基本力学性质

材料的力学性质是指材料受外力作用时的变形行为及抵抗变形和破坏的能力，其是选用土木工程材料时应优先考虑的基本性质，通常包括强度、弹性、塑性、脆性、韧性、硬度、耐磨性等。土木工程材料的力学性质可以采用相应的试验设备和仪器，按照相关标准规定的方法和程序测出。材料力学性质的表征指数与材料的化学组成、晶体排列、晶粒大小、结构构成、外力特性、温度、加工方式等一系列内、外因素有关。

1.3.1　材料的强度与强度等级

1. 强度

强度是指材料抵抗力破坏的能力。当一个物体受到拉或压作用时，就认为该物体受到力的作用。如果力来自于物体的外部，则称为荷载。当材料受荷载作用时，内部就会产生抵抗荷载作用的内力，称为应力。其在数值上等于荷载除以受力面积，单位是 N/mm^2 或 MPa。荷载增大时，材料内部的抵抗力即应力也相应增加，当该应力值达到材料内部质点间结合力的最大值时材料破坏。因此，材料的强度即为材料内部抵抗破坏的极限荷载。

不同材料在力作用下破坏时表现出不同的特征，一般情况下可能出现下列两种情况之一：

（1）一种是应力达到一定值时出现较大的不可恢复的变形，则认为该材料被破坏，如低碳钢的屈服；

（2）另一种是应力达到极限值而出现材料断裂，几乎所有脆性材料的破坏都属于这种情况。

材料强度与材料组成、结构以及构造有很大关系，决定固体材料强度的内在因素是材料结构质点（原子、离子或分子）之间的相互作用力。如以共价键或离子键结合的晶体，其质点间结合力很强，因而具有较高的强度；以分子键结合的晶体，其结合力较弱，强度较低。材料的最高理论抗拉强度，可用下式表示：

$$f_{max} = \sqrt{\frac{E\gamma}{d}} \qquad (1-19)$$

式中　f_{max}——最高理论抗拉强度，MPa；

E——纵向弹性模量，MPa；

γ——材料的表面能，J/m^2；

d——原子间的距离，m。

对于土木工程材料而言，其实际强度总是远小于理论强度。这是由于材料实际结构都存在着许多缺陷，如晶格的位错、杂质、孔隙、微裂缝等。当材料受外力作用时，在裂缝尖端周围产生应力集中，局部应力将大大超过平均应力，导致裂缝扩展而引起材料破坏，这些都会导致工程处于不安全状态。因而，在土木工程材料设计中必须有一个与材料有关的安全系数。

根据外力作用方式的不同，材料强度有抗压强度、抗拉强度、抗弯强度及抗剪强度等，如图 1-3 所示。材料的抗压（图 1-3a）、抗拉（图 1-3b）及抗剪强度（图 1-3c）按下式计算：

$$f = \frac{F}{A} \qquad (1-20)$$

式中　f——材料抗压、抗拉或抗剪强度，MPa；

F——材料能承受的最大荷载，N；

A——材料的受力面积，mm^2。

矩形材料的抗弯强度与受力情况有关，当外力是作用于构件中央一点的集中荷载，且构件有两个支点（图 1-3d），材料截面为矩形时，抗弯强度按下式计算：

$$f_m = \frac{3FL}{2bh^2} \qquad (1-21)$$

式中　f_m——材料的抗弯（抗折）强度，MPa；

F——材料能承受的最大荷载，N；

L——两支点间距离，mm；

b——试件截面宽度，mm；

h——试件截面高度，mm。

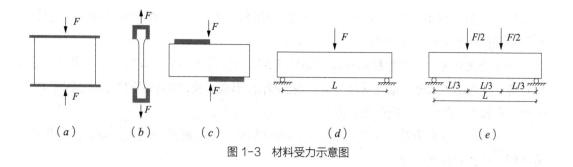

$$(a) \qquad (b) \qquad (c) \qquad (d) \qquad (e)$$

图1-3 材料受力示意图

抗弯强度试验的方法为在跨度的三分点上作用两个相等的集中荷载（图1-3e），这时材料的抗弯强度按下式计算：

$$f_m = \frac{FL}{bh^2} \qquad\qquad (1-22)$$

结构类型与状态不同的材料，对不同受力形式的抵抗能力可能不同，特别是材料的宏观构造不同时，其强度差别可能很大。对于内部构造非匀质的材料，其不同方向的强度或不同外力作用形式下的强度表现会有明显的差别。例如，水泥、混凝土、砂浆、砖、石材等非匀质材料的抗压强度较高，而抗拉、抗折强度却很低。土木工程常用结构材料的强度值范围见表1-3。

土木工程常用结构材料的强度值范围（单位：MPa） 表1-3

材料	抗压强度	抗拉强度	抗弯（折）强度	抗剪强度
钢材	215 ~ 1600	215 ~ 1600	—	200 ~ 355
普通混凝土	10 ~ 60	1 ~ 4	1 ~ 10	2.0 ~ 4.0
烧结普通砖	7.5 ~ 30	—	1.8 ~ 4.0	1.8 ~ 4.0
花岗岩	100 ~ 250	7 ~ 25	10 ~ 40	13 ~ 19
石灰岩	30 ~ 250	5 ~ 25	2 ~ 20	7 ~ 14
玄武岩	150 ~ 300	10 ~ 30	—	20 ~ 60
松木（顺纹）	30 ~ 50	80 ~ 120	60 ~ 100	6.3 ~ 6.9

材料的强度本质上就是其内部质点间结合力的表现。不同的宏观或细观结构，往往对材料内质点间结合力的特性具有决定性作用，从而使材料表现出大小不同的宏观强度或变形特性。影响材料强度的内在因素有很多，首先材料的组成决定了材料的力学性质，不同化学组成或矿物组成的材料具有不同的力学性质。其次是材料结构的差异，如结晶体材料中质点的晶型结构、晶粒的排列方式、晶格中存在的缺陷情况等；非结晶体材料中的质点分布情况、存在的缺陷或内应力等，凝胶结构材料中凝胶粒子的物理化学性质、粒子间黏结的紧密程度、凝胶结构内部的缺陷等；宏观状态下材料的结构类型，颗粒间的接触程度，粘结性质、孔隙等缺陷的多少及分布情况等。通常，材料内质点间的结合

力越强、孔隙率越小、孔分布越均匀或内部缺陷越少时，材料的强度可能越高。此外，有很多测试条件会对强度结果产生影响，主要包括：

（1）含水状态：大多数材料被水浸湿后或在吸水饱和状态下的强度低于干燥状态下的强度。这是由于水分被组成材料的微粒表面吸附，形成水膜，增大材料内部质点间距离，材料体积膨胀，削弱微粒间的结合力。

（2）温度：温度升高，材料内部质点的振动加强，质点间距离增大，质点间的作用力减弱，材料的强度降低。

（3）试件的形状和尺寸：相同的材料及形状，小尺寸试件的强度高于大尺寸试件的强度；相同的材料及受压面积，立方体试件的强度要高于棱柱体试件的强度。

（4）加荷速度：加荷速度快时，由于变形速度落后于荷载增长速度，故测得的强度值偏高；反之，因材料有充裕的变形时间，测得的强度值偏低。

（5）受力面状态：试件受力表面不平整或表面润滑时，所测强度值偏低。

由此可知，材料的强度是在特定条件下测定的数值。为了使试验结果准确且具有可比性，各个国家均制定了统一的材料试验标准。在测定材料强度时，必须严格按照规定的试验方法进行。强度是大多数材料划分等级的依据。

2. 强度等级

土木工程材料常按其强度值的大小划分为若干个强度等级，即材料的强度等级。将土木工程材料划分为若干强度等级，对掌握材料性质、合理选用材料、正确进行设计和控制工程质量都非常重要。同时，根据各种材料的特点组成复合材料，扬长避短，对产品质量和经济效益是非常有益的。混凝土、砌筑砂浆、普通砖、石材等脆性材料主要用于抗压，因而以抗压强度来划分等级；建筑钢材主要用于抗拉，以表示抗拉能力的屈服点作为划分等级的依据。

强度是材料的实测极限应力值，是唯一的，而每一个强度等级则包含一系列实测强度。如烧结普通砖按抗压强度分为 MU10 ~ MU30 共五个强度等级；硅酸盐水泥按 28d 的抗压强度和抗折强度分为 42.5 级 ~ 62.5 级共三个强度等级；普通混凝土按其抗压强度分为 C15 ~ C80 共十四个强度等级。通过标准规定将土木工程材料划分强度等级，对生产者和使用者均有重要意义，它可使生产者在控制质量时有据可依，从而保证产品质量；对使用者则有利于掌握材料的性能指标，以便于合理选用材料，正确地进行设计和便于控制工程施工质量。

比强度是指按单位体积质量计算的材料强度，即材料强度与其表观密度之比（f/ρ_0），它是衡量材料轻质高强特性的参数。比强度是评价材料是否轻质高强的指标，比强度越高，表明材料越轻质高强。应注意的是，不同材料主要承受外力作用的方式不同，所采用的强度也不同。如钢材比强度采用了屈服强度，而混凝土、砂浆等采用抗压强度。用比强度评价材料时应特别注意所采用的强度类型。

结构材料在土木工程中的主要作用就是承受结构荷载。对多数结构物来说，相当一部分的承载能力用于抵抗本身或其上部结构材料的自重荷载，只有剩余部分的承载能力才能用于抵抗外荷载。为此提高材料承受外荷载的能力，不仅应提高其强度，还应减轻其本身的自重。材料必须具有较高的比强度值，才能满足高层建筑及大跨度结构工程的要求。几种土木工程结构材料的比强度值见表1-4。

几种结构材料的参考比强度值　　　　　　　　表 1-4

材料（受力状态）	强度（MPa）	表观密度（kg·m⁻³）	比强度
玻璃钢（抗弯）	450	2000	0.225
低碳钢	420	7850	0.054
铝合金	450	2800	0.160
铝材	170	2700	0.063
花岗岩（抗压）	175	2550	0.069
石灰岩（抗压）	140	2500	0.056
松木（顺纹抗拉）	100	500	0.200
普通混凝土（抗压）	40	2400	0.017
烧结普通砖（抗压）	10	1700	0.006

1.3.2 弹性与塑性

在土木工程中，外力作用下材料的断裂就意味着工程结构的破坏，此时材料的极限强度就是确定工程结构承载能力的依据。但是，有些工程中即使材料本身并未断开，但在外力作用下质点间的相对位移或滑动过大也可能使工程结构丧失承载能力或正常使用状态，这种质点间相对位移或滑动的宏观表现就是材料的变形。

微观或细观结构类型不同的材料在外力作用下所产生的变形特性不同，相同材料在承受外力的大小不同时所表现出的变形也可能不同。弹性变形和塑性变形通常是材料的两种最基本的力学变形。

1. 弹性与弹性变形

材料在外力作用下产生变形，外力去除后能恢复为原来形状和大小的性质称为弹性，这种可恢复的变形称为弹性变形（图1-4a）。弹性变形的大小与其所受外力的大小成正比，其比例系数对某些弹性材料来说在一定范围内为一常数，这个常数被称为该材料的弹性模量，并以 E 表示，其计算公式为：

$$E=\frac{\sigma}{\varepsilon}$$

（1-23）

式中　σ——材料所承受的应力，MPa；

　　　ε——材料在应力 σ 作用下的应变。

弹性模量是反映材料抵抗变形能力的指标，其值越大，表明材料抵抗变形的能力越强，相同外力作用下的变形就越小，即刚性好。有些材料受力时应力与应变不成比例关系，但去除外力后变形也能完全恢复，这种物体叫作非胡可体，非胡可体的弹性模量不是一个定值。材料的弹性模量是土木工程结构设计和变形验算所依据的主要参数之一，几种常用土木工程材料的弹性模量见表1-5。

几种常用土木工程材料的弹性模量值（单位：$\times 10^4$MPa） 表1-5

材料	低碳钢	普通混凝土	烧结普通砖	木材	花岗岩	石灰岩	玄武岩
弹性模量	21	1.45 ~ 3.60	0.3 ~ 0.5	0.6 ~ 1.2	200 ~ 600	60 ~ 100	100 ~ 800

2. 塑性与塑性变形

材料在外力作用下产生变形，在其内部质点间不断开的情况下，外力去除后仍保持变形后形状和大小的性质就是塑性，这种不可恢复的变形称为塑性变形（图1-4b）。

一般认为，材料的塑性变形是因为内部的剪应力作用致使某些质点间相对滑移的结果。当所受外力很小时，材料几乎不产生塑性变形，只有当外力的大小足以使材料内质点间的剪应力超过其相对滑移所需的应力时，才会产生明显的塑性变形；而且当外力超过一定值时，外力不再增加时变形继续增加。在土木工程中，当材料所产生的塑性变形过大时，就可能导致其丧失承载能力。

许多材料的塑性往往受温度的影响较明显，通常较高温度下更容易产生塑性变形。有时，工程实际中也可利用材料的这一特性来获得某种塑性变形。例如，在土木工程材料的加工或施工过程中，经常利用塑性变形而使材料获得所需要的形状或使用性能。

理想的弹性材料或塑性材料很少见，大多数材料在受力时的变形既有弹性变形又有塑性变形。有的材料在受力一开始，弹性变形和塑性变形便同时发生，除去外力后，弹性变形可以恢复（ab），而塑性变形（Ob）不会消失，这类材料称之为弹塑性材料（图1-4c）。弹塑性材料发生在不同的材料或同一材料的不同受力阶段，可能以弹性变形为主，或以塑性变形为主。

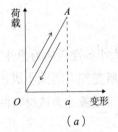 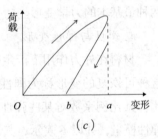

（a）　　　　　　　　　　（b）　　　　　　　　　　（c）

图1-4　材料在荷载作用下的变形曲线
（a）弹性变形曲线；（b）塑性变形曲线；（c）弹塑性变形曲线

1.3.3　脆性与韧性

1. 脆性

在外力作用下，材料未产生明显的变形而发生突然破坏的性质称为脆性（图1-5），具有这种性质的材料称为脆性材料。一般脆性材料的抗压强度较高，但抗冲击能力、抗振动能力、抗拉及抗折（弯）强度很差。土木工程中常用的无机非金属材料多为脆性材料，如天然石材、普通混凝土、砂浆、普通砖、玻璃及陶瓷等。

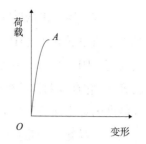

图 1-5　脆性材料的变形曲线

脆性材料有三个特征：①具有很高的弹性模量，这样在外力作用下变形较小；②塑性变形很小；③会发生低应力破坏，即破坏时应力明显低于材料强度。有很多表示材料脆性的方法，如抗拉强度与抗压强度之比、极限应变与弹性应变之比，以及材料破坏时单位面积所需要的断裂能等。

脆性是很多材料都会出现的问题，如钢铁材料在强度不断提高的同时也发现脆性越来越大，混凝土材料在强度提高时也表现出更为明显的脆性。很多情况下，不仅要求材料弹性模量高、强度高，还要求破坏时不是立即失效而是保持有一定的承载能力，这对于比较重要的结构体系是非常重要的。

2. 韧性

材料在振动或冲击等荷载作用下，能吸收较多的能量并产生较大的变形而不突然破坏的性质称为韧性。材料韧性的主要特征表现就是在荷载作用下能产生较明显的变形，在破坏过程中能够吸收较多的能量。衡量材料韧性的指标是材料的冲击韧性值，即破坏时单位断面所吸收的能量，并以 α_k 表示，其计算公式为：

$$\alpha_k = \frac{A_k}{A} \tag{1-24}$$

式中　α_k——材料的冲击韧性值，J/mm^2；

　　　A_k——材料破坏时所吸收的能量，J；

　　　A——材料受力截面积，mm^2。

对于韧性材料，在外力的作用下会产生明显的变形，并且变形随着外力的增加而增大，在材料完全破坏之前，施加外力产生的功被转化为变形能而被材料所吸收。显然，材料在破坏之前所产生的变形越大，且所能承受的应力越大时，它所吸收的能量就越多，表现为材料的韧性就越强。

桥梁、路面、工业厂房等土木工程的受振结构部位应选用韧性较好的材料。常用的韧性材料有低碳钢、低合金钢、铝材、橡胶、塑料、木材、竹材等，玻璃钢等复合材料也具有优良的韧性。

1.3.4　硬度与耐磨性

1. 硬度

硬度是指材料表面抵抗硬物压入或刻划的能力。土木工程中为保持建筑物的使用性能和外观，常要求材料具有一定的硬度，如部分装饰材料、预应力钢筋混凝土锚具等。

工程中用于表示材料硬度的指标有多种,对金属、木材等材料常以压入法检测其硬度,其方法有洛氏硬度(HR,它是以金刚石圆锥或圆球的压痕深度计算求得的硬度值)、布氏硬度(HB,它是以压痕直径计算求得的硬度值)等。天然矿物材料的硬度常用摩氏硬度表示,它是以两种矿物相互对刻的方法确定矿物的相对硬度,并非材料绝对硬度的等级,其硬度的对比标准分为十级,由软到硬依次分别为滑石、石膏、方解石、萤石、磷灰石、正长石、石英、黄玉、刚玉、金刚石,磨光天然石材的硬度常用肖氏硬度计检测。

2. 耐磨性

材料的耐磨性是指材料表面抵抗磨损的能力,材料的耐磨性常以磨损率 G 表示,其计算公式为:

$$G=\frac{m_1-m_2}{A} \tag{1-25}$$

式中　G——材料的磨损率,g/cm^2;

　m_1,m_2——材料磨损前后的质量,g;

　　A——材料试件受磨面积,cm^2。

材料的磨损率 G 值越低,表明该材料的耐磨性越好,一般硬度较高的材料耐磨性也较好。土木工程中有些部位经常受到磨损的作用,如路面、地面等。选择这些部位的材料时,其耐磨性应满足工程的使用寿命要求。

材料的硬度和耐磨性均与其内部结构、组成、孔隙率、孔特征、表面缺陷等有关。

1.4　材料的耐久性

材料在使用过程中,除受到各种外力作用外,还要受到环境中各种自然因素的破坏作用。材料在使用过程中抵抗各种环境因素的长期作用,并保持其原有性能而不破坏的性质称为耐久性。耐久性是土木工程材料的一种综合性质。随着社会的发展,人们对土木工程材料的耐久性更加重视,提高土木工程材料的耐久性就是延长工程结构的使用寿命。工程实践中,要根据材料所处的结构部位和使用环境等因素综合考虑其耐久性,并根据各种材料的耐久性特点合理地选用。

1.4.1　环境对材料的作用

土木工程材料时刻处在自然环境中,环境对材料具有一定的破坏作用,主要分为物理作用、化学作用、生物作用和机械作用。

(1)物理作用:主要有干湿交替、温度变化、冻融循环等,这些变化会使材料体积产生膨胀或收缩,或导致内部裂缝的扩展,长期反复作用将对材料产生破坏。

(2)化学作用:指酸、碱、盐等物质的水溶液或有害气体对材料产生的侵蚀作用,化学作用可使材料的组成成分发生质的变化,从而引起材料的破坏,如钢材锈蚀等。

（3）生物作用：指材料受到虫蛀或菌类的腐朽作用而产生的破坏，如木材等有机材料常会受到这种破坏作用的影响。

（4）机械作用：指材料在使用过程中受到各种冲击、磨损等作用，机械作用的本质是力的作用。

土木工程中材料的耐久性与破坏因素的关系见表1-6。

土木工程材料耐久性与破坏因素的关系 表 1-6

破坏因素分类	破坏原理	破坏因素	评定指标
渗透	物理	压力水、静水	渗透系数、抗渗等级
冻融	物理、化学	水、冻融作用	抗冻等级、耐久性系数
冲磨气蚀	物理	流水、泥砂	磨蚀率
碳化	化学	CO_2、H_2O	碳化深度
化学侵蚀	化学	酸、碱、盐及其溶液	*
老化	化学	阳光、空气、水、温度交替	*
钢筋锈蚀	物理、化学	H_2O、O_2、氯离子、电流	电位锈蚀率
碱集料反应	物理、化学	R_2O、H_2O、活性集料	膨胀率
腐朽	生物	H_2O、O_2、菌	*
虫蛀	生物	昆虫	*
热环境	物理、化学	冷热交替、晶型转变	*
火焰	物理	高温、火焰	*

注：* 表示可参考强度变化率、开裂情况、变形情况、破坏情况等进行评定。

从上述导致材料耐久性不良的作用来看，影响材料耐久性的因素主要有外因与内因两个方面。影响材料耐久性的内在因素主要有材料的组成与结构、强度、孔隙率、孔特征、表面状态等。当材料的组成和结构特点不能适应环境要求时便容易过早地产生破坏。

在进行土木工程结构设计时必须充分考虑材料的耐久性，根据实际情况和材料特点采取相应的措施来延长工程结构的使用寿命。工程中改善材料耐久性的主要措施有：根据使用环境选择材料的品种；采取各种方法控制材料的孔隙率与孔特征；改善材料的表面状态，增强其抵抗环境作用的能力。

1.4.2 耐水性

材料的耐水性是指材料长期在水作用下不破坏，强度也不显著降低的性质。衡量材料耐水性的指标是材料的软化系数，通常用下式计算：

$$K_R = \frac{f_b}{f_g} \tag{1-26}$$

式中　K_R——材料的软化系数；

　　　f_b——材料吸水饱和状态下的强度，MPa；

f_g——材料干燥状态下的强度，MPa。

软化系数可以反映材料吸水饱和后强度降低的程度，它是材料吸水后性质变化的重要特征之一。与此同时，材料吸水还会对材料的力学性质、光学性质、装饰性产生影响。许多材料吸水（或吸湿）后即使未达到饱和状态其强度也会下降，原因在于材料吸水后水分会分散在材料内微粒的表面，削弱了微粒间的结合力。当材料内含有可溶性物质时（石膏、石灰等），吸入的水还可能使其内部的部分物质被溶解，造成内部结构的解体及强度的严重降低。耐水性与材料的亲水性、可溶性、孔隙率、孔特征等均有关，工程中常从这几个方面改善材料的耐水性。

软化系数值一般在 0 ~ 1 之间，软化系数越小，表示材料的耐水性越差，工程中通常把 $K_R > 0.85$ 的材料作为耐水性材料。根据建筑物所处的环境，软化系数成为选择材料的重要依据。长期受水浸泡或处于潮湿环境的重要建筑物，必须选择软化系数不低于 0.85 的材料建造；用于受潮较轻或次要结构时，材料的 K_R 值也不得小于 0.75。

1.4.3 抗渗性

材料的抗渗性通常是指材料抵抗压力水渗透的能力。长期处于有压水中时，材料的抗渗性就是决定其工程使用寿命的重要因素。表示材料抗渗性的指标有两个，即渗透系数和抗渗等级。

对于防潮、防水材料，如油毡、瓦、沥青、沥青混凝土等材料，常用渗透系数表示其抗渗性。渗透系数是指在一定的时间 t 内透过的水量 Q，与材料垂直于渗水方向的渗水面积 A、材料两侧的水压差 H 成正比，与渗透距离（材料的厚度 d）成反比，以下式表示为：

$$K_s = \frac{Q \cdot d}{A \cdot t \cdot H} \tag{1-27}$$

式中　K_s——材料的渗透系数，cm/h；

　　　Q——时间 t 内的渗水总量，cm³；

　　　A——材料垂直于渗水方向的渗水面积，cm²；

　　　H——材料两侧的水压差，cm；

　　　t——渗水时间，h；

　　　d——材料的厚度，cm。

材料的 K_s 值越小，则说明其抗渗能力越强。

土木工程中，对一些常用材料（如混凝土、砂浆等）的抗渗（防水）能力常以抗渗等级表示。材料的抗渗等级是指材料用标准方法进行透水试验时，规定试件在透水前所能承受的最大水压力，并以符号"P"及可承受的水压力值（以 0.1MPa 为单位）表示。如防水混凝土的抗渗等级为 P6、P8、P12、P16、P20，表示其分别能够承受 0.6MPa、0.8MPa、1.2MPa、1.6MPa、2.0MPa 的水压而不渗水。因此，材料的抗渗等级越高，其抗渗性越强。

材料的抗渗性与其亲水性、孔隙率、孔特征、裂缝等缺陷有关，在其内部孔隙中，开口孔、连通孔是材料渗水的主要通道。良好的抗渗性是材料满足使用性能和耐久性的重要因素。工程中一般采用降低孔隙率、改善孔特征（减少开口孔和连通孔）、减少裂缝及其他缺陷或对材料进行憎水处理等方法来提高其抗渗性。

1.4.4 抗冻性

材料的抗冻性是指材料在吸水饱和状态下，能经受多次冻融循环作用而不破坏、强度也不严重降低的性质。材料的抗冻性用抗冻等级来表示，材料的抗冻等级是材料在吸水饱和状态下，经一定次数的冻融循环作用，其强度损失率不超过 25% 且质量损失率不超过 5%，并无明显损坏和剥落时所能抵抗的最多的冻融循环次数。材料的抗冻等级，以字符"F"及材料可承受的最大冻融循环次数表示，如 F25、F50、F100 等，分别表示此材料可承受 25 次、50 次、100 次的冻融循环。抗冻等级越高，材料的抗冻性越好。通常根据工程的使用环境和要求，确定对材料抗冻等级的要求。

材料在冻融循环作用下产生破坏力主要是因为材料内部孔隙中的水分结冰引起的。水结冰时体积膨胀约 9%，对材料孔壁产生巨大的压力而使孔壁开裂，使材料内部产生裂纹，强度下降。所以，材料的抗冻性主要与其孔隙率、孔特征、吸水性、抵抗胀裂的强度以及内部对局部变形的缓冲能力等有关，工程中常从这些方面改善材料的抗冻性。

1.4.5 耐候性

暴露于大气中的材料经常受阳光、风、雨、露、温度变化和腐蚀气体（如二氧化硫、二氧化碳、臭氧）等的侵蚀，材料对这些自然侵蚀的耐受能力称为耐候性。如在土木工程中经常对使用的各种防水材料、外墙涂料等要求具有良好的耐候性。根据材料的使用环境和要求，其他的耐久性指标还有很多，如耐化学腐蚀性、防锈性、防霉性等。

谈到建筑的安全性，人们首先想到的是结构物的承载能力和整体牢固性，即强度。所以长期以来人们主要依据结构物将要承受的各种荷载，包括静荷载、动荷载进行结构设计。但是，结构物是较长时间使用的产品，环境作用下材料性能的劣化最终会影响结构物的安全性。耐久性被用来衡量材料以至结构在长期使用条件下的安全性能。只有采用了耐久性良好的土木工程材料，才能保证工程的使用寿命。

材料的耐久性与结构的使用年限直接相关，耐久性好就可以延长结构物的使用寿命、减少维修费用，因耐久性不好带来的庞大维修费用也使一些国家的财政不堪重负。另外，由于土木工程所消耗材料的数量巨大，生产这些材料不但破坏生态、污染环境，而且有的资源已经枯竭，随着可持续发展观念的日益强化，土木工程的耐久性也日益受到重视。提高材料的耐久性对结构物的安全性和经济性均有重要意义。

提高材料的耐久性，要根据使用情况和材料特点采取相应的措施，如减轻环境的破坏作用、提高材料本身的密实性等以增强抵抗性，或对材料表面采取保护措施等，这对控制工程造价、保证工程长期正常使用、减少维修费用、延长使用寿命等均具有十分重要的意义。

1.5 材料的组成、结构和构造

材料的组成、结构和构造是决定材料性质的内在因素。要了解材料的性质，必须先了解材料的组成、结构与材料性质之间的关系。

1.5.1 材料的组成

材料的组成包括材料的化学组成、矿物组成和相组成，它是决定材料化学性质、物理性质、力学性质和耐久性的最基本因素。

1. 化学组成

化学组成是指构成材料的化学元素及化合物的种类与数量。金属材料的化学组成是以主要元素的含量表示，无机非金属材料以各种氧化物的含量表示，有机高分子材料采用基元（由一种或几种简单的低分子化合物重复连接而成，如聚氯乙烯由氯乙烯单体聚合而成）来表示。

当材料处于某种环境中时，材料与环境中的物质必然会按化学变化规律发生作用，这些作用是由材料的化学组成决定的。例如，钢材在空气中放置，空气中的水分和氧在时间的作用下与钢材中的铁元素发生反应形成氧化物造成钢材锈蚀破坏，但是在钢材中加入铬和镍的合金元素改变其化学元素组成就可以增加钢材的抗锈蚀能力。土木工程中可根据材料的化学组成来选用材料，或根据工程对材料的要求调整或改变材料的化学组成。

2. 矿物组成

通常将无机非金属材料具有一定化学成分、特定的晶体结构以及物理力学性能的单质或化合物称为矿物。矿物组成是指构成材料的矿物种类和数量。材料的矿物组成是决定材料性质的主要因素。无机非金属材料通常是以各种矿物的形式存在，而非以元素或化合物的形式存在。化学组成相同时，若矿物组成不同，材料的性质也会不同。例如化学成分组成为二氧化硅、氧化钙的原料，经加水搅拌混合后，在常温下硬化成石灰砂浆，而在高温高湿下将硬化成灰砂砖，由于二者的矿物组成不同，其物理性质和力学性质也截然不同。又如水泥，即使化学组成相同，如果其熟料矿物组成不同或含量不同，会使水泥的硬化速度、水化热、强度、耐腐蚀性等硬质产生很大的差异。

3. 相组成

材料中结构相近、性质相同的均匀部分称为相。自然界中的物质可分为气相、液相、固相三种形态。同种物质在不同的温度、压力等环境条件下也常常会转变其存在的状态，一般称为相变。土木工程材料中，同种化学物质由于加工工艺的不同，温度、压力等环境条件的不同，可形成不同的相，如气相转变为液相或者固相。例如，铁碳合金中就有铁素体、渗碳体和珠光体。土木工程材料大多数是多相固体材料，这种由两相或两相以上的物质组成的材料称为复合材料。例如，混凝土可认为是由集料颗粒（集料相）分散在水泥浆体（基相）中所组成的两相复合材料。

复合材料的性质与构成材料的相组成和界面特性有密切关系。所谓界面是指多相材料中相与相之间的分界面。在实际材料中，界面是一个各种性能尤其是强度性能较为薄弱的区域，它的成分和结构与相内的部分是不一样的，可作为"相界面"来处理。因此，对于土木工程材料，可通过改变和控制其相组成和界面特性来改善和提高材料的技术性能。

1.5.2 材料的结构

材料的性质除与材料组成有关外，还与其结构有密切关系。材料的结构泛指材料各组成部分之间结合方式排列分布的规律。结构是材料的宏观存在状态。材料的宏观结构是可用肉眼或一般显微镜就能观察到的外部和内部结构。通常按材料结构的尺寸范围可分为宏观结构、细观结构和微观结构。

1. 宏观结构

材料的宏观结构是指用肉眼或放大镜可直接观察到的结构和构造情况，其尺寸范围在 10^{-3}m 级以上。材料的性质与其宏观结构有着密切的关系，材料结构可以影响材料的体积、密度、强度、导热系数等物理力学性能。材料的宏观结构不同，即使材料的组成或微观结构相同或相似，材料的性质与用途也不同。例如，玻璃和泡沫玻璃的组成相同，但宏观结构不同，其性质截然不同，玻璃用作采光材料，泡沫玻璃用作绝热材料。

孔是材料中较为奇特的组成部分，它的存在并不会影响材料的化学组成和矿物组成，但明显影响材料的使用性能。按材料宏观孔特征的不同，可将材料划分为如下宏观结构类型：

（1）致密结构：基本上无宏观层次空隙存在的结构。建筑工程中所用材料属于致密结构的主要有金属材料、玻璃、沥青等，部分致密的石材也可认为是致密结构。这类材料强度和硬度高，吸水性小，抗冻性和抗渗性好。

（2）多孔结构：孔隙较为粗大，且数量众多的结构。如加气混凝土砌块、泡沫混凝土、泡沫塑料及其他人造轻质多孔材料等。这类材料质量轻，保温隔热，吸声隔声性能好。

（3）微孔结构：具有微细孔隙的结构。如石膏制品、蒸压灰砂砖等。

按材料存在状态和构造特征的不同，可将材料划分为如下宏观结构类型：

（1）纤维结构：指由木纤维、玻璃纤维、矿物纤维等纤维状物质构成的材料结构。其特点在于主要组成部分为纤维状。如果纤维呈规则排列则具有各向异性，即平行纤维方向与垂直纤维方向的强度、导热系数等性质都具有明显的方向性；平行纤维方向的抗拉强度和导热系数均高于垂直纤维方向。木材、玻璃钢、岩棉、钢纤维增强水泥混凝土、纤维增强水泥制品等都属于纤维结构。

（2）层状结构：指天然形成或采用黏结等方法将材料叠合成层状的材料结构。它既具有聚集结构黏结的特点，又具有纤维结构各向异性的特点。这类结构能够提高材料的强度、硬度、保温及装饰等性能，扩大材料使用范围。胶合板、纸面石膏板、蜂窝夹芯板、各种新型节能复合墙板等都是层状结构。

（3）散粒结构：指松散颗粒状的材料结构。其特点是松散的各部分不需要采用黏结或其他方式连接，而是自然堆积在一起。如用于路基的黏土、砂、石，用于绝缘材料的粉状或粒状填充料等。

（4）聚集结构：指散、粒状材料通过胶凝材料粘结而成的材料结构。其特点在于包含了胶凝材料和散、粒状材料两部分，胶凝材料的粘结能力对其性能有较大影响。水泥混凝土、砂浆、沥青混凝土、木纤维水泥板、蒸压灰砂砖等均可视为聚集结构。

2. 细观结构

材料的细观结构（亚微观结构）是指用光学显微镜所能观察到的结构，是介于宏观和微观之间的结构。其尺寸范围在 $10^{-6} \sim 10^{-3}$m。土木工程材料的细观结构应针对具体材料分类研究。对于水泥混凝土，通常是研究水泥石的孔隙结构及界面特性等；对于金属材料，通常是研究其金相组织、晶界及晶粒尺寸等；对于木材，通常是研究木纤维、导管、髓线组织等。

材料细观结构层次上各种组织的特征、数量、分布和界面性质对材料的性能都有重要影响。例如，钢材的晶粒尺寸越小，钢材的强度越高。又如，混凝土中毛细孔的数量减少、孔径减小，将使混凝土的强度和抗渗性等提高。因此，对于土木工程材料而言，从显微结构层次上研究并改善材料的性能十分重要。

3. 微观结构

材料的微观构造是指原子或分子层次的结构。对于微观结构，需借助电子显微镜、X射线、震动光谱和光电子能谱等来分析研究该层次上的结构特征。一般认为，微观结构尺寸范围在 $10^{-10} \sim 10^{-6}$m。在微观结构层次上，固体材料可分为晶体、玻璃体、胶体等。

（1）晶体

晶体是指材料的内部质点（离子、原子、分子）呈现规则排列的、具有一定结晶形状的固体。因其各个方向的质点排列情况和数量不同，故晶体具有各向异性，如结晶完好的石英晶体各方向上的导热性能不同。然而，许多晶体材料是由大量排列不规则的晶粒组成的，因此所形成的材料在宏观上又具有各向同性，如钢材。

按晶体质点及结合键的特性，可将晶体分为原子晶体、离子晶体、分子晶体和金属晶体四种类型。不同类型的晶体所组成的材料表现出不同的性质。

1）原子晶体：是由中性原子构成的晶体，其原子间由共价键连接。原子之间靠数个共用电子结合，具有很大的结合能，故结合比较牢固。这种晶体的强度、硬度与熔点都比较高，密度小。石英、金刚石、碳化硅等属于原子晶体。

2）离子晶体：是由正、负离子所构成的晶体。离子是带电荷的，它们之间靠静电吸引力（库伦引力）所形成的离子键来结合。离子晶体一般比较稳定，其强度、硬度、熔点较高，但在溶液中会离解成离子，密度中等、不耐水。NaCl、KCl、CaO、$CaSO_4$ 等属于离子晶体。

3）分子晶体：是依靠范德华力进行结合的晶体。范德华力是中性的分子由于电荷的非对称分布而产生的分子极化，或是由于电子运动而发生的短暂极化所形成的一种结合力。因为范德华力较弱，故分子晶体硬度小、熔点低、密度小。大部分有机化合物均属于分子晶体。

4）金属晶体：是由金属阳离子排列成一定形式的晶格。如体心立方晶格、面心立方晶格和紧密六方晶格。金属晶体质点间的作用力是金属键。金属键是晶格间隙中可自由运动的电子（自由电子）与金属正离子的相互作用（库伦引力）。自由电子使金属具有良好的导热性及导电性，其强度、硬度变化大，密度大。钢材、铸铁、铝合金等金属材料均属于金属晶体。金属晶体在外力作用下具有弹性变形的特点，但当外力达到一定程度时，由于某一晶面上的剪应力超过一定限度，沿该晶面将会发生相对滑动，因而会使材料产生塑性形变。低碳钢、铜、铝、金、银等有色金属都是具有较好塑性的材料。

晶体内质点的相对密集程度、质点间的结合力和晶粒的大小对晶体材料的性质有重要影响。以碳素钢材为例，因为晶体内的质点相对密集程度高，质点间又以金属键连接，其结合力强，所以钢材具有较高的强度和较大的塑性变形能力。如再经热处理使晶粒更细小、均匀，则钢材的强度还可以提高。又因为其晶格间隙中存在有自由运动的电子，所以使钢材具有良好的导电性和导热性。

硅酸盐在土木工程材料中占有重要地位，它的结构主要是由硅氧四面体单元 SiO_4 和其他金属离子结合而成，其中既有共价键，也有离子键。在这些复杂的晶体结构中，化学键结合的情况也是相当复杂的。SiO_4 四面体可以形成链状结构，如石棉，其纤维与纤维之间的作用力要比链状结构方向上的共价键弱得多，所以容易分散成纤维状；云母、滑石等则是由 SiO_4 四面体单元互连接形成的片状结构，许多片状结构再叠合成层状结构，层与层之间是通过范德华力结合的，故其层间作用力很弱（范德华力比其他化学键力弱），此种结构容易剥成薄片；石英是由 SiO_4 四面体形成的立体网状结构，所以具有坚硬的质地。

（2）玻璃体

玻璃体是熔融的物质经急冷而形成的无定形体。如果熔融物冷却速度慢，内部质点可以进行有规则地排列而形成晶体；如果冷却速度较快，降到凝固温度时，它具有很大的黏度，致使质点来不及按一定规律进行排列就已经凝固成固体，此时得到的就是玻璃体结构。玻璃体是非晶体，质点排列无规律，因而具有各向同性。玻璃体没有固定的熔点，加热时会出现软化。

在急冷过程中，质点间的能量以内能的形式储存起来。因而，玻璃体具有化学不稳定性，即具有潜在的化学活性，在一定条件下容易与其他物质发生化学反应。粉煤灰、火山灰、粒化高炉矿渣等都含有大量玻璃体成分，这些成分赋予它们潜在的活性。

（3）胶体

胶体是指以粒径为 $10^{-9} \sim 10^{-7}$m 的固体颗粒作为分散相（称为胶粒），分散在连续相介质中所形成的分散体系。

胶体根据其分散相和介质的相对含量不同,分为溶胶结构和凝胶结构。若胶粒较少,连续相介质性质对胶体结构的强度及变形性质影响较大,这种胶体结构称为溶胶结构。若胶粒数量较多,胶粒在表面能的作用下发生凝聚作用,或由于物理、化学作用使胶粒彼此相连,形成空间网络结构,从而使胶体结构的强度增大,变形性减小,形成固体或半固体状态,这种胶体结构称为凝胶结构。

胶体的分散相(胶粒)很小,比表面积很大。因而胶体表面能大,吸附能力很强,质点间具有很强的黏结力。凝胶结构具有固体性质,但在长期应力作用下会具有黏性液体的流动性质。这是由于胶粒表面有一层吸附膜,膜层越厚,流动性越大。如混凝土中含有大量水泥水化时形成的凝胶体,混凝土在应力作用下具有类似液体的流动性质,会产生不可恢复的塑性变形。

与晶体及玻璃体结构相比,胶体结构强度较低、变形能力较大。

近十几年来,纳米结构开始成为技术人员关注的焦点。纳米(nanometer)是一种几何尺寸的度量单位,简写为 nm。$1nm=10^{-9}m$,相当于 10 个氢原子排列起来的长度。纳米结构是指至少在一个维度上尺寸介于 1 ~ 100nm 之间的结构,属于微观结构范畴。纳米结构的基本结构单元有团簇、纳米微粒、人造原子等。由于纳米微粒和纳米固体有小尺寸效应、表面界面效应等基本特性,纳米微粒组成的纳米材料具有许多独特的物理和化学性能,因而其得到了迅速发展,在土木工程中也得到了应用,如纳米涂料。

1.5.3 材料的构造

材料的构造是指组成物质的质点是以何种形式联结在一起的,物质内部的这种微观构造与材料的强度、硬度、弹塑性、熔点、导电性、导热性等重要性质有密切的联系。

随着材料学和工程理论与技术的不断发展,深入研究材料的组成、结构、构造和材料性能之间的关系,不仅有利于为包括土木工程在内的各种工程正确选用材料,而且会加速人类自由设计生产工程所需的特殊性能新材料的进展。

【本章小结】

材料的组成是决定材料化学性质、物理性质、力学性质和耐久性的最基本因素,材料的组成包括材料的化学组成、矿物组成和相组成。材料的密度是材料在绝对密实状态下单位体积的质量。表观密度是材料在自然状态下不含开口孔时单位体积的质量。堆积密度是指粉状或粒状材料在自然堆积状态下单位堆积体积的质量。材料孔隙率的大小反映了材料的密实程度,孔隙率越大,则密实度越小。空隙率反映了堆积材料中颗粒间隙的多少。材料与水接触时能被水浸润的性质称为亲水性,不能被水浸润的性质称为憎水性,用湿润角表示。材料在水中吸水的能力称为吸水性,在潮湿空气中吸收水分的性质称为吸湿性。材料传导热量的性质称为导热性，常用导热系数表示。材料能吸收声音的性质称为吸声性，用吸声系数来表示。材料在外力作用下抵抗破坏的能力称为强度。比强度是按单位体积质量计算的材料强度，其值等于材料强度与其表观密度之比。比强度是衡量材料轻质高强的重要指标。材料在外力作用下产生变形，当外力去除后，变形能完全消失的性质称为弹性；当外力去除之后，材料仍保留一部分残余变形且不产生裂缝的性质称为塑性。材料在长期使用过程中抵抗周围各种介质的侵蚀而不被破坏的性质称为耐久性。其主要包括耐水性、抗渗性、抗冻性、耐候性等。

复习思考题

1. 名词解释：

密度；表观密度；堆积密度；孔隙率；空隙率；密实度；亲水性；憎水性；吸水性；吸湿性；平衡含水率；强度；比强度；导热性；比热；弹性；塑性；脆性；韧性；耐久性；晶体；玻璃体；胶体

2. 材料的密度、表观密度和堆积密度的差异是什么？

3. 如何区分亲水性材料和憎水性材料？

4. 材料的吸水性和吸湿性有何区别和联系？材料含水后对材料性能有何影响？

5. 材料的耐燃性和耐火性有何区别？

6. 材料吸声和隔声的区别是什么？

7. 哪些因素会对材料强度结果产生影响？

8. 简述材料弹性、塑性、脆性和韧性之间的关系。

9. 影响材料抗渗性和抗冻性的因素有哪些？

10. 当某一建筑材料的孔隙率增大时，表 1-7 内的其他性质将如何变化？

材料性质变化汇总表　　　　　　　　　　　表 1-7

孔隙率	密度	表观密度	强度	吸水率	抗冻性	导热性
增大						

11. 某岩石的密度为 2.75g/cm³，孔隙率为 1.5%；今将该岩石破碎为碎石，测得碎石的堆积密度为 1560kg/m³。试求此岩石的表观密度和碎石的孔隙率。

12. 现有某石的干燥试样，称得其质量为 253g，将其浸水饱和，测得排除水的体积为 114cm³；将其取出擦干表面并再次放入水中，测得排除水的体积为 117cm³。若试样体积无膨胀，求此石材的体积密度、表观密度、质量吸水率和体积吸水率。

第2章 气硬性无机胶凝材料

【本章要点】

本章介绍了胶凝材料的概念和分类，着重介绍了石膏、石灰、水玻璃和菱苦土等材料的生产、硬化特性和应用。

【学习目标】

熟悉石灰的生产、消化和硬化；掌握过火石灰的概念以及它对石灰质量的影响、石灰的特性和应用；了解建筑石膏的生产、水化和硬化过程，建筑石膏的特性和应用，水玻璃、菱苦土的组成、特性和应用。

2.1 概述

凡能在物理、化学作用下，从具有可塑性的浆体逐渐变成坚固石状体的过程，能将其他物料胶结为整体并具有一定机械强度的物质，统称为胶凝材料，又称胶结料。

依据化学成分，可将胶凝材料分为有机和无机两大类；依据硬化条件，又可将胶凝材料分为水硬性和气硬性两大类（图 2-1）。

气硬性无机胶凝材料是指只能在空气中凝结硬化，保持并发展其强度的胶凝材料。气硬性无机胶凝材料在水中不能发生硬化，因此不具有强度。同时，由气硬性胶凝材料

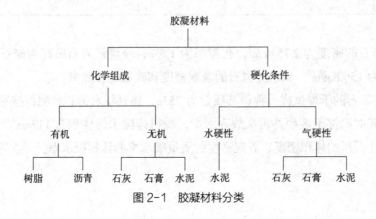

图 2-1 胶凝材料分类

制备的试样或者制品在水的长期作用下还会发生"腐蚀"（主要指水化产物的缓慢溶解），造成其强度显著降低，甚至发生破坏。因此，在气硬性胶凝材料的使用过程中应尽量保持周围环境干燥。

水硬性无机胶凝材料是指既能在空气中硬化，同时也能在水中硬化，且能保持并发展其强度的胶凝材料。

2.2　石膏

石膏是一种以硫酸钙为主要成分的气硬性无机胶凝材料，其应用有着悠久的历史。石膏与石灰、水泥并列为胶凝材料中的三大支柱。石膏作为建筑材料，不仅原料来源丰富、生产工艺简单，同时其制品还具有质轻、耐火、隔声、绝热等突出优势，因此采用石膏材料与制品对于节约建筑资源、提高建筑技术水平有很大的作用。

2.2.1　石膏的原材料

生产石膏的原料有天然二水石膏、天然硬石膏及化工生产中的副产品——化学石膏。天然二水石膏（$CaSO_4 \cdot 2H_2O$），又称生石膏或软石膏，是生产建筑石膏最主要的原料。天然硬石膏（$CaSO_4$），又称硬石膏，它结晶紧密、质地坚硬，是生产硬石膏水泥的原料。化学石膏，是含有二水硫酸钙（$CaSO_4 \cdot 2H_2O$）和硫酸钙（$CaSO_4$）的化工副产品。

2.2.2　建筑石膏的生产

由天然二水石膏或化学石膏经过一定的温度加热煅烧，使二水石膏脱水分解，得到以半水石膏为主要成分的产品，即为建筑石膏（$CaSO_4 \cdot 0.5H_2O$），又称熟石膏或半水石膏。生产建筑石膏的设备主要有回转窑、连续式或间断式炒锅等。根据脱水分解时采用的温度和压力等条件不同，所制备的产品又可分为 α 型建筑石膏和 β 型建筑石膏（图2-2）。

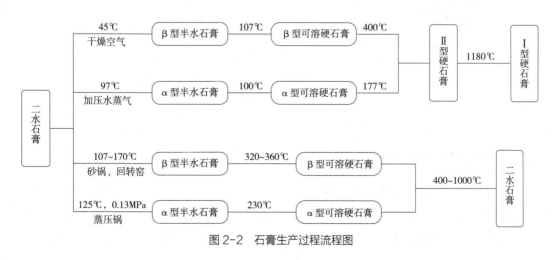

图2-2　石膏生产过程流程图

β 型建筑石膏是建筑石膏的主要形式。β 型建筑石膏晶体较细，调制成一定量浆体时需水量大，因此在硬化后孔隙多、强度低。α 型建筑石膏晶体较粗，因此需水量小，在硬化后孔隙少、强度高。

2.2.3 建筑石膏的凝结硬化过程

建筑石膏与适量的水混合，最初形成可塑性浆体，但浆体很快会失去塑性，并产生强度而发展成为坚硬的固体。这个过程实为 β 型半水石膏重新水化放热生产二水石膏的化合反应过程，如式（2-1）所示。

$$CaSO_4 \cdot \frac{1}{2}H_2O + H_2O \longrightarrow CaSO_4 \cdot 2H_2O \qquad (2-1)$$

当将建筑石膏与水进行混合后，随着浆体中自由水分的水化消耗、蒸发及被水化产物吸附，自由水不断减少，浆体逐渐变稠而失去可塑性，这一过程称为石膏的凝结。在失去可塑性的同时，随着二水石膏沉淀的不断增加、二水石膏胶体微粒逐渐变为晶体、结晶体的不断生成和长大，晶体颗粒之间便产生摩擦力和黏结力，造成浆体的塑性开始下降，这一现象称为石膏的初凝。随着晶体颗粒间摩擦力和黏结力的逐渐增大，浆体的塑性很快下降，直至消失，这种现象称为石膏的终凝。石膏终凝后，其晶体颗粒仍在不断长大和连生，随着晶体颗粒间的相互搭接、交错、共生，形成相互交错且孔隙率逐渐减小的结构，其强度也会不断增大，直至水分完全蒸发，形成硬化后的石膏结构，这一过程称为石膏的硬化。石膏浆体的凝结和硬化实际上是交叉进行的。这个过程实质上是一个连续进行的过程，在整个进行过程中既有物理变化又有化学变化（图 2-3）。

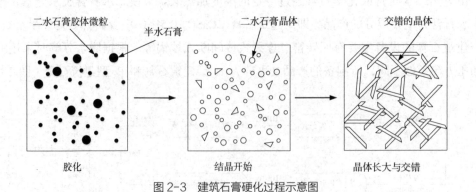

图 2-3 建筑石膏硬化过程示意图

2.2.4 建筑石膏主要的技术性质

建筑石膏呈洁白粉末状，密度为 2600 ~ 2750kg/m³，堆积密度为 800 ~ 1100kg/m³，属轻质材料。基于工程特点及建筑要求，依据细度、凝结时间和强度对建筑等级进行了划分（表 2-1）。按原材料种类不同，建筑石膏可分为天然建筑石膏（N）、脱硫建筑石膏（S）和磷建筑石膏（P）三大类。建筑石膏易受潮吸湿、凝结硬化快，因此在运输、贮存过程中应注意避免受潮。石膏长期存放强度也会降低，一般贮存三个月后强度会下降30%左右，所以建筑石膏的贮存时间不得超过三个月，若超过需要对其进行重新检测以确定其等级。

建筑石膏等级标准（《建筑石膏》GB/T 9776—2008） 表2-1

等级		1.6	2.0	3.0
2h 强度（MPa）	抗折强度，≥	1.6	2.0	3.0
	抗压强度，≥	3.0	4.0	6.0
细度（%）	0.2mm 方孔筛筛余，≤	10.0		
凝结时间（min）	初凝时间，≥	3.0		
	终凝时间，≥	30.0		

1. 凝结硬化快

建筑石膏的初凝和终凝时间都很短，加水后数分钟即可凝结，终凝时间不超过30min，在室温自然干燥条件下，约1周时间可完全硬化。为施工方便，常掺加适量的缓凝剂，如硼砂、经石灰处理过的动物胶（掺量为0.1% ~ 0.2%）、亚硫酸盐酒精废液（掺量为1% 石膏质量）、聚乙烯醇等。缓凝剂的作用在于降低半水石膏的溶解度，但会使制品的强度有所下降。

2. 硬化制品的孔隙率大，表观密度小，保温、吸声性能好

建筑石膏水化反应的理论需水量仅为其质量的18.6%，但施工中为了保证浆体有必要的流动性，其加水量常达60% ~ 80%，多余水分蒸发后将形成大量孔隙，硬化体的孔隙率可达50% ~ 60%。由于硬化体为多孔结构，因此建筑石膏制品具有表观密度（800 ~ 1000kg/m³）较小、质轻、保温隔热性能好和吸声性强等优点。

3. 具有一定的调温调湿性

由于建筑石膏为多孔结构，吸湿性强，使得石膏制品的热容量大。在室内温度、湿度变化时，由于制品的"呼吸"作用，使环境温度、湿度能得到一定的调节。

4. 凝固时体积微膨胀

建筑石膏在凝结硬化时具有微膨胀性，其体积膨胀率约为0.1%。这种特性可使成型的石膏制品表面光滑、轮廓清晰、线、角、花纹图案饱满，尺寸准确，干燥时不产生收缩裂缝，特别适用于刷面和制作建筑装饰饰品。

5. 防火性好

石膏制品在受到高温或者遇火后，会脱出其中约21%的结晶水，制品表面形成的水蒸气幕可阻止火势蔓延。同时，脱水后的石膏制品因孔隙率增加，导热系数变小、传热慢，进一步提高了临时防火效果。但建筑石膏不宜长期在65℃以上的高温部位使用，以免二水石膏缓慢脱水分解而降低强度。

6. 耐水性、抗冻性差

石膏硬化体孔隙率高，具有很强的吸湿性和吸水性，并且二水石膏微溶于水，长期浸水使其强度降低。若吸水后受冻，则孔隙内的水分结冰，产生体积膨胀，石膏体破坏。为提高石膏的耐水性，可通过添加矿粉、粉煤灰等活性混合材，或者掺加防水剂、进行表面防水处理等。

2.2.5 建筑石膏的应用

在建筑工程中，建筑石膏应用广泛，如做各种石膏板材、装饰制品、空心砌块、人造大理石及室内粉刷等。

1. 室内抹灰及粉刷

石膏洁白细腻，用于室内抹灰、粉刷具有良好的装饰效果。经石膏抹灰后的墙面、顶棚还可直接涂刷涂料、粘贴壁纸等。因建筑石膏凝结快，用于抹灰、粉刷时需加入适量缓凝剂及附加材料（硬石膏或煅烧黏土质石膏、石灰膏等）配制成粉刷石膏，其凝结时间可控制为略大于1h，抗压和抗折强度及硬度应满足设计要求。

2. 制作石膏制品

由于石膏制品质轻，且可锯、可刨、可钉，加工性能好，同时石膏凝结硬化快，制品可连续生产，工艺简单、能耗低、生产效率高，施工时制品拼装快，可加快施工进度等。所以，石膏制品在我国有着广泛的发展前途，是当前着重发展的新型轻质材料之一。目前，我国生产的石膏制品主要有纸面石膏板、纤维石膏板、石膏空心条板、石膏装饰板、石膏吸声板以及各种石膏砌块等。建筑石膏配以纤维增强材料、胶粘剂等，还可以制作各种石膏角线、线板、角花、雕塑艺术装饰制品等。

2.2.6 其他品种石膏简介

1. 模型石膏

模型石膏是煅烧二水石膏生成的熟石膏，若其中杂质含量少，SKI较白粉磨较细的称为模型石膏。它比建筑石膏凝结快、强度高，主要用于制作模型、雕塑、装饰花饰等。

2. 高强度石膏

高强度石膏是将二水石膏放在压蒸锅内，在1.3个大气压（124℃）下蒸炼生成的。α型半水石膏磨细后就是高强度石膏。这种石膏硬化后具有较高的密实度和强度。高强度石膏适用于强度要求高的抹灰工程、装饰制品和石膏板。掺入防水剂后，其制品可用于湿度较高的环境中，也可加入有机溶液中配成胶粘剂使用。

3. 无水石膏水泥

将天然二水石膏加热至400～750℃时，石膏将完全失去水分，成为不溶性硬石膏，将其与适量激发剂混合磨细后即为无水石膏水泥。无水石膏水泥适宜在室内使用，主要用以制作石膏板或其他制品，也可用作室内抹灰。

4. 地板石膏

如果将天然二水石膏在 800℃以上煅烧，使部分硫酸钙分解出氧化钙，磨细后的产品称为高温煅烧石膏，亦称地板石膏。地板石膏硬化后有较高的强度和耐磨性，抗水性也好，所以主要用作石膏地板，用于室内地面装饰。

2.3 石灰

石灰一般是指包含不同化学组成和物理形态的生石灰（CaO）、消石灰（Ca(OH)$_2$）、水硬性石灰的统称。石灰作为建筑史上最早使用的气硬性无机胶凝材料之一，其来源丰富、生产工艺简单、成本低廉且使用方便，所以一直被广泛使用。

水硬性石灰是以泥灰质石灰石（含 50% ~ 70% 的碳酸钙，25% ~ 50% 的黏土矿物）为原料，经较高温度（约 1100℃）煅烧后所得的产品。除含有氧化钙（CaO）外，石灰还含有一定量的氧化镁（MgO）、硅酸二钙（2CaO·SiO$_2$）、铝酸一钙（CaO·Al$_2$O$_3$）等。

2.3.1 石灰的原材料

生石灰是以碳酸钙为主要成分，在低于烧结温度下煅烧所得的产物（CaO）。生产生石灰的原料主要有天然石灰岩、白垩、白云质石灰岩等，以及一些化学工业副产品。这些原料主要含碳酸钙（CaCO$_3$）以及少量碳酸镁（MgCO$_3$）、二氧化硅（SiO$_2$）和氧化铝（Al$_2$O$_3$）等杂质。

2.3.2 石灰的制备

对石灰石、白垩等主要成分为碳酸钙的天然岩石在一定温度下进行加热煅烧，使碳酸钙分解，得到以氧化钙为主要成分的产品即为生石灰，如式（2-2）所示。

$$CaCO_3 \xrightarrow[\triangle]{1000 \sim 1300℃} CaO + CO_2 \ (\uparrow) \tag{2-2}$$

煅烧过程对石灰质量有很大影响。煅烧温度过低或时间不足，会使生石灰中残留有未分解的 CaCO$_3$，此时的石灰称为欠火石灰或生烧石灰，欠火石灰中 CaO 含量低，降低了石灰的质量等级和利用率；若煅烧温度超过烧结温度或煅烧时间过长，将出现过烧石灰，过烧石灰质地密实，所以消化十分缓慢。

由于加工方法、石灰中 MgO 含量及消化速度等的不同，可将石灰划分成不同的类型。其中，根据加工方法不同，石灰可以分为块状生石灰、磨细生石灰、消石、石灰浆、石灰乳和石灰水。根据石灰中 MgO 含量不同，可分为低镁（钙质）石灰（MgO 含量小于 5%）、镁质石灰（MgO 含量为 5% ~ 20%）和白云质石灰（高镁石灰，MgO 含量为 20% ~ 40%）。根据消化速度，可分为快速消化石灰（10min 以内）、中速消化石灰（10 ~ 30min）和低速消化石灰（大于 30min）三种。其中，消化速度是指一定量的生石灰粉在标准条件下与一定量水混合时，达到最高温度所需的时间。此外，根据石灰消化时达到的温度指标，可分为高热石灰（高于 70℃）和低热石灰（低于 70℃）两种。

石灰的另一来源是化学工业副产品。例如，用水作用于碳化钙（即电石）以制取乙炔时所产生的电石渣，其主要成分是氢氧化钙，即消石灰（或称熟石灰）。

2.3.3 石灰的熟化和硬化

生石灰的熟化，又称消化或消解，是指生石灰与水作用生成氢氧化钙（Ca（OH）$_2$）的化学反应过程，如式（2-3）所示。

$$CaO+H_2O \longrightarrow Ca(OH)_2+64.9kJ \tag{2-3}$$

经消化所得的氢氧化钙称为消石灰（又称熟石灰）。生石灰具有强烈的水化能力，水化时反应强烈，放出大量的热，同时体积膨胀 1 ~ 2.5 倍。一般煅烧良好、氧化钙含量高、杂质少的生石灰，不但消化速度快、放热量大，而且体积膨胀也大。

过烧石灰消化速度极慢，当石灰抹灰层中含有这种颗粒时，由于它吸收空气中的水分继续消化，体积膨胀，致使墙面隆起、开裂，严重影响施工质量。为了消除过烧石灰的危害，一般在工地上将生石灰进行一周以上的熟化处理，也称"陈伏"。陈伏期间，为防止石灰碳化，应在其表面保存一定厚度的水层，使之与空气隔绝。

石灰浆体的硬化包含结晶和碳化两个过程。

干燥时，石灰浆体中多余水分蒸发或被砌体吸收而使石灰粒子紧密接触，获得一定强度。随着游离水的减少，氢氧化钙逐渐从饱和溶液中结晶出来，形成结晶结构网，使强度继续增加。

由于空气中有 CO_2 存在，Ca（OH）$_2$ 在有水的条件下与之反应生成 $CaCO_3$，如式（2-4）所示。

$$Ca(OH)_2+CO_2+nH_2O \longrightarrow CaCO_3+（n+1）H_2O \tag{2-4}$$

新生成的碳酸钙晶体相互交叉连生或与氢氧化钙共生，构成较紧密的结晶网，使硬化浆体的强度进一步提高。显然，碳化对于强度的提高和稳定是十分有利的。但是，由于空气中的 CO_2 含量很低，且表面形成碳化层后，CO_2 不易深入内部，还阻碍了内部水分的蒸发，故自然状态下的碳化干燥是很缓慢的。

2.3.4 石灰主要的技术性质

1. 可塑性和保水性好

生石灰消化为石灰浆时，能自动形成极微细的呈胶体状态的氢氧化钙，表面吸附一层厚的水膜，因此具有良好的可塑性。在水泥砂浆中掺入石灰膏能使其可塑性和保水性（即保持浆体结构中的游离水不离析的性质）显著提高。

2.吸湿性强

生石灰吸湿性强、保水性好，是传统的干燥剂。

3.凝结硬化慢，强度低

因石灰浆在空气中的碳化过程很缓慢，导致氢氧化钙和碳酸钙结晶的量少，其最终的强度也不高。通常，1∶3石灰浆28d的抗压强度只有0.2～0.5MPa。

4.体积收缩大

石灰浆在硬化过程中，由于水分的大量蒸发，引起体积收缩，使其开裂，因此除调成石灰乳作薄层涂刷外，不宜单独使用。工程上应用时，常在石灰中掺入砂、麻刀、纸筋等，以抵抗收缩引起的开裂和增加抗拉强度。

5.耐水性差

石灰水化后的成分——氢氧化钙能溶于水，若长期受潮或被水浸泡，会使已硬化的石灰溃散，所以石灰不宜在潮湿的环境中使用，也不宜单独用于承重砌体的砌筑。

2.3.5　石灰的应用

1.配制石灰砂浆和石灰乳涂料

用石灰膏和砂或麻刀、纸筋配制成的石灰砂浆、麻刀灰、纸筋灰等广泛用作内墙、顶棚的抹面工程。用石灰膏和水泥、砂配制成的混合砂浆通常作墙体砌筑或抹灰之用。将消石灰粉或熟化好的石灰膏加入多量的水搅拌稀释制成的石灰乳是一种廉价的涂料，主要用于内墙和顶棚刷白，增加室内美观和亮度。石灰膏加入各种耐碱颜料、少量水，配以粒化高炉矿渣或粉煤灰，可提高其耐水性；加入氯化钙或明矾，可减少涂层粉化现象。

2.配制灰土和三合土

灰土（石灰＋黏土）、三合土（石灰＋黏土＋砂、石或炉渣等填料）的应用在我国有很长的历史。经夯实后的灰土或三合土广泛用作建筑物的基础、路面或地面的垫层，其强度和耐水性比石灰或黏土都高。其原因是黏土颗粒表面的少量活性氧化硅、氧化铝与石灰起反应，生成水化硅酸钙和水化铝酸钙等不溶于水的水化矿物。另外，石灰改善了黏土的可塑性，在强力夯打下密实度提高，这也是其强度和耐水性改善的原因之一。在灰土和三合土中，石灰的用量为灰土总质量的6%～12%。

3.制作碳化石灰板

碳化石灰板是将磨细生石灰、纤维状填料（如玻璃纤维）或轻质骨料（如矿渣）搅拌、成型，然后经人工碳化而成的一种轻质板材。为了减小表观密度和提高碳化效果，多制成空心板。这种板材能锯、刨、钉，适宜作非承重内墙板、天花板等。

4.制作硅酸盐制品

磨细生石灰或消石灰粉与砂或粒化高炉矿渣、粉煤灰等硅质材料经配料、混合、成型，再经常压或高压蒸汽养护，就可制得密实或多孔的硅酸盐制品。如灰砂砖、粉煤灰砖及砌块、加气混凝土砌块等。

5. 配制无熟料水泥

将具有一定活性的材料（如粒化高炉矿渣、粉煤灰、煤矸石灰渣等工业废渣）按适当比例与石灰配合，经共同磨细可得到具有水硬性的胶凝材料，即为无熟料水泥。

2.4 水玻璃和菱苦土

2.4.1 水玻璃

1. 水玻璃的组成

水玻璃俗称泡花碱，是由不同比例的碱金属氧化物和二氧化硅结合而成的可溶于水的一种硅酸盐类物质。其化学式为 $R_2O \cdot nSiO_2$，其中 R_2O 为碱金属氧化物，n 为 SiO_2 和 R_2O 物质的量之比，称为水玻璃的模数。$n < 3$ 的水玻璃为碱性水玻璃，$n > 3$ 的水玻璃为中性水玻璃。常用的水玻璃的模数在 1.5 ~ 3.7 之间。

根据碱金属氧化物种类的不同，水玻璃的主要品种有硅酸钠水玻璃（简称钠水玻璃，$Na_2O \cdot nSiO_2$）、硅酸钾水玻璃（$K_2O \cdot nSiO_2$）等。在土建工程中，最常用的是硅酸钠水玻璃。质量好的水玻璃溶液无色而透明，若在制备过程中混入不同的杂质，则会呈淡黄色到灰黑色之间的各种色泽。

市场销售的水玻璃，模数通常为 1.5 ~ 3.5；建筑上常用的水玻璃的模数一般为 2.5 ~ 2.8。固体水玻璃在水中溶解的难易程度随模数 n 而变。当 n 为 1 时，能溶于常温水中；n 增大，则只能在热水中溶解；当 n 大于 3 时，要在 0.4MPa 以上的蒸汽中才能溶解。液体水玻璃可以以任何比例加水混合成不同浓度或密度的溶液。

2. 水玻璃的生产

生产水玻璃的方法主要有干法生产和湿法生产两种。干法生成硅酸钠水玻璃是将石英砂和碳酸钠磨细拌匀，在熔炉中于 1300 ~ 1400℃ 温度下熔化，如式（2-5）所示。湿法生产硅酸水玻璃是将石英砂和苛性钠溶液在压蒸锅内用蒸汽加热，直接反应生成液体水玻璃，如式（2-6）所示。

$$Na_2CO_3 + nSiO_2 \xrightarrow[\triangle]{1300 \sim 1400℃} Na_2 \cdot nSiO_2 + CO_2 (\uparrow) \tag{2-5}$$

$$SiO_2 + NaOH \xrightarrow{\text{蒸汽加热}} Na_2SiO_3 + H_2O \tag{2-6}$$

3. 水玻璃的硬化

液体水玻璃吸收空气中的 CO_2 形成无定形硅酸凝胶，逐渐干燥、硬化形成氧化硅，并在表面覆盖一层致密的碳酸钠薄膜，如式（2-7）、式（2-8）所示。

$$Na_2O \cdot nSiO_2 + CO_2 + mH_2O \longrightarrow nSiO_2 \cdot mH_2O + Na_2CO_3 \tag{2-7}$$

$$SiO_2 \cdot H_2O \longrightarrow SiO_2 + H_2O \tag{2-8}$$

由于空气中 CO_2 浓度较低，此反应的过程进行得很慢，为加速硬化可加热或掺入促硬剂氟硅酸钠（Na_2SiF_6），促使硅酸凝胶加速析出，如式（2-9）所示。氟硅酸钠的适宜掺量为 12% ~ 15%。如掺量太少，不但硬化慢、强度低，而且未经反应的水玻璃易溶于水，从而使其耐水性变差；如掺量太多，又会引起凝结过速，使施工困难，而且渗透性大、强度也低。

$$2（Na_2O \cdot nSiO_2）+ mH_2O + Na_2SiF_6 \longrightarrow（2n+1）SiO_2 \cdot mH_2O + 6NaF \tag{2-9}$$

除通过添加促硬剂硬化外，水玻璃的硬化还有加热、气体、微波、醇和脂、有机高分子、金属或金属氧化物及无机酸等多种硬化方式。

4. 水玻璃的性质

（1）黏结力强

水玻璃硬化后具有较高的黏结强度、抗拉强度和抗压强度。另外，水玻璃硬化析出的硅酸凝胶还有堵塞毛细孔隙而防止水分渗透的作用。

当水玻璃的模数相同时，浓度越高，黏度越大、相对密度越大、黏结力越强。浓度可以通过调节用水量来改变。

水玻璃的黏结力随模数、黏度的增大而增强。加入添加剂可以改变水玻璃的黏结力。

（2）耐酸能力强

硬化后的水玻璃，因起胶凝作用的主要成分是含水硅酸凝胶（$nSiO_2 \cdot mH_2O$），具有高度的耐酸性能，能抵抗大多数无机酸和有机酸的作用。但水玻璃类材料不耐碱性介质侵蚀。

（3）耐热性好

水玻璃不燃烧，在高温作用下脱水、干燥，并逐渐形成 SiO_2 空间网状骨架，强度并不降低，甚至有所增加，其整体耐热性能良好。

（4）水玻璃的总固体含量增多，则冰点降低、性能变脆。

5. 水玻璃的应用

（1）涂刷或浸渍材料

将液体水玻璃直接涂刷在建筑物表面可提高其抗风化能力和耐久性，而以水玻璃浸渍多孔材料可使它的密实度、强度、抗渗性均得到提高，这是因为水玻璃在硬化过程中所形成的凝胶物质封堵和填充材料表面及内部孔隙的结果。但不能用水玻璃涂刷或浸渍石膏制品，因为水玻璃与硫酸钙反应生成体积膨胀的硫酸钠晶体会导致石膏制品的开裂以致破坏。

（2）修补裂缝、堵漏

将液体水玻璃、粒化矿渣粉、砂和氟硅酸钠按一定比例配制成砂浆，直接压入砖墙裂缝内，可起到黏结和增强的作用。在水玻璃中加入各种矾类的溶液可配制防水剂，能快速凝结硬化，适用于堵漏、填缝等局部抢修工程。

水玻璃不耐氢氟酸、热磷酸及碱的腐蚀。水玻璃的凝胶体在大孔隙中会有脱水、干燥、收缩现象，降低使用效果。水玻璃的包装容器应注意密封，以免水玻璃和空气中的 CO_2 反应而分解，并避免落入灰尘、杂质。

（3）加固地基

将模数为 2.5 ~ 3 的液体水玻璃和氯化钙溶液通过金属管交替向地层压入，两种溶液发生化学反应可析出吸水膨胀的硅酸胶体。硅酸胶体包裹土壤颗粒并填充其空隙，阻止水分渗透并使土壤固结，从而提高地基的承载力。用这种方法加固的砂土，抗压强度可达到 3 ~ 6MPa。

（4）防腐工程应用

水玻璃具有很高的耐酸性，以水玻璃为胶结材料，加入促硬剂和耐酸粗、细骨料可配制成耐酸砂浆或耐酸混凝土，用于耐腐蚀工程，如铺砌的耐酸块材、浇筑地面、整体面层、设备基础等。

水玻璃耐热性能好，能长期承受一定的高温作用，用它与促硬剂及耐热骨料等可配制耐热砂浆或耐热混凝土，用于高温环境中的非承重结构及构件。

改性水玻璃耐酸泥是耐酸腐蚀的重要材料，主要特性是耐酸、耐温、密实抗渗、价格低廉、使用方便。可拌合成耐酸胶泥、耐酸砂浆和耐酸混凝土，适用于化工、冶金、电力、煤炭、纺织等部门各种结构的防腐蚀工程，是纺酸建筑结构贮酸池、耐酸地坪以及耐酸表面砌筑的理想材料。

（5）其他

水玻璃还可以用来制备速凝防水剂、水质软化剂和助沉剂以及用于纺织工业中的助染、漂白和浆纱。例如，四矾防水剂是以蓝矾（硫酸铜）、明矾（钾铝矾）、红矾（重铬酸钾）和紫矾（铬矾）各 1 份，溶于 60 份的沸水中，降温至 50℃，投入 400 份水玻璃溶液中搅拌均匀而成的。这种防水剂可以在 1min 内凝结，适用于堵塞漏洞、缝隙等局部抢修。

2.4.2　菱苦土

1. 菱苦土的组成及制备

菱苦土，又称苛性苦土、苦土粉，主要成分是 MgO。其是由天然菱镁矿或天然白云石经高温（温度一般为 800 ~ 850℃）煅烧后粉磨而成的一种无机气硬性胶凝材料。菱苦土一般呈现纯白或白色，或近淡黄色，新鲜的菱苦土有闪烁玻璃光泽，不溶于水和乙醇。

2. 菱苦土硬化

菱苦土能够与空气中的水、CO_2 反应分别生成氢氧化镁、碱式碳酸镁，如式（2-10）、式（2-11）所示。

$$MgO+H_2O \longrightarrow Mg(OH)_2 \tag{2-10}$$

$$MgO+H_2O+CO_2 \longrightarrow 4MgCO_3 \cdot Mg(OH)_2 \cdot 5H_2O \tag{2-11}$$

但菱苦土与其他胶凝材料不同，需用一定浓度的氯化镁溶液或其他盐类溶液来调和。如果氧化镁单独与水拌合，水化会生成氢氧化镁，并很快以胶体状态析出包裹在菱苦土表面，因而其凝结硬化慢，且硬化后强度也很低，所以氧化镁不适合单独与水拌合。在实际使用中，通常采用氯化镁水溶液（$MgCl_2 \cdot 6H_2O$）作为调和剂，加入调和剂后主要水化产物是氯氧化镁，如式（2-12）所示，氯化镁的适宜掺量为菱苦土的50%～60%。

$$xMgO + yMgCl_2 + H_2O \longrightarrow xMgO \cdot yMgCl_2 \cdot H_2O \qquad (2-12)$$

氯氧化镁在水中的溶解度比氢氧化镁高，可降低溶液的过饱和度，促进水化反应不断进行。当反应不断进行、生成的氯氧化镁达到饱和时，水化产物不再溶解，而是直接以胶体状态析出形成凝胶体，通过再结晶逐渐长大成细小的晶粒，使浆体凝结硬化、产生强度。因此，用氯化镁溶液调制的菱苦土胶凝材料凝结硬化速度很快、强度高。但其水化产物具有很强的吸湿性和较高的溶解度，所以菱苦土硬化体耐水性差，容易返潮和翘曲变形，仅适合于干燥部位使用。

3. 菱苦土的性质及应用

菱苦土硬化后具有一定的强度（用氯化镁调和后，强度会显著提高）、微膨胀、吸湿性强、耐水性差。

以氯化镁、硫酸镁、氯化铁等盐类溶液作为拌合剂，可以与菱苦土制备氯镁水泥。菱苦土与植物纤维具有很好的黏结性，与硅酸盐类水泥、石灰等胶凝材料相比本身碱性较弱，对有机材料纤维没有腐蚀作用，因此在建筑工程中常用来制造菱苦土木屑地板、木屑板和木丝板等人造板材。由于盐类溶液对钢材有强烈的腐蚀作用，菱苦土中不能配置钢筋，可与竹筋、苇筋、玻璃纤维等有机纤维组合制备混凝土。此外，菱苦土中加入泡沫剂或轻骨料可制备保温材料。

【本章小结】

凡能在物理、化学作用下，从具有可塑性的浆体逐渐变成坚固石状体的过程，能将其他物料胶结为整体并具有一定机械强度的物质，统称为胶凝材料，又称胶结料。依据硬化条件，又可将胶凝材料分为水硬性和气硬性两大类。石膏是一种以硫酸钙为主要成分的气硬性无机胶粘材料。建筑石膏的凝结硬化是由半水石膏与水相互作用，生成二水石膏。建筑石膏由于其具备的技术性质，在建筑工程中应用广泛。石灰是包含不同化学组成和物理形态的生石灰、消石灰、水硬性石灰的总称。石灰熟化过程中放出大量的热，使温度升高，而且体积增大1.0～2.0倍。石灰的硬化包括结晶作用和碳化作用。石灰具有可塑性和保水性好、硬化慢、强度低、硬化时体积收缩大、耐水性等特点。水玻璃又称泡花碱，是一种能溶于水的硅酸盐。其化学式为$R_2O \cdot nSiO_2$，其中R_2O为碱金属氧化物，n为SiO_2和R_2O物质的量之比，称为水玻璃的模数。水玻璃黏结力强、耐酸能力强、耐热性好。菱苦土,又称苛性苦土、苦土粉,主要成分是 MgO。菱苦土硬化后具有一定的强度(用氯化镁调和后,强度会显著提高),微膨胀、吸湿性强、耐水性差。

复习思考题

1. 简述气硬性胶凝材料的特点及使用环境。
2. 简述建筑石膏的生产过程,其主要化学成分是什么?
3. 简述石灰的水化、硬化过程及特点。
4. 何谓陈伏?石灰在使用前为何需要进行陈伏?
5. 何为水玻璃模数?对水玻璃主要性能有何影响?
6. 简述水玻璃和菱苦土的性质及用途。

第3章 水泥

【本章要点】

主要介绍土木建设工程中通用硅酸盐水泥的生产与熟料的矿物组成、水化、凝结、硬化、技术性质、特性与应用以及硅酸盐水泥的侵蚀与防止；还介绍了掺混合材料的硅酸盐水泥、铝酸盐水泥、硫铝酸盐水泥和白色水泥等。

【学习目标】

熟悉和掌握六大通用水泥的基本性质与使用特点；了解其他品种水泥的性能特点与适用范围；在工程设计和施工过程中根据工程环境要求正确选择和合理使用水泥。

3.1 概述

水泥是加水拌合成塑性浆体，能胶结砂石等适当材料，并能在空气和水中硬化的粉状水硬性胶凝材料。水泥在胶凝材料中占有极其重要的地位，是基本建设的主要材料之一。它被广泛地应用于工业、农业、国防、城市建设、水利以及海洋开发等工程建设中，常用来拌制混凝土、砂浆及水泥制品。水泥的种类繁多，其分类如表3-1所示。

水泥的种类 表 3-1

水泥的种类	通用硅酸盐水泥	硅酸盐水泥
		普通硅酸盐水泥
		矿渣硅酸盐水泥
		火山灰硅酸盐水泥
		粉煤灰硅酸盐水泥
		复合硅酸盐水泥
	铝酸盐水泥	—
	其他水泥	硫铝酸盐水泥
		氟铝酸盐水泥

中国既是水泥的生产大国也是水泥的使用大国，从 1985 年起，水泥的生产总量已连续 30 年保持世界第一，占世界总产量的 50% 左右。本章将首先对水泥（以硅酸盐系水泥为例）的基本概念作较详细的阐述，讨论其生产、组成、性质和应用，并在此基础上介绍通用硅酸盐水泥和其他几种常用水泥。

3.2　硅酸盐水泥

凡以适当成分的生料烧至部分熔融获得的以硅酸钙为主要成分的硅酸盐水泥熟料、0 ~ 5% 的石灰石或者粒化高炉矿渣、适量石膏磨细制成的水硬性胶凝材料均称为硅酸盐水泥。硅酸盐系列水泥在所有的水泥中品种最多、应用最广。按照使用范围可以分为通用水泥、专用水泥和特性水泥；按混合材料的品种和掺量可分为硅酸盐水泥、普通硅酸盐水泥、矿渣硅酸盐水泥、火山灰质硅酸盐水泥、粉煤灰硅酸盐水泥和复合硅酸盐水泥。

3.2.1　硅酸盐水泥生产工艺

生产硅酸盐水泥的原料主要是石灰质原料和黏土质原料两类。石灰质原料（如石灰、白垩、石灰质凝灰岩等）主要提供 CaO，黏土质原料（如黏土、黏土质页岩、黄土等）主要提供 SiO_2、Al_2O_3 及 Fe_2O_3。有时两种原料的化学成分不能满足要求时，还要加入少量校正原料（如硅藻土、黄铁矿渣等）调整。此外，为了改善煅烧条件，常加入少量的矿化剂，如萤石、重晶石尾矿等。

在水泥生产过程中，为了调节水泥的凝结时间还要加入二水石膏或半水石膏或无水石膏以及它们的混合物或工业副产品石膏等石膏缓凝剂。

为改善水泥性能、调节水泥强度等级，生产时往往还要加入一些矿物材料，称为混合材料。硅酸盐水泥的生产工艺（图 3-1）概括起来称为"两磨一烧"。

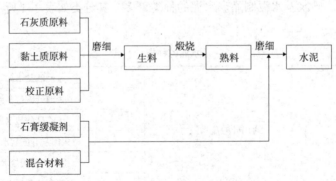

图 3-1　硅酸盐水泥生产工艺示意图

3.2.2　硅酸盐水泥的组成

硅酸盐水泥一般由硅酸盐水泥熟料、混合材料、石膏缓凝剂组成。凡由硅酸盐水泥熟料、

0 ~ 5%石灰石或粒化高炉矿渣、适量石膏磨细制成的水硬性胶凝材料均称为硅酸盐水泥。

硅酸盐水泥包括两种类型：完全由硅酸盐水泥熟料及适量石膏组成，不掺混合材料的称为 I 型硅酸盐水泥，代号 P·I；在硅酸盐水泥熟料粉磨时，掺加不超过水泥重 5% 的石灰石或粒化高炉矿渣混合材料的称为 II 型硅酸盐水泥，代号 P·II。国际上将这两种水泥统称为波特兰水泥。

1. 硅酸盐水泥熟料

硅酸盐水泥熟料是指由主要含氧化钙（CaO）、二氧化硅（SiO_2）、三氧化二铝（Al_2O_3）、三氧化二铁（Fe_2O_3）的原料按适当比例磨成细粉烧至部分熔融所得到的以硅酸钙为主要矿物成分的水硬性胶凝物质。其中硅酸钙矿物含量（质量分数）不小于 66%，氧化钙和氧化硅的质量比不小于 2.0。

硅酸盐水泥熟料中的主要矿物有四种，即硅酸三钙（C_3S）、硅酸二钙（C_2S）、铝酸三钙（C_3A）和铁铝酸四钙（C_4AF）。硅酸盐水泥熟料的化学成分和矿物成分的大致含量如表 3-2 所示。

硅酸盐水泥熟料的化学成分和矿物成分含量　　　　　表 3-2

原料化学成分	含量（%）	矿物成分名称	矿物化学式	简式	含量（%）
CaO（C）	62 ~ 67	硅酸三钙	$3CaO \cdot SiO_2$	C_3S	37 ~ 60
SiO_2（S）	18 ~ 24	硅酸二钙	$2CaO \cdot SiO_2$	C_2S	15 ~ 37
Al_2O_3（A）	4 ~ 7	铝酸三钙	$3CaO \cdot Al_2O_3$	C_3A	7 ~ 15
Fe_2O_3（F）	2 ~ 5	铁铝酸四钙	$4CaO \cdot Al_2O_3 \cdot Fe_2O_3$	C_4AF	10 ~ 18

2. 石膏

用于水泥调凝剂的可以是二水石膏或无水石膏（硬石膏）或两者的混合石膏。使用天然石膏，则应符合 GB/T 5483—2008 石膏和硬石膏相关内容中规定的 G 类或 M 类二级（含）以上的石膏或混合石膏。M 类为混合石膏产品；G 类为石膏产品，以二水硫酸钙（$CaSO_4 \cdot 2H_2O$）的质量百分含量表示其品位。二级表示无水硫酸钙（$CaSO_4$）与二水硫酸钙（$CaSO_4 \cdot 2H_2O$）的质量百分含量之和不小于 70%。使用工业副产品石膏，则要求是以硫酸钙为主要成分的工业副产物。采用前应经过试验证明对水泥性能无害。

3. 混合材料

在生产水泥时，为改善水泥性能、调节水泥强度等级，除硅酸盐水泥（P·I）外，其他通用硅酸盐水泥都掺入一定量的人工和天然矿物材料，称为混合材料。混合材料按其性能分为活性混合材料和非活性混合材料。

3.2.3 硅酸盐水泥的水化和凝结硬化

1. 硅酸盐水泥熟料矿物的水化

（1）硅酸三钙的水化过程

为了方便理解，首先研究硅酸盐水泥中硅酸三钙的水化，由于 C_3S 的水化过程对水泥来说具有代表性，所以许多研究人员把 C_3S 的水化作为水泥水化的模型。C_3S 水化速度很快，反应生成水化硅酸钙 $[xCaO \cdot SiO_2 \cdot yH_2O$，简式 C-S-H] 和氢氧化钙 $[Ca(OH)_2$，简式 CH]，同时放出大量的水化热。其水化产物的强度很高。

在常温下，C_3S 的水化可大致用下列方程表述：

$$3CaO \cdot SiO_2 + nH_2O \longrightarrow xCaO \cdot SiO_2 \cdot yH_2O + (1-3-x)Ca(OH)_2 \qquad (3-1)$$

根据 C_3S 水化时的放热速率随时间的变化关系，大体上可以把 C_3S 的水化过程分为五个阶段，如图 3-2 所示。水化过程的五个阶段为：

1）诱导前期：加水后立即发生急剧反应，但该阶段的时间很短，在 15min 以内结束。

2）诱导期：又称静止期，这一阶段反应速率极其缓慢，一般持续 2 ~ 4h，是硅酸盐水泥浆体能在几小时内保持塑性的原因。

3）加速期：反应重新加快，反应速率随时间而增长，出现第二个放热峰，在达到峰顶时本阶段即告结束（4 ~ 8h）。

4）减速期：又称衰减期，是反应速率随时间下降的阶段（约持续 12 ~ 24h），水化作用逐渐受扩散速率控制。

5）稳定期：反应速率很低，反应过程基本趋于稳定，水化作用完全受扩散速率控制。

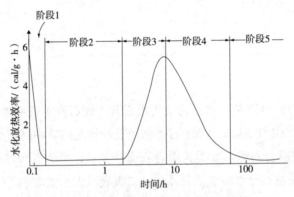

图 3-2 硅酸三钙水化放热速率变化曲线

C_3S 的早期水化包括诱导前期、诱导期、加速期三个阶段。硬化浆体的性能与水化早期的浆体结构形成密切相关，诱导期的终止时间与浆体的初凝时间相关，而终凝大致发生在加速期的终止阶段。人们对 C_3S 早期水化进行的大量研究主要是围绕诱导期起讫的原因，即形成诱导期的本质这个关键问题进行的。

一般认为，当 C_3S 与水接触后在 C_3S 表面有晶格缺陷的部位，即发生水解使 Ca^{2+} 和 OH^- 进入溶液，而在 C_3S 粒子表面形成一个缺钙的富硅层，接着溶液中的 Ca^{2+} 被该表面吸附而形成双电层，它导致 C_3S 溶解受阻而出现诱导期。此时，由于双电层所形成的 ζ 电位使颗粒在液相中保持分散状态，但由于 C_3S 仍在缓慢地水化而使溶液中的 $Ca(OH)_2$ 浓度继续增高，当达到一定的过饱和度时，$Ca(OH)_2$ 析晶，双电层作用减弱或消失，因而促

进了 C_3S 的溶解，这时诱导期结束，$Ca(OH)_2$ 析晶加速，与此同时，还有 C-S-H 析晶沉淀。因为硅酸根离子的迁移速度比 Ca^{2+} 慢，所以 C-S-H 主要在颗粒表面区域析晶，而 $Ca(OH)_2$ 晶体可以在远离颗粒表面或浆体的原充水空间中形成。

C_3S 的中期水化主要是指减速期，后期水化主要是指稳定期，也有人将这两个阶段合并称为扩散控制期。这两个阶段对水泥性能，如强度、体积稳定性、耐久性等的影响是十分重要的。试验表明，在加速期的开始伴随着 $Ca(OH)_2$ 及 C-S-H 晶核的形成和长大，与此同时发生的是液相中 $Ca(OH)_2$ 和 C-S-H 的过饱和度降低，它反过来又会使 C-S-H 和 $Ca(OH)_2$ 的生长速率逐渐变慢。随着水化物在颗粒周围的形成，C_3S 的水化作用也受到阻碍，因而水化从加速过程又逐渐转向减速过程。一些研究表明，最初生成的水化产物大部分生长在 C_3S 粒子原始周界以外的原充水空间之中，他们称之为"外部水化物"；后期水化所形成的产物则大部分生长在 C_3S 粒子原始周界以内，故称之为"内部水化物"。随着"内部水化物"的形成和发展，C_3S 的水化由减速期向稳定期转变。

（2）硅酸二钙的水化

C_2S 水化放热量小，其水化产物的早期强度低但后期强度高，在一年后可接近或达到 C_3S 水化产物的强度。$\beta-C_2S$ 的水化过程和 C_3S 极为相似。其水化反应可用下式表述：

$$2CaO \cdot SiO_2 + mH_2O \longrightarrow xCaO \cdot SiO_2 \cdot yH_2O + (2-x)Ca(OH)_2 \quad (3-2)$$

（3）铝酸三钙的水化

C_3A 是水泥熟料矿物的重要组成之一，它对水泥的早期水化和浆体的流变性质起着重要作用。C_3A 遇水后很快发生剧烈的水化反应。在常温下 C_3A 在纯水中的水化反应可用下式表述：

$$2(3CaO \cdot Al_2O_3) + 27H_2O \longrightarrow 4CaO \cdot Al_2O_3 \cdot 19H_2O + 2CaO \cdot Al_2O_3 \cdot 8H_2O \quad (3-3)$$

在硅酸盐水泥浆体中，熟料中的 C_3A 实际上是在 $Ca(OH)_2$ 和有石膏存在的环境中水化的，C_3A 在 $Ca(OH)_2$ 饱和溶液中的水化反应可以表述为：

$$C_3A + CH + 12H \longrightarrow C_4AH_{13} \quad (3-4)$$

处于水泥浆体的碱性介质中，C_4AH_{13} 在室温下能稳定存在，其数量增长也很快，这是水泥浆体产生瞬时凝结的主要原因之一。因此，在水泥粉磨时，需加入适量的石膏以调整其凝结时间。

在石膏、氧化钙同时存在的条件下，C_3A 虽然开始也很快水化成 C_4AH_{13}，但接着它会与石膏反应生成三硫型水化硫铝酸钙，又称钙矾石，以 AFt 表示。其反应式为：

$$4CaO \cdot Al_2O_3 \cdot 13H_2O + 3(CaSO_4 \cdot 2H_2O) + 14H_2O$$
$$\longrightarrow 3CaO \cdot Al_2O_3 \cdot 3CaSO_4 \cdot 32H_2O + Ca(OH)_2 \quad (3-5)$$

当浆体中的石膏被消耗完毕后，而水泥中还有未完全水化的 C_3A 时，C_3A 的水化物 C_4AH_{13} 又能与上述反应生成的钙矾石继续反应生成单硫型水化硫铝酸钙，以 AFm 表示，即：

$$3CaO \cdot Al_2O_3 \cdot 3CaSO_4 \cdot 32H_2O + 2(4CaO \cdot Al_2O_3 \cdot 13H_2O)$$

$$\longrightarrow 3(3CaO \cdot Al_2O_3 \cdot SO_4 \cdot 12H_2O)+2Ca(OH)_2+20H_2O \quad\quad (3-6)$$

用放热速率描述 C_3A-$CaSO_4 \cdot 2H_2O$-$Ca(OH)_2$-H_2O 体系的水化过程，如图 3-3 所示。图中第一阶段相应于 C_3A 的溶解和 AFt 的形成；第二阶段由于 C_3A 表面形成 AFt 的包裹层，使得水化速率减慢，并持续较长时间。但由于水化的继续进行，AFt 的包裹层缓慢加厚，并产生结晶压力，当结晶压力超过某一数值时，包裹层发生局部破裂，从而进入第三阶段。该阶段里包裹层破裂处水化的加速又使新生成的 AFt 重新封闭破裂处，所以第二与第三阶段是包裹层不断破坏和修复的反复阶段；第四阶段则是由于 $CaSO_4 \cdot 2H_2O$ 消耗完毕，体系中剩余的 C_3A 与已经形成的 AFt 继续反应生成 AFm，因而出现第二个放热峰。图中可见，在形成三硫型水化硫铝酸钙 AFt 的第一个放热峰较长时间以后才出现形成单硫型水化硫铝酸钙 AFm 的放热峰。这说明由于石膏的存在，C_3A 的水化延缓了，直到石膏被消耗完毕以后，C_3A 又重新水化而形成第二个放热峰。所以，石膏的掺量是决定 C_3A 水化速率、水化产物类别以及数量的主要因素。此外，石膏的溶解速率对浆体的凝结时间也有重要影响。如果石膏不能及时向溶液中提供足够的硫酸根离子，则 C_3A 可能在形成 AFt 之前先生成 AFm 而使浆体出现早凝；如果石膏的溶解速率太快，假如有半水石膏存在，可能使浆体在 AFt 包覆层出现以前而由于半水石膏的水化使浆体产生假凝。因此，硬石膏、半水石膏等不同类型的石膏对 C_3A 水化过程的影响是有差别的。所以相同的水泥熟料与不同的石膏共磨后得到的水泥，其性质是不同的。

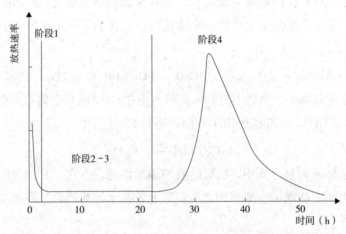

图 3-3　C_3A-$CaSO_4 \cdot 2H_2O$-$Ca(OH)_2$-H_2O 体系的水化过程

（4）铁铝酸四钙的水化

C_4AF 的水化反应与 C_3A 相似，而水化速率较 C_3A 略慢，水化热、水化产物强度较低，水化生成水化铝酸三钙和水化铁酸一钙（$CaO \cdot Fe_2O_3 \cdot H_2O$，简式 CFH）凝胶。

$$4CaO \cdot Al_2O_3 \cdot Fe_2O_3+7H_2O \longrightarrow 3CaO \cdot Al_2O_3 \cdot 6H_2O+CaO \cdot Fe_2O_3 \cdot H_2O \quad\quad (3-7)$$

C_4AF 在 CH 饱和溶液中水化生成水化铝酸钙和水化铁酸钙的固溶体（$4CaO \cdot (Al_2O_3 \cdot Fe_2O_3) \cdot 13H_2O$，简式 $C_4(A \cdot F)H_{13}$）。

$$4CaO \cdot Al_2O_3 \cdot Fe_2O_3 + 4Ca(OH)_2 + 22H_2O \longrightarrow 2[4CaO \cdot (Al_2O_3 \cdot Fe_2O_3) \cdot 13H_2O] \quad (3-8)$$

硅酸盐水泥熟料中各主要矿物组成特性及其水化产物的性质比较如表3-3所示。图3-4为硅酸盐水泥熟料矿物不同龄期的抗压强度增长和水化放热情况。

硅酸盐水泥熟料是由上述各种矿物组分组成的，各组分的比例不同，水泥的性质就发生相应的变化。如提高 C_3S 组分的含量，可制得高强水泥；提高 C_3A 和 C_3S 组分的含量，可制得快硬水泥；降低 C_3A 和 C_3S 组分的含量，提高 C_2S 组分的含量，可制得中、低热水泥；提高 C_4AF 组分的含量，降低 C_3A 组分的含量，可制得道路水泥。

硅酸盐水泥熟料主要矿物组成特性及其水化产物的性质　　　　　表3-3

组成特性指标 \ 矿物	$3CaO \cdot SiO_2$（C_3S）	$2CaO \cdot SiO_2$（C_2S）	$3CaO \cdot Al_2O_3$（C_3A）	$4CaO \cdot Al_2O_3 \cdot Fe_2O_3$（$C_4AF$）
1. 密度（g/cm³）	3.25	3.28	3.04	3.77
2. 水化反应速率	快	慢	最快	快
3. 水化放热量	大	小	最大	中
4. 强度 早期	高	低	低	低
后期		高		
5. 收缩	中	中	大	小
6. 抗硫酸盐侵蚀性	中	最好	差	好

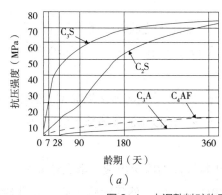
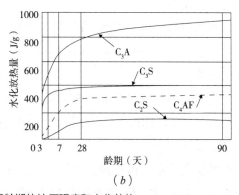

图3-4　水泥熟料矿物不同龄期的抗压强度和水化放热
（a）水泥熟料矿物在不同龄期的抗压强度；（b）水泥熟料矿物在不同龄期的水化放热

2. 硅酸盐水泥的水化、凝结硬化过程

以上分别讨论了硅酸盐水泥熟料单矿物的水化作用，但是水泥颗粒是一个多矿物的聚集体。水泥浆液体中的离子组成依赖于水泥的各种组成及其溶解度，但是液相中的组成又反过来深刻地影响着各熟料矿物的水化速率。硅酸盐水泥的水化区别于熟料单矿物水化的一个特点是不同矿物彼此之间对水化过程会产生影响。一般对硅酸盐水泥（P·I）

的凝结硬化过程按水化反应速率和水泥浆体的结构特征分为初始反应期、潜伏期、凝结期和硬化期四个阶段，各阶段水泥浆体水化反应的放热速率如图3-5所示。

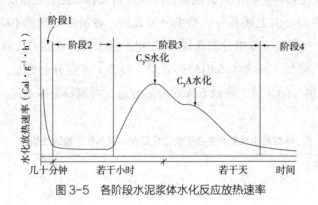

图3-5 各阶段水泥浆体水化反应放热速率

（1）初始反应期

水泥与水接触后立即发生水化反应，在反应初始的 5 ~ 10min 内，放热速率剧增，最大达到 168.5J/（g·h），然后降至 4J/（g·h）。在此阶段，C_3S 开始水化并释放 $Ca(OH)_2$ 且立即溶于溶液中，使 pH 值增大至 13 左右，浓度达到过饱和后，$Ca(OH)_2$ 结晶析出；而首先和水发生反应的暴露在水泥颗粒表面的 C_3A 的水化产物会与已经溶解的石膏在 $Ca(OH)_2$ 的过饱和溶液中反应形成 AFt 并且结晶析出，附着在水泥颗粒表面，此阶段约有 1% 的水泥发生水化。

（2）潜伏期

在初始反应之后有相当一段时间，约 1 ~ 2h，水泥水化的放热速率一直很低，约为 4J/（g·h）。在此期间，由于水泥颗粒表面形成了以 C-S-H 和 AFt 为主的渗透膜层，水化反应很慢。

有的研究者将此阶段称为诱导期，而称之前的初始反应期为诱导前期。这个阶段，水化产物的数量增加得不多，水泥颗粒仍然保持分散，所以水泥浆体基本保持塑性。

（3）凝结期

在潜伏期后期，由于渗透压的作用，水泥颗粒表面的膜层破裂，水泥继续水化，放热速率又开始增大，6h 内可增至最大值约为 20J/（g·h），然后缓慢下降。在此阶段，水化产物不断增加，由于水化产物的体积约为水泥体积的 2.2 倍，在水化过程中产生的水化物填充了水泥颗粒之间的空隙；随着接触点的增多，形成了由分子力结合的凝聚结构，使水泥浆体逐渐失去塑性，这就是水泥的凝结过程。此阶段结束约有 15% 的水泥水化。

（4）硬化期

在凝结期以后水泥水化放热速率缓慢下降，约为 4J/（g·h），此时水泥水化继续进行，水化铁铝酸钙、水化铝酸钙固溶体 $[C_4(A.F)H_{13}]$ 开始形成，由于硫酸根离子的耗尽，部分 AFt 转化为 AFm。水泥硬化可以持续很长时间，在适当的温度、湿度条件下，甚至几十年后水泥石的强度还会继续增长。

进入硬化期后，水泥浆才开始具有强度，但是很低。前 3d 具有较快的增长率，3 ~ 7d 强度增长率有所降低，7 ~ 28d 进一步降低，超过 28d 强度会继续发展，但已经比较平稳。上述水泥水化的几个阶段并不是截然分开的，而是前后交错进行，不同的凝结硬化阶段分别由不同的物理化学变化起主导作用。

在常温下硬化的水泥石，通常是由水化产物（硅酸钙胶体、钙矾石晶体、氢氧化钙晶体、水化铁酸钙胶体）、未水化的水泥颗粒内核、孔隙等组成的多相（固、液、气）多孔体系。图 3-6 显示了水化过程中水泥石的微观结构变化。

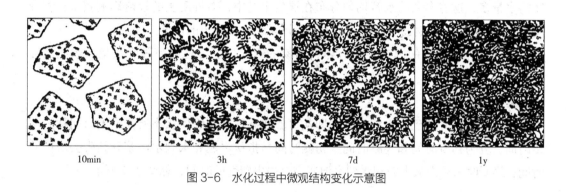

| 10min | 3h | 7d | 1y |

图 3-6 水化过程中微观结构变化示意图

3.2.4 硅酸盐水泥的技术性质

水泥是一种非常重要的建筑材料，在土木工程中往往被用来当作混凝土或砂浆中的胶凝材料，而不是单独使用。所以针对其应用特点，从工程的角度也对硅酸盐水泥的一些技术性质提出了要求。

1. 密度

水泥的密度、堆积密度主要用于计算混凝土、砂浆的材料配合比以及水泥的贮运量。硅酸盐水泥（P·Ⅰ、P·Ⅱ）的密度一般在 3.0 ~ 3.2g/cm³ 之间，而普通水泥、复合水泥略低，矿渣水泥在 2.8 ~ 3.0g/cm³ 之间，火山灰、粉煤灰水泥在 2.7 ~ 2.9g/cm³ 之间。

堆积密度除与组成、细度有关外，主要取决于堆积的紧密程度。一般堆积密度为 900 ~ 1200kg/m³，紧密时可达 1600kg/m³。

2. 细度

细度是指粉状物料的粗细程度，通常以标准筛的筛余、比表面积或粒度分布表示。细度对水泥的性质有很大影响，同样矿物组成的水泥，细度越细，与水反应的表面积越大，水化、凝结硬化越快，水泥强度越高；但粉磨成本高，需水量大，硬化收缩大，且易产生裂纹。若水泥颗粒过粗则不利于水泥活性的发挥。《通用硅酸盐水泥》GB 175—2007 规定硅酸盐水泥的细度以比表面积表示，其比表面积要求不小于 300m²/kg。

3. 需水性

需水性是指水泥获得一定稠度所需水量多少的性质。为使水泥的凝结时间、安定性等重要技术性能的测定具有可比性，水泥净浆以标准方法《水泥标准稠度用水量、凝结时间、安定性检验方法》GB/T 1346—2011测试所达到统一规定的浆体可塑性程度，称为水泥净浆标准稠度。拌制水泥净浆达到标准稠度所需的加水量称为水泥净浆标准稠度需水量。一般以占水泥质量的百分数表示，硅酸盐系列水泥标准稠度需水量一般在24%～30%之间。

需水性大的水泥在拌制混凝土、砂浆时，部分水将从水泥浆中泌出，这种性能又称为泌水性或析水性。在拌制混凝土时，为了保证必要的工作性，加入的水往往比标准稠度需水量多，这些多余的水若均匀分布在混凝土之中，对混凝土的性能影响较小；若分离出来滞留在表面、钢筋和集料的下方，将严重影响混凝土的性能。

影响水泥需水性的因素主要有熟料矿物的组成、混合材的品种和数量、水泥的细度等。

4. 凝结时间

水泥从和水开始到失去流动性，即从可塑状态发展到固体状态所需要的时间称为凝结时间，分为初凝时间和终凝时间。初凝时间是指从水泥和水到水泥浆开始失去塑性的时间；终凝时间是指从水泥和水到水泥浆完全失去塑性的时间，如图3-7所示。

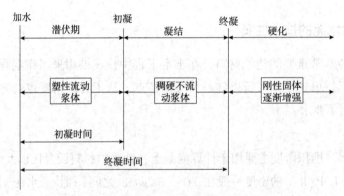

图3-7　水泥凝结时间与水泥浆体状况的关系

影响水泥凝结时间的主要因素有水泥中 C_3A 的含量、石膏的掺量、混合材料的掺量、水泥的细度、水灰比等。

水泥的凝结时间在工程上有重要的意义。水泥的初凝不宜过早，以使施工时有足够的时间来完成混凝土、砂浆的搅拌、运输、浇筑成型等操作；水泥的终凝不能过迟，以使混凝土能尽快硬化、达到一定的强度，以便于下一道工序的进行。

《通用硅酸盐水泥》GB 175—2007中规定硅酸盐水泥的初凝时间不小于45min，终凝时间不大于390min。不符合上述规定的水泥为不合格品。

水泥在工程中应用时还会遇到两种不正常凝结现象，即假凝、快（闪）凝。它们的共同特点是水泥和水后的几分钟内，物料就显示凝结，但假凝和快凝是不同的，前者放热量很少，并且经过剧烈搅拌后浆体又可恢复塑性，并达到正常凝结，对强度并无不利影响；而后者往往是由于缓凝不够所引起的，发生后浆体即具有一定强度，重新搅拌并不能使其恢复塑性。

5. 安定性

安定性是指水泥浆体在硬化后体积变化的稳定性。若水泥硬化后体积变化不稳定，产生不均匀的体积变化，即所谓安定性不良，会使混凝土产生膨胀性裂纹，降低工程质量。因此，水泥安定性不合格的水泥不得用于工程中。

水泥熟料煅烧过程中，当水泥中含有的高温下生成的游离 CaO、MgO（f–CaO、f–MgO）的量过多时，在水泥硬化后水泥石会产生体积膨胀；过多的石膏在水泥硬化后，其 SO_3 还会继续与固态的水化铝酸钙反应生成水化硫铝酸钙，产生体积膨胀。这两种膨胀均会导致水泥安定性不良。沸煮能加速 f–CaO 的熟化，GB/T 1346—2011 规定通用水泥用沸煮法检验安定性；f–MgO 的水化比 f–CaO 更缓慢，沸煮法已不能检验。国家标准规定通用水泥 f–MgO 的含量不得超过 5%，若水泥经压蒸法（f–MgO、f–CaO 水泥安定性的快速检验方法）检验合格，则 f–MgO 的含量可放宽到 6%；由 SO_3 造成的安定性不良需经长期浸在常温水中才能发现，不便于检验，所以国际规定通用水泥中的 SO_3 含量不得超过 3.5%。

6. 强度等级

强度等级是水泥的重要技术指标。由于水泥很少单独使用，《水泥胶砂强度检验方法（ISO 法）》GB/T 17671—1999 规定以标准胶砂试件强度来表示水泥的强度。该标准规定了 40mm×40mm×160mm 棱柱试体的制作、养护、抗压强度和抗折强度测定方法。

水泥在硬化过程中强度是逐渐增长的。因此，水泥的强度等级是以不同龄期的抗压和抗折强度来划分的。按早期强度（3d）的大小又分为早强型和普通型。硅酸盐水泥强度等级分为 42.5、42.5R、52.5、52.5R、62.5、62.5R 六个等级。各强度等级、各龄期的强度不得低于标准规定的数值，如有一项指标低于表中的数值，则为不合格品。

7. 水化热

水泥和水之间化学反应放出的热量通常以 kJ/kg 表示，大部分水化热是伴随着强度的增长在水化初期放出的。水化热的大小和释放速率主要取决于水泥熟料的矿物、混合材的品种和数量、水泥的细度和养护条件等。

冬期施工，水化热有利于水泥的正常凝结硬化，防止冻害；而大体积混凝土工程，如大型基础、桥墩等，高水化热是不利的，由于水泥水化热不能尽早散发出去，可能使混凝土产生温度裂缝。

8. 其他技术性质

除上述技术性质外，硅酸盐水泥还应控制不溶物含量、烧失量、碱含量以及氯离子含量，尤其是碱含量以及氯离子含量显著影响混凝土的耐久性。

（1）不溶物：是指水泥经盐酸处理后的残渣，再以氢氧化钠溶液处理，经盐酸中和过滤后所得的残渣经高温灼烧后所剩的物质。不溶物含量高对水泥质量有不良影响。

（2）烧失量：又称灼减量，是指水泥经高温灼烧，其中的水分（结晶水）排出、碳酸盐分解出 CO_2、硫酸盐分解出 SO_2 以及有机杂质被排除后物质量的损失百分数。主要用来限制石膏和混合材中杂质的含量，以保证水泥质量。

（3）碱含量：限制目的主要是防止碱骨料反应的发生。

（4）氯离子含量：氯离子含量过多会加速钢筋的锈蚀。

3.2.5　水泥石的腐蚀与防止

1. 几种常见的侵蚀类型

环境介质的侵蚀作用可概括为溶解侵析、离子交换以及形成膨胀性产物三种形式。

（1）溶解侵析

硅酸盐水泥（P·I）属于典型的水硬性胶凝材料，具有足够的抗水能力，尤其是对一般的江、河、湖或地下水等所谓"硬水"。但当受到冷凝水、雪水、冰川水或泉水等"软水"（即淡水）的作用时，尤其在流动水或承压水的作用下，其中一些组成如 $Ca(OH)_2$ 等就会按照溶解度的大小依次逐渐被水溶解，产生溶出性侵蚀，最终导致水泥石的破坏。

在各种水化产物中，$Ca(OH)_2$ 溶解度最大（25℃时约 1.2gCaO/L），所以首先被溶解，这样不仅增加了孔隙率，使水更容易渗透，而且由于液相中 $Ca(OH)_2$ 浓度降低，还会使其他水化物发生分解。如由于高碱性的水化硅酸盐、水化铝碱盐等分解而成为低碱性的水化产物，若不断侵析，最后将变成硅酸凝胶、氢氧化铝等无胶结能力的物质。

（2）离子交换

通过离子交换反应，水泥石可能发生如下四种侵蚀形式：

1）形成可溶性钙盐。在工业生产中，经常会有一些酸性溶液能与水泥石中的钙离子反应生成可溶性钙盐。如化工厂废水中就可能有盐酸、硫酸或硝酸存在；许多食品工厂有含醋酸、蚁酸或乳酸的废水排出；饮料中则含有碳酸；而在天然水中也会含有浓度很高的 CO_2。通过离子交换反应，这些酸性溶液能与水泥石中的某些组分反应生成可溶性钙盐，如氯化钙、碳酸氢钙等，随水带走。

2）形成不溶性钙盐。侵蚀性水中有时含有某些阴离子，会与水泥石发生反应形成不溶性无胶结能力钙盐，被流水冲刷、渗漏滤出或车辆磨损带走。

3）镁盐侵蚀。在地下水、海水及某些工业废水中，常有氯化镁、硫酸镁等存在，这些镁盐会与水泥石中的 $Ca(OH)_2$ 反应形成可溶性钙盐及无胶结能力的松散物 $Mg(OH)_2$。如 $MgSO_4$ 与 $Ca(OH)_2$ 会发生如下反应：

$$MgSO_4+Ca(OH)_2+2H_2O \longrightarrow CaSO_4 \cdot 2H_2O+Mg(OH)_2 \tag{3-9}$$

当然对于 $MgSO_4$ 同时属于下面的强碱侵蚀。

4）强碱侵蚀。碱类溶液若浓度不大一般是无害的，但对于铝酸盐含量较高的硅酸盐水泥，遇到强碱时如 NaOH，会发生如下反应：

$$3CaO \cdot Al_2O_3 + 6NaOH \longrightarrow 3Na_2O \cdot Al_2O_3 + 3Ca(OH)_2 \qquad （3-10）$$

反应生成的铝酸钠易溶于水，当水泥被 NaOH 浸透后，又在空气中干燥与空气中的 CO_2 作用生成 Na_2CO_3，会产生盐类结晶膨胀侵蚀。

（3）形成膨胀性产物

外界侵蚀性介质与水泥石的某些组分通过化学反应生成膨胀性产物，最初只产生内应力并无明显的破坏，随着反应的继续进行，逐渐使水泥石剥落、开裂，强度急剧下降。

1）硫酸盐侵蚀。绝大多数硫酸盐对水泥石都有显著的侵蚀作用（除硫酸钡外），这主要是由于硫酸盐能与水泥石所含的 $Ca(OH)_2$ 作用生成硫酸钙，再与水化铝酸钙反应生成钙矾石，从而使固相体积增加（约增大 1.5 倍），最终发生膨胀破坏。因此钙矾石又称"水泥杆菌"。此过程反应式如下：

$$Ca(OH)_2 + Na_2SO_4 \cdot 10H_2O \longrightarrow CaSO_4 \cdot 2H_2O + NaOH + 8H_2O \qquad （3-11）$$

$$4CaO \cdot Al_2O_3 \cdot 19H_2O + 3(CaSO_4 \cdot 2H_2O) + 8H_2O \longrightarrow$$

$$3CaO \cdot Al_2O_3 \cdot 3CaSO_4 \cdot 32H_2O + Ca(OH)_2 \qquad （3-12）$$

2）盐类结晶膨胀。一些工程实例表明，即使不发生明显的化学反应，水泥石中的盐类结晶也会导致相当大的破坏。如上述硫酸盐侵蚀第一步生成的硫酸钙，若结晶就会产生结晶膨胀的侵蚀。

3）碱集料反应。近些年来各地发现了许多碱集料反应导致的混凝土结构破坏，即水泥中的碱和集料中的活性 SiO_2 反应，生成膨胀性的碱硅酸盐凝胶，导致混凝土开裂。这个反应和水泥的含碱量、集料的活性及混凝土的使用环境有关。

水泥的耐蚀性可用耐蚀系数定量表示。耐蚀系数是在同一龄期下，水泥试体在侵蚀性溶液中的强度与在淡水中的强度之比。

2. 侵蚀的防止

由以上侵蚀的分析可以看出，水泥石的侵蚀主要是由于内部的某些矿物质成分如氢氧化钙和水化铝酸钙较易溶于水或与其他物质反应和水泥石不密实而使侵蚀介质进入造成的。因此，针对具体情况可采取下列防止措施。

（1）根据侵蚀环境的特点，合理选用水泥品种。如当水泥石遭受软水侵蚀时，可选用水化物中 $Ca(OH)_2$ 含量较少的水泥；当水泥石处于硫酸盐侵蚀环境中时，可选用铝酸三钙含量较低的抗硫酸盐水泥。一般来说，硅酸盐水泥中混合材掺量越多，其抗侵蚀能力越强。

（2）提高水泥石的密实度。水泥石的密实度越高，抗渗能力越强，这样环境的侵蚀介质越难侵入。许多工程选择了合适的水泥品种，但由于密实度不高而遭受了严重侵蚀，尤其是对于软水侵蚀，密实度的作用更加明显。

（3）做保护层。当侵蚀作用较强，上述的措施不能奏效时，可在水泥石表面加做一层耐侵蚀介质的材料，如陶瓷、涂料、沥青等。

（4）控制水泥中的碱含量或控制集料中的活性成分含量。为防止碱集料反应，即在使用相同活性集料的情况下，不同的混凝土配比、使用环境对水泥的碱含量（$Na_2O+0.658K_2O$）要求也不一样。因此，标准中将碱含量定为任选要求。当用户要求时，由供需双方协商，但指定低碱水泥时，水泥中的碱含量不得大于 0.60%，或由供需双方商定。

3.2.6　硅酸盐水泥的基本特性、用途、分类及品质要求

硅酸盐水泥具有凝结时间短、快硬、早强、高强、抗冻、耐磨、耐热、水化放热集中、水化热较大、抗硫酸盐侵蚀能力较差的性能特点。

硅酸盐水泥用于配制高强度混凝土、先张预应力制品、道路、低温下施工的工程和一般受热（250℃）的工程。一般不适用于大体积混凝土和地下工程，特别是有化学侵蚀的工程。硅酸盐水泥的特性与应用如下。

1. 凝结硬化快，早期强度与后期强度均高

这是因为硅酸盐水泥中硅酸盐水泥熟料多，即水泥中 C_3S 多。因此适用于现浇混凝土工程、预制混凝土工程、冬期施工混凝土工程、预应力混凝土工程、高强混凝土工程等。

2. 抗冻性好

硅酸盐水泥石具有较高的密实度，且具有对抗冻性有利的孔隙特征，因此抗冻性好，适用于严寒地区遭受反复冻融循环的混凝土工程。

3. 水化热高

硅酸盐水泥中 C_3S 和 C_3A 的含量高，因此水化放热速度快、放热量大，所以适用于冬期施工，不适用于大体积混凝土工程。

4. 耐腐蚀性差

硅酸盐水泥石中的 $Ca(OH)_2$ 与水化铝酸钙较多，所以耐腐蚀性差，因此不适用于受流动软水和压力水作用的工程，也不宜用于受海水及其他侵蚀性介质作用的工程。

5. 耐热性差

水泥石中的水化产物在 250 ~ 300℃时会产生脱水，强度开始降低，当温度达到 700 ~ 1000℃时，水化产物分解，水泥石的结构几乎完全破坏，所以硅酸盐水泥不适用于具有耐热、高温要求的混凝土工程。但当温度为 100 ~ 250℃时，由于额外的水化作用及脱水后凝胶与部分 $Ca(OH)_2$ 的结晶对水泥石的密实作用，水泥石的强度并不降低。

6. 抗碳化性不好

水泥石中 $Ca(OH)_2$ 与空气中 CO_2 的作用称为碳化。硅酸盐水泥水化后，水泥石中含有较多的 $Ca(OH)_2$，因此抗碳化性不好。

3.3 通用硅酸盐水泥

通用硅酸盐水泥在所有的水泥中品种最多、应用最广。按组成水泥的熟料数量、混合材料的品种与数量分为硅酸盐水泥、普通硅酸盐水泥、矿渣硅酸盐水泥、火山灰质硅酸盐水泥、粉煤灰硅酸盐水泥和复合硅酸盐水泥六大品种。

1. 通用硅酸盐水泥各品种的组分和代号

通用硅酸盐水泥各品种的组分和代号见表 3-4、表 3-5 和表 3-6。

硅酸盐水泥的组分要求（《通用硅酸盐水泥》GB 175—2007） 表 3-4

品种	代号	组分		
		熟料＋石膏	粒化高炉矿渣	石灰石
硅酸盐水泥	P·Ⅰ	100	—	—
	P·Ⅱ	≥ 95	≤ 5	—
		—	—	≤ 5

普通硅酸盐水泥、矿渣硅酸盐水泥、粉煤灰硅酸盐水泥和
火山灰硅酸盐水泥的组分要求（《通用硅酸盐水泥》GB 175—2007） 表 3-5

品种	代号	组分（质量分数）（%）			
		主要组分			
		熟料＋石膏	粒化高炉矿渣	火山灰质混合材料	粉煤灰
普通硅酸盐水泥	P·O	≥ 80 且 < 95	> 5 且 ≤ 20[a]		
矿渣硅酸盐水泥	P·S·A	≥ 50 且 < 80	> 20 且 ≤ 50[b]	—	—
	P·S·B	≥ 30 且 < 50	> 50 且 ≤ 70[b]	—	—
粉煤灰硅酸盐水泥	P·F	≥ 60 且 < 80	—	—	> 20 且 ≤ 40[c]
火山灰质硅酸盐水泥	P·P	≥ 60 且 < 80	—	> 20 且 ≤ 40[d]	—

注：a. 本组分材料为活性混合材料，其中允许用不超过水泥质量 8% 的非活性混合材料或不超过水泥质量 5% 的窑灰代替。
b. 本组分材料为符合 GB/T 203 或 GB/T 18046 的活性混合材料，其中允许用不超过水泥质量 8% 的活性混合材料或非活性混合材料或窑灰中的任一种材料代替。
c. 本组分材料为符合 GB/T 1596 的活性混合材料。
d. 本组分材料为符合 GB/T 2847 的活性混合材料。

复合硅酸盐水泥的组分要求（《通用硅酸盐水泥》GB 175—2007） 表 3-6

品种	代号	组分（质量分数）（%）				
		主要组分				
		熟料＋石膏	粒化高炉矿渣	粉煤灰	火山灰质混合材料	石灰石
复合硅酸盐水泥	P·C	≥ 50 且 < 80	> 20 且 ≤ 50[a]			

注：a. 本组分材料为由两种（含）以上活性混合材料或和非活性混合材料组成，其中允许用不超过水泥质量 8% 的窑灰代替。掺矿渣时混合材料掺量不得与矿渣硅酸盐水泥重复。

2. 通用硅酸盐水泥技术要求

（1）化学指标

通用硅酸盐水泥的化学指标应符合表 3-7 的规定。

通用硅酸盐水泥的化学成分要求（《通用硅酸盐水泥》GB 175—2007）　　表 3-7

品种	代号	不溶物	烧失量	三氧化硫	氧化镁	氯离子
硅酸盐水泥	P·I	≤ 0.75	≤ 3.0	≤ 3.5	≤ 5.0ᵃ	≤ 0.06ᶜ
	P·II	≤ 1.50	≤ 3.5			
普通硅酸盐水泥	P·O	—	≤ 5.0			
矿渣硅酸盐水泥	P·S·A			≤ 4.0	≤ 6.0ᵇ	
	P·S·B				—	
火山灰质硅酸盐水泥	P·P			≤ 3.5	≤ 6.0ᵇ	
粉煤灰硅酸盐水泥	P·F	—	—			
复合硅酸盐水泥	P·C					

注：a. 如果水泥压蒸试验合格，则水泥中氧化镁的含量（质量分数）允许放宽至 6.0%。

　　b. 如果水泥中氧化镁的含量（质量分数）大于 6.0% 时，需进行水泥压蒸安定性试验并合格。

　　c. 当有更低要求时，该指标由买卖双方协商确定。

（2）碱含量（选择性指标）

水泥中碱含量按 $Na_2O+0.658K_2O$ 计算值表示。若使用活性骨料，用户要求提供低碱水泥时，水泥中的碱含量应不大于 0.60% 或由买卖双方协商确定。

（3）物理指标

1）凝结时间。硅酸盐水泥初凝不小于 45min，终凝不大于 390min；普通硅酸盐水泥、矿渣硅酸盐水泥、火山灰质硅酸盐水泥、粉煤灰硅酸盐水泥和复合硅酸盐水泥初凝不小于 45min，终凝不大于 600min。

2）安定性。沸煮法检验合格。

3）强度。不同品种、不同强度等级的通用硅酸盐水泥，其各不同龄期的强度应符合表 3-8 的规定。

4）细度（选择性指标）。硅酸盐水泥和普通硅酸盐水泥以比表面积表示，不小于 300m²/kg；矿渣硅酸盐水泥、火山灰质硅酸盐水泥、粉煤灰硅酸盐水泥和复合硅酸盐水泥以筛余表示，80μm 方孔筛筛余不大于 10% 或 45μm 方孔筛筛余不大于 30%。

通用硅酸盐水泥不同龄期强度要求（《通用硅酸盐水泥》GB 175—2007）　　表 3-8

品种	强度等级	抗压强度		抗折强度	
		3d	28d	3d	28d
硅酸盐水泥	42.5	≥ 17.0	≥ 42.5	≥ 3.5	≥ 6.5
	42.5R	≥ 22.0		≥ 4.0	
	52.5	≥ 23.0	≥ 52.5	≥ 4.0	≥ 7.0

品种	强度等级	抗压强度		抗折强度	
		3d	28d	3d	28d
硅酸盐水泥	52.5R	≥ 27.0	≥ 52.5	≥ 5.0	≥ 7.0
	62.5	≥ 28.0	≥ 62.5	≥ 5.0	≥ 8.0
	62.5R	≥ 32.0		≥ 5.5	
普通硅酸盐水泥	42.5	≥ 17.0	≥ 42.5	≥ 3.5	≥ 6.5
	42.5R	≥ 22.0		≥ 4.0	
	52.5	≥ 23.0	≥ 52.5	≥ 4.0	≥ 7.0
	52.5R	≥ 27.0		≥ 5.0	
矿渣硅酸盐水泥 火山灰质硅酸盐水泥 粉煤灰硅酸盐水泥	32.5	≥ 10.0	≥ 32.5	≥ 2.5	≥ 5.5
	32.5R	≥ 15.0		≥ 3.5	
	42.5	≥ 15.0	≥ 42.5	≥ 3.5	≥ 6.5
	42.5R	≥ 19.0		≥ 4.0	
	52.5	≥ 21.0	≥ 52.5	≥ 4.0	≥ 7.0
	52.5R	≥ 23.0		≥ 4.5	
复合硅酸盐水泥	42.5	≥ 15.0	≥ 42.5	≥ 3.5	≥ 6.5
	42.5R	≥ 19.0		≥ 4.0	
	52.5	≥ 21.0	≥ 52.5	≥ 4.0	≥ 7.0
	52.5R	≥ 23.0		≥ 4.5	

3.3.1 水泥混合材料

在生产水泥时，为改善水泥性能、调节水泥强度等级，除硅酸盐水泥（P·I）外，其他的通用硅酸盐水泥都掺入一定量人工和天然矿物材料，称为混合材料。

具有火山灰性或潜在水硬性，以及兼有火山灰性和潜在水硬性的矿物质材料一般含有活性氧化硅（SiO_2）与活性氧化铝（Al_2O_3）。其中火山灰性是指工业废渣磨成细粉与消石灰一起和水后，在湿空气中能够凝结硬化，并能在水中继续硬化的性能；潜在水硬性是指工业废渣磨成细粉与石膏一起和水后，在湿空气中能够凝结硬化，并能在水中继续硬化的性能。活性混合材料一般含有活性氧化硅、氧化铝等。具有潜在火山灰活性的矿物掺合料可分为天然、人工和工业废料三大类，见表3-9。

具有潜在火山灰活性矿物掺合料的分类　　表 3-9

差别	品种
天然类	火山灰、凝灰岩、硅藻土、蛋白石质黏土、硅质页岩、钙性黏土及黏土页岩
人工类	煅烧页岩或黏土
工业废料类	粉煤灰、水淬高炉矿渣、硅灰

1. 水泥混合材料的种类

常用的具有潜在火山灰活性的矿物掺合料有粒化高炉矿渣、粒化高炉矿渣粉、火山灰质混合材料、粉煤灰、窑灰以及其他混合材料。

（1）粒化高炉矿渣

粒化高炉矿渣是指高炉冶炼生铁时，所得以硅铝酸盐为主要成分的熔融物，经淬冷成粒后具有潜在水硬性。当熔融物直接流入水池中急冷又称水淬矿渣，俗称水渣。急冷的目的在于阻止其中的矿物成分结晶，使其在常温下成为不稳定的玻璃体（一般占80% 以上），从而具有较高的化学能，即具有较高的潜在活性。其主要化学成分为 Al_2O_3、CaO、SiO_2，一般可达 90% 以上。《用于水泥中的粒化高炉矿渣》GB/T 203—2008 规定，矿渣的活性用质量系数来评定，即：

$$质量系数k = \frac{\omega_{CaO}+\omega_{MgO}+\omega_{Al_2O_3}}{\omega_{SiO_2}+\omega_{MnO}+\omega_{TiO_2}} \geqslant 1.2 \qquad (3-13)$$

质量系数反映了矿渣中活性组分与低活性和非活性组分之间的比例。质量系数越大，则矿渣的活性越高。

（2）火山灰质混合材料

火山灰质混合材料是具有火山灰性的、天然的或人工的矿物材料。一般以 Al_2O_3、SiO_2 为主要成分。其品种很多，天然的有火山灰、凝灰岩、浮石、浮石岩、硅藻土、蛋白石等；人工的有烧页岩、烧黏土、煤渣、煤矸石、硅灰等。按其化学成分和矿物结构可分为：含水硅酸质（硅藻土、蛋白石等），活性成分以氧化硅为主；铝硅玻璃质（火山灰、浮石等），活性成分为氧化硅和氧化铝；烧黏土质（烧黏土、煤渣等），活性成分以氧化铝为主。《用于水泥中的火山灰质混合材料》GB/T 2847—2005 规定，火山灰质混合材料的活性是以火山灰性试验和水泥胶砂 28d 抗压强度比来评定的，其强度比应 ≥ 65%，用作水泥混合材料的火山灰质混合材料要求其烧失量 ≤ 10%，SO_3 含量 ≤ 3.5%。

（3）粉煤灰

粉煤灰是从电厂煤粉炉烟道气体中收集的粉末。但粉煤灰不包括以下情形：①和煤一起煅烧城市垃圾或其他废弃物时；②在焚烧炉中煅烧工业或城市垃圾时；③循环流化床锅炉燃烧收集的粉末。粉煤灰以氧化铝、氧化硅为主要成分，含少量氧化钙，具有火山灰性。其活性主要取决于玻璃体的含量以及无定型氧化铝和氧化硅的含量，同时颗粒形状及大小对其活性也有较大的影响，细小球形玻璃体含量越高，其活性越高。粉煤灰与其他天然火山灰相比，其结构致密，比表面积小。按照燃煤品种分为 F 类和 C 类，F 类粉煤灰是由无烟煤或烟煤煅烧收集的粉煤灰，C 类粉煤灰是由褐煤或次烟煤煅烧收集的粉煤灰，其氧化钙含量一般大于或等于 10%。根据用途分为拌制砂浆和混凝土用粉煤灰、水泥活性混合材料用粉煤灰两类。拌制砂浆和混凝土用粉煤灰分为三个等级：Ⅰ 级、Ⅱ 级、Ⅲ 级；水泥活性混合材料用粉煤灰不分级。《用于水泥和混凝土中的粉煤灰》GB/T 1596—2017 规定，粉煤灰的活性用抗压强度比的方法来评定，用作水泥活性混合材料的粉煤灰要求其烧失量≤8.0%、强度活性指数≥70%、SO_3含量≤3.5%。粉煤灰的含水量、游离氧化钙质量分数、安定性、密度、半水亚硫酸钙以及二氧化硅、三氧化二铝和三氧化二铁的总质量分数应符合 GB/T 1596—2017 的规定。粉煤灰中铵离子含量的限量应符合《粉煤灰中铵离子含量的限量及检验方法》GB/T 39701—2020 的规定。

（4）粒化高炉矿渣粉

粒化高炉矿渣粉是指符合 GB/T 203—2008 标准规定的粒化高炉矿渣经干燥、粉磨（或添加少量石膏一起粉磨）达到相当细度且符合相应活性指数的粉体。矿渣粉磨时允许加入助磨剂，加入量不得大于矿渣粉质量的0.5%。《用于水泥、砂浆和混凝土中的粒化高炉矿渣粉》GB/T 18046—2017 规定，矿渣粉的活性指数用抗压强度比的方法来评定，水泥中使用的粒化高炉矿渣粉7天活性指数，对应 S105、S95、S75 应分别≥95%、≥70%、≥55%，相应28天活性指数应分别≥105%、≥95%、≥75%；烧失量≤1.0%、SO_3含量≤4.0%。粒化高炉矿渣的比表面积、流动度比、初凝时间比、含水量、不溶物、玻璃体含量应符合 GB/T 18046—2017 的规定。

（5）窑灰

窑灰特指符合 JC/T 742—2009 的回转窑窑灰，是一种特殊的水泥混合材料。用回转窑生产硅酸盐水泥熟料时，随气流从窑尾排出的灰尘经收尘设备收集所得的干燥粉末，称为回转窑窑灰。

由于窑灰经过高温煅烧，其组成与水泥熟料几乎相同，可以作为水泥的混合材料。但立窑水泥窑灰未经过充分高温煅烧，其组成接近生料，不能用作水泥的混合材料。

（6）其他混合材料

其他混合材料是指在水泥中主要起填充作用而又不损害水泥性能的矿物材料。常温下与石灰、石膏或硅酸盐水泥一起，加水拌合后不能发生水化反应或反应甚微，不能生成水硬性产物的混合材料称为惰性混合材料或填充性混合材料。该类混合材料可以起到调节水泥强度等级、降低水化热、降低生产成本、增加水泥产量的作用。石灰石、石英砂、黏土、慢冷矿渣、粒化碳素铬铁渣、粒化高炉钛矿渣以及其他不符合质量标准的潜在火山灰活性材料均可加以磨细作为填充性混合材料。

常用的填充性混合材料主要包括：活性指标分别低于 GB/T 203—2008、GB/T 18046—2017、GB/T 1596—2017、GB/T 2847—2005 标准要求的粒化高炉矿渣、粒化高炉矿渣粉、粉煤灰、火山灰质混合材料；石灰石和砂岩，其中石灰石、砂岩的亚甲基蓝值不大于1.4g/kg。亚甲基蓝值按 GB/T 35164—2017 附录 A 的规定进行检验。相关研究表明，纯熟料硅酸盐水泥中掺入少于5%的石灰石后，早期标养强度有较大幅度的提高，约达5%～10%，后期强度变化不大，所以硅酸盐水泥（P·II）允许掺入不超过水泥重5%的石灰石。

2. 混合材料在水泥中的作用

（1）潜在火山灰活性混合材料

活性混合材料掺入水泥中的主要作用是：改善水泥的某些性能、扩大水泥品种、调节水泥强度等级、降低水化热、降低生产成本、增加水泥产量等。

磨细的活性混合材料与水调和后，本身不会硬化或硬化极其缓慢，但在饱和 $Ca(OH)_2$ 溶液中，常温下就会发生显著的水化反应：

$$xCa(OH)_2+活性SiO_2+n_1H_2O \longrightarrow xCaO \cdot SiO_2 \cdot (n_1+x)H_2O（水化硅酸钙）\quad (3-14)$$

$$yCa(OH)_2+活性Al_2O_3+n_2H_2O \longrightarrow xCaO \cdot Al_2O_3 \cdot (n_2+x)H_2O（水化铝酸钙）\quad (3-15)$$

生成的水化硅酸钙和水化铝酸钙是具有水硬性的产物，与硅酸盐水泥中的水化产物相同。当有石膏存在时，水化铝酸钙还可以和石膏进一步反应生成水化硫铝酸钙。由此可见，是氢氧化钙和石膏激发了混合材料的活性，故称它们为活性混合材料的激发剂；氢氧化钙称为碱性激发剂，石膏称为硫酸盐激发剂。

掺活性混合材料的硅酸盐水泥与水拌合后，首先是水泥熟料水化，之后是水泥熟料的水化产物 $Ca(OH)_2$ 与活性混合材料中的活性 SiO 和活性 Al_2O_3 发生水化反应（亦称二次反应）生成水化产物，由此过程可知，掺活性混合材料的硅酸盐系水泥的水化速度较慢，故早期强度较低，而由于水泥中熟料含量相对减少，故水化热较低。

（2）其他混合材料

填充性混合材料掺入水泥中的主要作用是：调节水泥强度等级、降低水化热、降低生产成本、增加水泥产量等。

3.3.2 普通硅酸盐水泥

普通硅酸盐水泥中含有少量混合材料，而绝大部分仍是硅酸盐水泥熟料，故其特性与硅酸盐水泥基本相同；但由于掺入少量混合材料，因此与同强度等级的硅酸盐水泥相比，普通硅酸盐水泥早期硬化速度稍慢、3天强度稍低、抗冻性稍差、水化热稍小、耐蚀性稍好。

普通硅酸盐水泥与硅酸盐水泥性能相近，也具有凝结时间短、快硬、早强、高强、抗冻、耐磨、耐热、水化放热集中、水化热较大、抗硫酸盐侵蚀能力较差的性能特点；相比硅酸盐水泥，早期强度增进率稍有降低，抗冻性和耐磨性稍有下降，抗硫酸盐侵蚀能力有所增强。

普通硅酸盐水泥可用于任何无特殊要求的工程。一般不适用于受热工程、道路、低温下施工工程、大体积混凝土工程和地下工程，特别是有化学侵蚀的工程。

1. 定义

凡是由硅酸盐水泥熟料、混合材料、适量石膏磨细制成的水硬性胶凝材料统称为普通硅酸盐水泥（简称普通水泥），代号 P·O。其中熟料和石膏的比例为80%～95%，粒化高炉矿渣、粉煤灰、火山灰质混合材料掺加量为5%～20%，替代材料石灰石、砂岩、窑灰不超过水泥质量的5%。

2. 技术要求

《通用硅酸盐水泥》GB 175—2007 规定的技术要求如下：

（1）烧失量：普通硅酸盐水泥的烧失量不得大于 5.0%。

（2）三氧化硫：普通硅酸盐水泥中三氧化硫的质量分数不得超过 3.5%。

（3）氧化镁：普通水泥中氧化镁的含量不得超过 5.0%。如果水泥中氧化镁含量（质量含量）大于 6.0%，需进行水泥压蒸安定性试验并合格。

（4）氯离子：不得超过质量分数的 0.06%。当有更低要求时，该指标由买卖双方确定。

（5）碱含量：水泥中碱含量按 $Na_2O+0.658K_2O$ 计算值来表示，若使用活性骨料，用户要求提供低碱水泥时，水泥中的碱含量不得大于 0.60% 或由供需双方协商确定。

（6）凝结时间：普通硅酸盐水泥的初凝时间不得早于 45min，终凝不得迟于 600min。

（7）安定性：用沸煮法检验合格。

（8）细度（选择性指标）：以比表面积表示，要求不小于 $300m^2/kg$。

（9）强度：普通硅酸盐水泥的强度等级分为 42.5、42.5R、52.5、52.5R 四个强度等级。不同强度等级的普通硅酸盐水泥，其不同龄期的强度应符合表 3-10 的要求。

不同强度等级的普通硅酸盐水泥（《通用硅酸盐水泥》GB 175—2007）　　表 3-10

强度等级	抗压强度（MPa）		抗折强度（MPa）	
	3d	28d	3d	28d
42.5	≥ 17.0	≥ 42.5	≥ 3.5	≥ 6.5
42.5R	≥ 22.0		≥ 4.0	
52.5	≥ 23.0	≥ 52.5	≥ 4.0	≥ 7.0
52.5R	≥ 27.0		≥ 5.0	

3.3.3　矿渣硅酸盐水泥

1. 定义

凡是由硅酸盐水泥熟料和粒化高炉矿渣、适量石膏磨细制成的水硬性胶凝材料称为矿渣硅酸盐水泥（简称矿渣水泥），代号 P·S。矿渣硅酸盐水泥中矿渣掺加量为大于 20% 且小于等于 70%。其中 A 型矿渣掺量大于 20% 且小于等于 50%，代号 P·S·A；B 型矿渣掺量大于 50% 且小于等于 70%，代号 P·S·B。

矿渣硅酸盐水泥具有需水性小、早强低后期增长大、水化热低、抗硫酸盐侵蚀能力强、受热性好的优点，也具有保水性和抗冻性差的缺点。

矿渣硅酸盐水泥可用于无特殊要求的一般结构工程，适用于地下、水利和大体积等混凝土工程，在一般受热工程（250℃）和蒸汽养护构件中可优先采用矿渣硅酸盐水泥，不宜用于需要早强和受冻融循环、干湿交替的工程中。

2. 技术要求

《通用硅酸盐水泥》GB 175—2007 规定的技术要求如下：

（1）三氧化硫：矿渣硅酸盐水泥中三氧化硫的质量分数不得超过 4.0%。

（2）氧化镁：P·S·A 型矿渣硅酸盐水泥中氧化镁含量（质量含量）不得超过 6.0%。如果水泥中氧化镁含量大于 6.0%，需进行水泥压蒸安定性试验并合格；而 P·S·B 型矿渣硅酸盐水泥中氧化镁含量不作强制性要求。

（3）氯离子：不得超过质量分数的 0.06%。当有更低要求时，该指标由买卖双方确定。

（4）碱含量：水泥中碱含量按 $Na_2O+0.658K_2O$ 计算值来表示，若使用活性骨料，用户要求提供低碱水泥时，水泥中的碱含量不得大于 0.60% 或由供需双方协商确定。

（5）凝结时间：矿渣硅酸盐水泥的初凝时间不得早于 45min，终凝不得迟于 600min。

（6）安定性：用沸煮法检验合格。

（7）细度（选择性指标）：以筛余表示，其中 80μm 方孔筛筛余不大于 10% 或者 45μm 方孔筛筛余不大于 30%。

（8）强度：矿渣硅酸盐水泥的强度等级分为 32.5、32.5R、42.5、42.5R、52.5、52.5R 六个强度等级。不同强度等级的矿渣硅酸盐水泥，其不同龄期的强度应符合表 3-11 的要求。

不同强度等级的矿渣硅酸盐水泥（《通用硅酸盐水泥》GB 175—2007）　　表 3-11

强度等级	抗压强度（MPa）		抗折强度（MPa）	
	3d	28d	3d	28d
32.5	≥ 10.0	≥ 32.5	≥ 2.5	≥ 5.5
32.5R	≥ 15.0		≥ 3.5	
42.5	≥ 15.0	≥ 42.5	≥ 3.5	≥ 6.5
42.5R	≥ 19.0		≥ 4.0	
52.5	≥ 21.0	≥ 52.5	≥ 4.0	≥ 7.0
52.5R	≥ 23.0		≥ 4.5	

3.3.4　火山灰质硅酸盐水泥

火山灰质硅酸盐水泥具有较强的抗硫酸盐侵蚀能力、保水性好和水化热低的优点，也具有需水量大、低温凝结慢、干缩性大、抗冻性差的缺点。

1. 定义

凡是由硅酸盐水泥熟料和火山灰质混合材料、适量石膏磨细制成的水硬性胶凝材料称为火山灰质硅酸盐水泥（简称火山灰水泥），代号 P·P。火山灰质硅酸盐水泥中火山灰质混合材料掺加量为大于 20% 且小于等于 40%。

2. 技术要求

《通用硅酸盐水泥》GB 175—2007 规定的技术要求如下：

（1）三氧化硫：火山灰质硅酸盐水泥中三氧化硫的质量分数不得超过 3.5%。

（2）氧化镁：火山灰质硅酸盐水泥中氧化镁含量（质量含量）不得超过 6.0%。如果水泥中氧化镁含量大于 6.0%，需进行水泥压蒸安定性试验并合格。

（3）氯离子：不得超过质量分数的 0.06%。当有更低要求时，该指标由买卖双方确定。

（4）碱含量：水泥中碱含量按 $Na_2O+0.658K_2O$ 计算值来表示，若使用活性骨料，用户要求提供低碱水泥时，水泥中的碱含量不得大于 0.60% 或由供需双方协商确定。

（5）凝结时间：火山灰质硅酸盐水泥的初凝时间不得早于 45min，终凝不得迟于 600min。

（6）安定性：用沸煮法检验合格。

（7）细度（选择性指标）：以筛余表示，其中 80μm 方孔筛筛余不大于 10% 或者 45μm 方孔筛筛余不大于 30%。

（8）强度：火山灰质硅酸盐水泥的强度等级分为 32.5、32.5R、42.5、42.5R、52.5、52.5R 六个强度等级。不同强度等级的火山灰质硅酸盐水泥，其不同龄期的强度应符合表 3-12 的要求。

不同强度等级的火山灰质硅酸盐水泥（《通用硅酸盐水泥》GB 175—2007） 表 3-12

强度等级	抗压强度（MPa）		抗折强度（MPa）	
	3d	28d	3d	28d
32.5	≥ 10.0	≥ 32.5	≥ 2.5	≥ 5.5
32.5R	≥ 15.0		≥ 3.5	
42.5	≥ 15.0	≥ 42.5	≥ 3.5	≥ 6.5
42.5R	≥ 19.0		≥ 4.0	
52.5	≥ 21.0	≥ 52.5	≥ 4.0	≥ 7.0
52.5R	≥ 23.0		≥ 4.5	

3.3.5 粉煤灰硅酸盐水泥

粉煤灰硅酸盐水泥具有与火山灰质硅酸盐水泥相近的性能，相比火山灰质硅酸盐水泥，其具有需水量小、干缩性小的特点。

火山灰质硅酸盐水泥和粉煤灰硅酸盐水泥可用于一般无特殊要求的结构工程，适用于地下、水利和大体积等混凝土工程，不宜用于冻融循环、干湿交替的工程。

1. 定义

凡是由硅酸盐水泥熟料和粉煤灰、适量石膏磨细制成的水硬性胶凝材料称为粉煤灰硅酸盐水泥（简称粉煤灰水泥），代号 P·F。其中粉煤灰的掺加量为大于 20% 且小于等于 40%。

2. 技术要求

《通用硅酸盐水泥》GB 175—2007 规定的技术要求如下：

（1）三氧化硫：粉煤灰硅酸盐水泥中三氧化硫的质量分数不得超过 3.5%。

（2）氧化镁：粉煤灰硅酸盐水泥中氧化镁含量（质量含量）不得超过 6.0%。如果水泥中氧化镁含量大于 6.0%，需进行水泥压蒸安定性试验并合格。

（3）氯离子：不得超过质量分数的 0.06%。当有更低要求时，该指标由买卖双方确定。

（4）碱含量：水泥中碱含量按 $Na_2O+0.658K_2O$ 计算值来表示，若使用活性骨料，用户要求提供低碱水泥时，水泥中的碱含量不得大于 0.60% 或由供需双方协商确定。

（5）凝结时间：粉煤灰硅酸盐水泥的初凝时间不得早于 45min，终凝不得迟于 600min。

（6）安定性：用沸煮法检验合格。

（7）细度：以筛余表示，其中 80μm 方孔筛筛余不大于 10% 或者 45μm 方孔筛筛余不大于 30%。

（8）强度：粉煤灰硅酸水泥的强度等级分为 32.5、32.5R、42.5、42.5R、52.5、52.5R 六个强度等级。不同强度等级的粉煤灰硅酸盐水泥，其不同龄期的强度应符合表 3-13 的要求。

不同强度等级的粉煤灰硅酸盐水泥（《通用硅酸盐水泥》GB 175—2007）　　表 3-13

强度等级	抗压强度（MPa）		抗折强度（MPa）	
	3d	28d	3d	28d
32.5	≥ 10.0	≥ 32.5	≥ 2.5	≥ 5.5
32.5R	≥ 15.0		≥ 3.5	
42.5	≥ 15.0	≥ 42.5	≥ 3.5	≥ 6.5
42.5R	≥ 19.0		≥ 4.0	
52.5	≥ 21.0	≥ 52.5	≥ 4.0	≥ 7.0
52.5R	≥ 23.0		≥ 4.5	

3.3.6　复合硅酸盐水泥

复合硅酸盐水泥除了具有矿渣硅酸盐水泥、火山灰质硅酸盐水泥、粉煤灰硅酸盐水泥所具有的水化热低、耐蚀性好、韧性好的优点外，能通过混合材料的复掺优化水泥的性能，如改善保水性、降低需水性、减少干燥收缩、适宜的早期和后期强度发展等。

复合硅酸盐水泥可用于无特殊要求的一般结构工程，适用于地下、水利和大体积等混凝土工程，特别是有化学侵蚀的工程，不宜用于需要早强和受冻融循环、干湿交替的工程中。

1. 定义

凡是由硅酸盐水泥熟料、三种或三种以上规定的混合材料、适量石膏磨细制成的水硬性胶凝材料称为复合硅酸盐水泥（简称复合水泥），代号 P·C。复合硅酸盐水泥中混合材料总掺加量为大于 20% 且小于等于 50%。复合硅酸盐水泥分为 42.5、42.5R、52.5、52.5R 四个等级，见表 3-14。

不同强度等级的复合硅酸盐水泥（《通用硅酸盐水泥》GB 175—2007） 表 3-14

强度等级	抗压强度（MPa）		抗折强度（MPa）	
	3d	28d	3d	28d
42.5	≥ 15.0	≥ 42.5	≥ 3.5	≥ 6.5
42.5R	≥ 19.0		≥ 4.0	
52.5	≥ 21.0	≥ 52.5	≥ 4.0	≥ 7.0
52.5R	≥ 23.0		≥ 4.5	

2. 技术要求

复合硅酸盐水泥的技术要求同火山灰质硅酸盐水泥和粉煤灰硅酸盐水泥。

3. 特性、应用

复合水泥由于掺入了两种或两种以上规定的混合材料，其效果不只是各类混合材料的简单混合，而是互相取长补短，达到掺加单一混合材料不能起到的优良效果，因此，复合水泥的性能介于普通水泥和矿渣水泥、火山灰水泥、粉煤灰水泥之间。

3.3.7 不同硅酸盐水泥特性对比

六种通用硅酸盐水泥特性如表 3-15 所示。

六种通用水泥特性对比 表 3-15

名称	硅酸盐水泥	普通硅酸盐水泥	复合水泥	矿渣水泥	火山灰水泥	粉煤灰水泥
代号	P·I，P·II	P·O	P·C	P·S·A，P·S·B	P·P	P·F
强度等级	42.5，42.5R 52.5，52.5R 62.5，62.5R	42.5，42.5R 52.5，52.5R	42.5，42.5R 52.5，52.5R		32.5，32.5R 42.5，42.5R 52.5，52.5R	
主要特性	1. 强度高 2. 水化热高 3. 抗冻性好 4. 耐蚀性差 5. 耐热性差 6. 抗碳化强	性能接近硅酸盐水泥： 1. 早期强度稍低 2. 水化热稍低 3. 抗冻性稍差 4. 耐蚀性稍好	介于前者和后者之间	1. 早期强度低，后期强度增长率大 2. 水化热低 3. 耐蚀性强 4. 抗冻性差 5. 抗大气性差 6. 抗渗性（P·P强） 7. 耐热性（P·S强，P·P、P·F差） 8. 干缩（P·S、P·P大，P·F小）		

由于粒化高炉矿渣、火山灰、粉煤灰这三种活性混合材料的化学组成和化学活性基本相同，使得水泥的水化产物及凝结硬化速度相近，因此矿渣水泥、火山灰水泥和粉煤灰水泥这三个品种水泥的大多数性质和应用相同或相近，即这三种水泥在许多情况下可替代使用。同时，又由于这三种活性混合材料的物理性质和表面特征及水化活性等有些差异，使得这三种水泥分别具有某些特性。

1. 矿渣水泥、火山灰水泥和粉煤灰水泥的共性

（1）早期强度低、后期强度发展高

其原因是这三种水泥的熟料含量少且二次水化反应（即活性混合材料的水化）慢，故早期（3d、7d）强度低。后期由于二次水化反应的不断进行和水泥熟料的不断水化，水化产物不断增多，强度可赶上或超过同等级的硅酸盐水泥或普通硅酸盐水泥（图3-8）。活性混合材料的掺量越多，早期强度越低，但后期强度增长越多。这三种水泥不适合用于早期强度要求高的混凝土工程，如冬期施工现浇工程等。

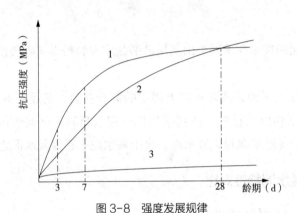

图 3-8　强度发展规律
1—硅酸盐水泥；2—掺混合材料硅酸盐水泥；3—混合材料

（2）对温度敏感，适合高温养护

这三种水泥在低温下水化明显减慢，强度较低。采用高温养护可大大加速活性混合材料的水化，并可加速熟料的水化，故可大大提高早期强度，且不影响常温下后期强度的发展。

（3）耐腐蚀性好

这三种水泥的熟料数量相对较少，水化硬化后水泥石中的氢氧化钙和水化铝酸钙的数量少，且活性混合材料的二次水化反应使水泥石中氢氧化钙的数量进一步降低，因此耐腐蚀性好，适合用于有硫酸盐、镁盐、软水等侵蚀作用的环境，如水利、海港、码头等混凝土工程。但当侵蚀介质的浓度较高或耐腐蚀性要求高时，仍不宜使用。

（4）水化热小

这三种水泥中的熟料含量少，因而水化放热量少，尤其是早期放热速度慢、放热量少，适合用于大体积混凝土工程。

（5）抗冻性较差

矿渣和粉煤灰易泌水形成连通孔隙，火山灰一般需水量较大，会增加内部的孔隙含量，故这三种水泥的抗冻性均较差。

（6）抗碳化性较差

由于这三种水泥在水化硬化后，水泥石中的氢氧化钙数量少，故抵抗碳化的能力差。因而不适用于二氧化碳浓度含量高的工业厂房，如铸造、翻砂车间等。

2. 矿渣水泥、火山灰水泥和粉煤灰水泥的特性

（1）矿渣硅酸盐水泥

由于粒化高炉矿渣玻璃体对水的吸附能力差，即对水分的保持能力差（保水性差），与水拌合时易产生泌水造成较多的连通孔隙，因此，矿渣硅酸盐水泥的抗渗性差，且干缩较大。矿渣本身耐热性好，且矿渣硅酸盐水泥水化后氢氧化钙的含量少，故矿渣硅酸盐水泥的耐热性较好。

矿渣硅酸盐水泥适用于有耐热要求的混凝土工程，不适用于有抗渗要求的混凝土工程。

（2）火山灰质硅酸盐水泥

火山灰质混合材料内部含有大量的微细孔隙，故火山灰质硅酸盐水泥的保水性高；火山灰质硅酸盐水泥水化后形成较多的水化硅酸钙凝胶，使水泥石结构致密，因而其抗渗性较好；火山灰质硅酸盐水泥的干缩大，水泥石易产生微细裂纹，且空气中的二氧化碳能使水化硅酸钙凝胶分解成为碳酸钙和氧化硅的混合物，使水泥石表面产生起粉现象。火山灰质硅酸盐水泥的耐磨性也较差。

火山灰质硅酸盐水泥适用于有抗渗性要求的混凝土工程，不宜用于干燥环境中的地上混凝土工程，也不宜用于有耐磨性要求的混凝土工程。

（3）粉煤灰硅酸盐水泥

粉煤灰是表面致密的球形颗粒，其吸附水的能力较差，即保水性差、泌水性大，其在施工阶段易使制品表面因大量泌水产生收缩裂纹（又称失水裂纹），因而粉煤灰硅酸盐水泥抗渗性差；粉煤灰硅酸盐水泥的干缩较小，这是因为粉煤灰的比表面积小、拌合需水量小的缘故。粉煤灰硅酸盐水泥的耐磨性也较差。

粉煤灰硅酸盐水泥适用于承载较晚的混凝土工程，不宜用于有抗渗性要求的混凝土工程，且不宜用于干燥环境中的混凝土及有耐磨性要求的混凝土工程。

3. 通用硅酸盐水泥品种的选用

了解通用硅酸盐水泥的性能后，可以根据具体工程的要求，正确、准确地选用水泥。表3-16列出硅酸盐系列水泥的选用原则。

硅酸盐系列水泥的选用　　　　　　　　　　　　　　表3-16

混凝土工程特点或所处环境条件		优先选用	可以使用	不得使用
普通混凝土	1）在普通气候环境中的混凝土	普通硅酸盐水泥	矿渣硅酸盐水泥、火山灰质硅酸盐水泥、粉煤灰硅酸盐水泥	—
	2）在干燥环境中的混凝土	普通硅酸盐水泥	矿渣硅酸盐水泥	火山灰质硅酸盐水泥、粉煤灰硅酸盐水泥
	3）在高湿度环境中或永远处在水下的混凝土	矿渣硅酸盐水泥	普通硅酸盐水泥、火山灰质硅酸盐水泥、粉煤灰硅酸盐水泥	—

混凝土工程特点或所处环境条件		优先选用	可以使用	不得使用
普通混凝土	4）厚大体积的混凝土	粉煤灰硅酸盐水泥、矿渣硅酸盐水泥、火山灰质硅酸盐水泥	普通硅酸盐水泥	硅酸盐水泥、快硬硅酸盐水泥
有特殊要求的混凝土	1）要求快硬的混凝土	快硬硅酸盐水泥、硅酸盐水泥	普通硅酸盐水泥	矿渣硅酸盐水泥、火山灰质硅酸盐水泥、粉煤灰硅酸盐水泥
	2）高强（大于C40级）的混凝土	硅酸盐水泥	普通硅酸盐水泥、矿渣硅酸盐水泥	火山灰质硅酸盐水泥、粉煤灰硅酸盐水泥
	3）严寒地区的露天混凝土，寒冷地区的处在水位升降范围内的混凝土	普通硅酸盐水泥	矿渣硅酸盐水泥（强度等级＞32.5）	—
	4）严寒地区处在水位升降范围内的混凝土	普通硅酸盐水泥	—	火山灰质硅酸盐水泥、矿渣硅酸盐水泥、粉煤灰硅酸盐水泥
	5）有抗渗性要求的混凝土	普通硅酸盐水泥、火山灰质硅酸盐水泥	—	矿渣硅酸盐水泥
	6）有耐磨性要求的混凝土	硅酸盐水泥、普通硅酸盐水泥	矿渣硅酸盐水泥（强度等级＞32.5）	火山灰质硅酸盐水泥、粉煤灰硅酸盐水泥
	7）受侵蚀性介质作用的混凝土	矿渣硅酸盐水泥、火山灰质硅酸盐水泥、粉煤灰硅酸盐水泥、复合硅酸盐水泥	—	硅酸盐水泥、普通硅酸盐水泥

说明：蒸汽养护时用的水泥品种宜根据具体条件通过试验确定。

3.4 其他品种水泥

3.4.1 铝酸盐水泥

以钙质和铝质材料为主要原料，按适当比例配置成生料，煅烧至完全或部分熔融，并经冷却所得以铝酸钙为主要矿物组成的产物称为铝酸盐水泥熟料。铝酸盐水泥就是以铝酸盐水泥熟料磨细制成的水硬性胶凝材料，代号 CA。

铝酸盐水泥是以铝矾土和石灰石为原料，经煅烧制得的以铝酸钙为主要成分、氧化铝含量不低于 50% 的熟料，再磨制成的水硬性胶凝材料。其熟料的主要矿物成分为铝酸一钙（$CaO \cdot Al_2O_3$，CA）、二铝酸一钙（$CaO \cdot 2Al_2O_3$，CA_2），此外尚有少量的硅酸二钙及其他铝酸盐，如七铝酸十二钙（$12CaO \cdot 7Al_2O_3$，$C_{12}A_7$）、铝方柱石（C_2AS）、六铝酸一钙（CA_6）等。根据《铝酸盐水泥》GB/T 201—2015 的规定：铝酸盐水泥的密度和堆积密度与普通硅酸盐水泥相近。其细度为比表面积不小于 $300m^2/kg$ 或 $45\mu m$ 筛余不大于 20%。

铝酸盐水泥分为 CA50、CA60、CA70、CA80 四个类型，各类型水泥的凝结时间和各龄期强度不得低于标准的规定。铝酸盐水泥的化学成分按水泥质量百分比计应符合表3-17的要求。

铝酸盐水泥各化学成分含量(《铝酸盐水泥》GB/T 201—2015)　　表 3-17

类型	Al_2O_3	SiO_2	Fe_2O_3	R_2O($Na_2O+0.658K_2O$)	S(全硫)	Cl^-
CA50	50%≤Al_2O_3<60%	≤9.0%	≤3.0%	≤0.50%	≤0.2%	≤0.06%
CA60	60%≤Al_2O_3<68%	≤5.0%	≤2.0%	≤0.40%	≤0.1%	≤0.06%
CA70	68%≤Al_2O_3<77%	≤10%	≤0.7%	≤0.40%	≤0.1%	≤0.06%
CA80	77%≤Al_2O_3	≤0.5%	≤0.5%	≤0.40%	≤0.1%	≤0.06%

1. 铝酸盐水泥的水化机理

铝酸一钙(CA)是铝酸盐水泥的主要矿物,具有很高的活性,其特点是凝结硬化速度快,是水铝酸盐水泥强度的主要来源。

二铝酸一钙(CA_2)水化硬化较慢,早期强度低,但后期强度不断提高。提高 CA_2 含量,铝酸盐水泥的耐热性能提高,但含量过多将影响其快硬性能。

CA 的水化与温度的关系极大,一般认为:

当温度小于 15～20℃时:

$$CaO \cdot Al_2O_3+10H_2O \longrightarrow CaO \cdot Al_2O_3 \cdot 10H_2O \qquad (3-16)$$

当温度在 20～30℃时:

$$(2m+n)CaO \cdot Al_2O_3+(11m+10n)H_2O \longrightarrow n(CaO \cdot Al_2O_3 \cdot 10H_2O)+$$
$$m(2CaO \cdot Al_2O_3 \cdot 8H_2O)+m(Al_2O_3 \cdot 3H_2O) \qquad (3-17)$$

其中 $Al_2O_3 \cdot 3H_2O$(AH_3)即为氢氧化铝凝胶。

当温度大于 30℃时:

$$3(CaO \cdot Al_2O_3)+12H_2O \longrightarrow 3CaO \cdot Al_2O_3 \cdot 6H_2O+2(Al_2O_3 \cdot 3H_2O) \qquad (3-18)$$

CA_2 水化反应和 CA 相似,但水化速度较慢;$C_{12}A_7$ 的水化作用较快,水化产物为 C_2AH_8;C_2S 则生成 C-S-H 凝胶。

CAH_{10} 为片状或针状的晶体。它们互相交错搭接,形成坚硬的结晶连生体骨架,同时生成的 AH_3 凝胶又填充晶体骨架的空隙,形成致密的结构,使得水泥获得较高的强度。水化 5～7d 后,水化产物的数量增长放缓,因此铝酸盐水泥硬化初期强度增长很快,而后期增长不显著。

特别需要注意的是,CAH_{10} 和 C_2AH_8 都是不稳定的水化产物,会逐步转化为 C_3AH_6,这个过程会由于温度的提高而加速。晶体转变的结果使得水泥石内析出游离水,增大了孔隙率,同时由于 C_3AH_6 自身强度较低,导致水泥石的强度明显下降。工程实践证明,铝酸盐水泥的长期强度确实下降,特别在湿热环境下,强度下降更加迅速,其后期强度可能比最高强度降低 40% 以上,从而导致结构破坏。

2. 铝酸盐水泥的技术性质

《铝酸盐水泥》GB/T 201—2015 规定的标准要求如下：

（1）化学成分

如表 3-17 所示。

（2）细度

比表面积不小于 $300m^2/kg$ 或 45μm 筛余不大于 20%。有争议时以比表面积为准。

（3）凝结时间

凝结时间（胶砂）应符合表 3-18 的要求，检验方法按《铝酸盐水泥》GB/T 201—2015 附录进行。

铝酸盐水泥凝结时间（《铝酸盐水泥》GB/T 201—2015）　　　表 3-18

水泥类型		初凝时间（min）	终凝时间（min）
CA50		≥ 30	≤ 360
CA60	CA60- Ⅰ	≥ 30	≤ 360
	CA60- Ⅱ	≥ 60	≤ 1080
CA70		≥ 30	≤ 360
CA80		≥ 30	≤ 360

（4）强度

CA50 水泥成型时，水灰比按 0.44 和胶砂流动度达到 145 ~ 165mm 来确定。当胶砂流动度超出该流动度范围时，应在 0.44 基数上以 0.01 的整倍数增加或减少水灰比，使制成的胶砂流动度达到 145 ~ 155mm 或减至 165 ~ 155mm，试件成型时用达到上述要求流动度的水灰比来制备胶砂。

CA60、CA70、CA80 水泥成型时，水灰比按 0.40 和胶砂流动度达到 145 ~ 165mm 来确定。当胶砂流动度超出该流动度范围时，按 CA50 成型的方法进行调整。

其中，胶砂流动度操作按 GB/T 2419—2005 进行。

各类型铝酸盐水泥各龄期强度指标应符合表 3-19 的规定。

铝酸盐水泥胶砂强度（《铝酸盐水泥》GB/T 201—2015）　　　表 3-19

类型		抗压强度（MPa）				抗折强度（MPa）			
		6h	1d	3d	28d	6h	1d	3d	28d
CA50	CA50- Ⅰ	≥ 20*	≥ 40	≥ 50	—	≥ 3*	≥ 5.5	≥ 6.5	—
	CA50- Ⅱ		≥ 50	≥ 60	—		≥ 6.5	≥ 7.5	—
	CA50- Ⅲ		≥ 60	≥ 70	—		≥ 7.5	≥ 8.5	—
	CA50- Ⅳ		≥ 70	≥ 80	—		≥ 8.5	≥ 9.5	—

类型		抗压强度（MPa）				抗折强度（MPa）			
		6h	1d	3d	28d	6h	1d	3d	28d
CA60	CA60-Ⅰ	—	≥ 65	≥ 85	—	—	≥ 7.0	≥ 10.0	—
	CA60-Ⅱ	—	≥ 20	≥ 45	≥ 85	—	≥ 2.5	≥ 5.0	≥ 10.0
CA70		—	≥ 30	≥ 40	—	—	—	≥ 5.0	≥ 6.0
CA80		—	≥ 25	≥ 30	—	—	≥ 4.0	≥ 5.0	—

* 用户要求时，生产厂家提供实验结果。

3. 铝酸盐水泥的特性与应用

铝酸盐水泥与硅酸盐水泥相比，具有如下特性及相应的应用。

（1）强度高、增长快

铝酸盐水泥的最大特点是强度发展特别迅速，3d 之内可达到最高强度，在低温下（5 ~ 10℃）也能很好的硬化，而在较高温度下（大于 30℃）养护，强度却剧烈下降，这一特性和硅酸盐水泥截然相反。因此，适用于紧急抢修和早期强度要求高的特殊工程，不适用于蒸汽养护及在较高温度季节施工的工程中。

（2）水化热高、放热快

铝酸盐水泥硬化时，放热量大，且集中在早期，1d 内可放出总水化热的 70% ~ 80%，而硅酸盐水泥仅为 25% ~ 50%。因此，铝酸盐水泥适用于寒冷地区冬期施工混凝土工程，不适用于大体积混凝土工程。

（3）耐腐蚀性强

铝酸盐水泥在普通硬化条件下，由于水泥石中不含氢氧化钙，且密实度较大，因此具有很强的抗硫酸盐腐蚀作用。同时对碳酸水、稀酸等侵蚀介质也具有很好的稳定性。但晶体转变后，孔隙率增加，耐腐蚀性能降低。该水泥对碱的侵蚀无抵抗能力，故应避免碱性侵蚀。

（4）耐热性强

铝酸盐水泥在高温下仍能保持较高的强度，这是因为水化产物不含氢氧化钙，且高温作用后各组分之间发生固相反应，逐步代替了水泥的水化结合，所以铝酸盐水泥可作为耐热混凝土的胶结材料。如采用耐火粗细骨料（如铬铁矿等）可制成使用温度达 1300 ~ 1400℃的耐热混凝土。

值得注意的是，铝酸盐水泥与硅酸盐水泥或石灰相混不但产生闪凝，而且由于生成高碱性的水化铝酸钙，使混凝土开裂，甚至破坏。因此施工时除不得与石灰或硅酸盐水泥混合外，也不得与未硬化的硅酸盐水泥接触使用。铝酸盐水泥与石膏等经过一定的配比可制成各种类型的膨胀水泥，这是目前铝酸盐水泥最主要的用途之一。

3.4.2 硫铝酸盐水泥

硫铝酸盐水泥是以适当成分的生料，经煅烧所得以无水硫铝酸钙和硅酸二钙为主要矿物成分的水泥熟料掺加不同量的石灰石、适量石膏共同磨细制成的水硬性胶凝材料。硫铝酸盐水泥分为快硬硫铝酸盐水泥、低碱度硫铝酸盐水泥和自应力硫铝酸盐水泥。这种水泥自从问世以来以其早期强度高、具有膨胀性、抗渗、耐蚀性好，同时生产工艺简单、生产成本不高等特点，很快在混凝土工程中得到广泛的应用。硫铝酸盐水泥物理性能、碱度和碱含量如表 3-20 所示。

硫铝酸盐水泥物理性能、碱度和碱含量（《硫铝酸盐水泥》GB 20472—2006） 表 3-20

项目		指标		
		快硬硫酸酸盐水泥	低碱度硫铝酸盐水泥	自应力硫铝酸盐水泥
比表面积（m²/kg）		≥ 350	≥ 400	≥ 370
凝结时间 *（min）	初凝	≤ 25		≤ 40
	终凝	≥ 180		≥ 240
碱度 pH 值		—	≤ 10.5	—
28d 自由膨胀率（%）		—	0.00 ~ 0.15	—
自由膨胀率 /%	7d	—	—	≤ 1.30
	28d	—	—	≤ 1.75
水泥中的碱含量（Na₂O+0.658K₂O）（%）		< 0.50		
28d 自应力增进率（MPa/d）		—	—	≤ 0.010

* 用户要求时，可以变动。

1. 快硬硫铝酸盐水泥

其中较为常用的为快硬硫铝酸盐水泥。其由适当成分的硫铝酸盐水泥熟料和少量石灰石（石灰石掺量应不大于水泥质量的 15%）、适量石膏共同磨细制成的，早期强度高的水硬性胶凝材料称为快硬硫铝酸盐水泥，代号 R·SAC。快硬硫铝酸盐水泥化学成分及矿物组成如表 3-21 所示。

快硬硫铝酸盐水泥化学成分及矿物组成　　　　表 3-21

化学成分	含量（%）	矿物组成	含量（%）
CaO	40 ~ 44	C₄A₃S̄	36 ~ 44
Al₂O₃	18 ~ 22	C₂S	23 ~ 34
SiO₂	8 ~ 12	C₂F	10 ~ 27
Fe₂O₃	6 ~ 10	CaSO₄	4 ~ 17
SO₃	12 ~ 16	—	—

2. 快硬硫铝酸盐水泥水化

快硬硫铝酸盐水泥水化时，主要发生下列水化反应：

$$4CaO \cdot 3Al_2O_3 \cdot CaSO_4 + 2(CaSO_4 \cdot 2H_2O) + 34H_2O \longrightarrow$$
$$3CaO \cdot Al_2O_3 \cdot 3CaSO_4 \cdot 32H_2O(AFt) + 2(Al_2O_3 \cdot 3H_2O) \qquad (3-19)$$

$$4CaO \cdot 3Al_2O_3 \cdot CaSO_4 + 18H_2O \longrightarrow 3CaO \cdot Al_2O_3 \cdot CaSO_4 \cdot 12H_2O(AFm) +$$
$$2(Al_2O_3 \cdot 3H_2O)(AH_3) \qquad (3-20)$$

$$2CaO \cdot SiO_2 + mH_2O \longrightarrow xCaO \cdot SiO_2 \cdot yH_2O + (2-x)Ca(OH)_2(CH) \qquad (3-21)$$

而生成的 CH 又与 AH_3 和 $CaSO_4 \cdot 2H_2O$ 发生如下反应：

$$3Ca(OH)_2 + 3(CaSO_4 \cdot 2H_2O) + Al_2O_3 \cdot 3H_2O \longrightarrow$$
$$3CaO \cdot Al_2O_3 \cdot 3CaSO_4 \cdot 32H_2O \qquad (3-22)$$

由于 C_4A_3S、C_2S 和 $CaSO_4 \cdot 2H_2O$ 三者相互促进，上述的反应非常迅速。

3. 快硬硫铝酸盐水泥水化特性和应用

（1）凝结快、早期强度高

快硬硫铝酸盐水泥硬化特别快，而早期强度也高；在标准条件下，其 12h 的强度超过 30 ~ 40MPa，相当于同强度等级硅酸盐水泥的 7d 强度；其 3d 强度可达到硅酸盐水泥的 28d 强度。但其早期强度的温度敏感性比硅酸盐水泥大得多，所以特别适用于抢修、强建、喷锚加固、堵漏注浆等工程。

（2）水化放热快

快硬硫铝酸盐水泥由于水化速度特别快，所以水化放热也特别快，但总放热量并不大，所用适用于冬期施工，不适用于大体积混凝土工程。

（3）微膨胀、低收缩

快硬硫铝酸盐水泥水化生成钙矾石，使水泥产生体积膨胀，但在空气中仍然要收缩，收缩量很小，所以适用于有抗渗、抗裂要求的接头、接缝混凝土工程。

（4）耐蚀性强

快硬硫铝酸盐水泥石中没有易侵蚀的 $Ca(OH)_2$、水化铝酸钙，同时低收缩，所以快硬硫铝酸盐水泥耐蚀性强，适用于有耐蚀性要求的混凝土工程。同时又由于低碱度，所以适用于玻璃纤维制品，而对钢筋的保护能力不如硅酸盐水泥好。

（5）耐热性差

由于水化产物 AFt、AFm 含有大量的结晶水，所以快硬硫铝酸盐水泥耐热性差，一般不能用于有耐热要求的混凝土工程。

3.4.3 白色硅酸盐水泥

白色硅酸盐水泥由白色硅酸盐水泥熟料（以适当成分的生料烧至部分熔融，得到以硅酸钙为主要成分，氧化铁含量少的熟料；熟料中氧化镁的含量不宜超过 5.0%），加入适量石膏和混合材料磨细制成的水硬性胶凝材料。其中白色硅酸盐水泥熟料和石膏共70% ~ 100%，石灰岩、白云质石灰岩和石英砂等天然矿物共0 ~ 30%。白色硅酸盐水泥的技术指标如表3–22、表3–23所示。

白色硅酸盐水泥化学成分及物理性能（《白色硅酸盐水泥》GB/T 2015—2017）表3–22

等级	白度	三氧化硫	水溶性六价铬	氯离子[1]	碱含量[1]	细度[2]	安定性[3]	凝结时间（min）
一级（P·W–1）	≥ 89%	≤ 3.5%	≤ 10mg/kg	≤ 0.06%	≤ 0.06%	筛余≤ 30%	合格	初凝≥ 45 终凝≤ 600
二级（P·W–2）	≥ 87%							

注：1. 选择性指标；
　　2. 45μm方孔筛；
　　3. 沸煮法。

白色硅酸盐水泥的不同龄期强度要求　　　　　　　　　　　　　表3–23

强度等级	抗折强度（MPa）		抗压强度（MPa）	
	3d	28d	3d	28d
32.5	≥ 3.0	≥ 6.0	≥ 12.0	≥ 32.5
42.5	≥ 3.5	≥ 6.5	≥ 17.0	≥ 42.5
52.5	≥ 4.0	≥ 7.0	≥ 22.0	≥ 52.5

【本章小结】

凡以适当成分的生料烧至部分熔融获得的以硅酸钙为主要化学成分的硅酸盐水泥熟料、0 ~ 5% 石灰石或者粒化高炉矿渣、适量石膏磨细制成的水硬性胶凝材料称为水泥。熟料的矿物组成主要包括硅酸三钙、硅酸二钙、铝酸三钙和铁铝酸四钙等主要矿物，其中硅酸三钙占绝大部分。调整水泥熟料中各矿物组成之间的比例，水泥的性质发生相应的变化。水泥的凝结和硬化是一个连续复杂的物理化学过程。硅酸盐水泥主要水化产物有：水化硅酸钙、水化铁酸钙凝胶；氢氧化钙、水化铝酸钙和水化琉铝酸钙晶体。水泥石结构是由未水化的水泥颗粒、水化产物及空隙组成。硅酸盐水泥的主要技术性质包括密度、细度、需水性、凝结时间、安定性、强度等级、水化热和其他技术性质等。水泥石的侵蚀包括溶解侵蚀、离子交换、形成膨胀性产物三种。可根据侵蚀环境特点，通过合理选择水泥品种、提高水泥石密实度、做保护层和控制水泥中的碱含量等措施进行防护。硅酸盐水泥在所有水泥中品种最多、应用最广。其按组成水泥的熟料数量、混合材料的品种与数量可分为硅酸盐水泥、普通硅酸盐水泥、矿渣硅酸盐水泥、火山灰质硅酸盐水泥、粉煤灰硅酸盐水泥和复合硅酸盐水泥六大品种。在生产水泥时，为改善水泥性能、调节水泥强度等级，除硅酸盐水泥（P·I）外，其他通用硅酸盐水泥都掺入一定量的人工和天然矿物材料，称为混合材料。通用了解硅酸盐水泥的性质后，可以根据具体的工程要求正确选择水泥。其他品种水泥主要包括铝酸盐水泥、硫铝酸盐水泥和白色硅酸盐水泥等。

复习思考题

1. 硅酸盐水泥生产过程中石膏起到什么作用？

2. 什么是凝结时间？其工程意义是什么？

3. 硅酸盐水泥的侵蚀有哪些种类？如何防止？

4. 影响硅酸盐水泥凝结硬化的因素有哪些？

5. 新型干法水泥生产工艺有哪些技术优势？

6. 硅酸盐水泥的主要技术性质有哪些？

7. 硅酸盐水泥熟料的主要矿物及每种矿物的水化特点是什么？

8. 分析六大通用硅酸盐水泥的特点。

9. 硅酸盐水泥的主要水化产物及硬化后的结构组成是什么？

10. 一般土木工程中如何选择水泥品种和强度等级？

第 4 章　混凝土

【本章要点】

本章介绍了普通混凝土的原材料选用、主要性能（包括和易性、力学性能、变形性能以及耐久性）等方面的内容，还介绍了混凝土的质量控制以及《普通混凝土配合比设计规程》JGJ 55—2011 中的混凝土配合比设计方法与步骤，并简要介绍了高性能混凝土、再生混凝土以及 3D 打印混凝土等。

【学习目标】

熟悉普通混凝土和高性能混凝土的原材料组成和性质；熟悉和掌握普通混凝土的性能以及工程应用特点，在工程设计和施工过程中合理选择混凝土原材料、合理确定混凝土配合比和评价混凝土性能。

4.1　概述

混凝土是由无机胶凝材料（如石灰、石膏、水泥等）和水，或有机胶凝材料（如沥青、树脂等）的胶状物，与集料（亦称为骨料）按一定比例配合、搅拌，并在一定温湿条件下养护硬化而成的一种复合材料。[①]

混凝土是目前世界上应用最为广泛的建筑材料。但是，混凝土既不像钢材那么强，也没有钢材那样韧，为什么混凝土能够成为应用最广泛的建筑材料呢？或许我们可以从以下几个方面来理解这个问题。

（1）混凝土易成型。新拌混凝土具有很好的流动性和可塑性，能够通过填充模板而凝结硬化成指定的形状和式样，这极大地满足了建筑工程的现实需求。

（2）混凝土易获得且价格低廉。制备混凝土的主要成分，比如砂、石、水以及水泥等，均相对较为便宜，且在世界大部分地区都能够获得。这里需要解释一下，有些国家或地区的混凝土材料价格偏高，原材料自身成本的差异当然是其中的原因之一，更重要的是

---

① 注：如无特殊说明，本书所提到的混凝土均是指硅酸盐水泥混凝土。

原材料运输成本的差异。但是总体来说，混凝土的组成材料相对是便宜且容易获得的。

（3）作为结构材料，混凝土在后期维护以及一些特殊性能方面都比钢材有明显的优势。首先，混凝土不会发生锈蚀，不需要进行表面处理，而且混凝土强度随着龄期会持续增长，因此，混凝土结构所需的维护更少。但是，钢结构容易受到环境因素的腐蚀（尤其是在近海环境中），需要较高成本的表面处理和其他保护措施，从而使得维护和维修费用相当高。其次，混凝土材料具有优异的抗火性能，而钢材在火灾下的热屈服现象是致命的，通常会引起结构的整体失稳。因此，更多的时候，钢筋需要足够的混凝土保护层来实现共同作用（钢筋需要混凝土提供有效的黏结和锚固，同时也需要混凝土所提供的抗火保护）。第三，混凝土具有天然的抗水性。与木材和钢材不同，混凝土能够经受水的作用而不会产生严重的劣化，这是混凝土被广泛用于建造控水、蓄水和输水结构物的重要原因。同时，混凝土对侵蚀性水的耐久能力也是它能够在严酷的工业和自然环境下得以广泛应用的原因。

当然，混凝土也存在一些明显的缺点。

（1）自重大。这是超高层建筑的顶部结构多采用钢结构而非混凝土结构的重要原因之一。

（2）抗拉能力差、易开裂。通常，混凝土的抗拉强度约为其抗压强度的 1/20 ~ 1/10，极限拉伸应变约为 200$\mu\varepsilon$，由最大拉应力理论和最大伸长线应变理论可知，混凝土是极易出现开裂现象和拉伸脆性断裂行为的。

（3）收缩变形大，即体积稳定性较差。通常，水泥水化产物凝结硬化引起的自收缩和干燥收缩可达 500×10^{-6}m/m 以上，极易引起混凝土的收缩裂缝。

混凝土的类型有很多。按单位质量（或密度）划分，混凝土常分成普通混凝土（约为 2400kg/m^3）、轻混凝土（小于 1800kg/m^3）以及重混凝土（大于 3200kg/m^3）；按强度划分，混凝土常分为低强混凝土（抗压强度小于 20MPa）、中强混凝土（抗压强度为 20 ~ 60MPa）以及高强混凝土（抗压强度大于 60MPa），而中强混凝土（即我们通常所说的普通混凝土）被广泛应用于大多数混凝土建筑结构中。

此外，随着混凝土材料的不断发展与革新，涌现出了越来越多的新型混凝土材料，它们通常具有一些特殊的性质或者功能（这是混凝土材料的发展趋势，也是混凝土材料的独特魅力）。比如，超高性能混凝土（Ultr-high Performance Concrete）、超高延性混凝土（Ultr-high Ductility Concrete）、纤维混凝土（Fiber Reinforced Concrete）、自密实混凝土（Self-Compacting Concrete）、自膨胀混凝土（Self-Expanding Concrete）、自养护混凝土（Self-Curing Concrete）、自成型混凝土（Self-Shaping Concrete，也被称作 3D 打印混凝土）、自感知混凝土（Self-Sensing Concrete）、自愈合混凝土（Self-Healing Concrete，也被称作自修复混凝土）、喷射混凝土（Shotcrete 或 Sprayed Concrete）、导电混凝土（Electrically Conductive Concrete）、电磁屏蔽混凝土（Electromagnetic Wave Shielding Concrete）、透水混凝土（Permeable Concrete）、轻集料混凝土（Light-weight Aggregate Concrete）、再生混凝土（Recycled Concrete，也被称作

再生骨料混凝土）等。

本章将围绕普通混凝土的相关内容展开介绍，包括混凝土的组成材料、混凝土的基本性质、混凝土的质量控制与评定、普通混凝土的配合比设计以及特殊混凝土的配合比设计基本要求等。最后，将对目前最为广泛使用的高性能混凝土进行介绍；同时，对近年来国家和社会较为关注的再生混凝土以及 3D 打印混凝土的相关内容进行简要概述。

4.2 普通混凝土的组成材料

传统水泥混凝土的基本组成材料是水泥、粗细骨料和水。其中，水泥浆体占 20% ~ 30%，砂石骨料占 70% 左右。水泥浆在硬化前起润滑作用，使混凝土拌合物具有可塑性，在混凝土拌合物中，水泥浆填充砂子孔隙，包裹砂粒，形成砂浆，砂浆又填充石子孔隙，包裹石子颗粒，形成混凝土浆体；在混凝土硬化后，水泥浆则起胶结和填充作用。水泥浆多，混凝土拌合物流动性大，反之干稠；混凝土中水泥浆过多则混凝土水化温升高，收缩大，抗侵蚀性不好，容易引起耐久性不良。粗细骨料主要起骨架作用，传递应力，给混凝土带来很大的技术优点，它比水泥浆具有更高的体积稳定性和更好的耐久性，可以有效减少收缩裂缝的产生和发展。

现代混凝土中除了以上组分外，还多加入化学外加剂与矿物细粉掺合料。化学外加剂的品种很多，可以改善、调节混凝土的各种性能，而矿物细粉掺合料则可以有效提高新拌混凝土的性能和耐久性，同时降低成本。

4.2.1 水泥

水泥是混凝土中最重要的组成材料，且价格相对砂、石和水是偏贵的。配制混凝土时，如何正确选择水泥的品种及强度等级直接关系到混凝土的强度、耐久性和经济性。水泥是混凝土中的胶凝材料，是混凝土中的活性组分，其强度大小直接影响混凝土强度的高低。在配合比相同的条件下，所用水泥强度越高，水泥石的强度以及它与集料间的黏结强度也越大，进而制成的混凝土强度也越高。

1. 水泥品种的选择

配制混凝土时，应根据工程性质、部位、施工条件、环境状况等，按各品种水泥的特性做出合理的选择。配制混凝土一般可采用硅酸盐水泥、普通硅酸盐水泥、矿渣硅酸盐水泥、火山灰质硅酸盐水泥、粉煤灰硅酸盐水泥和复合硅酸盐水泥。必要时也可采用块硬硅酸盐水泥或其他水泥。

用混凝土泵和管道输送的混凝土，称为泵送混凝土。泵送混凝土应选用硅酸盐水泥、普通硅酸盐水泥、矿渣硅酸盐水泥和粉煤灰硅酸盐水泥，不宜采用火山灰质硅酸盐水泥。

道路工程中，由于道路路面要经受高速行驶车辆轮胎的摩擦，载重车辆的强烈冲击、路面和路基因温差产生的胀缩应力及冻融等影响，因此要求路面混凝土抗折强度高、收缩变形小、耐磨性能好、抗冻性能好，并具有较好的弹性。由此配制混凝土所用的水泥一般应采用强度高、收缩性小、耐磨性强、抗冻性好的水泥。公路、城市道路、厂矿道路应采用硅酸盐水泥或普通硅酸盐水泥；民航机场道路和高速公路必须采用硅酸盐水泥。

2. 水泥强度等级的选择

水泥强度等级应与混凝土的设计强度等级相适应。原则上，配制高强度等级的混凝土，选用高强度等级水泥；配制低强度等级的混凝土，选用低强度等级水泥。一般水泥强度等级标准值（以"MPa"为单位）应为混凝土强度等级标准值的 1.5 ～ 2.0 倍为宜。水泥强度过高或过低会导致混凝土内水泥用量过少或过多，对混凝土的技术性能及经济效果会产生不利影响。如必须用高强度等级水泥配制低强度等级混凝土时，会使水泥用量偏少，影响和易性及密实度，所以应掺入一定数量的掺合料。

4.2.2　集料

1. 定义与分类

集料也称骨料，是混凝土的主要组成材料之一，在混凝土中起骨架和填充作用。粒径大于 5mm 的称为粗骨料，粒径小于 5mm 的称为细骨料。普通混凝土常用粗骨料有碎石和卵石（统称为石子），常用细骨料一般分为天然砂、人工砂以及混合砂。其中天然砂主要包括山砂、河砂和海砂三种；人工砂是指由机械破碎、筛分，粒径小于 5mm 的岩石颗粒，但不包括软质岩、风化岩石的颗粒；混合砂系指由天然砂与机制砂混合而成的砂，混合砂没有规定混合比例，只要求能满足混凝土各项性能的需要，但必须指出，一旦使用混合砂，无论天然砂的比例占多大，都应当执行人工砂的技术要求和检验方法。《建设用砂》GB/T 14684—2011 规定，建筑用砂按技术质量要求分为Ⅰ类、Ⅱ类、Ⅲ类。Ⅰ类宜用于强度等级为 C60 的混凝土；Ⅱ类宜用于强度等级为 C30 ～ C60 及有抗冻、抗渗或其他要求的混凝土；Ⅲ类宜用于强度等级小于 C30 的混凝土。普通混凝土粗细骨料的质量标准和检验方法依据 JGJ 52—2006 进行。

2. 骨料对混凝土强度的影响

骨料，特别是粗骨料的种类和表面状态直接影响混凝土强度。碎石表面粗糙，水泥石与其表面黏结强度较大；而卵石表面光滑，黏结力小。因此在水泥强度和水胶比（水与胶凝材料的质量比）相同的条件下，碎石混凝土强度往往高于卵石混凝土强度。实践证明，当水胶比低于 0.4 时，用碎石比用卵石的混凝土强度增高 38%。

集胶比（粗细集料与胶凝材料的质量比）对混凝土的影响一般认为是次要因素。但对于强度大于 35MPa 的混凝土，集胶比的影响较明显。在水胶比相同时，混凝土强度随着集胶比的增大而有提高的趋势。粗集料用量一般为 400L/m³，相当于 1000kg/m³ 左右。

3. 骨料的密度

骨料密度与材料本身的硬度和强度以及骨料颗粒的孔隙率大小有关。密度大的骨料其结构亦密实，且吸水率和耐久性好。

骨料堆积密度反映了集料的颗粒级配、颗粒形状和空隙率及孔隙率状况。

4. 颗粒级配与粗细程度

骨料颗粒级配是指骨料大小颗粒的搭配，亦即各种粒径颗粒在骨料中所占的比例。良好的颗粒级配可使骨料间空隙较小，使混凝土更加密实。

粗骨料的颗粒级配是由筛析试验测定的，其标准筛的孔径（mm）为2.5、5、10、16、20、25、31.5、40、50、63、80及100等共12个标准筛。骨料的颗粒级配范围见表4-1。

碎石或卵石的颗粒级配范围（单位：mm）　　　　　表4-1

级配情况	公称粒级	累计筛余按重量计（%）										
		筛孔尺寸（圆孔筛）										
		2.50	5.00	10.0	16.0	20.0	25.0	31.5	40.0	50.0	63.0	80.0	100.0
连续粒级	5~10	95~100	80~100	0~15	0	—	—	—	—	—	—	—	—
	5~16	95~100	90~100	30~60	0~10	0	—	—	—	—	—	—	—
	5~20	95~100	90~100	40~70	—	0~10	0	—	—	—	—	—	—
	5~25	95~100	90~100	—	30~70	—	0~5	0	—	—	—	—	—
	5~31.5	95~100	90~100	70~90	—	15~45	—	0~5	0	—	—	—	—
	5~40	—	95~100	75~90	—	30~65	—	0~5	—	0	—	—	—
单粒级	10~20	—	95~100	85~100	—	0~15	0	—	—	—	—	—	—
	16~31.5	—	95~100	—	85~100	—	—	0~10	—	—	—	—	—
	20~40	—	—	95~100	—	85~100	—	—	0~10	—	—	—	—
	31.5~63	—	—	—	95~100	—	75~100	45~75	—	0~10	0	—	—
	40~80	—	—	—	—	95~100	—	70~100	—	30~60	0~10	0	

注：公称粒径上限为该粒级的最大粒径。

骨料中粗细骨料各自衡量其粗细程度的指标有所不同。粗骨料以最大粒径 D_M（即粗骨料公称粒级的上限）作为粗细程度的衡量指标。其 D_M 越大，骨料的总表面积越小，则混凝土的用水量越小，水泥用量也越小，但最大粒径过大，混凝土的和易性变差，易产生离析。

细骨料通常有粗砂、中砂和细砂之分。其分类标准由筛分析方法的细度模数来决定。筛分析方法是用一套孔径（净尺寸 mm）为 5.00、2.50、1.25、0.63、0.315、0.16 的标准筛（圆孔筛），将质量为 500g 的干砂试样由粗到细依次过筛，然后称得余留在各筛上的细骨料重量，并计算出各筛上的分计筛余百分率（各筛上的筛余量占细骨料总重的百分率）α_1、α_2、α_3、α_4、α_5 和 α_6 及累计筛余百分率（各个筛和比该筛粗的所有分计筛余百分率相加在一起）β_1、β_2、β_3、β_4、β_5 和 β_6。累计筛余和分计筛余关系见表4-2。

细度模数（μ_m）按式（4-1）计算：

$$\mu_m = \frac{(\beta_2+\beta_3+\beta_4+\beta_5+\beta_6) - 5\beta_1}{100-\beta_1} \qquad (4-1)$$

细度模数 μ_m 越大表示细骨料越粗。普通混凝土用细骨料的 μ_m 范围一般在 3.7～0.7 之间，其中 μ_m 在 3.7～3.1 为粗砂；μ_m 在 3.0～2.3 为中砂；μ_m 在 2.2～1.6 为细砂；μ_m 在 1.5～0.7 为特细砂。对于 μ_m 在 3.7～1.6 的普通混凝土用砂，根据 0.63mm 筛孔的累计筛余量分成 3 个级配区（表4-3 与图4-1），混凝土用砂应处于表4-3 或图4-1 中的任何一个级配区以内。除 μ_m 在 3.0～2.3 外，还应将 0.63mm 筛孔的累计筛余量控制在 41%～70% 范围以内来作为中砂判据。

累计筛余与分计筛余的关系   表 4-2

筛孔尺寸（mm）	分计筛余（%）	累计筛余（%）
5.00	α_1	$\beta_1 = \alpha_1$
2.50	α_2	$\beta_2 = \alpha_1 + \alpha_2$
1.25	α_3	$\beta_3 = \alpha_1 + \alpha_2 + \alpha_3$
0.63	α_4	$\beta_4 = \alpha_1 + \alpha_2 + \alpha_3 + \alpha_4$
0.315	α_5	$\beta_5 = \alpha_1 + \alpha_2 + \alpha_3 + \alpha_4 + \alpha_5$
0.16	α_6	$\beta_6 = \alpha_1 + \alpha_2 + \alpha_3 + \alpha_4 + \alpha_5 + \alpha_6$

砂的颗粒级配区   表 4-3

筛孔尺寸	级配区		
	1 区	2 区	3 区
	累计筛余（%）		
10.00	0	0	0
5.00	10～0	10～0	10～0
2.50	35～5	25～0	15～0
1.25	65～35	50～10	25～0
0.63	85～71	70～41	40～16
0.315	95～80	92～70	85～55
0.16	100～90	100～90	100～90

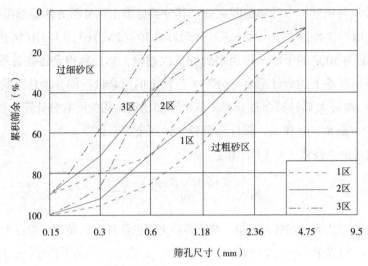

图 4-1　砂的 1、2、3 级配区曲线

由图 4-1 看出，筛分曲线超过 1 区往左下偏时，表示细集料过粗；筛分曲线超过第 3 区往左上偏时，表示细集料过细。拌制混凝土用砂一般选用级配符合要求的粗砂和中砂较为理想。一般说来，因粗砂拌制混凝土比用细砂所需的水泥浆少。

砂过粗（细度模数大于 3.7）配成的混凝土，其拌合物的和易性不易控制，且内摩擦大，不易振捣成型；砂过细（细度模数小于 0.7）配成的混凝土，由于此时砂子的比表面积增大，将导致混凝土配制过程中既要增加较多的水泥，而且强度显著降低。所以这两种砂未包括在级配区内。

如果砂的自然级配不合适，不符合级配区的要求，这时就要采用人工级配的方法来改善。最简单的措施是将粗、细砂按适当比例进行试配，掺合使用。配制混凝土时宜优先选 2 区砂；若采用 1 区砂时，应提高砂率，并保持足够的水泥用量，以满足混凝土的和易性；若采用 3 区砂时，宜适当降低砂率，以保证混凝土的强度。

对于泵送混凝土，细骨料对混凝土的可泵性影响很大。混凝土拌合物之所以能在输送管中顺利流动，主要是由于粗骨料被包裹在砂浆中，且粗骨料是悬浮于砂浆中的，由砂浆直接与管壁接触，起到润滑作用。故细骨料宜采用中砂，细度模数为 2.5 ~ 3.2，通过 0.30mm 筛孔的砂含量不应少于 15%，通过 0.15mm 筛孔的砂含量不应少于 5%。如砂的含量过低，输送管容易堵塞，使拌合物难以泵送，但细砂过多以及黏土、粉尘含量太大也是有害的，因为细砂含量过大则需要较多的水，并形成黏稠的拌合物，这种黏稠的拌合物沿管道的运动阻力大大增加，从而需要较高的泵送压力，增加泵送施工的难度。

5. 吸水率与含水率

骨料的几种含水状态如图 4-2 所示。当骨料的颗粒表面干燥，而颗粒内部的孔隙含水饱和时称为饱和面干状态。骨料在饱和面干状态时的含水率称为饱和面干吸水率。饱和面干状态下骨料的含水量与其烘干质量的比值称为骨料的吸水率。含水率是指在自然堆放过程中从大气中吸附的水量与其烘干质量的比值。吸水率和含水率指标分别用于混凝土配合比的计算和实际用水量的调整。

计算混凝土配合比时，一般以干燥骨料（绝干状态）为基础，而一些大型水利工程常以饱和面干的骨料为准。

必须指出，砂吸水后表面会形成一层水膜，引起砂子体积的显著膨胀，这种现象称为砂的湿胀。湿胀的大小取决于砂子的含水率和砂的细度。一般含水率增大到5%～8%时，湿胀最大，可达20%～30%，如图4-3（a）所示。砂的湿胀现象在实际应用中需加注意，若按体积配料时应根据细度和含水量对所用的砂体积数乘以砂的湿胀系数（湿胀前后比值的倒数）进行体积校正，如图4-3（b）所示。

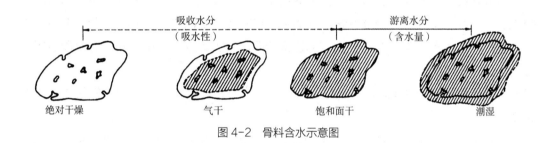

图 4-2　骨料含水示意图

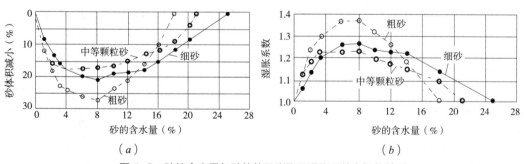

（a）　　　　　　　　　　　　（b）

图 4-3　砂的含水量与砂的体积膨胀及湿胀系数之间的关系
（a）砂的含水量与砂的体积膨胀之间的关系；（b）砂的含水量与湿胀系数之间的关系

6. 强度

集料强度主要是对粗集料而言，常采用两种强度指标表示。一种是直接采用岩石制成 $5cm \times 5cm \times 5cm$ 立方体（或 $\phi 5 \times 5cm$ 圆柱体）试件，在水饱和状态下测得的极限抗压强度值。通常要求岩石抗压强度值与混凝土之比不应小于1.5，高强混凝土此值应大于2.0。另一种是以粗集料在规定圆筒中抵抗压碎的能力（即压碎指标）来间接推测其相应强度。用压碎指标表示粗集料的强度时，是将一定重量的气干状态下 10～20mm 的石子装入一定规格的圆筒内，在压力机上施加荷载到 200kN 卸荷后称取试样重量 G，用孔径为 2.5mm 的筛筛除被压碎的细粒，称取试样的筛余量（G_1），则压碎指标为 $Q=\dfrac{G-G_1}{G}\times 100\%$。

粗集料压碎指标值见表 4-4 与表 4-5。

7. 坚固性

集料坚固性是指集料在气候、外部或其他物理因素作用下抵抗碎裂的能力。常采用冻结法和硫酸盐浸泡法来检验颗粒抵抗膨胀应力的能力。因后一种方法简便、周期短，故最为常用。采用硫酸盐浸泡，经五次循环后，其重量损失应满足表 4-6 中的规定。

8. 有害杂质

有害杂质是指集料中含有妨碍水泥水化、凝结及削弱集料与水泥石黏结或能与水泥水化物发生化学反应并产生膨胀的物质的总称。集料中有害杂质应符合表 4-7 与表 4-8 中的规定。

沿海地区的海砂氯盐含量（折算为氯离子，以干砂的重量百分率计）在高潮位区为 0.06% ~ 0.2%；中潮位区为 0.21% ~ 0.28%；低潮位区为 0.3% ~ 0.44%。若以上述的氯盐含量折算为占水泥重量的百分比，远远低于我国有关标准规定值。我国对海砂的氯盐含量规定见表 4-9。

当水泥含碱量大于 0.6%（折算成 Na_2O 含量）时，就需检查集料中活性氧化硅的有害作用。

集料中的含泥量是指粒径小于 0.080mm 的尘屑、淤泥和黏土的总含量。集料中泥块含量多指集料中原颗粒径大于 5mm，经水洗手捏后可破碎成小于 2.5mm 的块状黏土含量，其中也包括含有砂及石屑的泥团。集料中含泥量及泥块含量列于表 4-10 ~ 表 4-12。

碎石的压碎指标值　　　　　　　　　　　表 4-4

岩石品种	混凝土强度等级	碎石压碎指标值（%）
水成岩	C55 ~ C40	≤ 10
	≤ C35	≤ 16
变质岩或深成的火成岩	C55 ~ C40	≤ 12
	≤ C35	≤ 20
火成岩	C55 ~ C40	≤ 13
	≤ C35	≤ 30

注：水成岩包括石灰岩、砂岩等；变质岩包括片麻岩、石英岩等；深成的火成岩包括花岗石、正长岩、闪长岩和橄榄岩等；喷出的火成岩包括玄武岩和辉绿岩等。

卵石的压碎指标值　　　　　　　　　　　表 4-5

混凝土强度等级	C55 ~ C40	≤ C35
压碎指标值（%）	≤ 12	≤ 16

| 碎石或卵石的坚固性指标 | 表 4-6 |

混凝土所处的环境条件	循环后的重量损失（%）
在严寒及寒冷地区室外使用，并经常处于潮湿或干湿交替状态下的混凝土	≤ 8
在其他条件下使用的混凝土	≤ 12

注：1. 严寒地区系指最寒冷月份里的月平均温度低于 –15℃的地区，寒冷地区则指最寒冷月份里的月平均温度
　　 处在 –15 ~ –5℃之间的地区。
　　 2. 有腐蚀性介质作用或经常处于水位变化区的地下结构或有抗疲劳、耐磨、抗冲击等要求的混凝土用碎
　　 石或卵石，其重量损失应不大于8%。

| 碎石或卵石中的有害物质含量 | 表 4-7 |

项目	质量标准
硫化物和硫酸盐含量折算为 SO_3，按重量计（%）	≤ 1
卵石中有机质含量（用比色法试验）	颜色不深于标准色，如深于标准色，则应以混凝土进行强度对比试验，予以复检

注：碎石或卵石中如含有颗粒状硫酸盐或硫化物，则要求经专门检验，确认能满足混凝土耐久性要求时方能
　　 采用。

| 砂中的有害物质含量 | 表 4-8 |

项目	质量指标
云母含量，按重量计（%）	≤ 2
轻物质含量，按重量计（%）	≤ 1
硫化物及硫酸盐含量，按重量计（折算成 SO_3）（%）	≤ 1
有机质含量（用比色法检验）	颜色不应深于标准色，如深于标准色，则应配成砂浆进行强度对比试验，予以复核

注：1. 对有抗冻、抗渗要求的混凝土，砂中云母含量不应大于1%。
　　 2. 砂中如含有颗粒状的硫酸盐或硫化物，则要求经专门检验，确认能满足混凝土耐久性要求时方能采用。

| 我国对海砂中氯盐含量的要求 | 表 4-9 |

使用部位	氯盐含量（折算为 Cl^-，占干砂重量百分比，不应大于%）
水下或干燥条件下使用的钢筋混凝土	不限
位于水上和水位变动区，以及在潮湿或露天条件下使用的钢筋混凝土	≤ 0.1
预应力混凝土结构	要求从严

| 碎石或卵石中的含泥量及泥块含量 | 表 4-10 |

混凝土强度等级	大于等于 C30	小于 C30
含泥量按重量计（%）	≤ 1.0	≤ 2.0
泥块含量按重量计（%）	≤ 0.5	≤ 0.7

注：1. 有抗渗、抗冻或其他要求的混凝土，其所用碎石或卵石的含泥量不应大于1.0%；泥块含量不应大于0.5%。
　　 2. 如粗集料中所含泥土基本上是非黏性土质的石粉时，则含泥量可分别放宽至1.5%（≥ C30 级）和3.0%
　　 （<C30 级）。

砂的含泥量及泥块含量　　　　　　　　　　表4-11

混凝土强度等级	大于等于 C30	小于 C30
含泥量按重量计（%）	≤ 3.0	≤ 5.0
泥块含量按重量计（%）	≤ 1.0	≤ 2.0

注：有抗渗、抗冻或其他特殊要求的混凝土用砂，其含泥量不应大于3%；泥块含量不应大于1%。

山砂含泥量参考指标　　　　　　　　　　表4-12

混凝土强度等级	≥ C30	≥ C20	≥ C10
含泥量，按重量计（%）	≤ 11	≤ 15	≤ 18

粗集料的针、片状颗粒含量对混凝土拌合物的和易性有明显影响。其含量规定列于表4-13。

针、片状颗粒含量　　　　　　　　　　表4-13

混凝土强度等级	大于或等于 C30	C25 ~ C15
针、片状颗粒含量，按重量计（%）	≤ 15	≤ 25

注：针、片状颗粒的定义是：凡颗粒的长度大于该颗粒所属粒级平均粒径的2.4倍者称为针状颗粒；厚度小于平均粒径0.4倍者称为片状颗粒；平均粒径是指该粒级上下限粒径的平均值。

4.2.3　水

与水泥、骨料一样，水也是生产混凝土的主要成分之一。没有水就不可能生产混凝土，因为水是水泥水化和硬化的必备条件。然而，过多的水又势必影响混凝土的强度和耐久性等性能。多余的拌合用水还有以下两个特点：

（1）与水泥和骨料不同，水的成本很低，可以忽略不计，因此用水量过多并不会增加混凝土的造价。

（2）用水量越多，混凝土的工作性越好，更适用于工人现场浇筑新混凝土拌合物。

实际上，影响强度和耐久性的并不是高用水量本身，而是由此带来的高水胶比。换句话说，只要按比例增加水泥用量以保证水胶比不变，为了提高浇筑期间混凝土的工作性，混凝土的用水量也可以增大。

混凝土拌合用水的基本质量要求是：不能含影响水泥正常凝结与硬化的有害物质；无损于混凝土强度发展及耐久性；不能加快钢筋锈蚀；不引起预应力钢筋脆断；保证混凝土表面不受污染。

混凝土拌合用水按水源可分为饮用水、地表水、地下水、海水以及经适当处理或处置后的工业废水。混凝土拌合用水的质量要求应符合表4-14的规定。

混凝土拌合水的质量要求　　　　　　　　　　　表 4-14

项目	预应力混凝土	钢筋混凝土	素混凝土
pH 值，≥	4	4	4
不溶物（mg/L），≤	2000	2000	5000
可溶物（mg/L），≤	2000	5000	10000
氯化物（以 Cl⁻ 计）（mg/L），≤	500	1200	3500
硫酸盐（以 SO_4^{2-} 计）（mg/L），≤	600	2700	2700
硫化物（以 SO_4^{2-} 计）（mg/L），≤	160	—	—

符合国家标准的生活饮用水可以用来拌制和养护混凝土。地表水和地下水需按《混凝土用水标准》JGJ 63—2006 检验合格方可使用。海水中含有硫酸盐、镁盐、和氯化物，对水泥石有侵蚀作用，对钢筋也会造成锈蚀，一般不得用海水拌制混凝土。工业废水必须经检验合格才可使用。

4.2.4 混凝土外加剂

混凝土外加剂是指在拌制混凝土过程中，根据不同的要求，为改善混凝土性能而掺入的物质。其掺量一般不大于水泥质量的 5%（特殊情况除外）。

1. 混凝土外加剂的分类

由于外加剂加入可显著改善混凝土的某种性能，如改善拌合物工作性、调整水泥凝结硬化时间、提高混凝土强度和耐久性、节约水泥等，混凝土外加剂已在混凝土工程中广泛使用，甚至已成为混凝土中不可缺少的组成材料，因此俗称混凝土第五组分。

混凝土外加剂种类很多，按其主要功能可分为四类：能改善混凝土拌合物流变性能的外加剂（如减水剂、引气剂和泵送剂等）；能调节混凝土凝结时间、硬化性能的外加剂（如缓凝剂、早强剂和速凝剂等）；能改善混凝土耐久性的外加剂（如引气剂、防水剂和阻锈剂等）；以及能改善混凝土其他性能的外加剂（如引气剂、膨胀剂、防冻剂、着色剂、防水剂等）。各种外加剂的适用范围见表 4-15。

2. 常用混凝土外加剂

（1）减水剂

减水剂是指在混凝土坍落度基本相同的条件下，以减少拌合用水量的外加剂。

混凝土拌合物掺入减水剂后，可提高拌合物流动性，减少拌合物的泌水离析现象，延缓拌合物凝结时间，减缓水泥水化热放热速度，显著提高混凝土强度、抗渗性和抗冻性。

1）普通减水剂的作用机理

水泥加水后，由于水泥颗粒在水中的热运动，使其在分子凝聚力作用下形成絮凝结构，如图 4-4（a）所示，此结构中包裹有部分拌合水，使混凝土拌合物流动性降低。当水泥浆中加入减水剂后，因减水剂属表面活性剂，受水分子作用，表面活性剂由憎水基

外加剂适用范围

表 4-15

外加剂类型	主要功能	适用范围
普通减水剂	1. 在保证混凝土工作性及强度不变的条件下，可节约水泥用量 2. 在保证混凝土工作性及水泥用量不变的条件下，可减少用水量、提高混凝土强度 3. 在保持混凝土用水量及水泥用量不变的条件下，可增大混凝土流动性	1. 用于日最低气温 +5℃以上的混凝土施工 2. 各种预制及现浇混凝土、钢筋混凝土及预应力混凝土 3. 大模板施工、滑模施工、大体积混凝土、泵送混凝土以及流动性混凝土
高效减水剂	1. 在保证混凝土工作性及水泥用量不变的条件下，可大幅度减少用水量（减水率不小于14%），可制备早强、高强混凝土 2. 在保持混凝土用水量及水泥用量不变的条件下，可增大混凝土拌合物流动性，制备大流动性混凝土	1. 用于日最低气温 0℃以上的混凝土施工 2. 用于钢筋密集、截面复杂、空间窄小及混凝土不易振捣的部位 3. 凡普通减水剂适用的范围高效减水剂亦适用 4. 制备早强、高强混凝土以及流动性混凝土
引气剂及引气减水剂	1. 改善混凝土拌合物的工作性，减少混凝土泌水离析 2. 增加硬化混凝土的抗冻融性	1. 有抗冻融要求的混凝土，如公路路面、飞机路道等大面积易受冻部位 2. 集料质量差以及轻集料混凝土 3. 提高混凝土抗渗中用于防水混凝土 4. 改善混凝土的抹光性 5. 泵送混凝土
早强剂及早强减水剂	1. 缩短混凝土的蒸养时间 2. 加速自然养护混凝土的硬化	1. 用于日最低温度 -3℃以上的自然气温正负交替的严寒地区的混凝土施工 2. 用于蒸养混凝土、早强混凝土
缓凝剂及缓凝减水剂	降低热峰值及推迟热峰出现的时间	1. 大体积混凝土 2. 夏季和炎热地区的混凝土施工 3. 用于日最低气温 5℃以上的混凝土施工 4. 预拌混凝土、泵送混凝土以及滑模施工
防冻剂	混凝土在负温条件下，使拌合物中仍有液相的自由水，以保证水泥水化，使混凝土达到预期强度	冬季负温（0℃以下）混凝土施工
膨胀剂	使混凝土体积在水化、硬化过程中产生一定膨胀，以减少混凝土干缩裂缝，提高抗裂性和抗渗性能	1. 补偿收缩混凝土，用于自防水屋面、地下防水及基础后浇缝、防水堵漏等 2. 填充用膨胀混凝土，用于设备底座灌浆、地脚螺栓固定等 3. 自应力混凝土，用于自应力混凝土压力管
速凝剂	速凝、早强	用于喷射混凝土
泵送剂	改善混凝土拌合物的泵送性能	泵送混凝土

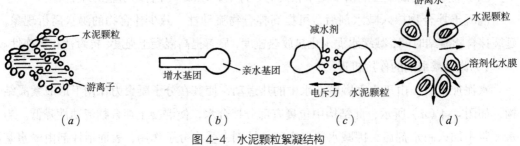

图 4-4　水泥颗粒絮凝结构

团和亲水基团组成，如图4-4（b）所示，憎水基团指向水泥颗粒，而亲水基团背向水泥颗粒，使水泥颗粒表面做定向排列而带有相同电荷，如图4-4（c）所示，这种电斥力作用远大于颗粒间分子引力而使水泥颗粒形成的絮凝结构被分散，如图4-4（d）所示，半絮凝结构中包裹的那部分水释放出来，明显地起到减水作用，增加拌合物流动性。同时由于减水剂加入，在水泥颗粒表面形成溶剂化水膜，在颗粒间起润滑作用，也改善了拌合物的工作性。此外由于水泥颗粒被分散，增大了水泥颗粒的水化表面而使其水化比较充分，使混凝土强度显著提高。但由于减水剂对水泥颗粒的包裹作用，也会使水泥初期的水化速度减缓。

2）常用减水剂

减水剂是使用最广泛和效果最显著的一种混凝土外加剂。减水剂种类很多，按功能可分为：普通减水剂、高效减水剂、早强减水剂、缓凝减水剂、缓凝高效减水剂和引气减水剂。目前使用较为广泛的减水剂种类为木质素系减水剂、萘系高效减水剂、三聚氰胺系高效减水剂以及聚羧酸盐系高效减水剂，见表4-16。其中聚羧酸盐系高效减水剂目前应用前景较好。这种由甲醛丙烯酸或丙烯酸或无水马来酸酐制造的减水剂，减水率高，一般为30%以上，$1 \sim 2h$基本无坍落度损失，后期强度提高20%。

（2）早强剂

能加速混凝土早期强度发展的外加剂称早强剂。早强剂主要有氯盐类、硫酸盐类、有机胺三类以及它们组成的复合早强剂。常用的早强剂及增强效果见表4-17。

氯化物系主要有$NaCl$、$CaCl_2$、$AlCl_3 \cdot 6H_2O$。氯盐属强电解质，溶解于水后全部电离成离子，氯离子吸附于水泥熟料C_3S和C_2S表面，增加水泥颗粒的分散度，有利于水泥初期的水化反应，其钙离子和氯离子的存在加速了水化物晶核形成和生长。氯化钙与C_3A

常用减水剂的品种　　　　　　　　　　表4-16

种类	木质素系	萘系	三聚氰胺系	聚羧酸盐系
类别	普通减水剂	高效减水剂	高效减水剂	引气型高效减水剂
主要品种	木质素磺酸钙（木钙粉、M型减水剂）木钠、木镁	NNO、NF建1、FDN、UNF、JN、HN、MF等	粉剂、液体	标准型 缓凝型
适宜掺量（占水泥重%）	0.2 ~ 0.3	0.2 ~ 1	粉剂 0.5 ~ 1.5 液体 1.5 ~ 3	0.4 ~ 1.5
减水率（%）	10左右	15以上	15以上	25 ~ 45
早强效果	—	显著	显著	显著
缓凝效果（h）	1 ~ 3	—	—	1.5以上
引气效果（%）	1 ~ 2	部分品种<2	—	2 ~ 5
适用范围	一般混凝土工程及大模、滑模、泵送大体积及夏季施工的混凝土工程	适用于所有混凝土工程、更适用于配制高强混凝土及流态混凝土	对胶凝材料适应性强，特别是对氯酸钙水泥及硫酸钙水泥适应性极强	早强、高强、流态、防水、蒸养、泵送混凝土、清水混凝土

常用早强剂凝结时间差及增强效果（与未掺相比）   表 4-17

早强剂		掺量（c×%）	凝结时间差（h：min）		相对强度百分率（%）		
			初凝	终凝	3d	7d	28d
氯盐早强剂	氯化钙（CaCl₂）	0.5 ~ 1			130	115	100
	氯化钠（NaCl）	0.5 ~ 1	-3：35		134		110
	氯化亚铁（FeCl₂·6H₂O）	1.5		-3：57	130		100 ~ 125
	三乙醇胺 TEA[N（C₂H₆OH）₃]	0.05			105 ~ 128	105 ~ 129	102 ~ 108
	NaCl+TEA	0.5+0.05			150		104 ~ 116
	NaCl+TEA+ 亚硝酸钠（NaNO₂）	0.5+0.05+1	-3：00	-3：50	175		116
	NaCl+TEA+NaNO₂+ 萘系减水剂	0.5+0.02+0.5+0.75	-3：03	-3：43	205		159
	FeCl₂·6H₂O+TEA	0.5+0.05			140 ~ 167		108 ~ 140
硫酸钠早强剂	硫酸钠（Na₂SO₄）	2			143	132	104
	Na₂SO₄+TEA	2+0.05	-1：40	-2：0	167	147	118
	Na₂SO₄+TEA+NaNO₂	2+0.03+1	-2：00	-2：20	164	149	120
	Na₂SO₄+NaCl	2+0.5	-1：40	-1：40	168	152	123
	Na₂SO₄+NaCl+TEA	3+1+0.05	-1：30	-1：15	168	156	134
早强减水剂	MSF	5			177	148	120
	MZS	3	+3：05	-0：36	160	155	130
	NC	3	+1：15	+0：30	168	150	134
	NSZ	1.5	+1：55	+1：55	173	160	142
	UNF-4	2			237	187	144

注："-"表示提前，"+"表示延缓。

作用生成不溶性水化氯铝酸钙和固溶体（$C_3A \cdot CaCl_2 \cdot 10H_2O$），与氢氧化钙作用生成氧氯化钙（$3CaO \cdot CaCl_2 \cdot 12H_2O$），使得水泥浆中固相比例增大，促进水泥凝结硬化，早期强度提高。氯化钠与硅酸钙水化物 $Ca（OH）_2$ 作用生成的 $CaCl_2$ 加速 C_3A 与石膏 $CaSO_4$ 作用，生成钙矾石。当无石膏存在时，C_3A 与 $CaCl_2$ 形成氯铝酸钙，这种复盐发生体积膨胀，促使水泥石密实，加速凝结硬化，提高早期强度。但应注意氯盐对钢筋的锈蚀，阻锈剂多采用亚硝酸钠。

硫酸盐系主要指 Na_2SO_4（又称元明粉、芒硝）、硫代硫酸钠 $Na_2S_2O_3$、石膏 $CaSO_4$、硫酸钾铝（又称明矾）$Al \cdot K（SO_4）_3 \cdot 2H_2O$。硫酸钠溶于水后与水化物 $Ca（OH）_2$ 作用生成 $NaOH$ 和颗粒很细的 $CaSO_4$，这种 $CaSO_4$ 比外加石膏活性要高，与 C_3A 反应生成水化硫铝酸钙的速度要快得多，而 $NaOH$ 又是一种活性剂，能提高 C_3A 和 $CaSO_4$ 的溶解度，加速硫铝酸钙的形成和数量，促水泥凝结硬化和早期强度的提高。

三乙醇胺不改变水泥水化物，能促进 C_3A 与石膏反应形成硫铝酸钙，当与其他无机盐复合使用时能催化水泥水化，从而提高早期凝结硬化速度。

（3）引气剂

在搅拌混凝土过程中能引入大量均匀分布的、稳定而封闭的微小气泡（直径在 10 ~ 100μm）的外加剂，称为引气剂。其主要品种有松香热聚物、松脂皂和烷基苯碳酸盐等。其中，以松香热聚物的效果较好，最常使用。松香热聚物是由松香与硫酸、苯酚起聚合反应，再经氢氧化钠中和而得到的憎水性表面活性剂。

1）引气剂的作用机理

引气剂一般都是阴离子表面活性剂。加入引气剂后，在水泥与水界面上水泥与其水化粒子与亲水基相吸附，而憎水基背离粒子，形成憎水吸附层，并力图靠近空气表面。

由于这种粒子向空气表面靠近及引气剂分子在空气与水界面上的吸附作用，将显著降低表面张力，使拌合物拌合过程中形成大量微小气泡，同时吸附层相排斥且分布均匀，因此在钙溶液中能更加稳定地存在。

引入微小气泡可以阻止固体颗粒沉降和固液相分离，从而减少泌水率，见表4-18。引气剂能使混凝土含气量增加至3% ~ 6%，气泡直径约为0.025 ~ 0.25mm，能显著改善混凝土拌合物的工作性和混凝土的抗冻性。但掺入引气剂能使混凝土强度降低，对普通混凝土大约降低5% ~ 10%；对高强混凝土可降低20%以上。

2）常用引气剂品种

常用的引气剂为憎水性的脂肪酸皂类表面活性剂，如松香热聚物、松香皂、天然皂甙等，见表4-19。

引气剂对混凝土泌水率及含气量的影响 表 4-18

水泥品种	水泥用量（kg/m³）	外加剂及掺量（c%）	水灰比	含气量（%）	泌水率（%）
42.5 强度等级普通水泥	270	0	0.70	1.5	100
		烷基苯磺酸钠（0.006）	0.65	3.7	42
		脂肪醇硫酸钠（0.012）	0.65	3.6	84
42.5 强度等级大坝硅盐水泥	300	0	0.583	1.4	100
		松香热聚物（0.01）	0.42	6.9	100
		纸浆废液（0.2）	0.41	3.2	38

国产引气剂品种、成分及掺量 表 4-19

序号	名称	主要成分	一般掺量（占水泥重量 %）
1	PC-2Y	松香热聚物	0.005 ~ 0.01
2	CON-A	松香皂	0.005 ~ 0.01
3	SJ-2	天然皂甙	0.005 ~ 0.01
砂浆微沫剂			
4	KF 砂浆微沫剂	松香酸钠复合外加剂	0.005 ~ 0.01

（4）缓凝剂

缓凝剂是指能延缓混凝土凝结时间，并对其后期强度无不良影响的外加剂。由于缓凝剂能延缓混凝土凝结时间，使拌合物能在较长时间内保持塑性，有利于浇筑成型、提高施工质量，同时还具有减水、增强和降低水化热等多种功能，且对钢筋无锈蚀作用。多用于高温季节施工、大体积混凝土工程、泵送与滑模方法施工以及商品混凝土等。

1）缓凝剂的作用机理

缓凝剂的作用机理主要是缓凝剂分子吸附于水泥表面，一方面抑制和减缓水泥水化及固相物的生成；另一方面能对水泥水化所生成的胶体状产物起稀释作用，阻碍胶体凝聚，从而延缓混凝土凝结时间。

对于羟基羧酸类（如酒石酸、酒石酸钾钠、柠檬酸、水杨酸等），主要是水泥熟料中 C_3A 成分先吸附羟基羧基分子，使它难以较快生成钙矾石结晶而起到延缓作用；对于多羟基碳水化合物（如糖蜜、含氧有机酸、多元醇等），通常是延缓 C_3A 的水化；对于无机化合物（如磷酸盐类 Na_3PO_4 或硼酸盐 $Na_2B_4O_7$ 等），因其溶于水中生成离子，被水泥颗粒吸附生成溶解度很小的磷酸盐薄层，使 C_3A 的水化和钙矾石的形成过程被延缓。

2）常用缓凝剂品种

按缓凝剂作用机理进行分类，见表 4-20。目前较为常用的缓凝剂是木质素磺酸盐和糖蜜。

（5）速凝剂

能使混凝土迅速凝结硬化的外加剂称为速凝剂。其主要种类有无机盐类和有机物类，常用的是无机盐类。常用速凝剂见表 4-21。

1）速凝剂的作用机理

速凝剂加入混凝土后，其主要成分中的铝酸钠、碳酸钠在碱性溶液中迅速与水泥中的石膏反应生成硫酸钠，使石膏丧失其原有的缓凝作用，从而导致铝酸钙矿物 C_3A 迅速水化，并在溶液中析出其水化产物晶体，致使混凝土迅速凝结。

2）速凝剂的使用方法

喷射混凝土施工工艺分干、湿两种。采用干法喷射时，是将速凝剂（一般为细粉状）按一定比例与水泥、砂、石一起干拌均匀后，用压缩空气通过胶管将材料送到喷射机的喷嘴中，在喷嘴里引入高压水与干拌料拌成混凝土喷射到建筑物或构筑物上，这种方法简便，目前使用普遍，但存在施工时粉尘污染较大、回弹量较大的缺点；采用湿法喷射时，是在搅拌机中按水泥、砂、石、速凝剂和水拌成混凝土后，再由喷射机通过胶管从喷嘴喷出。

（6）防冻剂

防冻剂是指在一定负温条件下能显著降低冰点，使混凝土液相不冻结或部分冻结，保证混凝土不遭受冻害，同时保证水与水泥能进行水化，并在一定时间内获得预期强度的外加剂。

缓凝剂的分类及适宜掺量　　　　表 4-20

类别	品种	掺量（占水泥重 %）
木质素磺酸盐	木质素酸钙	0.3 ~ 0.5
糖类及碳水化合物	糖蜜	0.10 ~ 0.30
	淀粉	0.10 ~ 0.30
羟基羧酸	柠檬酸	0.03 ~ 0.10
	酒石酸	0.03 ~ 0.10
	葡萄糖酸	0.03 ~ 0.10
无机盐	锌盐、磷酸盐、硼酸盐	0.10 ~ 0.02

常用速凝剂　　　　表 4-21

种类	铝氧熟料（红星 I 型）	铝氧熟料（7 II 型）	铝氧熟料（782 型）
主要成分	铝酸钠 + 碳酸钠 + 生石灰	铝氧熟料 + 无水石膏	矾泥 + 铝氧熟料 + 生石灰
适宜掺量（占水泥质量 %）	2.5 ~ 4.0	3.0 ~ 5.0	5.0 ~ 7.0
初凝（min）	≤ 5		
终凝（min）	≤ 10		
强度	1h 产生强度，1d 强度可提高 2 ~ 3 倍，28d 强度为不掺的 80% ~ 90%		

防冻剂实际上是混凝土多种外加剂的复合，主要有早强剂、引气剂、减水剂、阻锈剂、亚硝酸钠等。

（7）膨胀剂

膨胀剂是能使混凝土产生一定体积膨胀的外加剂。混凝土工程中采用的膨胀剂种类有硫铝酸钙类、硫铝酸钙—氧化钙类、氧化钙类等。

1）膨胀剂的作用机理

硫铝酸钙类膨胀剂加入混凝土中后，自身中无水硫铝酸钙水化或参与水泥矿物的水化或与水泥水化产物反应，生成三硫型水化硫铝酸钙（钙矾石），使固相体积大为增加而导致体积膨胀。氧化钙类膨胀剂的膨胀作用主要由氧化钙晶体水化生成氢氧化钙晶体，体积增大而导致的。

2）常用膨胀剂品种

硫铝酸钙类有明矾石膨胀剂（主要成分是明矾石与无水石膏或二水石膏）、CSA 膨胀剂（主要成分是无水硫铝酸钙）、U 型膨胀剂（主要成分是无水硫铝酸钙、明矾石、石膏）等。

氧化钙类有多种制备方法。其主要成分为石灰，再加入石膏与水淬矿渣或硬脂酸或石膏与黏土，经一定的煅烧或混磨而成。硫铝酸钙—氧化钙类为复合膨胀剂。

3）膨胀剂掺量的确定方法

为了保证掺有膨胀剂的混凝土的质量，混凝土的胶凝材料（水泥和掺合料）用量不能过少，膨胀剂的掺量也应合适。补偿收缩混凝土、填充用膨胀混凝土和自应力混凝土的胶凝材料的最少用量分别为 300kg（有抗渗要求时为 320kg）、350kg 和 500kg，膨胀剂的合适掺量分别为 6% ~ 12%、10% ~ 15% 和 15% ~ 25%。

4）膨胀剂的使用

粉状膨胀剂应与混凝土其他原材料一起投入搅拌机，拌合时间应比普通混凝土延长 30s。膨胀剂可与其他外加剂复合使用，但必须有良好的适应性。掺膨胀剂的混凝土不得采用硫铝酸盐水泥、铁铝酸盐水泥和高铝水泥。

（8）泵送剂

泵送剂是指能改善混凝土拌合物泵送性能的外加剂。泵送剂一般分为非引气剂型（主要组分为木质素磺酸钙、高效减水剂等）和引气剂型（主要组分为减水剂、引气剂等）两类。个别情况下，如对于大体积混凝土，为防止收缩裂缝，掺入适量的膨胀剂。木钙减水剂除可使拌合物的流动性显著增大外，还能减少泌水，延缓水泥的凝结，使水泥水化热的释放速度明显延缓，这对泵送的大体积混凝土十分重要。引气剂能使拌合物的流动性显著增加，而且也能降低拌合物的泌水性及水泥浆的离析现象，这对泵送混凝土的和易性和可泵性很有利。

（9）阻锈剂

阻锈剂是指能减缓混凝土中钢筋或其他预埋金属锈蚀的外加剂，也称缓蚀剂。常用的是亚硝酸钠，有的外加剂中含有氯盐，氯盐对钢筋有锈蚀作用，在使用这种外加剂的同时应掺入阻锈剂，减缓对钢筋的锈蚀，从而达到保护钢筋的目的。

3. 常用混凝土外加剂的适用范围

常用混凝土外加剂的适用范围见表 4-22。

常用混凝土外加剂的适用范围 表 4-22

外加剂类别		使用目的或要求	适宜的混凝土工程	备注
减水剂	木质素磺酸盐	改善混凝土拌合物流变性能	一般混凝土、大模板、大体积浇筑、滑模施工、泵送混凝土、夏季施工	不宜单独用于冬期施工、蒸汽养护、预应力混凝土
	萘系	显著改善混凝土拌合物流变性能	早强、高强、流态、防水、蒸养、泵送混凝土	
	水溶性树脂系	显著改善混凝土拌合物流变性能	早强、高强、流态、蒸养混凝土	
	聚羧酸系高效减水剂	显著改善混凝土拌合物流变性能、提高早期强度、坍落度损失小	早强、高强、流态、防水、蒸养、泵送混凝土、清水混凝土	

外加剂类别		使用目的或要求	适宜的混凝土工程	备注
减水剂	糖类	改善混凝土拌合物流变性能	大体积、夏季施工等有缓凝要求的混凝土	不宜单独用于有早强要求、蒸养混凝土
早强剂	氯盐类	要求显著提高混凝土早期强度；冬期施工时为防止混凝土早期受冻破坏	冬期施工、紧急抢修工程、有早强要求或防冻要求的混凝土；硫酸盐类适用于不允许掺氯盐的混凝土	是否能使用氯盐类早强剂，以及氯盐类早强剂的掺量限制，均应符合GB 50204—2015 的规定
早强剂	硫酸盐类			
早强剂	有机胺类			
引气剂	松香热聚物	改善混凝土拌合物和易性；提高混凝土抗冻、抗渗等耐久性	抗冻、抗渗、抗硫酸盐的混凝土、水利工程大体积混凝土、泵送混凝土	不宜用于蒸养混凝土、预应力混凝土
缓凝剂	木质素磺酸盐	要求缓凝的混凝土、降低水化热、分层浇筑的混凝土过程中为防止出现冷缝等	夏季施工、大体积混凝土、泵送与滑模施工、远距离输送的混凝土	掺量过大，会使混凝土长期不硬化、强度严重下降；不宜单独用于蒸养混凝土；不宜用于低于 5℃下施工的混凝土
缓凝剂	糖类			
速凝剂	红星Ⅰ型	施工中要求快凝、快硬的混凝土，迅速提高早期强度	矿山井巷、铁路隧道、引水涵洞、地下工程及喷锚支护时的喷射混凝土或喷射砂浆；抢修、堵漏工程	常与减水剂复合使用，以防混凝土后期强度降低
速凝剂	7Ⅱ型			
速凝剂	782 型			
泵送剂	非引气型	混凝土泵送施工中为保证混凝土拌合物的可泵性，防止堵塞管道	泵送施工的混凝土	掺引气型外加剂的，泵送混凝土的含气量不宜大于 4%
泵送剂	引气型			
防冻剂	氯盐类	要求混凝土在负温下能连续水化、硬化、增长强度，防止冰冻破坏	负温下施工的无筋混凝土	
防冻剂	氯盐阻锈类		负温下施工的钢筋混凝土	如含强电解质的早强剂，应符合《混凝土外加剂应用技术规范》GB 50119—2013 中的有关规定
防冻剂	无氯盐类		负温下施工的钢筋混凝土和预应力钢筋混凝土	如含硝酸盐、亚硝酸盐、磺酸盐，不得用于预应力混凝土；如含六价铬盐、亚硝酸盐等有毒防冻剂，严禁用于饮水工程及与食品接触部位
膨胀剂	硫铝酸钙类	减少混凝土干缩裂缝，提高抗裂性和抗渗性，提高机械设备和构件的安装质量	补偿收缩混凝土；填充用膨胀混凝土；自应力混凝土（仅用于常温下使用的自应力钢筋混凝土压力管）	硫铝酸钙类、硫铝酸钙—氧化钙类不得用于长期处于80℃以上的工程中，氧化钙类不得用于海水和有侵蚀性水的工程；掺膨胀剂的混凝土只适用于有约束条件的钢筋混凝土工程和填充性混凝土工程；掺膨胀剂的混凝土不得用硫铝酸盐水泥、铁铝酸盐水泥和高铝水泥
膨胀剂	氧化钙类			
膨胀剂	硫铝酸钙—氧化钙类			

4.2.5　矿物掺合料

混凝土矿物掺合料是指在混凝土搅拌前或在搅拌过程中，与混凝土其他组分一起直接加入的人造或天然的矿物材料以及工业废料，通常掺量一般应超过水泥质量的5%。常用的有粉煤灰、硅粉、磨细矿渣粉、烧黏土、天然火山灰质材料（如凝灰岩粉、沸石岩粉等）

及磨细自燃煤矸石。外加剂能使混凝土拌合物在不增加水泥用量的条件下获得良好的工作性，即增大流动性、改善黏聚性、降低泌水性，尚能提高混凝土的耐久性。研究表明：掺入粉煤灰能改善混凝土拌合物的流动性；当粉煤灰的密度较大、标准稠度用水量较小和细度较细时，掺入 10% ~ 40% 的粉煤灰可使坍落度平均增大 15% ~ 70%。

1. 粉煤灰

粉煤灰是从煤粉炉排出的烟气中收集到的细粉末。按其排放方式的不同，分为干排灰与湿排灰两种。湿排灰内含水量大，活性降低较多，质量不如干排灰。按收集方法的不同，分静电收尘灰和机械收尘灰两种。静电收尘灰颗粒细、质量好，机械收尘灰颗粒较粗、质量较差。经磨细处理的称为磨细灰，未经加工的称为原状灰。

（1）粉煤灰的质量要求

粉煤灰有高钙灰（一般 CaO > 10%）和低钙灰（CaO < 10%）之分，由褐煤燃烧形成的粉煤灰呈褐黄色，为高钙灰，具有一定的水硬性；由烟煤和无烟煤燃烧形成的粉煤灰呈灰色或深灰色，为低钙灰，具有火山灰活性。

细度是评定粉煤灰品质的重要指标之一。粉煤灰中实心微珠颗粒最细、表面光滑，是粉煤灰中需水量最小、活性最高的成分，如果粉煤灰中实心微珠含量较多、未燃尽碳及不规则的粗粒含量较少时，粉煤灰就较细、品质较好。未燃尽的碳粒、颗粒较粗可降低粉煤灰的活性、增大需水性，是有害成分，可用烧失量来评定。多孔玻璃体等非球形颗粒表面粗糙、粒径较大，将增大需水量，当其含量较多时，使粉煤灰品质下降。SO_3 是有害成分，应限制其含量。

我国粉煤灰质量控制、应用技术有关的技术标准、规范有《用于水泥和混凝土中的粉煤灰》GB/T 1596—2017、《硅酸盐建筑制品用粉煤灰》JC/T 409—2016 和《粉煤灰混凝土应用技术规范》GB/T 50146—2014 等。GB/T 1596—2017 规定，粉煤灰按煤种分为 F 类（由无烟煤或烟煤煅烧收集的粉煤灰）和 C 类（由褐煤或次烟煤煅烧收集的粉煤灰，其氧化钙含量一般大于 10%），分为 Ⅰ、Ⅱ、Ⅲ 三个等级，相应的技术要求如表 4-23 所示。

用于水泥和混凝土中的粉煤灰技术要求（《用于水泥和混凝土中的粉煤灰》
GB/T 1596—2017）　　　　　　　　　　　　　　　　　　　表 4-23

项目		粉煤灰等级		
		Ⅰ	Ⅱ	Ⅲ
细度（0.045mm 方孔筛筛余 %），≤	F 类粉煤灰 C 类粉煤灰	12.0	30.0	45.0
烧失量（%），≤		5.0	8.0	10.0
需水量比（%），≤		95.0	105.0	115.0
三氧化硫（%），≤		3.0		
含水量（%），≤		1.0		
游离氧化钙（%）		F 类粉煤灰 ≤ 1.0；C 类粉煤灰 ≤ 4.0；		
安定性 雷氏夹沸煮后增加距离（mm）		C 类粉煤灰 ≤ 5.0		

按《粉煤灰混凝土应用技术规范》GB/T 50146—2014规定：Ⅰ级粉煤灰适用于钢筋混凝土和跨度小于6m的预应力钢筋混凝土；Ⅱ级粉煤灰适用于钢筋混凝土和无筋混凝土；Ⅲ级粉煤灰主要用于无筋混凝土。对强度等级不小于C30的无筋粉煤灰混凝土，宜采用Ⅰ、Ⅱ级粉煤灰。

（2）粉煤灰掺入混凝土中的作用与效果

粉煤灰在混凝土中具有火山灰活性作用，它的活性成分SiO_2和Al_2O_3与水泥水化产物$Ca(OH)_2$反应，生成水化硅酸钙和水化铝酸钙，成为胶凝材料的一部分。微珠球状颗粒具有增大混凝土（砂浆）的流动性、减少泌水、改善和易性的作用；若保持流动性不变，则可起到减水作用；其微细颗粒均匀分布在水泥浆中，填充孔隙，改善混凝土孔结构，提高混凝土的密实度，从而使混凝土的耐久性得到提高。同时还可降低水化热、抑制碱—骨料反应。

混凝土中掺入粉煤灰的效果与粉煤灰的掺入方法有关。常用的方法有：等量取代法、超量取代法和外加法。

等量取代法：指以等质量粉煤灰取代混凝土中的水泥。可节约水泥并减少混凝土发热量，改善混凝土和易性，提高混凝土抗渗性。适用于掺Ⅰ级粉煤灰、混凝土超强及大体积混凝土。

超量取代法：指掺入的粉煤灰量超过取代的水泥量，超出的粉煤灰取代同体积的砂，其超量系数按规定选用。目的是保持混凝土28d强度及和易性不变。

外加法：指在保持混凝土中水泥用量不变的情况下，外掺一定数量的粉煤灰。其目的只是为了改善混凝土拌合物的和易性。

有时也用粉煤灰取代砂。由于粉煤灰具有火山灰活性，故使混凝土强度有所提高，而且混凝土和易性及抗渗性等也有显著改善。

混凝土中掺入粉煤灰时，常与减水剂或引气剂等外加剂同时掺用，称为双掺技术。减水剂的掺入可以克服某些粉煤灰增大混凝土需水量的缺点；引气剂的掺用可以解决粉煤灰混凝土抗冻性较差的问题；在低温条件下施工时，宜掺入早强剂或防冻剂。混凝土中掺入粉煤灰后，会使混凝土抗碳化性能降低，不利于防止钢筋锈蚀。为改善混凝土抗碳化性能，也应采取双掺措施，或在混凝土中掺入阻锈剂。

2. 硅粉

硅粉又称硅灰，是从生产硅铁合金或硅钢等所排放的烟气中收集的颗粒较细的烟尘，呈浅灰色；硅粉的颗粒是微细的玻璃球体，粒径为0.1～1.0μm，是水泥颗粒的1/100～1/50，比表面积为18.5～20m²/g，密度为2.1～2.2g/cm³，堆积密度为250～300kg/cm³。硅粉中无定形二氧化硅的含量一般为85%～96%，具有很高的活性。

由于硅粉具有高比表面积，因而其需水量很大，将其作为混凝土掺合料必须配以高效减水剂方可保证混凝土的和易性。

硅粉掺入混凝土中，可取得以下几方面效果：

（1）改善混凝土拌合物的黏聚性和保水性。在混凝土中掺入硅粉的同时又掺用了高效减水剂，在保证了混凝土拌合物必须具有的流动性的情况下，由于硅粉的掺入显著改善了混凝土拌合物的黏聚性和保水性。故适宜配制高流态混凝土、泵送混凝土及水下灌注混凝土。

（2）提高混凝土强度。当硅粉与高效减水剂配合使用时，硅粉与水化产物 Ca（OH）$_2$ 反应生成水化硅酸钙凝胶，填充水泥颗粒间的空隙，改善界面结构及黏结力，形成密实结构，从而显著提高混凝土强度。一般硅粉掺量为 5% ~ 10%，便可配出抗压强度达 100MPa 的超高强混凝土。

（3）改善混凝土的孔结构，提高耐久性。掺入硅粉的混凝土，虽然其总孔隙率与不掺时基本相同，但其大毛细孔减少、超细孔隙增加，改善了水泥石的孔结构。因此混凝土的抗渗性、抗冻性及抗硫酸盐腐蚀性等耐久性显著提高。此外，混凝土的抗冲磨性随硅粉掺量的增加而提高，故适用于水利工程建筑物的抗冲刷部位及高速公路路面。硅粉还同样有抑制碱—骨科反应的作用。

3. 沸石粉

沸石粉由天然的沸石岩磨细而成，颜色为白色。沸石岩是一种经天然燃烧后的火山灰质铝硅酸盐矿物，含有一定量的活性二氧化硅和三氧化二铝，能与水泥水化产物 Ca（OH）$_2$ 作用，生成胶凝物质。沸石粉具有很大的内表面积和开放性结构，细度为 0.08mm 筛筛余量小于 5%，平均粒径为 5.0 ~ 6.5μm。

沸石粉掺入混凝土后有以下几方面效果：

（1）改善混凝土拌合物的和易性。沸石粉与其他矿物掺合料一样具有改善混凝土和易性及可泵性的功能，因此适用于配制流态混凝土和泵送混凝土。

（2）提高混凝土强度。沸石粉与高效减水剂配合使用可显著提高混凝土强度，因而适用于配制高强混凝土。

4. 其他混凝土掺合料

（1）粒化高炉矿渣粉

粒化高炉矿渣粉是指将粒化高炉矿渣经干燥、磨细达到相当细度且符合相应活性指数的粉状材料，细度大于 350m^2/kg，一般为 400 ~ 600m^2/kg。其活性比粉煤灰高，根据 GB/T 18046—2017，按 7d 和 28d 的活性指数，分为 Sl05、S95 和 S75 三个级别。作为混凝土掺合料，其掺量也可较大。

（2）磨细自燃煤矸石粉

自燃煤矸石是由煤矿洗煤过程中排出的矸石经自燃而成，具有一定的火山灰活性，将其磨细后成粉状，作为混凝土掺合料使用。

（3）超细微粒矿物质掺合料

超细微粒矿物质掺合料是指超细粉磨的高炉矿渣、粉煤灰、液态渣、沸石粉等作为混凝土掺合料（简称超细粉掺合料）。其比表面积一般大于 500m^2/kg。将活性混合材制成超细粉，超细化后便具有新的特性与功能：①表面能高；②具有微观填充作用；③化学活性增高。超细粉掺入混凝土中对混凝土有显著的流化与增强效应，并使结构致密化。采用超细粉的品种、细度和掺量不同，其效果也不同。一般有以下几方面效果：

1）改善混凝土的流变性。当掺入超细矿渣粉后，可填充于水泥颗粒的间隙和絮凝结构中，占据了充水空间，原来絮凝结构中的水被释放出来，使流动性增大。如果掺入超细沸石粉，除有上述填充稀化效果外，由于其本身的多孔性及孔的开放型，使其能吸入一部分水分，吸水性带来的稠化作用占优势，会使流动性减小。无论何种超细粉，均有表面能高的特点，自身或对水泥颗粒会产生吸附现象，在一定程度上形成凝聚结构，会使超细粉的填充稀化效应减小。但如将玻璃体的超细粉与高效减水剂共同掺用，这时超细粉可迅速吸附高效减水剂分子，从而降低其本身的表面能，不会再对水泥颗粒产生吸附，反而起分散作用，这样超细粉的微观填充稀化效应也得以正常发挥，混凝土的流动性显著增大。采用超细粉可配制大流动性且不离析的混凝土，如泵送混凝土等。

2）提高混凝土强度。超细化一方面明显增加了混合材的化学反应活性，另一方面由于微观填充作用产生的减水增密效应，对混凝土起到显著增强效果，后者正是超细粉与一般混合材的不同之处。采用超细粉可配制高强与超高强混凝土。

3）显著改善混凝土的耐久性。超细粉能显著改善硬化混凝土的微结构，使 $Ca(OH)_2$ 显著减少、CSH 增多、结构变得致密，从而显著提高混凝土的抗渗、抗冻等耐久性能，而且还能抑制碱—骨料反应。

4.3　普通混凝土的技术性质

4.3.1　新拌混凝土的和易性

1. 和易性定义

在土木工程建设过程中，为获得密实而均匀的混凝土结构以方便施工操作（拌合、运输、浇筑、振捣等过程），要求新拌混凝土必须具有良好的施工性能，如保持新拌混凝土不发生分层、离析、泌水等现象，并获得质量均匀、成型密实的混凝土。这种新拌混凝土施工性能称之为新拌混凝土的和易性。和易性有时亦称工作性。

混凝土拌合物的和易性是一项综合技术性能，包括流动性、黏聚性和保水性三方面的含义。

流动性是指混凝土拌合物在本身自重或施工机械振捣的作用下能产生流动，并均匀密实地填满模板的性能。黏聚性是指混凝土拌合物在施工中其各组分之间有一定的黏聚力，不致产生分层离析现象。保水性是指混凝土拌合物在施工中具有一定的保水能力，不产生严重的泌水现象。黏聚性好的新拌混凝土，往往保水性也好，但其流动性可能较差；流动性很大的新拌混凝土，往往黏聚性和保水性有变差的趋势。混凝土拌合物的流动性、黏聚性和保水性具有各自的含义,它们之间又相互联系,直接影响混凝土的密实性及性能。随着现代混凝土技术的发展,混凝土目前往往采用泵送施工方法,其对新拌混凝土的和易性要求很高,三方面性能必须协调统一才能既满足施工操作要求又确保后期工程质量良好。

2. 和易性指标

目前,尚没有能全面评价混凝土拌合物工作性的测定方法。通常只能测定拌合物的流动性,而黏聚性和保水性也只能靠直观经验评定。国际标准化组织(ISO)把混凝土拌合物的工作性统称为稠度,并以此区分混凝土拌合物。通常采用坍落度试验和维勃试验测试混凝土稠度。

坍落度试验测定流动性的方法:将混凝土拌合物按规定方法装入标准圆锥筒(无底)内,装满后刮平,然后垂直向上将筒提起,移至一旁,混凝土拌合物由于自重将产生坍落现象。量出的向下坍落尺寸(mm)就叫作该混凝土拌合物的坍落度,作为流动性指标。坍落度越大表示流动性越大。图4-5表示坍落度试验。混凝土稠度按坍落度分级,见表4-24。

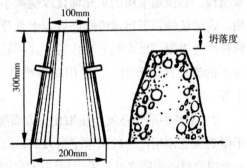

图 4-5　混凝土拌合物坍落度的测定

稠度按坍落度分级　　　　　　　　　　表 4-24

名称	级别	坍落度值(mm)	允许测试偏差(mm)
低塑性混凝土	S_1	10 ~ 40	±10
塑性混凝土	S_2	50 ~ 90	±20
流动性混凝土	S_3	100 ~ 150	±30
大流动性混凝土	S_4	160 ~ 210	±30
超大流动性混凝土	S_5	≥ 220	±30

图4-6为维勃稠度测试仪。维勃稠度测试方法:开始在坍落度筒中按规定方法装满拌合物,提起坍落度筒,在拌合物试体顶面放一透明圆盘,开启振动台,同时用秒表计时,到透明圆盘的底面完全为水泥浆所布满时,停止秒表,关闭振动台。所读秒数(s)称为维勃稠度。此法适用于集料最大粒径不超过40mm,维勃稠度在5 ~ 30s之间的混凝土拌合物稠度测试。维勃时间(VC值)超过31s的拌合物称为超干硬性混凝土,见表4-25。

混凝土拌合物,按其坍落度大小分为S_1、S_2、S_3、S_4四种级别,见表4-24;按其维勃稠度大小可分为V_1、V_2、V_3三种级别,见表4-25。

3. 坍落度选择

坍落度选择要根据混凝土构件截面大小、钢筋疏密和捣实方法确定。如果混凝土构件截面尺寸较小，或钢筋间距较密，或采用人工插捣时，坍落度应选择大一些；反之可选择小一些。混凝土浇筑时的坍落度以及日本 JASS5 所规定的不同品种混凝土坍落度如表 4-26、表 4-27 所示。

如采用泵送混凝土拌合物，因坍落度在 150mm 以下施工困难，坍落度一般选择在 180mm 以上，通常采用高效减水剂与流化剂，以降低用水量，也不会产生离析。高流动性混凝土其坍落度通常在 210mm 以上。

4. 影响和易性的主要因素

和易性是混凝土拌合物最重要的性能，其影响因素很多，主要有单位用水量、砂率、集胶比、集料、水泥品种和细度以及外加剂、掺合剂、时间与温度等。

图 4-6　维勃稠度仪

（1）单位用水量

混凝土拌合物的水泥浆赋予混凝土拌合物一定的流动性。单位用水量多少直接影响水与胶凝材料用量的比例关系，即水胶比 W/B。在水胶比不变的情况下，单位体积拌合物内，如果水泥浆越多，则拌合物的流动性越大；在胶凝材料用量不变的情况下，用水

	稠度按维勃时间分级		表 4-25
名称	级别	维勃稠度（s）	允许测试偏差（s）
超干硬性混凝土	V_0	≥ 31	± 3
特干硬性混凝土	V_1	30 ~ 21	± 3
干硬性混凝土	V_2	20 ~ 11	± 3
半干硬性混凝土	V_3	10 ~ 6	± 2
流态混凝土	V_4	5 ~ 3	± 1

	混凝土浇筑时的坍落度	表 4-26
项次	结构种类	坍落度（mm）
1	基础或地面等的垫层、无配筋的厚大结构（挡土墙、基础或厚大的块体等）或配筋稀疏的结构	10 ~ 30
2	板、梁和大型及中型截面的柱子等	30 ~ 50
3	配筋密列的结构（薄壁、斗仓、筒仓、细柱等）	50 ~ 70
4	配筋特密的结构	70 ~ 90

注：1. 本表系指采用机械振捣的坍落度，采用人工捣实时可适当增大。

2. 需要配制大坍落度混凝土时，应掺用外加剂。

3. 曲面或斜面结构的混凝土，其坍落度值应根据实际需要另行选定。

4. 轻集料混凝土的坍落度宜比表中数值减少 10 ~ 20mm。

日本 JASS5 规定的不同品种混凝土坍落度   表 4-27

混凝土的种类		坍落度（mm）
普通混凝土	一般混凝土	180 以下
	采用流态混凝土时	210 以下
耐久性混凝土	一般混凝土	120 以下
	采用流态混凝土时	180 以下
高强度混凝土	一般混凝土	150 以下
	采用流态混凝土时	180 以下

量越大，水泥浆就越稀，混凝土拌合物流动性就越大，反之流动性越小，但这样会使施工困难，不能保证混凝土的密实性。用水量过大会造成混凝土拌合物的黏聚性和保水性不良，产生流浆和离析现象，并影响混凝土强度。单位用水量每增减 1.2%，坍落度相应增减约 10mm。

实践证明，在配制混凝土时，当所用粗细集料的种类及比例一定时，为获得要求的流动性，所需拌合用水量基本是一定的，即使水泥用量有所变动（$1m^3$ 混凝土水泥用量增减 50 ~ 100kg）时，也无甚影响。这一关系称为"恒定用水量法则"，它为混凝土配合比设计时确定拌合用水量带来很大方便。

混凝土拌合物用水量应根据所需坍落度和粗集料最大粒径进行选择，见表 4-28。

（2）砂率

砂率是指混凝土中砂的重量占砂、石总重量的百分率。砂率的变动会使集料的空隙率和集料的总表面积有显著改变，因而对混凝土拌合物的工作性产生影响。

水泥砂浆在混凝土拌合物中起润滑作用。砂率过大时，集料的总表面积及空隙率都会增大，在水泥浆含量不变的情况下，相对地水泥浆显得少了，就减弱了水泥浆的润滑作用，使拌合物流动性减小。如果砂率过小，又不能保证在粗集料之间有足够的砂浆层，也会降低拌合物的流动性，且影响其黏聚性和保水性，容易产生离析和流浆现象。可见砂率存在一个合理值，即合理砂率或称最佳砂率。采用最佳砂率时，在用水量及水泥用量一定的情况下，能使混凝土拌合物获得最大的流动性且能保持良好的黏聚性与保水性，或者能使拌合物获得所要求的流动性及良好的黏聚性与保水性，而水泥用量（或用水量）为最少。混凝土砂率选用见表 4-29。

（3）集料与集胶比

集料颗粒形状和表面粗糙度直接影响混凝土拌合物流动性。形状圆整、表面光滑，其流动性就大；反之由于使拌合物内摩擦力增加，使其流动性降低。故卵石混凝土比碎石混凝土的流动性好。

级配良好的集料空隙率小。在水泥浆相同时，其包裹集料表面的润滑层增加，使拌合物工作性得到改善。其中集料粒径小于 10mm 而大于 0.3mm 的颗粒对工作性影响最大，

混凝土用水量与坍落度的关系（单位：kg/m³）   表 4-28

所需坍落度（mm）	卵石最大粒径（mm）			碎石最大粒径（mm）		
	10	20	40	15	20	40
10 ~ 30	190	170	160	205	185	170
30 ~ 50	200	180	170	215	195	180
50 ~ 70	210	190	180	225	205	190
70 ~ 90	215	195	185	235	215	200

混凝土砂率选用表（%）   表 4-29

水胶比	碎石最大粒径（mm）			卵石最大粒径（mm）		
	15	20	40	10	20	40
0.4	30 ~ 35	29 ~ 34	27 ~ 32	26 ~ 32	25 ~ 31	24 ~ 30
0.5	33 ~ 38	32 ~ 37	30 ~ 35	30 ~ 35	29 ~ 34	28 ~ 33
0.6	36 ~ 41	35 ~ 40	33 ~ 38	33 ~ 38	32 ~ 37	31 ~ 36
0.7	39 ~ 44	38 ~ 43	36 ~ 41	36 ~ 41	35 ~ 40	34 ~ 39

注：表中数值系中砂的选用砂率。对细砂或粗砂，可相应减少或增加。

含量应适当控制。

当给定水胶比和集料时，集胶比（集料与胶凝材料用量的比值）减少意味着胶凝材料量相对增加，从而使拌合物工作性得到改善。

（4）水泥品种和细度

水泥品种对混凝土拌合物和易性的影响主要表现在不同品种水泥的需水量不同。常用水泥中普通硅酸盐水泥配制的混凝土拌合物，其流动性和保水性较好；矿渣水泥拌合物流动性较大，但黏聚性差，易泌水；火山灰水泥拌合物，在水泥用量相同时流动性显著降低，但其黏聚性和保水性较好。水泥颗粒越细，用水量越大。

（5）外加剂与掺合剂

外加剂能使混凝土拌合物在不增加水泥用量的条件下获得良好的和易性，即增大流动性、改善黏聚性、降低泌水性，尚能提高混凝土的耐久性。

掺入粉煤灰能改善混凝土拌合物的流动性。研究表明：当粉煤灰的密度较大、标准稠度用水量较小和细度较细时，掺入 10% ~ 40% 的粉煤灰可使坍落度平均增大 15% ~ 70%。

（6）时间与温度

拌合物拌制后，随时间增长而逐渐变得干稠，且流动性减小，出现坍落度损失现象（通常称为经时损失）。这是因为水泥水化消耗了一部分水，而另一部分水被集料吸收，还有部分水被蒸发之故。

拌合物和易性也受温度影响。随着温度升高，混凝土拌合物的流动性随之降低，这也是因为温度升高加速水泥水化之故。

5. 新拌混凝土的凝结时间与塑性裂缝

（1）凝结时间

凝结是混凝土拌合物固化的开始，由于各种因素的影响，混凝土的凝结时间与配制混凝土所用水泥的凝结时间不一致（指凝结快些的水泥配制出的混凝土拌合物，在用水量和水泥用量比不一样的情况下，未必比凝结慢些的水泥配制出的混凝土凝结时间短）。

混凝土拌合物的凝结时间通常是用贯入阻力法进行测定的。所用的仪器为贯入阻力仪。先用 5mm 筛孔的筛从拌合物中筛取砂浆，按一定方法装入规定的容器中，然后每隔一定时间测定砂浆贯入到一定深度时的贯入阻力，绘制贯入阻力与时间关系的曲线，以贯入阻力 3.5MPa 及 27.6MPa 划两条平行于时间坐标的直线，直线与曲线交点的时间即分别为混凝土的初凝和终凝时间。这是从实用角度人为确定的，用该初凝时间表示施工时间的极限，终凝时间表示混凝土力学强度的开始发展。了解凝结时间所表示的混凝土特性的变化，对制定施工进度计划和比较不同种类外加剂的效果很有用。

影响混凝土凝结时间的主要因素有胶凝材料组成、水胶比、温度和外加剂。一般情况下，水胶比越大，凝结时间越长。在浇筑大体积混凝土时，为了防止冷缝和温度裂缝，应通过调节外加剂中的缓凝成分延长混凝土的初、终凝时间。当混凝土拌合物在 10℃ 拌制和养护时，其初凝时间和终凝时间比 23℃ 的分别延缓约 4h 和 7h。

（2）塑性裂缝

新拌混凝土浇筑在柱子或墙体等具有相当高度的模板中时，浇筑以后的几小时内，其顶面会有下沉，短小的水平裂缝的出现也证明了这种下沉的趋势。当混凝土还处于塑性状态时，由于干燥，水分可能从混凝土表面散失，也可能因为毛细管吸力从干燥混凝土基层散失。这种类型的收缩一般发生在浇筑的 10 ~ 12h，而且是暴露在不饱和空气环境下（相对湿度小于 95%）、风速较大、气温较高时才会发生。由于这些因素会引起水分蒸发，从而使新拌混凝土的长度减小。新拌混凝土这种体积的减缩称为硬化前或凝结前收缩，或者又叫作塑性收缩，因为这种收缩是发生在混凝土仍处于塑性状态的时候。

但如果表面有泌水（替代了表面蒸发的水），则塑性收缩不会发生。此外，埋入混凝土结构中的钢筋能够形成约束，可以减少收缩；混凝土地板与地基之间存在的摩擦也能形成约束，减少收缩。当自由收缩受到这些约束的限制时就会形成拉应力（σ_t），拉应力（σ_t）与自由收缩（ε_s）符合 Hooke 定律，见式（4-2）。

$$\sigma_t = E \cdot \varepsilon_s \tag{4-2}$$

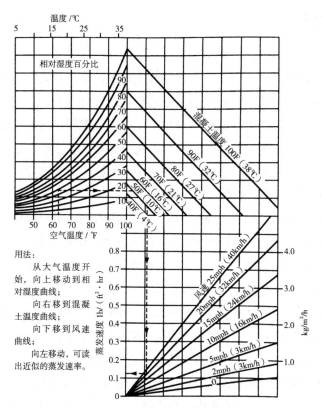

图 4-7　环境气候参数对水蒸发速度的影响

式中 E 为塑性混凝土的弹性模量。从实际角度来看，在一些特殊的气候环境条件下，相对湿度、风和温度能使新拌混凝土表面的水分蒸发速度大于 1kg/（m² · hr），此时干燥的混凝土表面就存在开裂的风险，如图 4-7 所示。由上述环境原因引起的拉应力（σ_t）大于抗拉强度（f_t）时，混凝土就会开裂，见式（4-3）。

$$\sigma_t > f_t \tag{4-3}$$

为了避免工业地板混凝土或喷射混凝土暴露在空气中发生塑性收缩、引起微裂缝或裂缝，应对以下预防措施予以重视：①将地基的模板用水润湿；②对干燥、吸水性的骨料先加水润湿；③树立临时挡风篱，以减小混凝土表面上的风速；④设置临时遮阳设备，降低混凝土表面的温度；⑤将骨料与拌合用水冷却，使新拌混凝土能有较低温度；⑥在浇灌与抹面之间如果有明显耽搁，就临时在表面加盖聚乙烯等覆盖物，对混凝土加以防护；⑦在施工时尽量减少耽搁，缩短浇灌与养护开始前的时间间隔；⑧在抹面以后立即使用湿麻布、喷雾或施工养护剂等，使混凝土尽量减少蒸发。

对尚处于塑性状态的混凝土施加二次振动可以消除混凝土柱的沉降裂缝和混凝土板的塑性收缩裂缝。二次振动还可以改善混凝土与钢筋之间的黏结性，并且能缓解骨料颗粒四周的塑性收缩应力，从而增强混凝土的强度。

4.3.2 混凝土强度

1. 混凝土结构特征和受力破坏过程

混凝土内微观结构研究表明，荷载前混凝土内部已存在微裂纹。这种微裂纹一般首先在较大集料颗粒与砂浆或水泥石接触面处形成，通常称为黏结裂缝。微裂纹的产生主要是混凝土硬化过程中混凝土内部的物理化学反应以及混凝土的湿度变化造成的混凝土收缩，这些收缩变形常为干缩、化学收缩和碳化收缩等几种变形的叠加。由于集料有较大刚度，所以这些收缩使集料界面上的水泥石中产生拉应力和剪应力。如果这些应力超过水泥石与集料的黏结强度，就会出现这种微裂纹。

硬化后的混凝土是由水泥石黏结集料而成。水泥石黏结集料的能力取决于它的组成及结构。在常温下硬化的水泥石通常由未水化的水泥熟料颗粒、水泥水化产物、水和少量的空气以及由水和空隙组成的空气网组成，因此它是一种"固—液—气"三相多孔复合体系。这是因为水泥完全水化需结合水仅为水泥量的 23%，但为使混凝土拌合物有良好的流动性往往需加入较多的水（约为水泥重的 40% ~ 70%），多余的水在水泥硬化后或残留在水泥石中，或蒸发使混凝土内形成各种不同尺寸的孔隙。其孔隙率大小主要与水泥浆的水灰比和水泥的水化程度有关；而孔隙结构的大小及分布除与上述因素有关外，还与养护工艺、水泥矿物组成等有关。典型的孔隙是凝胶孔和毛细孔以及它们之间的过渡孔。常温下硅酸盐水泥的水化产物，按其结晶程度可分为两类：一类是结晶比较差的硅酸钙凝胶，简称 C–S–H 凝胶；另一类是结晶比较完整且颗粒比较大的 $Ca(OH)_2$、水化铝酸钙和水化硫铝酸钙等结晶体。C–S–H 凝胶形成过程中伴随有凝胶孔产生，约占凝胶体本身体积的28%，毛细孔是没有被水化物所充填的空间，这类孔隙尺寸比较大。水化产物越多，毛细孔不断被填充而使水泥石孔隙越小、越密实，在水泥浆与骨料的界面附近形成一过渡带，其特征是粗大孔隙富集。在此范围内，在接触层与集料表面处存在垂直板状或层状的 $Ca(OH)_2$ 结晶，中间层分布 $Ca(OH)_2$ 及钙矾石粗大结晶及少量 C–S–H，使混凝土强度降低、抗渗性及耐久性相应减弱，如图 4-8（a）所示。

混凝土受压时的破坏是一种复杂的变化过程。普通混凝土的粗集料强度及弹性模量一般都比水泥石大，当单向受压时，集料的上下两面将产生压应力 σ^-，而侧面周围产生拉应力 σ^+。由于力的传递，在集料上下方形成正倒两个圆锥体，锥面作用有剪应力 τ，如图 4-8（b）所示。

在界面，缝隙尖端产生应力集中现象，其最大拉应力远超过水泥石的抗拉强度，导致原始黏结裂缝进一步扩展，经不断延伸、汇合形成连通，最后导致结构破坏。以混凝土单轴受力为例，给出的受压变形曲线如图 4-9（a）所示。

混凝土内裂缝发展分四个阶段，见图 4-9（a），其相应裂缝形态如图 4-9（b）所示。

第 I 阶段（OA 段）直线变化阶段，荷载在破坏荷载的 30% ~ 50% 以下，特点是当荷载保持不变或卸载时，即不再产生新的裂缝，混凝土基本处于弹性工作阶段，亦称局部断裂的稳定裂缝阶段。

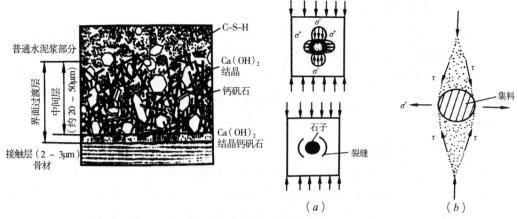

图 4-8 集料与水泥浆界面形态
（a）水泥浆与集料界面模型；（b）集料受压模型

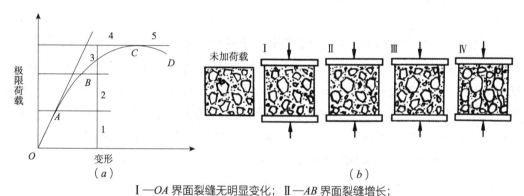

Ⅰ—OA 界面裂缝无明显变化；Ⅱ—AB 界面裂缝增长；
Ⅲ—BC 出现砂浆裂缝和连续裂缝；Ⅳ—CD 连续裂缝迅速发展；
图 4-9 混凝土受力状态
（a）混凝土受压变形曲线；（b）不同受力阶段裂缝示意图

第Ⅱ阶段（AB 段）曲线逐渐偏离直线变化阶段，荷载为破坏荷载的 30% ~ 50%，已有裂缝的长度和宽度随之传播延伸扩展，但只要荷载不超过其破坏荷载的 70% ~ 90%，这种裂缝的传播延伸就会随荷载保持不变甚至卸载时马上停止，属稳定裂缝传播阶段。

第Ⅲ阶段（BC 段）荷载加至破坏荷载的 70% ~ 90%，主要是裂缝急剧增加发展，并与邻近黏结裂缝连成通缝，成为常值荷载下可以自行继续传播扩展的非稳定裂缝。

第Ⅳ阶段（CD 段）达到破坏荷载 C 点以后通缝急速发展，承载能力下降，变形迅速增大直至破坏。

图中 B、A 点可分别作为混凝土破坏准则上限和下限的依据，分别称为临界点和比例极限点。一般讲，混凝土在 B 水平以下的长期荷载作用下不会发生破坏，在 A 水平以下的重复荷载作用下不会发生破坏。C 点为曲线峰值点，D 点为下降段与收敛段的反弯点。

2. 混凝土强度与强度等级

通常所说的混凝土强度是指抗压强度。这是因为在混凝土强度所包括的抗压、抗拉、抗弯和抗剪等强度中，尤以抗压强度为最大。在工程中混凝土主要承受压力，特别是在钢筋混凝土的设计中有效地利用了抗压强度。此外，根据抗压强度还可判断混凝土质量的好坏和估计其他强度。因此，抗压强度系混凝土最重要的性质。

（1）抗压强度

1）立方体抗压强度

抗压强度系指立方体单位面积上所能承受的最大值，亦称立方体抗压强度，用 f_{cu} 表示，其计量单位为 N/mm^2 或 MPa。它是以边长为 150mm 的立方体试件为标准试件，在标准养护条件（温度 20±2℃，相对湿度 95% 以上）下养护 28d，测得的抗压强度。

测定混凝土立方体抗压强度时，也可采用非标准尺寸的试件，其尺寸应根据混凝土中粗集料的最大粒径而定，但其测定结果应乘以相应系数换算成标准试件，如表 4-30 所示。

混凝土的强度等级按立方体抗压强度标准值划分。混凝土的强度等级采用符号 C 与立方体抗压强度标准值 $f_{cu, k}$ 表示，计量单位仍为 MPa。立方体抗压强度标准值系指按标准方法制作、养护的边长为 150mm 的立方体试件在 28d 龄期，用标准试验方法测得的具有 95% 保证率的抗压强度。普通混凝土强度等级分为 C15、C20、C25、C30、C35、C40、C45、C50、C55、C60、C65、C70、C75、C80 共十四个等级。例如，强度等级 C30 表示立方体抗压强度标准值为 30MPa 的混凝土。

2）圆柱体试件抗压强度

国际上有不少国家以圆柱体试件的抗压强度作为混凝土的强度特征值。我国虽然采用立方体强度体系，但在检验结构物实际强度而钻取芯样时仍然要遇到圆柱体试件的强度问题。

圆柱体抗压强度试验一般采用高径比为 2：1 的试件。其他高径比试件的试验结果应进行修正，见式（4-4）。

$$f_{\lambda-2} = \frac{2}{1.5 + \frac{1}{\lambda_x}} f_{\lambda-x} \qquad (4-4)$$

式中　$f_{\lambda-2}$——换算成高径比为 2：1 时的混凝土强度，MPa；

　　　$f_{\lambda-x}$——试件测得的强度值 MPa；

　　　λ_x——试件的实际高径比。

如需把圆柱体强度换算成立方体试件强度可用式（4-5）计算。

$$f_{cc} = 1.25 f_{\lambda-2} \qquad (4-5)$$

式中　f_{cc}——换算成边长等于圆柱体直径的立方体强度，MPa。

钻芯法是直接从材料或构件上钻取试样而测得抗压强度的一种检测方法（CECS

03：2007）。常规芯样直径为 ϕ100mm 和 ϕ150mm。其折算成立方体抗压强度按式（4-6）计算。

$$f_{cu}=\frac{4F}{\pi d^2 k}$$ （4-6）

式中　F——芯样破坏荷，N；

　　　d——芯样直径，mm；

　　　k——换算系数，对于 ϕ150×150mm 芯样，k=0.95；ϕ100×100mm 芯样 k 值按表 4-31 取值。

混凝土试件尺寸及强度的尺寸换算系数　　　　　　表 4-30

骨料最大粒径（mm）	试件尺寸（mm）	强度的尺寸换算系数
≤ 31.5	100×100×100	0.95
≤ 40	150×150×150	1.00
≤ 63	200×200×200	1.05

注：对强度等级为 C60 及以上的混凝土试件，其强度的尺寸换算系数可通过试验确定

ϕ100 芯样不同高径比（H/d）的 k 值　　　　　　表 4-31

H/d	混凝土强度范围（MPa）		
	35 ~ 45	25 ~ 35	15 ~ 25
1.00	1.00	1.00	1.00
1.25	0.98	0.94	0.90
1.50	0.96	0.91	0.86
1.75	0.94	0.89	0.84
2.00	0.92	0.87	0.82

3）轴心抗压强度

混凝土的立方体抗压强度只是评定强度等级的一个标志，但它不能直接用来作为设计依据。在结构设计中实际使用的是混凝土轴心抗压强度，即棱柱体抗压强度 f_{cp}。此外，在进行弹性模量、徐变等项试验时也需先进行轴心抗压强度试验，以定出试验所必须的参数。

测定轴心抗压强度，采用 150mm×150mm×300mm 的棱柱体试件作为标准试件。当采用非标准尺寸的棱柱体试件时，高宽比 h/a 应在 2 ~ 3 范围内。大量试验表明，立方体抗压强度 f_{cu} 为 10 ~ 55MPa 时，轴心抗压强度 f_{cp} 与立方体抗压强度 f_{cu} 之比为 0.7 ~ 0.8。一般为 f_{cp}=0.76f_{cu}。

（2）抗拉强度

混凝土在轴向拉力作用下，单位面积所能承受的最大拉应力称轴心抗拉强度，用 f_{ts} 表示。

混凝土是一种脆性材料，抗拉强度比抗压强度小得多，仅为 1/20～1/10。混凝土工作时一般不依靠其抗拉强度，但混凝土抗拉强度对抵抗裂缝的产生有重要意义，是混凝土抗裂度的重要指标。

目前，我国仍无测定抗拉强度的标准试验方法。劈裂强度是衡量混凝土抗拉性能的一个相对指标，其测值大小与试验所采用的垫条形状、尺寸、有无垫层、试件尺寸、加荷方向和粗集料最大粒径有关。其强度按式（4-7）计算。

$$f_{ts}=\frac{2F}{\pi A}=0.637\frac{F}{A} \qquad (4-7)$$

式中 f_{ts}——混凝土劈裂强度，MPa；

    F——破坏荷载，N；

    A——试件劈裂面面积，mm^2，标准件为 150mm 边长的立方体。

轴心抗拉强度 f_{ts} 与 150mm 边长立方体抗压强度的关系如式（4-8）所示。

$$f_{ts}=0.56f_{cu}^{2/3} \qquad (4-8)$$

（3）影响混凝土强度的因素

由混凝土破坏过程分析可知，混凝土强度主要取决于集料与水泥石间的黏结强度和水泥石的强度，而水泥石与集料的黏结强度和水泥石本身强度又取决于水泥的强度、水灰比及集料等，此外还与外加剂、养护条件、龄期、施工条件，甚至试验测试方法有关。

1）水泥强度

水泥是混凝土中的胶凝材料，是混凝土中的活性组分，其强度大小直接影响混凝土强度的高低。在配合比相同的条件下，所用水泥强度越高，水泥石的强度以及它与集料间的黏结强度也越大，进而制成的混凝土强度也越高。

2）水灰比

当水泥品种及强度等级一定时，混凝土强度主要取决于水灰比，这一规律通常称为水灰比定则。根据混凝土结构特征分析可知，多余水在水泥硬化后在混凝土内部形成各种不同尺寸的孔隙。这些孔隙会大大减少混凝土抵抗荷载作用的有效断面，特别是在孔隙周围易产生应力集中现象。因此，水灰比越小，水泥石强度及其与集料的黏结强度越大，混凝土强度越高。但水灰比过小，混凝土拌合物过于干硬，不易浇筑，反而使混凝土强度下降。试验证明，混凝土强度与灰水比（即水灰比倒数）呈直线关系，如图 4-10 所示。

根据工程实践可建立混凝土强度与水泥强度及灰水比间经验公式，即 Bolomey 公式，见式（4-9）。

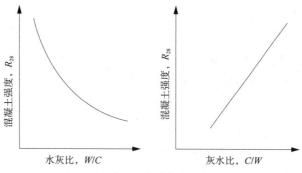

图 4-10 混凝土强度与水灰比及灰水比的关系

$$f_{cu,o}=\alpha_a f_{ce}\left(\frac{C}{W}-\alpha_b\right) \qquad (4-9)$$

式中　$f_{cu,o}$——混凝土 28d 龄期的抗压强度，MPa；

f_{ce}——水泥的实际强度，MPa；

C/W——灰水比，水灰比倒数；

α_a、α_b——回归系数，与集料种类及水泥品种有关，如果按照复合材料学理论分析，经验分数 α_a 与水泥石有关，而 α_b 取决于集料种类和品质。对于碎石混凝土 α_a=0.48，α_b=0.07；对于卵石混凝土 α_a=0.48，α_b=0.33。对于高性能混凝土水灰比（或水胶比）不大于 0.40，泵送混凝土不宜大于 0.60。

实际上，在水灰比较大范围内，混凝土相对强度与水灰比间关系并非线性，可按式（4-10）进行估算。

$$\left(\frac{f_{cu}}{f_c}\right)^n=\frac{W/C}{A+BW/C} \qquad (4-10)$$

式中 A 和 B 为经验系数，当 n=1 时，A=0.93，B=3.45；当 n=0.5 时，A=0.36，B=1.96。

3）集料

混凝土技术中过度强调水灰比与强度的关系也引发了一些问题。例如，集料对混凝土强度的影响一般不受重视。通常情况下集料强度对普通混凝土的影响确实很小，因为集料（除轻集料外）的强度比混凝土基体和界面过渡区的强度要高出数倍。换句话说，由于破坏是由其他两项决定，绝大多数天然集料的强度几乎得不到利用。

然而，除强度外骨料的其他特征，如粒径、形状、表面结构、级配和矿物成分，都在不同程度上影响着混凝土的强度。集料特性对混凝土强度的影响可以追溯到水灰比的变化，但已发表的文献中有足够的证据说明情况未必总是如此。从理论上看，集料颗粒的粒径、形状、表面形状和矿物成分也影响过渡区的特性，进而影响混凝土强度，而这与水灰比无关。

矿物成分一定且级配良好的粗集料，其最大粒径变化时对混凝土强度带来两种相反的效果。水泥用量和稠度相同，用粒径较大的集料比粒径较小的集料配制混凝土所需拌合用水量少，相反粒径大的集料使界面过渡区有更多的微裂缝，从而更加薄弱。因此净效应随混凝土的水灰比和外加应力的类型而异。由图 4-11 可以看出：在 5 ~ 75mm 范围内，集料最大粒径的增加对高强混凝土（水灰比 0.4）和中强混凝土（水灰比 0.5）28d 抗压强度的影响比低强混凝土（水灰比 0.7）更显著。这是因为水灰比较低时，界面过渡

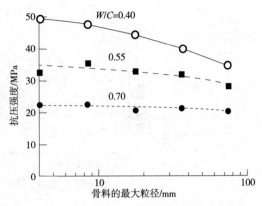

图 4-11　集料粒径和水灰比对混凝土强度的影响

区减小的孔隙率开始对混凝土强度起重要作用。再者，界面过渡区特性对抗拉强度的影响比其对抗压强度的影响更显著，从而可以认为，给定的混凝土拌合物中，粗集料性质的任何变化都会影响材料的拉—压强度比。

通常增大集料粒径对高强混凝土（低水灰比）的抗压强度有不利影响。集料粒径对低强或高水灰比混凝土的强度影响似乎不大。

不改变粗集料最大粒径且水灰比一定时，调整集料级配会导致混凝土拌合物的稠度和泌水性发生相应的变化，进而影响混凝土强度。室内试验中固定水灰比为 0.6，当混凝土拌合物的粗—细集料比和水泥用量逐渐增加，使坍落度从 50mm 增大到 150mm 时，7d 抗压强度平均降低 7% 左右。

集料矿物成分的不同对混凝土强度也有影响。在配合比相同的条件下以钙质集料代替硅质集料可以提高强度，例如，从图 4-12 可知，减小粗集料最大粒径和用石灰石代替页岩都能显著提高混凝土 56d 强度，这可能是由于石灰石集料在后期具有更高的表面黏结强度。说明水灰比和水泥用量一定时，集料粒径和种类的选择对混凝土强度有显著影响。

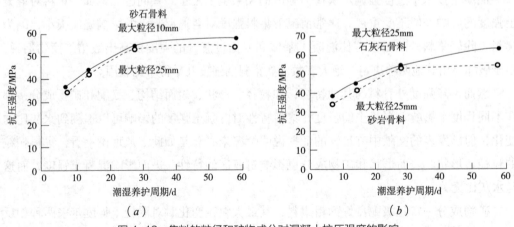

图 4-12　集料的粒径和矿物成分对混凝土抗压强度的影响

4）混凝土工艺

工艺条件是确保混凝土结构均匀密实、正常硬化、达到设计强度的基本条件。只有把拌合物搅拌均匀、浇筑成型后捣固密实，且经过良好的养护才能使混凝土硬化后达到预期强度。

搅拌机的类型和搅拌时间对混凝土强度有影响。干硬性拌合物宜用强制式搅拌机搅拌，塑性拌合物则宜用自落式搅拌机。采用多次投料、工艺配制造壳混凝土是近年来新发展的搅拌工艺。所谓造壳，就是将细集料或粗集料裹上一层低水灰比的薄壳，加强水泥与集料的黏结以达到增强目的。净浆裹石法就属这种工艺。

采用振动方法捣实混凝土可使其强度提高20%～30%。采用真空吸水、离心、辊压、加压振动、重复振动等操作都会使混凝土更加密实，从而提高其强度。振捣方式对混凝土强度的影响见图4-13。

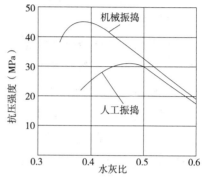

图4-13 振捣方式对混凝土强度的影响

混凝土强度的发展取决于养护龄期、养护的湿度和温度等条件。采用自然养护时，对硅酸盐水泥或普通硅酸盐水泥，或矿渣水泥制成的混凝土，浇水润湿养护不得小于7d；对火山灰质硅酸盐水泥，或粉煤灰硅酸盐水泥等制成的混凝土，浇水润湿养护不得小于14d。

潮湿状态下持续养护时，混凝土强度随龄期增长；如先潮湿而后干燥养护，则强度增长减缓，最后逐渐下降（图4-14）；如先在空气干燥养护后又在潮湿状态下持续养护，则强度又继续增长，且与湿养龄期有关（图4-15）。

混凝土强度随温度增加而增高。温度高则早期强度增长快，但后期强度增长较小。

普通硅酸盐水泥制成的塑性混凝土，在标准养护条件下，其强度发展大致与其龄期可用式（4-11）计算。

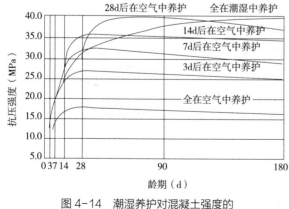

图4-14 潮湿养护对混凝土强度的影响

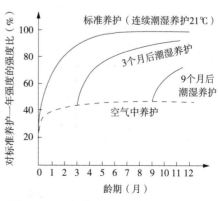

图4-15 干燥放置后又重新潮湿养护时的抗压强度

$$f_{cu,n}=f_{cu,28}\frac{\lg n}{\lg 28} \tag{4-11}$$

式中 $f_{cu,\ n}$——龄期为 nd 的混凝土抗压强度，MPa；

　　　$f_{cu,\ 28}$——龄期为 28d 的混凝土抗压强度，MPa；

　　$\lg n$，$\lg 28$——n 和 28 的常用对数（$n \geqslant$ 3d）。

根据上式，可由已知龄期的混凝土强度估算 28d 内任一龄期的强度。

5）测试条件

试验条件不同会影响混凝土强度的试验值。试验条件主要指试件尺寸、形状、表面状态、混凝土含水程度测试方法等。实践证明，即使混凝土的原材料、配合比、工艺条件完全相同，但因试验条件不同，所得的强度试验结果也会差异很大。

试件尺寸和形状不同会影响混凝土的抗压强度值。试件尺寸越小，测得的抗压强度值越大。这是因为试件在压力机上加压时，在沿加荷方向发展纵向变形的同时也按泊松比效应产生横向变形。压力机上下两块压板的弹性模量比混凝土大 5 ~ 15 倍，而泊松比不大于 2 倍，致使压板的横向应变小于混凝土试件的横应变，上下压板相对试件的横向膨胀产生约束作用。越接近试件端面，约束作用就越大。在距离端面大约 $\frac{\sqrt{3}}{2}a$（a 为试件横向尺寸）的范围以外，这种约束作用才消失。试件破坏后，其上下部分呈现出的棱锥体就是这种约束作用的结果，通常称之为环箍效应。如果在压板与试件表面之间施加润滑剂，使环箍效应大大减小，试件将出现直裂破坏，测得的抗压强度也低。试件尺寸较大时，环箍效应相对较小，测得的抗压强度就偏低；反之试件尺寸较小时，测得的抗压强度就偏高。

另外，在大尺寸试件中裂缝、孔隙等缺陷存在的概率增大，由于这些缺陷减少受力面和引起应力集中，使得测得的抗压强度偏低。试件尺寸对抗压强度值的影响见图 4-16。

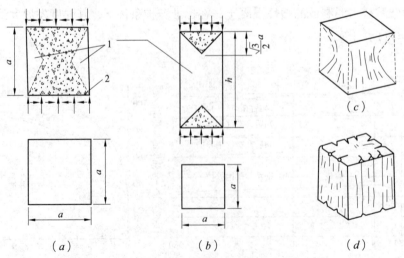

图 4-16　混凝土试件的破坏状态

（a）立方体试件；（b）棱柱体试件；（c）试块破坏后的棱柱体；（d）不受压板约束时试块破坏情况

1—破裂部分；2—摩擦力

4.3.3　混凝土的变形性能

混凝土在硬化和使用过程中，所受多种因素影响而产生变形。这些变形或使结构产生裂缝，从而降低其强度和刚度；或使混凝土内部产生微裂缝，破坏混凝土微观结构，降低其耐久性。

1. 收缩

混凝土材料因物理化学作用而产生的体积缩小现象总称为收缩。按收缩原因分类，见表 4-32。混凝土收缩是指从成型后算起，经过 3d 标准养护后在恒温恒湿条件下，不同龄期所测得的收缩值。其主要包括物理收缩、化学收缩、温度变形和碳化收缩。只有在大体积混凝土中，化学收缩才有实际意义。

（1）物理收缩

物理收缩主要指湿胀干缩。它是因混凝土的干燥和吸湿引起其中含水量的变化，进而引起混凝土体积的变化。

湿胀是由于水泥凝胶体通过凝胶孔吸入水分，这些水分一方面破坏凝胶体颗粒的凝聚力，使颗粒分离；另一方面使凝胶体颗粒表面形成吸附水，降低颗粒表面张力。二者共同作用使混凝土产生体积膨胀，但湿胀变形量很小，对混凝土性能影响不大。

混凝土干缩主要是由混凝土中水泥石毛细孔失水所引起的。一方面毛细孔内水分蒸发使孔中的负压增大，产生收缩力使毛细孔缩小，混凝土产生收缩；另一方面凝胶体颗粒的吸附水蒸发，在分子引力作用下使颗粒间距离变小，产生收缩。混凝土干缩对混凝土的危害较大，使其表面出现较大的拉应力，引起表面开裂，影响混凝土耐久性。在一般工程中，通常采用混凝土的干缩值为 0.15 ~ 0.20mm/m，用水量及水泥用量引起的混凝土收缩见图 4-17。

	混凝土收缩的分类	表 4-32
种类	主要特征	可能数值
沉缩	1. 混凝土拌合物在刚成型之后,固体颗粒下沉,表面泌水使混凝土体积减小,故又称"塑性收缩" 2. 在沉缩大的混凝土中,有时可能产生沉降裂缝	一般约为 1%
化学收缩	1. 混凝土终凝之后,水泥在密闭条件下水化,水分不蒸发时所引起的体积缩小,又称自生收缩 2. 发生于大体积混凝土内部 3. 温度较高、水泥用量较大及水泥细度较细时,其值趋于增大	4×10^{-6} ~ 100×10^{-6}
物理收缩	1. 混凝土置于未饱和空气中, 由于失水所引起的体积缩小, 又称干燥收缩 2. 空气相对湿度越低, 收缩发展得越快 3. 水分损失随时间增加, 取决于试件尺寸。因此, 尺寸效应非常明显	150×10^{-6} ~ 1000×10^{-6}
碳化收缩	1. 由于空气中二氧化碳的作用而引起体积缩小 2. 在空气相对湿度为 55% 的情况下, 碳化最激烈, 碳化收缩也最显著 3. 碳化作用后混凝土重量和收缩同时增加	干燥碳化产生的总收缩比物理收缩大

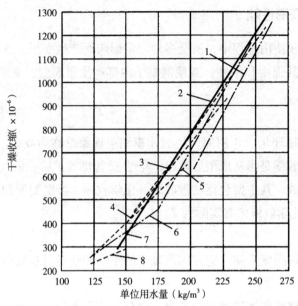

图 4-17　单位用水量及水泥用量引起混凝土干燥收缩的影响
1—C=613kg/m³；2—C=558kg/m³；3—C=445kg/m³；4—C=390kg/m³；
5—C=334kg/m³；6—C=279kg/m³；7—C=500kg/m³；8—C=223kg/m³

（2）化学收缩

化学收缩是指水泥浆总体积在水化过程中不断减少的现象。水泥水化后的固相体积比水化前要大得多，但是对于水泥—水体系的总体系来说却要缩小得多，其原因是水化前后反应物与生成物的平均密度不同。实验表明，对硅酸盐水泥来说，每 100g 水泥的减缩总量为 7 ~ 9cm³。若每立方米混凝土中水泥为 250kg，则总减缩量可达 0.02m³，引起混凝土内孔隙率增加，见表 4-33。

（3）温度变形

混凝土材料也具有热胀冷缩性质，即温度变形。混凝土的温度膨胀系数约为 1×10^{-5}，即温度升高 1℃，膨胀 0.01mm/m。

混凝土硬化初期，水泥水化释放出较多热量，使混凝土内部温度升高，内外温差达 50 ~ 70℃，造成内部膨胀而外部收缩，使外部混凝土产生拉应力。当超过混凝土本身极限拉应力时，混凝土就会产生裂缝。因此温度变形对大体积混凝土极为不利。为此，一般采用低热水泥（或在水泥中掺入粉煤灰、矿渣等掺合料）、减少水泥用量、采用人工降温或对表面保温保湿等，以减少温差，控制裂缝产生和发展。

对纵长混凝土结构应设置温度伸缩缝，并在内部配置温度钢筋。

（4）碳化收缩

碳化收缩是水泥石与 CO_2 作用所引起的一种体积收缩现象。尽管在正常空气中，CO_2 的浓度较低，但只要有适当的湿度，碳化收缩的数值就相当大。

熟料矿物—水体系中体积的变化　　　　　　　　表 4-33

序号	反应式	分子量（g）	密度（g/cm³）	体系绝对体积（cm³）		固相绝对体积（cm³）		绝对体积的变化（%）	
				反应前	反应后	反应前	反应后	体系的	固相的
1	$2C_3S+6H_2O=C_3SH_3+3Ca(OH)_2$	456.6	3.15	253.1	226.1	145.0	226.1	−10.67	+55.93
		108.1	1.00						
		342.5	2.71						
		222.3	2.23						
2	$2C_2S+4H_2O=C_3SH_3+Ca(OH)_2$	344.6	3.26	177.8	159.6	105.7	159.6	−10.2	+50.9
		72.1	1.00						
		342.5	2.71						
		74.1	2.23						
3	$C_3A+3(CaSO_4 \cdot 2H_2O)+$ $25H_2O=C_3A \cdot 3CaSO_4 \cdot 31H_2O$	270.18	3.04	761.91	691.11	311.51	691.11	−9.29	+121.86
		516.51	2.32						
		450.40	1.00						
		1237.0	1.79						
4	$C_3A+6H_2O=C_3AH_6$	270.18	3.04	196.98	150.11	88.88	150.11	−23.79	+68.89
		108.10	1.00						
		378.28	2.52						

碳化收缩的原因，一般认为是由于空气中 CO_2 与水泥石中水化物，特别是与 $Ca(OH)_2$ 的作用，置换出水分子，引起水泥石体积变化。一方面这些失去的水分会随相对湿度的减小而增大，另一方面 CO_2 与水化物作用又必须在一定湿度下进行。二者相互制约，必然存在一个适当相对湿度使碳化收缩值最大。

研究表明，当相对湿度为 100% 时不产生碳化收缩。随着湿度下降，碳化收缩值增大，湿度为 55% 时达到最大值，之后随之减小，直至湿度为 25% 时就不产生碳化收缩。

2. 弹性模量

混凝土是一种多相复合体系，其加荷和卸荷时表现出明显的弹塑性性质，这种性质常用其应力—应变的全曲线表达。但为得到用以描述在荷载作用下的变形、裂缝和破坏全过程的全曲线，必须采用适宜的试验方法，用足够刚度的试验机（即试验机回弹变形小于试件的压缩变形），在缓慢和平稳的加载过程中，量测试件的纵向和横向应变，绘制出典型应力—应变全曲线，如图 4-18 所示。

至今已有不少学者提出多种混凝土受压应力—应变全曲线方程，其数学函数形式常有多项式、指数式、三角函数式和有理分式等。但通常采用分段式表达，令 $y=\sigma/f_{pr}$，$x=\varepsilon/\varepsilon_{pr}$，则如式（4-12）与式（4-13）。

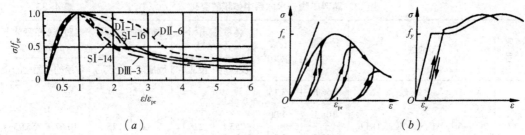

图 4-18　混凝土的应力—应变全曲线
（a）多种形式的应力—应变曲线；（b）钢材混凝土应力应变曲线比较

$$y=ax+（3-2a）x^2 \qquad x \leqslant 1 \qquad （4-12）$$

$$y=\frac{x}{a（x-1）^2+x} \qquad x > 1 \qquad （4-13）$$

式中　f_{pr}——曲线峰点棱柱强度；

　　　ε_{pr}——与 f_{pr} 相应的峰值应变；

　　　a——$a=\dfrac{dy}{dx}\bigg|_{x=0}=\dfrac{d\sigma/d\varepsilon}{f_{pr}\varepsilon_{pr}}\bigg|=\dfrac{E_0}{E_P}$，为初始切线模量和峰值割线模量的比值。对 C20 ～ C40，$a=2.0$。

　　初始切线模量是应力—应变曲线原点处切线的斜率，不易测准。切线模量是该曲线上任意一点的切线斜率，但它仅适用于很小的荷载变化范围，割线模量是应力—应变曲线上任一点与原点连线的斜率，表示选择点的实际变形，并且较易测准，常被工程上采用。根据我国有关标准规定，取 40% 轴心抗压强度应力下的割线模量作为混凝土弹性模量值。我国《混凝土结构设计规范》GB 50010—2010 采用式（4-14）计算。

$$E_c=\frac{10^2}{2.2+\dfrac{34.7}{f_{cu}}} \qquad （4-14）$$

式中　E_c——混凝土弹性模量，kN/mm^2；

　　　f_{cu}——混凝土强度等级值，N/mm^2。

　　当混凝土强度等级为 C15 ～ C60 时，其弹性模量为 1.75×10^4 ～ $3.60 \times 10^4 MPa$。

　　在重复荷载作用下混凝土的应力—应变曲线与钢材（以软钢为代表）明显不同：

　　（1）钢材有明显屈服特征；而混凝土却没有。

　　（2）钢材在屈服后卸载和再加载会出现新屈服点高于卸载应力和极限变形能力降低现象（即称为冷作硬化现象）；而混凝土恰恰相反。

　　（3）在重复荷载作用下，钢材屈服后加载线与卸载线重合，并为直线；而混凝土形成明显"滞回环"，刚度退化，残余变形不断积累。

　　（4）钢材符合连续介质的假设，受力过程泊松比保持常数；而混凝土因内部微裂缝发展使泊松比随应力值而变化，甚至发生体积膨胀现象。

3. 徐变

在持续的恒定荷载作用下，混凝土的变形随时间变化（图 4-19）。从图中看出，加荷载后立即产生一个瞬时弹性变形，而后随时间增长变形逐渐增大。这种在恒定荷载作用下依赖时间而增长的变形称为徐变，有时亦称蠕变。当卸荷时，混凝土立即产生一反向的瞬时弹性变形，称为瞬时恢复；其后还有一个随时间而减少的变形恢复，称为徐变恢复。最后残留不能恢复的变形称为残余变形。徐变恢复有时亦称弹性后效。

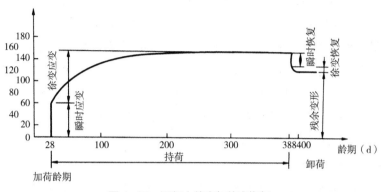

图 4-19　混凝土徐变与徐变恢复

混凝土徐变主要是水泥石的徐变，集料起限制作用。一般认为，混凝土徐变是由于水泥石中凝胶体在长期荷载作用下的黏性流动引起的。加载初期，由于毛细孔较多，凝胶体在荷载作用下移动，故初期徐变增长较快。以后由于内部移动和水化的进展，毛细孔逐渐减少，同时水化物结晶程度也不断提高，使得黏性流动困难，造成徐变越来越慢。混凝土徐变一般可达数年，其徐变应变值一般可达 $3 \times 10^{-4} \sim 15 \times 10^{-4}$，即 $0.3 \sim 1.5$mm/m。

对于水泥混凝土结构来说，徐变是一个很重要的性质。徐变可使钢筋混凝土构件截面中的应力重新分布，从而消除或减少内部应力集中现象。对于大体积混凝土，徐变能消除一部分温度应力；但对于预应力钢筋混凝土构件，要求尽可能少的徐变值，因为徐变会造成预应力损失。

4.3.4　混凝土的耐久性

1. 耐久性概念

混凝土耐久性是混凝土在实际使用条件下抵抗各种破坏因素作用，长期保持强度和外观完整性的能力。其主要包括抗冻融、抗碳化、抗腐蚀以及抗碱集料反应等。

本节主要介绍抗冻性、抗渗性、抗碳化性和抗碱集料反应。

（1）抗冻性

混凝土抗冻性是指混凝土在使用环境中能经受多次冻融循环作用而不破坏，同时也不急剧降低强度的性能。毛细孔里的水分结冰时，体积会随之增大，需要空隙扩展冰水体积的9%，或者把多余的水沿试件边界排除，有时二者同时发生，否则冰晶将通过挤压毛细管壁或产生水压力使水泥浆体受损。这个过程形成的水压力，其大小取决于结冰处至逸出边界的距离、材料的渗透性以及结冰速率。经验表明：饱和的水泥浆体试件中，除非浆体里每个毛细孔距最近的逸出边界不超过75～100um，否则就会产生破坏压力。而这么小的间距可以通过掺用适当的引气剂来达到。需要注意的是，水泥浆基体引气的混凝土仍可能受到损伤，这种情况是否会发生主要取决于骨料对冰冻作用的反应，亦即取决于骨料颗粒的孔隙大小、数量、连通性和渗透性。一般来说，在一定的孔径分布、渗透性、饱和度与结冰速率条件下，大颗粒骨料可能会受冻害，但小颗粒的同种骨料则不会。由于冻融是破坏混凝土最严重的因素之一，因此抗冻性是评定混凝土耐久性的主要指标。

由于抗冻试验方法不同，试验结果评定指标也不相同。我国常采用慢冻法、快冻法两种。慢冻法是我国常用的抗冻试验方法，采用气冻水融的循环制度，每次循环周期为8～12h；快冻法每次冻融循环所需时间只有2～4h,特别适用于抗冻要求较高的混凝土。

试验结果评定指标有以下三个。

1）抗冻等级（适于慢冻法）

它是以同时满足强度损失率不超过25%、重量损失率不超过5%时的最大循环次数来表示。混凝土抗冻等级有D50、D100、D150、D200和>D200五个等级，表示混凝土能承受冻融循环的最大次数不小于50、100、150、200次。

2）混凝土耐久性指标

它是以混凝土经受快速冻融循环，同时满足相对动弹性模量值不小于60%和重量损失率不超过5%时的最大循环次数来表示。

3）耐久性系数

耐久性系数用式（4-15）计算（适于快冻法）。

$$K_n = \frac{P \cdot N}{300} \qquad (4\text{-}15)$$

式中 K_n——混凝土耐久性系数；

N——达到要求（冻融循环300次，或相对动弹性模量值下降到60%，或重量损失率达到5%，停止试验）的冻融循环次数；

P——经 N 次冻融循环的试件的相对动弹性模量。

抗冻混凝土应选用硅酸盐水泥或普通硅酸盐水泥，不宜使用火山灰质硅酸盐水泥，且宜用连续级配的粗集料，其含泥量不得大于1.0%，泥块含量不得大于0.5%；细集料含泥量不得大于3.0%，泥块含量不得大于1.0%。D100以上混凝土粗细集料应进行坚固性试验，并应掺引气剂。

（2）抗渗性

混凝土抗渗性是指混凝土抵抗压力水渗透的能力。混凝土渗透性主要是内部孔隙形成连通渗水通道所致。因此,它直接影响混凝土抗冻性和抗侵蚀性。混凝土的渗透能力主要取决于水胶比(该比值决定毛细孔的尺寸、体积和连通性)和最大骨料粒径(影响粗骨料和水泥浆体之间界面过渡区的微裂缝)。影响混凝土渗透性的因素与影响混凝土强度的因素有相似之处,因为强度和渗透性都是通过毛细管孔隙率而相互建立联系的。通常来说,减小水泥浆体中大毛细管空隙(如大于100nm)的体积可以降低渗透性;采用低水胶比、充足的胶凝材料用量以及正确的振捣和养护也有可能做到这一点。同样,适当地注意骨料的粒径和级配、热收缩和干缩应变,过早加载或过载都是减少界面过渡区微裂缝的必要步骤;而界面过渡区的微裂缝是正式施工现场混凝土渗透性大的主要原因。最后,流体流动途径的曲折程度也决定渗透性的大小,渗透性同时还受混凝土构件厚度的影响。

混凝土抗渗性用抗渗等级表示。它是以28d龄期的标准试件,按规定方法试验所能承受的最大静水压力表示,有P4、P6、P8、P10、P12和>P12六个等级,分别表示能抵抗0.4MPa、0.6MPa、0.8MPa、1.0MPa、1.2MPa及以上的静水压力而不渗透。抗渗混凝土最大水灰比要求见表4-34。

抗渗混凝土最大水灰比 表4-34

抗渗等级	C20 ~ C30	> C30
P6	0.6	0.55
P8 ~ P12	0.55	0.50
> P12	0.50	0.45

(3)碳化

空气中的CO_2气体渗透到混凝土内,与其碱性物质起化学反应后生成碳酸盐和水,使混凝土碱度降低的过程,称为混凝土碳化,亦称中性化。其化学反应式为式(4-16)。

$$Ca(OH)_2+CO_2=CaCO_3+H_2O \tag{4-16}$$

水泥水化生成大量的氢氧化钙,pH值为12 ~ 13。碱性介质对钢筋有良好的保护作用,在钢筋表面生成难溶的Fe_2O_3,称为钝化膜。碳化后,使混凝土碱度降低,混凝土失去对钢筋的保护作用,造成钢筋锈蚀。

在正常的大气介质中,混凝土的碳化深度可用式(4-17)表示。

$$D=a\sqrt{t} \tag{4-17}$$

式中　D——碳化深度,mm;

　　　a——碳化速度系数,对普通混凝土 $a=\pm 2.32$;

　　　t——碳化龄期,d。

影响混凝土碳化的因素很多,不仅有材料、施工工艺、养护工艺,还有周围介质因素等。碳化作用只有在适中的湿度下（如50%，图4-20）才会较快进行。

过高湿度（如100%）会使混凝土孔隙充满水，CO_2 不易扩散到水泥石中或水泥石中钙离子通过水扩散到表面，碳化过程不易进行。过低湿度（如25%）会使孔隙中没有足够的水使 CO_2 生成碳酸，碳化也不易进行。不同龄期不同碳化浓度的混凝土碳化深度可用式（4-18）表示。

$$D_2=D_1\sqrt{\frac{t_2C_2}{t_1C_1}} \qquad\qquad （4-18）$$

式中　D_2——预测某龄期混凝土的自然碳化深度，mm；

　　　D_1——快速碳化试验时的混凝土碳化深度，mm；

　　　t_1——混凝土快速碳化龄期，年；

　　　t_2——预测的自然碳化龄期，年；

　　　C_1——快速碳化时 CO_2 的浓度；

　　　C_2——预测构件周围介质的 CO_2 平均浓度。

普通混凝土在快速标准试验条件下（温度 $20\pm5℃$，相对湿度 $70\%\pm5\%$、CO_2 浓度 $20\%\pm3\%$），28d碳化深度约为 $5\sim20$mm，平均值约在 $10\sim15$mm 之间。在快速标准试验条件下，$C_1=0.2$，$C_2=0.0003$（大气 CO_2 浓度），则碳化28d大致相当在自然环境中50年的碳化深度。

（4）碱集料反应

混凝土中的碱性氧化物（Na_2O 和 K_2O）与集料中二氧化硅成分产生化学反应时，由

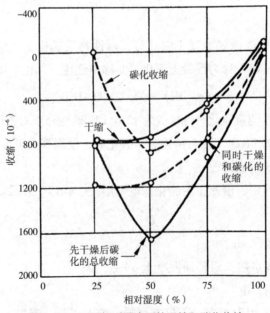

图4-20　不同相对湿度下的干缩和碳化收缩

于所生成的物质不断膨胀，导致混凝土产生裂纹、崩裂和强度降低，甚至混凝土破坏现象，称为碱集料反应（简称 AAR）。一般分为碱—硅反应、碱—硅酸盐反应和碱—碳酸盐反应三种。

参与碱—硅反应的岩石主要有蛋白石、黑硅石、燧石、鳞石英、方石英、玻璃质火山岩、玉髓及微晶或变质石英，生成硅胶体，遇水膨胀，如式（4-19）所示。

$$Na_2O+SiO_2 \xrightarrow{H_2O} Na_2O \cdot SiO_2+H_2O \qquad (4-19)$$

参与碱—硅酸盐反应的岩石是黏土质页岩和千板岩，其反应性质与碱—硅反应相似，只是反应速度较慢。

参与碱—碳酸盐反应的岩石是白云石质石灰岩，如式（4-20）所示。

$$CaMg（CO_3）_2+2NaOH=Mg（OH）_2+CaCO_3+Na_2CO_3 \qquad (4-20)$$

反应物 $Mg（OH）_2$ 和 Na_2CO_3 都会造成混凝土开裂。只是这一反应不是发生在集料与水泥浆的界面，而是集料颗粒的内部。

控制碱集料反应关键在于控制水泥及外加剂或掺合料的碱含量（一般控制每立方米混凝土不大于 0.75kg 碱量）和可溶型集料。

碱集料反应对混凝土破坏的主要特征是引起混凝土膨胀、开裂。但与常见的干缩干裂、荷载引起裂缝以及其耐久性引起的破坏不同，主要特点是：

1）碱集料反应会引起混凝土开裂、剥落，在其周围往往聚集较多白色浸出物，当钢筋锈露时，其附近有棕色沉淀物。从混凝土芯样看，集料周围有裂缝、反应环与白色胶状泌出物。

2）碱集料反应产生的裂缝形貌与分布与结构中钢筋形成的限制和约束作用有关，其裂缝往往发生在顺筋方向，裂缝呈龟背状或地图形状。

3）碱集料反应引起的混凝土裂缝往往发生在断面大、受雨水或渗水区段、环境温度与湿度变化大的部位。对同一构件或结构，在潮湿部位出现裂缝，有白色沉淀物；而干燥部位无裂缝症状，应考虑碱集料反应破坏。

4）碱集料反应引起的混凝土开裂速度和危害比其他耐久性因素引起的破坏都更为严重。一般不到 2 年就有明显裂缝出现。

2. 提高混凝土耐久性措施

耐久性对混凝土工程来说具有非常重要的意义，若耐久性不足，将会产生极为严重的后果，甚至对未来社会造成极为沉重的负担。影响混凝土耐久性的因素很多，而且各种因素间相互联系、错综复杂，但是主要包括前述的抗冻性、抗渗性、抗碳化性和抗碱集料反应，此外还有温湿度变化、氯离子侵蚀、酸气（SO_2、NO_x）侵蚀、硫酸盐腐蚀、盐类侵蚀以及施工质量等因素。

虽然混凝土在不同环境条件的破坏过程各不相同，但对于提高其耐久性措施来说，却有许多共同之处。概括来说，以耐久性为主的混凝土配合比设计应考虑如下基本法则。

（1）低用水量法则

低用水量法则是指在满足工作性条件下尽量减少用水量。混凝土用水量大的直接后果就是混凝土的吸水率和渗透性增大，干缩裂缝更易出现，集料与水泥石界面黏结力减小，混凝土干湿体积变化率增大，抗风化能力降低。一般高耐久性混凝土的用水量要求不大于 165kg/m³。

（2）低水泥用量法则

低水泥用量法则是指在满足混凝土工作性和强度的条件下，尽量减少水泥用量，这是提高混凝土体积稳定性和抗裂性的重要措施。

（3）最大堆积密度法则

最大堆积密度法则是指优化混凝土中集料的级配，获取最大堆积密度和最小空隙率，尽可能减少水泥浆用量，以达到降低砂率、减少用水量和水泥量的目的。

（4）适当的水胶比法则

在一定范围内混凝土的强度与拌合物的水胶比成正比，但是为了保证混凝土的抗裂性能，其水胶比应适当，不宜过小，否则易导致混凝土自身收缩增大。

（5）活性掺合料与高效减水剂双掺法则

高耐久性混凝土的配制必须发挥活性掺合料与高效减水剂的叠加效应，以减少水泥用量和用水量、密实混凝土内部结构，使耐久性得以改善。

4.4 混凝土质量控制与评定

4.4.1 混凝土的质量控制

混凝土材料是典型的多相复合材料，影响其性能的因素众多，因此，实际工程中的质量控制则较为困难。为确保混凝土材料在工程中的质量稳定与性能可靠，应严格控制影响其质量的诸因素，如原材料、计量、搅拌、运输、成型、养护等。对于已经生产或使用的混凝土，准确评定其质量状况则更为重要，因为混凝土的实际性能是确定工程质量的最基本保障。评定混凝土质量最常用的指标是强度。

国家标准《混凝土质量控制标准》GB 50164—2011 明确规定，混凝土的质量控制包括初步控制、生产控制和合格控制；其中初步控制主要包括组成材料的质量控制和混凝土配合比的确定与控制；生产控制主要包括生产过程中各组分的准确计量，混凝土拌合物的搅拌、运输、浇筑和养护等；合格控制主要包括按照生产批次对浇筑成型的混凝土的强度或其他性能指标进行检验评定和验收。

1.强度分布规律——正态分布

影响混凝土强度的因素众多，比如原材料因素、生产工艺因素、试验因素等，而且许多影响因素是随机的，故混凝土的强度也呈现出一定幅度内的随机波动性。大量试验结果表明，混凝土强度的概率密度分布接近正态分布，如图 4-21 所示。以混凝土强度的

平均值为对称轴，距离对称轴越远的强度
值出现的概率越小，曲线与横轴包围的面
积为 1。曲线高峰为混凝土强度平均值的
概率密度。概率分布曲线窄而高，则说明
混凝土的强度测定值比较集中、波动小，
混凝土的均匀性好，施工水平较高。反之，
如果曲线宽而扁，则说明混凝土强度值离
散性大，混凝土的质量不稳定，施工水平低。

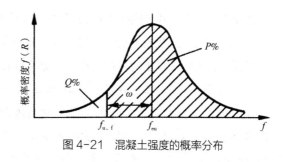

图 4-21　混凝土强度的概率分布

2. 强度平均值、标准差、变异系数

在生产中常用强度平均值、标准差、强度保证率和变异系数等参数来评定混凝土
质量。

强度平均值为预留的多组混凝土试块强度的算术平均值，如式（4-21）所示。

$$\bar{f}_{cu} = \frac{1}{n}\sum_{i=1}^{n} f_{cu,i} \tag{4-21}$$

式中　n——预留混凝土试块组数（每组 3 块）；

　　$f_{cu,i}$——第 i 组试块的抗压强度，MPa。

标准差又称均方差，其数值表示正态分布曲线上拐点至强度平均值（亦即对称轴）
的距离，可用式（4-22）计算。

$$\sigma = \sqrt{\frac{\sum_{i=1}^{n} n\bar{f}_{cu,i}^{2}}{n-1}} \tag{4-22}$$

变异系数又称离散系数，以强度标准差与强度平均值之比来表示，如式（4-23）所示。

$$C_v = \frac{\sigma}{\bar{f}_{cu}} \tag{4-23}$$

强度平均值只能反映强度整体的平均水平，而不能反映强度的实际波动情况。通常
用标准差反映强度的离散程度，对于强度平均值相同的混凝土，标准差越小，则强度分
布越集中，混凝土的质量越稳定，此时标准差的大小能准确地反映出混凝土质量的波动
情况；但当强度平均值不等时，适用性较差。变异系数也能反映强度的离散程度，变异
系数越小，说明混凝土的质量水平越稳定。对于强度平均值不同的混凝土，可用该指标
判断其质量波动情况。

3. 强度保证率

强度保证率是指混凝土的强度值在总体分布中大于强度设计值的概率，可用图 4-21 中阴
影部分的面积表示。《普通混凝土配合比设计规程》JGJ 55—2011 规定，工业与民用建筑及一
般构筑物所用混凝土的保证率不低于 95%。一般通过变量 $t = \dfrac{\bar{f}_{cu} - f_{cu,k}}{\sigma}$ 将混凝土强度的概率分布
曲线转化为标准正态分布曲线，然后通过标准正态分布方程 $P(t) = \int_t^{+\infty} \varphi(t)\, \mathrm{d}t = \dfrac{1}{\sqrt{2\pi}} \int_t^{+\infty} e^{-\frac{t^2}{2}} \mathrm{d}t$，

求得强度保证率，其中概率度 t 与保证率 $P(t)$ 的关系见表4-35。

在《混凝土强度检验评定标准》GB/T 50107—2010中，根据混凝土的强度等级、标准差和保证率，可将混凝土的生产管理水平分为优良、一般和差三个级别，具体指标见表4-36。

4. 设计强度、配制强度、标准差及强度保证率的关系

根据正态分布的相关知识可知，当所配制的混凝土强度平均值等于设计强度时，其强度保证率仅为50%，显然不能满足要求，否则会造成极大的工程隐患。因此，为了达到较高的强度保证率，要求混凝土的配制强度 $f_{cu,0}$ 必须高于设计强度等级 $f_{cu,k}$。

由 $t=\dfrac{\bar{f}_{cu}-f_{cu,k}}{\sigma}$ 可得，$\bar{f}_{cu}=f_{cu,k}+t\sigma$。令混凝土的配制强度等于平均强度，即 $f_{cu,0}=\bar{f}_{cu}$，则可得式（4-24）。

$$f_{cu,0}=f_{cu,k}+t\sigma \tag{4-24}$$

上式中，概率密度 t 的取值与强度保证率 $P(t)$ 一一对应，其值通常根据要求的保证率查表4-35获得。强度标准差 σ 一般根据混凝土生产单位以往积累的资料经统计计算获得。当无历史资料或资料不足时，可根据以下情况参考取值：

（1）混凝土设计强度等级低于C20时，$\sigma=4.0$；

（2）混凝土设计强度等级为C20 ~ C35时，$\sigma=5.0$；

（3）混凝土设计强度等级高于C35时，$\sigma=6.0$。

国家标准《普通混凝土配合比设计规程》JGJ 55—2011规定，混凝土配制强度应按式（4-25）计算。

不同概率度 t 对应的强度保证率 $P(t)$ 表4-35

t	0.00	0.50	0.84	1.00	1.20	1.28	1.40	1.60
$P(t)$	50.0	69.2	80.0	84.1	88.5	90.0	91.9	94.5
t	1.645	1.70	1.81	1.88	2.00	2.05	2.33	3.00
$P(t)$	95.0	95.5	96.5	97.0	97.7	99.0	99.4	99.87

混凝土生产质量水平 表4-36

评定标准	生产场所	优良		一般		差	
		<C20	≥C20	<C20	≥C20	<C20	≥C20
混凝土强度标准差 σ（MPa）	商品混凝土公司和预制混凝土构件厂	≤3.0	≤3.5	≤4.0	≤5.0	>4.0	>5.0
	集中搅拌混凝土的施工现场	≤3.5	≤4.0	≤4.5	≤5.5	>4.5	>5.5
强度不低于要求强度等级的百分率 P（%）	商品混凝土公司、预制混凝土构件厂及集中搅拌混凝土的施工现场	≥95		>85		≤85	

$$f_{cu,0} \geq f_{cu,k}+1.645\sigma \tag{4-25}$$

在混凝土设计强度确定的前提下，保证率和标准差决定了配制强度的高低，保证率越高，强度波动性越大，则配制强度越高。

4.4.2 混凝土的质量评定

混凝土的质量评定主要指其强度的检测评定，通常是以抗压强度作为主控指标。留置试块用的混凝土应在浇筑地点随机抽取且具有代表性，取样频率及数量、试件尺寸大小选择、成型方法、养护条件、强度测试以及强度代表值的取定等均应符合现行国家标准的有关规定。

根据《混凝土强度检验评定标准》GB/T 50107—2010 的规定，混凝土的强度应按照批次分批检验，同一个批次的混凝土强度等级和龄期应相同，生产工艺条件和混凝土配合比应基本相同。目前，评定混凝土强度合格性的常用方法主要有两种，即统计方法和非统计方法两类。

（1）统计方法

商品混凝土公司、预制混凝土构件厂家及采用现场集中搅拌混凝土的施工单位所生产的混凝土强度一般采用该种方法来评定。

根据混凝土生产条件不同，利用该方法进行混凝土强度评定时，应视具体情况按下述两种情况分别进行。

1）标准差已知

当一定时期内混凝土的生产条件较为一致，且同一品种的混凝土强度变异性较小时，可以把每批混凝土的强度标准差 σ_0 作为一常数来考虑。进行强度评定，一般用连续的三组或三组以上的试块组成一个验收批，且其强度应同时满足下列要求。

$$f_{cu} \geq f_{cu,k}+0.7\sigma_0 \tag{4-26}$$

$$f_{cu,min} \geq f_{cu,k}-0.7\sigma_0 \tag{4-27}$$

$$f_{cu,min} \geq 0.85f_{cu,k}（当混凝土强度等级 \leq C20 时） \tag{4-28}$$

$$或 f_{cu,min} \geq 0.9f_{cu,k}（当混凝土强度等级 > C20 时） \tag{4-29}$$

式中 f_{cu}——同一个验收批的混凝土立方体抗压强度平均值，MPa；

$f_{cu,k}$——同一验收批的混凝土立方体抗压强度标准值，MPa；

$f_{cu,min}$——验收批混凝土立方体抗压强度的最小值，MPa；

σ_0——同一验收批的混凝土立方体抗压强度的标准差，MPa。

其中强度标准差 σ_0 应根据前一个检验期（不应超过三个月）内同一品种混凝土的强度数据按式（4-30）确定。

$$\sigma_0=\frac{0.59}{m}\sum_{i=1}^{m}\Delta f_{cu,i} \tag{4-30}$$

式中　m——前一检验期内用来确定强度标准差的总批数（$m \geq 15$）；

　　　$\Delta f_{cu,i}$——统计期内，第 i 验收批混凝土立方体抗压强度代表值中最大值与最小值之差，MPa。

2）标准差未知

当混凝土的生产条件不稳定，且混凝土强度的变异性较大，或没有能够积累足够的强度数据用来确定验收批混凝土立方体抗压强度的标准差时，应利用不少于 10 组的试块组成一个验收批，进行混凝土强度评定。其强度代表值必须同时满足式（4-31）与式（4-32）的要求。

$$m_{f_{cu}} - \lambda_1 S_{f_{cu}} \geq 0.9 f_{cu,k} \tag{4-31}$$

$$f_{cu,min} \geq \lambda_2 f_{cu,k} \tag{4-32}$$

式中　λ_1、λ_2——两个合格判定系数，应根据留置的试件组数来确定，具体取值见表 4-37；

　　　$S_{f_{cu}}$——验收批内混凝土立方体抗压强度的标准差，MPa。

混凝土强度的合格判定系数　　　　　　　　　　表 4-37

试件组数	10 ~ 14	15 ~ 24	≥ 25
λ_1	1.70	1.65	1.60
λ_2	0.90	0.85	0.85

（2）非统计方法

非统计方法主要用于评定现场搅拌批量不大或小批量生产的预制构件所需的混凝土。当同一批次的混凝土留置试块组数少于 9 时，进行混凝土强度评定，其强度值应同时满足式（4-33）与式（4-34）的要求。

$$m_{f_{cu}} \geq 1.15 f_{cu,k} \tag{4-33}$$

$$f_{cu,min} \geq 0.95 f_{cu,k} \tag{4-34}$$

由于缺少相应的统计资料，非统计方法的准确性较差，故对混凝土强度的要求更为严格。在生产实际中应根据具体情况选用适当的评定方法。对于用判定为不合格的混凝土浇筑的构件或结构应进行工程实体鉴定和处理。

（3）混凝土的无损检测

混凝土的无损检测技术是指不破坏结构构件，而通过测定与混凝土性能有关的物理量来推定混凝土强度、弹性模量及其他性能的测试技术。最常用到的是回弹法和超声法。超声法是指用一定冲击动能冲击混凝土表面，利用混凝土表面硬度与回弹值的函数关系来推算混凝土强度的方法，通常采用混凝土回弹仪进行测定。超声法是指通过超声波（纵波）在混凝土中传播的不同波速来反映混凝土的质量。对于混凝土内部缺陷则利用超声波在混凝土中传播的"声时—振幅—波形"三个声学参数综合判断其内部缺陷情况，通常采用混凝土超声仪进行检测。

4.5 普通混凝土的配合比设计

混凝土配合比是指根据工程要求、结构形式和施工条件来确定混凝土各组分的比例关系。它是混凝土工艺中最主要的项目之一，其目的是能生产出优质而经济的混凝土最基本的前提。

4.5.1 混凝土质量的基本要求

设计混凝土配合比的任务，就是要根据原材料的技术性能及施工条件合理选择原材料，并确定出能够满足工程所要求的技术经济指标的各项组成材料的用量。

混凝土配合比设计要满足工程对混凝土质量的基本要求：

（1）使混凝土拌合物具有与施工条件相适应的良好的工作性；

（2）硬化后的混凝土应具有工程设计要求的强度等级；

（3）混凝土必须具有适合于使用环境条件下的使用性能和耐久性；

（4）在满足上述条件的前提下，要最大限度地节约水泥、降低造价。

4.5.2 混凝土配合比设计的基本资料

混凝土配合比一般采用质量比表达，即以 $1m^3$ 混凝土所用水泥（C）、掺合料（F）、细集料（S）、粗集料（G）和水（W）的实际用量（kg）表示，也可用水泥（或胶凝材料）质量为 1 来表示其他组分用量的相对关系。

1. 三个基本参数

混凝土配合比设计实质上就是确定四项材料用量之间的三个比例关系，即水与胶凝材料（水泥与掺合料之和）之间的比例关系（用水胶比 W/B 来表示）、砂与石子之间的比例关系（用砂率 S_p 来表示）及水泥浆与集料之间的比例关系（用 $1m^3$ 混凝土的用水量 W 来反映）。若这三个比例关系已定，混凝土的配合比就确定了。

2. 基本资料

在进行混凝土配合比设计时，须事先明确的基本资料有：

（1）混凝土设计要求的强度等级；

（2）工程所处环境及耐久性要求，如抗渗等级、抗冻等级等；

（3）混凝土结构类型；

（4）施工条件，包括施工质量管理水平及施工方法，如强度标准差的统计资料、混凝土拌合物应采用的坍落度等；

（5）各项原材料的性质及技术指标，如水泥、掺合料的品种及等级，集料的种类、级配，砂的细度模数，石子最大粒径，各项材料的密度、表观密度及体积密度等。

4.5.3 混凝土配合比设计的基本原则

混凝土配合比设计应满足混凝土配制强度、拌合物性能、力学性能、长期性能和耐久性能的设计要求。混凝土拌合物性能、力学性能、长期性能和耐久性能的试验方法应分别符合现行国家标准《普通混凝土拌合物性能试验方法标准》GB/T 50080—2016、《混凝土物理力学性能试验方法标准》GB/T 50081—2019 和《普通混凝土长期性能和耐久性能试验方法标准》GB/T 50082—2009 的规定。

1. 配合比设计基本原则

（1）在同时满足强度等级、耐久性条件下，取水胶比较大值

在组成材料一定的情况下，水胶比对混凝土的强度和耐久性起着关键性作用，水胶比的确定必须同时满足混凝土的强度和耐久性的要求。在满足混凝土强度与耐久性要求的前提下，为了节约胶凝材料，可采用较大的水胶比。

（2）在符合坍落度要求的条件下，取单位用水量较小值

在水灰比一定的条件下，单位用水量是影响混凝土拌合物流动性的主要因素，单位用水量可根据施工要求的流动性及粗骨料的最大粒径来确定。在满足施工要求流动性的前提下，单位用水量取较小值，如以较小的水泥浆数量就能满足和易性的要求，则具有较好的经济性。

（3）在满足黏聚性要求的条件下，取砂率较小值

砂率对混凝土拌合物的和易性，特别是其中的黏聚性和保水性有很大影响，适当提高砂率有利于保证混凝土的黏聚性和保水性。在保证混凝土拌合物和易性的前提下，从降低成本方面考虑，可选用较小的砂率。

2. 配合比耐久性设计基本规定

（1）最大水胶比

混凝土的最大水胶比应符合《混凝土结构设计规范》GB 50010—2010 的规定。控制水胶比是保证耐久性的重要手段，水胶比是配比设计的首要参数。《混凝土结构设计规范》对不同环境条件的混凝土最大水胶比作了规定，如表 4-38 所示。环境类别的划分如表 4-39 所示。

（2）最小胶凝材料用量

混凝土的最小胶凝材料用量应符合表 4-40 的规定，配制 C15 及其以下强度等级的混凝土，可不受表 4-40 的限制。在满足最大水胶比的条件下，最小胶凝材料用量是满足混凝土施工性能和掺加矿物掺合料后满足混凝土耐久性的胶凝材料用量。

（3）矿物掺合料最大掺量

矿物掺合料在混凝土中的掺量应通过试验确定。钢筋混凝土中矿物掺合料最大掺量

不同环境条件下混凝土的最大水胶比　　　表 4-38

环境类别	一	二 a	二 b	三 a	三 b
最大水胶比	0.60	0.55	0.50（0.55）	0.45（0.50）	0.40

注：处于严寒和寒冷地区二 b、三 a 类环境中的混凝土应使用引气剂，并可采用括号中的参数。

环境类别的划分　　　表 4-39

环境类别	条件
一	室内正常环境；无侵蚀性静水浸没环境
二 a	室内潮湿环境；非严寒和非寒冷地区的露天环境；非严寒和非寒冷地区与无侵蚀性的水或土壤直接接触的环境；严寒和寒冷地区的冰冻线以上与无侵蚀性的水或土壤直接接触的环境
二 b	干湿交替环境；水位频繁变动环境；严寒和寒冷地区的露天环境；严寒和寒冷地区的冰冻线以下与无侵蚀性的水或土壤直接接触的环境
三 a	严寒和寒冷地区冬季水位变动的环境；受除冰盐影响环境；海风环境
三 b	盐渍土环境；受除冰盐作用环境；海岸环境
四	海水环境
五	受人为或自然的慢蚀性物质影响的环境

混凝土的最小胶凝材料用量　　　表 4-40

最大水胶比	最小胶凝材料用量（kg/m³）		
	素混凝土	钢筋混凝土	预应力混凝土
0.60	250	280	300
0.55	280	300	300
0.50	320		
≤ 0.45	330		

宜符合表 4-41 的规定；预应力钢筋混凝土中矿物掺合料最大掺量宜符合表 4-42 的规定。对基础大体积混凝土，粉煤灰、粒化高炉矿渣粉和复合掺合料的最大掺量可增加 5%。采用掺量大于 30% 的 C 类粉煤灰的混凝土应以实际使用的水泥和粉煤灰掺量进行安定性检验。

规定矿物掺合料最大掺量主要是为了保证混凝土耐久性能。矿物掺合料在混凝土中的实际掺量是通过试验确定的，在本书的配合比调整和确定步骤中规定了耐久性试验验证，以确保满足工程设计提出的混凝土耐久性要求。当采用超出表 4-41 和表 4-42 给出的矿物掺合料最大掺量时，全然否定不妥，通过对混凝土性能进行全面试验论证，证明结构混凝土安全性和耐久性可以满足设计要求后，还是能够采用的。

钢筋混凝土中矿物掺合料最大掺量　　　　表 4-41

矿物掺合料种类	水胶比	最大掺量（%）	
		硅酸盐水泥	普通硅酸盐水泥
粉煤灰	≤ 0.40	≤ 45	≤ 35
	> 0.40	≤ 40	≤ 30
粒化高炉矿渣粉	≤ 0.40	≤ 65	≤ 55
	> 0.40	≤ 55	≤ 45
钢渣粉	—	≤ 30	≤ 20
磷渣粉	—	≤ 30	≤ 20
硅灰	—	≤ 10	≤ 10
复合掺合料	≤ 0.40	≤ 60	≤ 50
	> 0.40	≤ 50	≤ 40

注：1. 采用其他通用硅酸盐水泥时，宜将水泥混合材掺量20%以上的混合材量计入矿物掺合料。

　　2. 复合掺合料各组分的掺量不宜超过单掺时的最大掺量。

　　3. 在混合使用两种或两种以上矿物掺合料时，矿物掺合料总掺量应符合表中复合掺合料的规定。

预应力钢筋混凝土中矿物掺合料最大掺量　　　　表 4-42

矿物掺合料种类	水胶比	最大掺量（%）	
		硅酸盐水泥	普通硅酸盐水泥
粉煤灰	≤ 0.40	≤ 35	≤ 30
	> 0.40	≤ 25	≤ 20
粒化高炉矿渣粉	≤ 0.40	≤ 55	≤ 45
	> 0.40	≤ 45	≤ 35
钢渣粉	—	≤ 20	≤ 10
磷渣粉	—	≤ 20	≤ 10
硅灰	—	≤ 10	≤ 10
复合掺合料	≤ 0.40	≤ 50	≤ 40
	> 0.40	≤ 40	≤ 30

注：1. 采用其他通用硅酸盐水泥时，宜将水泥混合材掺量20%以上的混合材量计入矿物掺合料。

　　2. 复合掺合料各组分的掺量不宜超过单掺时的最大掺量。

　　3. 在混合使用两种或两种以上矿物掺合料时，矿物掺合料总掺量应符合表中复合掺合料的规定。

（4）水溶性氯离子最大含量

混凝土拌合物中水溶性氯离子最大含量应符合表4-43的要求。混凝土拌合物中水溶性氯离子含量应按照现行行业标准《水运工程混凝土试验规程》JTJ 270—1998 中混凝土拌合物中氯离子含量的快速测定方法进行测定。按环境条件影响氯离子引起钢锈的程度简明地分为四类，并规定了各类环境条件下混凝土中氯离子的最大含量。采用测定混凝土拌合物中氯离子的方法与测试硬化后混凝土中氯离子的方法相比，时间大大缩短，有利于配合比设计和控制。表 4-43 中的氯离子含量系相对混凝土中水泥用量的百分比，与控制氯离子相对混凝土中胶凝材料用量的百分比相比，偏于安全。

（5）最小含气量

长期处于潮湿或水位变动的寒冷和严寒环境以及盐冻环境的混凝土应掺用引气剂。引气剂掺量应根据混凝土含气量要求经试验确定；掺用引气剂的混凝土最小含气量应符合表 4-44 的规定，最大不宜超过 7.0%。掺加适量引气剂有利于混凝土的耐久性，尤其对于有较高抗冻要求的混凝土，掺加引气剂可以明显提高混凝土的抗冻性能。引气剂掺量要适当，引气量太少作用不够，引气量太多混凝土强度损失较大。

混凝土拌合物中水溶性氯离子最大含量　　　　表 4-43

环境条件	水溶性氯离子最大含量（%，水泥用量的质量百分比）		
	钢筋混凝土	预应力混凝土	素混凝土
干燥环境	0.30	0.06	1.00
潮湿但不含氯离子的环境	0.20		
潮湿而含有氯离子的环境、盐渍土环境	0.10		
除冰盐等侵蚀性物质的腐蚀环境	0.06		

掺用引气剂的混凝土最小含气量　　　　表 4-44

粗骨料最大公称粒径（mm）	混凝土最小含气量（%）	
	潮湿或水位变动的寒冷和严寒环境	盐冻环境
40.0	4.5	5.0
25.0	5.0	5.5
20.0	5.5	6.0

注：含气量为气体占混凝土体积的百分比。

（6）最大碱含量

对于有预防混凝土碱骨料反应设计要求的工程，混凝土中最大碱含量不应大于 3.0kg/m³，并宜掺用适量粉煤灰等矿物掺合料。对于矿物掺合料碱含量，粉煤灰碱含量可取实测值的 1/6，粒化高炉矿渣粉碱含量可取实测值的 1/2。掺加适量粉煤灰和粒化高炉矿渣粉等矿物掺合料，对预防混凝土碱骨料反应具有重要意义。混凝土中碱含量是测定的混凝土各原材料碱含量计算之和，而实测的粉煤灰和粒化高炉矿渣粉等矿物掺合料碱含量并不是参与碱骨料反应的有效碱含量。对于矿物掺合料中有效碱含量，粉煤灰碱含量取实测值的 1/6，粒化高炉矿渣粉碱含量取实测值的 1/2，已经被混凝土工程界采纳。

4.5.4 混凝土配合比设计的步骤

混凝土配合比系指 $1m^3$ 混凝土中各组成材料的用量，或各组成材料之重量比。设计应遵循的基本标准为《普通混凝土配合比设计规程》JGJ 55—2011，此外还应该满足国家标准对于混凝土拌合物性能、力学性能、长期性能和耐久性能的相关规定。

1. 混凝土配制强度的确定

（1）混凝土配制强度应按下列规定确定：当混凝土的设计强度等级小于 C60 时，配制强度应按式（4–25）计算；当设计强度等级大于或等于 C60 时，配制强度应按式（4–35）计算。

$$f_{cu,\,0} \geqslant 1.15 f_{cu,\,k} \qquad (4\text{–}35)$$

（2）混凝土强度标准差应按照下列规定确定：当有近 1 ~ 3 个月的同一品种、同一强度等级混凝土的强度资料时，其混凝土强度标准差 σ 应按式（4–36）计算。

$$\sigma = \sqrt{\frac{\sum\limits_{i=1}^{n} f_{cu,i}^{2} - n m_{f_{cu}}^{2}}{n-1}} \qquad (4\text{–}36)$$

式中　σ——混凝土强度标准差；

$f_{cu,\,i}$——第 i 组的试件强度，MPa；

$m_{f_{cu}}$——n 组试件的强度平均值，MPa；

n——试件组数，n 值应大于或者等于 30。

对于强度等级不大于 C30 的混凝土：当 σ 计算值不小于 3.0MPa 时，应按式（4–36）的计算结果取值；当 σ 计算值小于 3.0MPa 时，σ 应取 3.0MPa。对于强度等级大于 C30 且小于 C60 的混凝土：当 σ 计算值不小于 4.0MPa 时，应按式（4–36）的计算结果取值；当 σ 计算值小于 4.0MPa 时，σ 应取 4.0MPa。

当没有近期的同一品种、同一强度等级混凝土强度资料时，其强度标准差 σ 可按表 4–45 取值。

2. 水胶比的计算

混凝土强度等级不大于 C60 时，配制强度应按式（4–25）计算，混凝土水胶比宜按式（4–37）计算。

$$W/B = \frac{\alpha_a f_b}{f_{cu,0} + \alpha_a \alpha_b f_b} \qquad (4\text{–}37)$$

式中　W/B——混凝土水胶比；

α_a、α_b——回归系数，可按表 4–46 取值；

f_b——胶凝材料（水泥与矿物掺合料按使用比例混合）28d 胶砂强度（MPa），试验方法应按现行国家标准《水泥胶砂强度检验方法（ISO 法）》GB/T 17671—1999 执行；当无实测值时，可按式（4–38）计算。

$$f_{\mathrm{b}}=\gamma_{\mathrm{f}}\gamma_{\mathrm{s}}f_{\mathrm{ce}} \tag{4-38}$$

式中　γ_{f}、γ_{s}——粉煤灰影响系数和粒化高炉矿渣粉影响系数，可按表4-47选用；

　　　　f_{ce}——水泥28d胶砂抗压强度（MPa），可实测，也可按式（4-39）计算。

当水泥28d胶砂抗压强度（f_{ce}）无实测值时，可按式（4-39）计算。

$$f_{\mathrm{ce}}=\gamma_{\mathrm{c}}f_{\mathrm{ce,g}} \tag{4-39}$$

式中　γ_{c}——水泥强度等级值的富余系数可按实际统计资料确定，当缺乏实际统计资料时，也可按表4-48选用；

　　　$f_{\mathrm{ce,g}}$——水泥强度等级值，MPa。

3. 用水量和外加剂用量的计算

（1）混凝土水胶比在0.40～0.80范围内时，每立方米干硬性或塑性混凝土的用水量（m_{w0}）可按表4-49和表4-50选用。当混凝土水胶比小于0.40时，可通过试验确定。

标准差 σ 值（MPa）　　　　　　　　　　　　　表4-45

混凝土强度标准值	≤ C20	C25 ～ C45	C50 ～ C55
σ	4.0	5.0	6.0

回归系数 α_{a}、α_{b} 选用表　　　　　　　　　表4-46

回归系数	碎石	卵石
α_{a}	0.53	0.49
α_{b}	0.20	0.13

粉煤灰与粒化高炉矿粉影响系数　　　　　　　　表4-47

掺量（％）	粉煤灰影响系数 γ_{f}	粒化高炉矿粉影响系数 γ_{s}
0	1.00	1.00
10	0.90 ～ 0.95	1.00
20	0.80 ～ 0.85	0.95 ～ 1.00
30	0.70 ～ 0.75	0.90 ～ 1.00
40	0.60 ～ 0.65	0.80 ～ 0.90
50	—	0.70 ～ 0.85

注：1. 采用Ⅰ级、Ⅱ级粉煤灰宜取上限值。
　　2. 采用S75级粒化高炉矿渣粉宜取下限值，采用S95级粒化高炉矿渣粉宜取上限值，采用S105级粒化高炉矿渣粉可取上限值加0.05。
　　3. 当超出表中的掺量时，粉煤灰和粒化高炉矿渣粉影响系数应经试验确定。

水泥强度等级值的富裕系数 γ_{c}　　　　　　　表4-48

水泥强度等级值	32.5	42.5	52.5
富余系数	1.12	1.16	1.10

干硬性混凝土的用水量（单位：kg/m³）　　　　　　表 4-49

拌合物稠度		卵石最大公称粒径（mm）			碎石最大粒径（mm）		
项目	指标	10.0	20.0	40.0	16.0	20.0	40.0
维勃稠度（s）	16 ~ 20	175	160	145	180	170	155
	11 ~ 15	180	165	150	185	175	160
	5 ~ 10	185	170	155	190	180	165

塑性混凝土的用水量（单位：kg/m³）　　　　　　表 4-50

拌合物稠度		卵石最大粒径（mm）				碎石最大粒径（mm）			
项目	指标	10.0	20.0	31.5	40.0	16.0	20.0	31.5	40.0
坍落度（mm）	10 ~ 30	190	170	160	150	200	185	175	165
	35 ~ 50	200	180	170	160	210	195	185	175
	55 ~ 70	210	190	180	170	220	105	195	185
	75 ~ 90	215	195	185	175	230	215	205	195

注：1. 本表用水量系采用中砂时的取值。采用细砂时，每立方米混凝土用水量可增加 5 ~ 10kg；采用粗砂时，可减少 5 ~ 10kg。

2. 掺用矿物掺合料和外加剂时，用水量应相应调整。

（2）掺外加剂时，每立方米流动性或大流动性混凝土的用水量（m_{w0}）可按式（4-40）计算。

$$m_{w0}=m_{w0'}（1-\beta）　　　　　　（4-40）$$

式中　m_{w0}——满足实际坍落度要求的每立方米混凝土用水量（kg/m³）；

　　　$m_{w0'}$——未掺外加剂时推定的满足实际坍落度要求的每立方米混凝土用水量（kg/m³），以表 4-50 中 90mm 坍落度的用水量为基础，按每增大 20mm 坍落度相应增加 5kg/m³ 用水量来计算，当坍落度增大到 180mm 以上时，随坍落度相应增加的用水量可减少；

　　　β——外加剂的减水率（%），应经混凝土试验确定。

每立方米混凝土中外加剂用量（m_{a0}）应按式（4-41）计算。

$$m_{a0}=m_{b0}\beta_a　　　　　　（4-41）$$

式中　m_{a0}——每立方米混凝土中外加剂用量（kg/m³）；

　　　m_{b0}——计算配合比每立方米混凝土中胶凝材料用量（kg/m³）；

　　　β_a——外加剂掺量（%），应经混凝土试验确定。

4. 胶凝材料、矿物掺合料与水泥用量的计算

每立方米混凝土的胶凝材料用量（m_{b0}）应按式（4-42）计算。

$$m_{b0}=\frac{m_{w0}}{W/B}　　　　　　（4-42）$$

式中 m_{b0}——计算配合比每立方米混凝土中胶凝材料用量（kg/m³）;

m_{w0}——计算配合比每立方米混凝土的用水量（kg/m³）。

每立方米混凝土的矿物掺合料用量（m_{f0}）应按按式（4-43）计算。

$$m_{f0}=m_{b0}\beta_f \qquad (4-43)$$

式中 m_{f0}——计算配合比每立方米混凝土中矿物掺合料用量（kg/m³）;

β_f——矿物掺合料掺量（%），可结合表4-41与表4-42的规定确定。

每立方米混凝土的水泥用量（m_{c0}）应按式（4-44）计算。

$$m_{c0}=m_{b0}-m_{f0} \qquad (4-44)$$

式中 m_{c0}——计算配合比每立方米混凝土中水泥用量（kg/m³）。

5. 砂率的计算

砂率（β_s）应根据骨料的技术指标、混凝土拌合物性能和施工要求，参考既有历史资料确定。当缺乏砂率的历史资料时，混凝土砂率的确定应符合下列规定:

（1）坍落度小于10mm的混凝土，其砂率应经试验确定。

（2）坍落度为10～60mm的混凝土，砂率可根据粗骨料品种、最大公称粒径及水灰比按表4-51选取。

混凝土的砂率（%）　　　　　　　　　表4-51

水胶比（W/B）	卵石最大公称粒径（mm）			碎石最大粒径（mm）		
	10.0	20.0	40.0	16.0	20.0	40.0
0.40	26～32	25～31	24～30	30～35	29～34	27～32
0.50	30～35	29～34	28～33	33～38	32～37	30～35
0.60	33～38	32～37	31～36	36～41	35～40	33～38
0.70	36～41	35～40	34～39	39～44	38～43	36～41

注：1. 本表数值系中砂的选用砂率，对细砂或粗砂可相应地减少或增大砂率。

2. 采用人工砂配制混凝土时，砂率可适当增大；只用一个单粒级粗骨料配制混凝土时，砂率应适当增大。

（3）坍落度大于60mm的混凝土，砂率可经试验确定，也可在表4-51的基础上按坍落度每增大20mm砂率增大1%的幅度予以调整。

6. 粗、细骨料用量的计算

（1）质量法

采用质量法计算粗、细骨料用量时，应按式（4-45）与式（4-46）计算。

$$m_{f0}+m_{c0}+m_{g0}+m_{s0}+m_{w0}=m_{cp} \qquad (4-45)$$

$$\beta_s=\frac{m_{s0}}{m_{g0}+m_{s0}}\times 100\% \qquad (4-46)$$

式中 m_{g0}——每立方米混凝土的粗骨料用量；

m_{s0}——每立方米混凝土的细骨料用量（kg/m³）；

m_{w0}——每立方米混凝土的用水量（kg/m³）；

β_s——砂率（%）；

m_{cp}——每立方米混凝土拌合物的假定质量（kg/m³），可取 2350 ~ 2450kg/m³。

（2）体积法

当采用体积法计算混凝土配比时，砂率应按式（4-46）计算，粗、细骨料用量应按式（4-47）计算。

$$\frac{m_{c0}}{\rho_c} + \frac{m_{f0}}{\rho_f} + \frac{m_{g0}}{\rho_g} + \frac{m_{s0}}{\rho_s} + \frac{m_{w0}}{\rho_w} + 0.01\alpha = 1 \qquad (4-47)$$

式中 ρ_c——水泥密度（kg/m³），应按《水泥密度测定方法》GB/T 208—2014 测定，也可取 2900 ~ 3100kg/m³；

ρ_f——矿物掺合料密度（kg/m³），可按《水泥密度测定方法》GB/T 208—2014 测定；

ρ_g——粗骨料的表观密度（kg/m³），应按现行行业标准《普通混凝土用砂、石质量及检验方法标准》JGJ 52—2011 测定；

ρ_s——细骨料的表观密度（kg/m³），应按现行行业标准《普通混凝土用砂、石质量及检验方法标准》JGJ 52—2011 测定；

ρ_w——水的密度（kg/m³），可取 1000kg/m³；

α——混凝土的含气量百分数，在不使用引气型外加剂时，α 可取 1。

4.5.5 混凝土配合比的试配、调整与确定

1. 试配

混凝土试配应采用强制式搅拌机，搅拌机应符合现行行业标准《混凝土试验用搅拌机》JG 244—2009 的规定，搅拌方法宜与施工采用的方法相同。试验室成型条件应符合现行国家标准《普通混凝土拌合物性能试验方法标准》GB/T 50080—2016 的规定。混凝土配合比的试配最小搅拌量应符合表 4-52 的规定，并不应小于搅拌机公称容量的 1/4，且不应大于搅拌机公称容量。

在计算配合比的基础上进行试拌。计算水胶比宜保持不变，通过调整砂率和外加剂掺量等参数，使混凝土拌合物能符合设计和施工要求。具体地，当坍落度过小时，可以通过略微增大砂率，或者在保持水胶比不变的情况下，略微增加用水量和胶凝材料用量；

混凝土试配的最小搅拌量　　　　　　　　　　表 4-52

粗骨料最大公称粒径（mm）	最小搅拌的拌合物量（L）
≤ 31.5	20
40.0	25

当坍落度过大时，可以通过减小砂率，或者在保持水胶比不变的情况下，略微增加砂与石子的量；当坍落度符合要求，但混凝土的黏聚性和保水性不好时，可以适当增大砂率，或减小粗骨料最大粒径，或使用更细一些的砂子，重新称料试配。通过试配，修正计算配合比，提出满足工作性要求的试拌配合比。

在试拌配合比的基础上，进行混凝土强度校核试验，并应符合下列规定：

（1）应至少采用三个不同的配合比。当采用三个不同的配合比时，其中一个应为前述的试拌配合比，另外两个配合比的水胶比宜较试拌配合比分别增加和减少0.05，用水量应与试拌配合比相同，砂率可分别增加和减少1%。

（2）进行混凝土强度试验时，应继续保持拌合物性能符合设计和施工要求。

（3）进行混凝土强度试验时，每个配合比至少制作一组试件，标准养护到28d或设计规定龄期时试压。

2. 配合比的调整与确定

配合比调整应符合下述规定：

（1）根据前述混凝土强度试验结果，绘制强度和胶水比的线性关系图或使用插值法确定略大于配制强度的强度对应的胶水比，强度—胶水比关系示意图如图4-22所示。

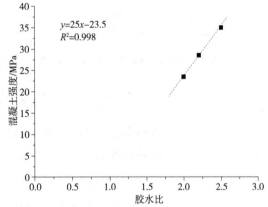

图4-22 混凝土强度与胶水比关系示意图

（2）在试拌配合比的基础上，用水量（m_w）和外加剂用量（m_a）应根据确定的水胶比作调整。

（3）胶凝材料用量（m_b）应以用水量乘以确定的胶水比计算得出。

（4）粗骨料和细骨料用量（m_g 和 m_s）应根据用水量和胶凝材料用量进行调整。

混凝土拌合物表观密度和配合比校正系数的计算应符合下列规定：

（1）配合比调整后的混凝土拌合物的表观密度应按式（4-48）计算。

$$\rho_{c,\,c}=m_c+m_f+m_g+m_s+m_w \tag{4-48}$$

（2）混凝土配合比校正系数按式（4-49）计算。

$$\delta=\frac{\rho_{c,t}}{\rho_{c,c}} \tag{4-49}$$

式中　δ——混凝土配合比校正系数；

　　　$\rho_{c,t}$——混凝土拌合物表观密度实测值（kg/m^3）；

　　　$\rho_{c,c}$——混凝土拌合物表观密度计算值（kg/m^3）。

（3）当混凝土拌合物表观密度实测值与计算值之差的绝对值不超过计算值的2%时，按前述调整的配合比可维持不变；当二者之差超过2%时，应将配合比中每项材料用量均乘以校正系数δ。

4.5.6 混凝土配合比设计实例

【例 4-1】以 C30 钢筋混凝土的配合比设计为例:混凝土采用普通 42.5 水泥、5 ~ 31.5mm 碎石、细度模数 2.8 的天然砂、Ⅰ级粉煤灰掺量20%、S95 矿粉掺量10%、外加剂掺量1.8% (减水率为 15%),要求达到坍落度 150mm。

(1)混凝土配制强度的确定

混凝土的设计强度 C30 小于 C60,按照式(4-25)计算,则:

$$f_{cu, 0} \geqslant f_{cu, k} + 1.645\sigma=30+1.645 \times 5.0=38.225MPa$$

$f_{cu, k}$——混凝土立方体抗压强度标准值,这里取混凝土的设计强度等级值,$f_{cu, k}$=30MPa;

σ——混凝土强度标准差(MPa),没有近期强度资料时按照表4-45取值,σ =5.0MPa。

(2)水胶比的确定

当混凝土强度等级小于 C60 时,按式(4-37)计算水胶比,则:

$$W/B=\frac{\alpha_a f_b}{f_{cu,0}+\alpha_a \alpha_b f_b}=\frac{0.53 \times 41.905}{38.225+0.53 \times 0.20 \times 41.905}=0.52$$

α_a、α_b——回归系数,按表 4-46 选取,采用碎石时 α_a=0.53,α_b=0.20;

f_b——胶凝材料 28d 胶砂抗压强度,可实测,无实测值可按式(4-38)计算,则:

$$f_b=\gamma_f\gamma_s f_{ce}=0.85 \times 1.00 \times 49.3=41.905MPa$$

γ_f、γ_s——粉煤灰影响系数和粒化高炉矿渣粉影响系数,按表 4-47 选取,γ_f=0.85,γ_s=1.00;

f_{ce}——水泥 28d 胶砂抗压强度,可实测;无实测值可按式(4-39)计算,则:

$$f_{ce}=\gamma_c f_{ce, g}=1.16 \times 42.5=49.3MPa$$

γ_c——水泥强度等级的富余系数,可实际统计;无统计资料时,按照表4-48选取,γ_c=1.16;

$f_{ce, g}$——水泥强度等级值,$f_{ce, g}$=42.5MPa。

(3)用水量的确定

混凝土水胶比在 0.40 ~ 0.80 范围内,坍落度要求 150mm,掺外加剂1.8%,按照式(4-40)计算用水量,则:

$$m_{w0}=m_{w0'}(1-\beta)=220 \times (1-0.15)=187kg/m^3$$

m_{w0}——计算配合比每立方米混凝土的用水量(kg/m³);

$m_{w0'}$——未掺外加剂时推定的满足实际坍落度要求的每立方米混凝土用水量(kg/m³),以表4-50中90mm坍落度的用水量为基础,按每增加20mm坍落度相应增加5kg/m³用水量来计算,采用5 ~ 31.5mm碎石时:

$$m_{w0'} =205+\frac{150-90}{20} \times 5=220\text{kg/m}^3$$

β——外加剂的减水率，$\beta=15\%$。

（4）胶凝材料用量的确定

每立方米混凝土的胶凝材料用量（m_{b0}）应根据用水量（m_{w0}）和水胶比（W/B），按式（4-42）计算，则：

$$m_{b0}=\frac{m_{w0}}{W/B}=\frac{187}{0.52}=360\text{kg/m}^3$$

（5）矿物掺合料用量和水泥用量的确定

矿物掺合料用量（m_{f0}）按照式（4-43）计算，则：

$$m_{f0}=m_{b0} \beta_f=360 \times 30\%=108\text{kg/m}^3$$

β_f——矿物掺合料掺量，应满足表4-41与表4-42的规定，粉煤灰 $\beta_f=20\%$，矿粉 $\beta_f=10\%$。

水泥用量（m_{c0}）按式（4-44）计算，则：

$$m_{c0}=m_{b0}-m_{f0}=360-108=252\text{kg/m}^3$$

（6）外加剂用量的确定

外加剂掺量 $\beta_a=1.8\%$，按照式（4-41）计算，则：

$$m_{a0}=m_{b0} \beta_a=360 \times 1.8\%=6.48\text{kg/m}^3$$

（7）砂率的确定

砂率应根据砂石材料的质量、混凝土拌合物性能和施工要求，参考已有的资料进行确定；没有资料的情况下，可以按表4-51选取。最终砂率是否合适，都需要经过试验确定。根据已有资料，确定砂率：$\beta_s=42\%$。

（8）粗骨料、细骨料用量的确定

采用质量法计算，由式（4-45）和式（4-46）可知：

$$m_{f0}+m_{c0}+m_{g0}+m_{s0}+m_{w0}=m_{cp}$$

$$\beta_s=\frac{m_{s0}}{m_{g0}+m_{s0}}\times 100\%$$

m_{cp}——每立方米混凝土拌合物的假定质量（kg），可取 2350 ~ 2450kg/m³，这里假定 $m_{cp}=2350\text{kg/m}^3$。

经过计算，得出粗、细骨料用量：$m_{s0}=757\text{kg/m}^3$，$m_{g0}=1046\text{kg/m}^3$。

采用体积法计算，由式（4-46）和式（4-47）可知：

$$\frac{m_{c0}}{\rho_c} +\frac{m_{f0}}{\rho_f}+\frac{m_{g0}}{\rho_g}+ \frac{m_{s0}}{\rho_s}+ \frac{m_{w0}}{\rho_w}+0.01\alpha=1$$

$$\beta_s = \frac{m_{s0}}{m_{g0}+m_{s0}} \times 100\%$$

ρ_c、ρ_f、ρ_g、ρ_s、ρ_w——分别指水泥、矿物掺合料、粗骨料、细骨料和水的密度，可选取或通过试验确定。ρ_c=3100kg/m^3，粉煤灰ρ_f=2200kg/m^3，矿粉ρ_f=2900kg/m^3，ρ_g=2670kg/m^3，ρ_s=2670kg/m^3，ρ_w=1000kg/m^3；

α——混凝土的含气量百分数，不使用引气剂或引气型外加剂时，α可取1。

将数据带入公式，得出粗、细骨料用量：m_{s0}=759kg/m^3 以及 m_{g0}=1048kg/m^3。

4.6 混凝土技术进展

4.6.1 高性能混凝土

1. 高性能混凝土的定义

20世纪90年代前半期是国内高性能混凝土（High Performance Concrete，HPC）发展的初期，国内学术界认为"三高"混凝土就是高性能混凝土。据此观点，高性能混凝土应该是高强度、高工作性、高耐久性的，或者说高强混凝土才可能是高性能混凝土；高性能混凝土必须是流动性好的、可泵性好的混凝土，以保证施工的密实性；耐久性是高性能混凝土的重要指标，但混凝土达到高强后自然会有较高的耐久性。经过十余年的发展，在国内外多种观点逐渐交流融合后，目前对高性能混凝土的定义已有清晰的认识。美国混凝土认证协会（ACI）最初对HPC的定义为：HPC是具备所要求的性能和匀质性的混凝土，这种混凝土按照惯常作法，靠传统的组分、普通的拌合、浇筑与养护方法是不可能获得的。

（1）定义中所要求的性能包括：易浇筑、压实而不离析；高长期力学性能；高早期强度；高韧性；高体积稳定性；在严酷环境下使用寿命长。当然不同的工程在不同场合，所要求的性能是不同的。

（2）定义强调了对HPC匀质性的要求，越重要、质量要求越高的工程，对HPC匀质性的要求也就应该越高。

（3）定义明确表示HPC的获得不仅靠更新组分材料，还靠贯穿混凝土生产和施工全过程的体现。

我国对高性能混凝土的定义为：

（1）高性能混凝土是一种新型高技术混凝土，是在大幅度提高普通混凝土性能的基础上采用现代混凝土技术制作的混凝土。

（2）它以耐久性作为设计的主要指标。

（3）针对不同用途要求，高性能混凝土对下列性能重点予以保证：耐久性、工作性、适用性、强度、体积稳定性、经济性。

（4）高性能混凝土在配制上的特点是低水胶比、选用优质原材料、必须掺加足够数量的矿物细粉和高效减水剂。

（5）高性能混凝土不一定是高强混凝土。

由于 HPC 概念引入我国时正值 HSC（高强度混凝土）受到结构设计研究者的青睐，最初的 HPC 曾被理解为"三高"混凝土，即"高工作度、高强度、高耐久性"。对于 HPC 与 HSC 的相互关系，有学者提出：如果现在将 HPC 规定在 50 ~ 60MPa 以上，则用途很受限制，大大妨碍了 HPC 的推广应用；更重要的是阻碍了 HPC 向绿色 HPC 的发展，不能改变水泥混凝土越来越沦为不可持续发展的材料的可怕前景。1998 年有学者建议将 HPC 的强度下降到 C30 左右，以不损及混凝土内部结构（孔结构、水化物结构、界面区结构）为度，以保证其耐久性及体积稳定性。例如日本的明石大桥，HPC 使用 C20。

2. 高性能混凝土与传统混凝土的区别

由于 HPC 的低水胶比和掺加大量活性矿物细掺料与高效外加剂，尤其是后两者的复合作用，与传统的常规混凝土有着本质区别，从而导致性能与功能上的差别是极为悬殊的，尤其体现为耐久性的巨大差别。

由于水胶比低、用水量少及水化作用不同于常规混凝土，HPC 由于水化引起的早期自收缩率大大超过常规混凝土，但总收缩率较低，必须十分重视初凝后即开始的早期养护。

HPC 中由于存在大量活性矿物掺合料，使水泥石的组分结构发生很大改变：

（1）$Ca(OH)_2$ 晶体在传统水泥混凝土的水泥石中占 20% ~ 25%，在 HPC 的水化结构中可以大大减少以至消除。

（2）当 HPC 的水化程度只及常规混凝土的 60% 时，两者中水化硅酸钙凝胶数量相近，也就是说 HPC 水化程度提高后，凝胶数量增多，强度、密实性继续提高。

（3）孔数量与结构的不同，常规混凝土、水泥石孔分布集中在 100 ~ 200Å，凝胶孔隙率为 26.7%；高性能混凝土、水泥石孔分布集中在 20Å，凝胶孔隙率为 18.8%，HPC 具有很高的密实性。

（4）骨料与水泥基材料界面有明显不同，薄弱的界面得到强化。

3. 高性能混凝土的组成与结构

（1）高性能混凝土的水泥石微结构

按照中心质假说，属于次中心质的未水化水泥颗粒（H 粒子）、属于次介质的水泥凝胶（L 粒子）和属于负中心质的毛细孔组成水泥石。

1）从强度的角度看，孔隙率一定时，H/L 比值越大，水泥石强度越高，但有个最佳值，超过后随其提高而下降；

2）在一定范围内，H/L 最佳值随孔隙率下降而提高，也就是说在次中心质的尺度上，一定量的孔隙率需要一定量的次中心质以形成足够的效应圈，起到效应叠加的作用，改善次介质；

3）在水胶比很低的高性能混凝土中，水泥石的孔隙率很低，在一定的 H/L 比值下，强度随孔隙率的减少而提高。

因此，尽管水泥的水化程度很低，水泥石中保留了很大的 H/L 比值，但与很低的孔隙率和良好的孔结构相配合，可获得高强度。

（2）高性能混凝土的界面结构和性能

高性能混凝土的界面特点主要也是由低水胶比和掺入外加剂与矿物细粉带来的。由于低水胶比提高了水泥石的强度和弹性模量，使水泥石和集料弹性模量的差距变小，因而使界面处水膜层厚度减少，晶体生长的自由空间减少；掺入的活性矿物细粉与 $Ca(OH)_2$ 反应后会增加 C-S-H 和 AFt 的生成数量，减少 $Ca(OH)_2$ 含量，并且干扰水化物的结晶，因此水化物结晶颗粒尺寸变小，富集程度和取向程度下降，硬化后的界面孔隙率也下降。

（3）高性能混凝土结构的模型

1）孔隙率很低，而且基本上不存在大于 100nm 的大孔。

2）水化物中 $Ca(OH)_2$ 减少，C-S-H 和 AFt 增多。

3）未水化颗粒多，未水化颗粒和矿物细粉等各级中心质增多（H/L 增大），各中心质间的距离缩短，有利的中心质效应增多，中心质网络骨架得到强化。

4）界面过渡层厚度小，并且孔隙率低、$Ca(OH)_2$ 数量减少、取向程度下降、水化物结晶颗粒尺寸减小，更接近于水泥石本体水化物的分布，因而得到加强。

4. 高性能混凝土的技术要求

处于多种劣化因素综合作用下的混凝土结构需采用高性能混凝土，因为良好的耐久性是高性能混凝土的主要特征之一。

混凝土结构的耐久性由混凝土的耐久性和钢筋的耐久性两部分组成。其中，混凝土耐久性是指混凝土在工作环境下，长期抵抗内、外部劣化因素的作用，仍能维持其应有结构性能的能力。

使混凝土结构性能降低的外部环境作用有：大气中的 CO_2、SO_3、NO_x 等因素使混凝土产生中性化；海岸地区的氯化物侵入混凝土使钢筋锈蚀；寒冷地区使混凝土受冻融作用；盐碱地的酸碱作用使混凝土腐蚀等。

构成混凝土的劣化内因包括：混凝土配制时，由各种材料带入了有害氯离子，当达到一定数量时会使钢筋锈蚀；混凝土中的碱活性骨料会引起碱—骨料反应；过高的水灰比，过大的单方混凝土用水量，混凝土的保护层厚度不够，以及混凝土浇筑的缺陷等。

与普通混凝土一样，高性能混凝土的耐久性也是一个综合性指标，包括抗渗性、抗碳化性、抗冻害性、抗盐害性、抗硫酸盐腐蚀性、碱—骨料反应等内容。为保证高性能混凝土的耐久性，需要针对混凝土结构所处环境和预定功能进行专门的耐久性设计。这里着重介绍抗碳化性、抗冻害性、抗盐害性、抗硫酸盐腐蚀性、碱—骨料反应等内容。

中国工程建设标准化协会标准《高性能混凝土应用技术规程》CECS 207：2006 要求，根据混凝土结构所处的环境条件，高性能混凝土耐久性应满足下列一种或几种技术要求：

（1）水胶比（定义为单位用水量与水泥和矿物微细粉总量的比值）不大于0.38。

（2）56d龄期的6h总导电量小于1000C（ASTM1202）。

（3）300次冻融循环后相对动弹性模量大于80%（混凝土快冻法）。

（4）胶凝材料抗硫酸盐腐蚀试验的试件15周膨胀率小于0.4%，混凝土最大水胶比不大于0.45。

（5）混凝土中可溶性碱总含量小于3.0kg/m³（《水泥化学分析方法》GB/T 176—2017、《混凝土外加剂匀质性试验方法》GB/T 8077—2012）。

高性能混凝土的外加剂要求具有以下性能：

（1）减水剂对水泥颗粒的分散性（流动性）要好，对混凝土的减水率要高，对普通混凝土的减水率至少要在20%以上。

（2）对水泥的分散和流动性随时间的变化减小，在混凝土中表现为坍落度经时损失小。

（3）有一定的引气量，但引气量不宜过大，不致影响混凝土最终强度。

（4）含碱量尽可能小，不含大量氯离子，能显著改善硬化混凝土的耐久性。

（5）成本适中，添加量低，便于推广应用。

近年来开发并投入使用的聚羧酸系高性能减水剂是一种典型的适用于高性能混凝土的外加剂。

5. 高性能混凝土配制原则

为实现混凝土的高性能，混凝土的配合比设计应遵循下述原则。

（1）水胶比

水胶比对高性能混凝土很重要，但不能过分地提高胶凝材料的用量。胶凝材料过多，不仅成本高，混凝土的体积稳定性也差，同时对获得高的强度意义不大。可依靠减水剂实现混凝土的低水胶比。

（2）高效减水剂和引气剂

在高性能混凝土中加入高效减水剂，保证混凝土在低水胶比、胶凝材料用量不过多的情况下有大的流动度。萘系高效减水剂的掺量一般为胶凝材料总量的0.8%～1.5%。高效减水剂的减水量在其掺量超过一定值时变化很小，且价格高昂，在使用萘系高效减水剂时复合一定剂量的引气剂，保证混凝土具有3%～4%的含气量。选用聚羧酸型高效减水剂，不仅掺量低，而且减水率高，混凝土流动性好，还有一定的引气作用。

（3）选择高质量的骨料

高性能混凝土对骨料的颗粒级配和最大粒径有严格的要求。可通过改变加工工艺，改善骨料的粒形和级配，同时不必追求骨料的高强度，这样容易增加界面应力。

（4）掺入活性矿物材料

降低水泥用量，由水泥、粉煤灰或磨细矿粉等共同组成合理的胶凝材料体系。掺入活性矿物材料可带来很多好处：

1）改善新拌混凝土的工作度；

2）降低混凝土初期水化热，减少温度裂缝；

3）活性矿物材料与水泥水化产物 Ca（OH）$_2$ 起火山灰反应，提高混凝土的抗化学侵蚀性能；

4）提高混凝土密实度，保证耐久性能。

6. 高性能混凝土配合设计

关于高性能混凝土配合比设计方法，《高性能混凝土应用技术规程》CECS 207：2006 基于耐久性设计思路，给出了高性能混凝土配合比设计的详细规定。

4.6.2 再生混凝土

再生骨料混凝土简称再生混凝土，指将废弃混凝土块经过破碎、清洗、分级后，按一定比例与级配混合，部分或全部代替砂石等天然骨料（主要是粗骨料）配制而成的混凝土。

1. 发展和应用再生混凝土的背景和意义

（1）建筑垃圾的环境问题

城市环境是衡量一个城市管理水平的重要标志，同时也是一个城市市民生活质量和水平的重要体现。据了解，中国城市垃圾年产量达 1 亿吨以上，而且每年大致以 8% 的增长率递增。随着城镇化建设进程的发展以及旧城改造，建筑物拆除、新建、扩建、房屋装修都会产生大量建筑垃圾。到 2010 年，中国城镇有一半 20 世纪建造的房子有拆迁的可能，随之产生的建筑垃圾也将与日俱增，专家估计拆除这些房子所产生的建筑垃圾将达到 5 亿 ~ 7 亿 m³。

一方面，大量建筑垃圾不断产生；另一方面，建筑垃圾绝大部分未经任何处理便被施工单位运往市郊或乡村，采用露天堆放或填埋的方式进行处理，这样不但要占用大量的耕地，而且要耗用大量的经费。在运输和处理建筑垃圾过程中，堆放、遗撒和扬尘等问题同时又造成了城市郊区和乡村的二次污染。总之，建筑垃圾造成的"垃圾围城"现象影响了城市的形象和市民的生活质量，造成了严重的环境污染，将建筑垃圾进行资源化利用变得越来越重要。随着我国耕地保护和环境保护各项法律法规的颁布和实施，如何处理建筑垃圾不仅是建筑施工企业和环境保护部门面临的重要课题，也是全社会无法回避的环境与生态问题。

（2）混凝土原材料的资源问题

在现代建筑业中，混凝土成为应用最广泛的建筑材料。目前，中国的混凝土年产量约 28 亿 m³，而混凝土原材料中骨料占混凝土总量的 75%。为满足建筑业对混凝土的需求，相应的每年就要开采 20 多亿立方米的砂石资源，从而破坏大量的山地。过度的开采混凝土骨料已经给我们国家带来了许多自然灾害，具体表现为开山采石破坏了原有的自然环境，造成山体断裂、陡崖滑坡，同时也破坏了开采地带的植被，影响了动物的生存，打破了原有的生态平衡，对物种的灭绝起着加速作用；而河砂的过度开采造成河床位置形状改变、堤岸毁坏、河流改道、水土流失加剧等后果，并影响桥梁的安全使用。过度开采每年给国家带来的直接和间接经济损失达数百亿元，严重影响着我国经济和社会的可持续发展。

随着生态环境的不断恶化，可持续发展已成为人类必然的选择。中国不仅人均资源占有率低，而且浪费与污染严重，发展循环经济是改变现状的唯一出路。作为建筑结构最重要的材料——混凝土实现循环利用是混凝土产业的客观要求。

当前，我国处于现代化建设的重要时期，在旧城改造和基础建设方面的速度和规模空前，这将需要大量的混凝土，同时也产生了大量的废弃混凝土，因此，利用废弃混凝土进行再生混凝土的开发和应用对我国混凝土行业按循环经济模式发展具有重要意义。

2. 再生混凝土的性能

（1）再生混凝土的强度

同一水灰比的再生骨料混凝土的28d抗压强度较普通混凝土低，但其相差的幅度会随着龄期的增长而慢慢缩小。在同一水灰比的条件下，再生骨料强度越高，再生混凝土的强度也就越高。通过加入硅粉和高效减水剂可配制出高强再生混凝土。

（2）再生混凝土的工作性能

再生骨料比天然骨料的吸水率大、空隙多、表面粗糙度高、用浆量多，在相同水灰比的条件下再生混凝土中再生骨料所占比例越高，混凝土坍落度就越小。在再生混凝土中掺加粉煤灰或多掺高效减水剂可以提高坍落度，同时可以保证有较好的保水性和黏聚性。

（3）再生混凝土的干缩性

再生混凝土的干缩性与骨料的高吸水率、高孔隙率相关，所以它的干缩性比天然骨料混凝土要大，且其干缩程度随再生骨料取代比例的增大而增大。可以通过掺加粉煤灰和膨胀剂等方法减少和抑制再生混凝土的干缩。

（4）再生混凝土的抗渗性

相同水灰比的再生混凝土比普通混凝土的抗氯离子渗透性略差，但是可以通过掺加粉煤灰和采用低水胶比填补再生骨料中的裂纹或者是骨料与骨料之间的间隙，使混凝土骨料与水泥砂浆的界面更加致密，同时由于降低了混凝土的孔隙率，从而使抗氯离子渗透性得到加强。

（5）再生混凝土的抗碳化性

当再生骨料掺量为50%时，再生混凝土的碳化速度与普通混凝土相差不大，随着再生骨料掺量的进一步增加，碳化速度略有增加。

（6）再生混凝土的抗冻性

多数试验结果表明，再生混凝土抗冻融性较普通混凝土差，这与再生骨料吸水率大、孔隙率高有关。通过掺加粉煤灰和采用低水胶比,抗冻性可以达到 D150 以上。

3. 再生混凝土设计与配制时应注意的问题

再生混凝土以废弃混凝土破碎后作为骨料,再生骨料与天然骨料相比强度低、吸水率大、表面粗糙率大,所以再生混凝土在进行配合比设计时与普通混凝土有所不同。由于再生骨料的吸水率比较大,所以将再生混凝土拌合用水量分为两部分,一部分为骨料所吸附的水分,称为吸附水,它是骨料吸水至饱和面干状态时的用水量;另一部分为拌合水用量,除了一部分蒸发外,这部分水用来提高拌合物的流动性并参与水泥的水化反应。吸附水的用量根据试验确定。所以再生混凝土外加剂掺量相同达到同样流动性时的用水量较大。

再生混凝土可以利用建筑垃圾作粗骨料,也可以利用建筑垃圾作全骨料。利用建筑垃圾作为全骨料配制生成全级配再生混凝土时,全级配再生骨料由于破碎工艺以及骨料来源的不同,破碎出骨料的级配可能存在一定的差异,全骨料中再生细骨料的比例有时会比较低,所以在进行配合比设计时,针对现场骨料的级配情况,需要加入建筑垃圾细颗粒调整砂率。但考虑到砂率过大会使坍落度降低、坍落度损失增大,调整后的砂率不宜过大,建议控制在 40% 以内。此外,粉煤灰的掺入也是必不可少的,粉煤灰的微集料效应和二次水化反应可以增加混凝土的密实性,提高再生混凝土的后期强度,提高混凝土的耐久性。考虑到再生混凝土的经济性,粉煤灰的掺量可控制在 $100 \sim 120 \text{kg/m}^3$。

4. 再生混凝土发展存在的问题及展望

有关再生骨料混凝土的研究工作很多,但目前国内利用再生骨料混凝土的工程很少,其主要原因如下:

(1)到目前为止,我国对再生混凝土还没有一套完整的规范,骨料加工行业也很不成熟;再生骨料来源的稳定性得不到保证,质量不均匀,其本身的随机性和变异性大,导致再生混凝土抗压强度的变异性增加,控制再生混凝土的质量就有了一定的难度。

(2)经济性是阻碍再生混凝土推广的另一个原因,由于再生骨料的生产要耗费大量的人力物力,致使再生混凝土的生产成本要高于普通混凝土。

(3)由于人们的传统观念,工程界也不习惯接受再生混凝土。

但从社会、经济、环境效益上进行综合考虑,推广再生混凝土技术势在必行。为了使废弃混凝土实现再生利用,必须出台强制性政策引导使用,同时通过各种措施扶植相关产业,为再生混凝土的广泛应用铺平道路。

随着环境污染和资源危机的加剧,发展循环经济已成为共识。建设节约型社会是改变现状的唯一出路,作为建筑中最大宗的材料——混凝土实现可循环使用是必由之路,再生混凝土的应用符合这一发展趋势。尤其是在大力推行社会主义新农村建设的背景下,再生骨料混凝土足以满足新农村建设中中低层房屋的需要。发展再生混凝土可以改善人居环境,节约更多的资源、能源,使工程建设对生态的压力减少。这不仅是水泥混凝土和土建工程可持续发展的需要,也是人类生存和社会发展的需要。

4.6.3 混凝土 3D 打印技术

混凝土 3D 打印技术是在 3D 打印技术的基础上发展起来的应用于混凝土施工的新技术，其主要工作原理是：将配置好的混凝土浆体通过挤出装置，在三维软件的控制下，按照预先设置好的打印程序，由喷嘴挤出进行打印，最终得到设计的混凝土构件。3D 打印混凝土技术在实际施工打印过程中，由于其具有较高的可塑性，在成型过程中无需支撑，这是一种新型的混凝土无模成型技术，它既有自密实混凝土无需振捣的优点，也有喷射混凝土便于制造复杂构件的优点。

美国宇航局（NASA）与美国南加州大学合作研发出"轮廓工艺"3D 打印技术，在 24h 内打印出大约 232m^2 的两层楼房，大大节约了建筑时间和建筑成本，为绿色制造打开了一扇大门。目前玻璃纤维增强石膏、玻璃纤维增强砂浆等均可用作 3D 打印建筑的无机胶凝基材。例如上海盈创装饰设计工程有限公司所生产的 GPR、FRP 等。

3D 打印混凝土建造完毕后，建筑不需要内置钢结构进行加固，其质地类似于大理石等物质，较传统混凝土具有更高的强度。由此不难看出，普通水泥混凝土已经很难满足其技术要求，因此对混凝土性能提出更高的要求，以适应 3D 打印建筑技术的需要。为满足 3D 打印建筑的需求，混凝土拌合物必须达到特定的要求。

（1）普通硅酸盐水泥在强度、凝结时间等方面可能无法达到 3D 打印的要求，需在此基础上作进一步的改进，如改变水泥组成中的矿物组成、熟料的细度等。比如，采用硫铝酸盐水泥或者铝酸盐改性硅酸盐水泥等可获得更快的凝结时间和更好的早期强度等。

（2）混凝土 3D 打印是通过喷嘴来实现的。喷嘴的大小决定了混凝土拌合物配制中的颗粒大小，并且必须找到最合适的骨料粒径。骨料粒径过大，堵塞喷嘴；粒径过小，包裹骨料所需浆体的比表面积大、浆体多、水化速率快、单位时间水化热高，将会导致混凝土各项性能的劣化。

（3）混凝土拌合物需要具有合适的配合比。由于作为满足 3D 打印的混凝土已经不同于传统的混凝土，其各项性能发生了很大的变化，所以不能由传统的水胶比、砂率等参数决定其配合比。目前与混凝土相关的理论，如强度、耐久性、水化作用等，均不能很好地满足 3D 打印混凝土的要求。为使打印混凝土获得理想的状态，如高强度、好耐久性、良好的拌合性能、合适的凝固时间、良好的工作性、可泵性和可建筑性，需要从新的角度去完善理论。除此之外，还应考虑配合比对打印混凝土收缩率的影响以及孔隙结构对打印混凝土的影响。研究表明：低的水胶比和粉煤灰比例有助于降低打印过程的收缩率；小的孔隙结构可以提高打印混凝土的品质。

（4）外加剂是现代混凝土必不可少的组分之一，是混凝土改性的一种重要方法和技术。3D 打印混凝土必须具备更好的流变性以便于挤出，且能在空气中迅速凝结以防止由于自身重力破坏打印混凝土的结构。同时，骨料的最大粒径会变得更小且其形貌更接近圆形，从而导致级配变得更加复杂。此外，还需要解决各层之间凝结的问题，这就需要新型外加剂来解决。从材料流变学的角度考虑，3D 打印混凝土应该具有较高的塑性黏度、较低的极限剪切应力，如此它不具有流淌性却具有好的可塑性，同时应有较快的凝结时间和较高的早期强度。

随着 3D 打印混凝土技术的不断发展和深入，3D 打印建筑也应运而生。目前，在中国上海青浦出现了第一批 3D 打印房屋，其主要以高强度等级水泥、建筑垃圾和玻璃纤维作为打印原料，并且此次工程并非传统的 3D 打印，而是通过人工现场组装 3D 打印机打印出一层层房屋结构而完成的。

轮廓工艺作为新型的施工工艺很好地提升了 3D 打印混凝土的实用化，其是一项通过电脑控制的喷嘴按层挤出材料的建筑技术。轮廓工艺是一项混合技术，主要包括外部轮廓和内部轮廓两部分，通过挤压成型形成外部轮廓，再通过挤压浇筑或注入来填充内核。利用轮廓工艺的 3D 打印混凝土可在打印过程中减少表面粗糙等现象，减少了后期表面平整的工作；同时，轮廓技术能够建造出单曲率和双曲率的建筑，可以实现建筑的个性化。

混凝土 3D 打印建筑虽然相比传统建筑具有强度高、建筑形式自由、建造周期短、环保性、节能性等方面的优势，但作为一种目前正处于研发试用阶段的新型技术，不可避免地存在以下问题：

（1）原材料的问题。与传统的混凝土施工工艺相比，3D 打印混凝土对原材料的流变性和可塑性提出了更高的要求。普通水泥可能已无法同时满足建筑性能与打印技术的要求，有可能会采用新的破碎工艺以制造出粒径更小、颗粒形貌更接近圆形的骨料，外加剂在混凝土中不仅要保留已有的性能，还要解决各层之间如何完美无缺地结合的问题。

（2）精度的问题。建筑的建造过程对施工精度有很高的要求，但是 3D 打印技术是否会出现偏差以及如何做好预防工作是 3D 打印技术在建筑设计模型应用中应该注意的问题。由于 3D 打印混凝土工艺发展还不完善，快速成型的零件精度及表面质量大多不能满足工程使用的要求，不能作为功能性部件，只能作原型使用。

（3）软件的问题。与传统混凝土施工不同的是，3D 打印混凝土是降维制造，需要将三维模型转化为二维模型以方便打印工作的进行，因此需要相关软件在电脑上完成相关的工作，在通过自动化程序使之转换为实物，所以软件是 3D 打印的重要部分，是将模型数据化的重要环节。软件的开发是至关重要的。目前，我国还没有专业的软件公司与 3D 打印相配套形成完整的产业链。

（4）打印设备的问题。随着技术的发展 3D 打印设备在快速发展，一台 3D 打印设备的价格从最初的几十万美元到现在的几千美元，再到我国五千多人民币的价格。3D 打印设备在不断地走向大众，走进各个领域。然而，目前的 3D 打印混凝土设备还不能够完全满足其应用环境的特殊性要求。例如，目前使用的打印设备只能满足平面扩展阶段，可用于低层大面积建筑的建设，而对于广泛使用的高层建筑还无法进行打印。

总体来说，3D 打印技术是混凝土行业发展的一大机遇，3D 打印混凝土技术也成为混凝土行业发展的一个重要方向，但仍需进一步深入探索。

【本章小结】

普通混凝土是以水泥为胶凝材料,以天然砂、石为骨料加水拌合,经过浇筑成型、凝结硬化形成的固体材料。为了改善混凝土拌合物或硬化混凝土性能,还可以在其中加入各种化学外加剂和矿物外加剂。配制混凝土时,应根据工程性质、部位、施工条件、环境状况等,按照各种水泥的特性合理选择水泥品种。水泥强度等级的选择应与混凝土设计强度等级相适应。混凝土中的集料分为粗集料和细集料。混凝土中对集料的要求有:泥和泥块含量、有害物质含量、坚固性、碱活性、级配和粗细程度均在可控范围内。集料的级配是指集料中不同粒径颗粒的分布情况,用筛分法测定。良好的级配应当能使集料空隙率和总表面积均较小,从而不仅使需水泥浆量较少,而且还可以提高混凝土的密实度、强度和其他性能。混凝土外加剂是指在拌制混凝土过程中掺入用以改善混凝土性能的物质。用于混凝土中的矿物掺合料可分为活性矿物掺合料和非活性矿物掺合料。混凝土的性能主要包括新拌混凝土的工作性和硬化混凝土的强度,以及耐久性。混凝土的工作性是指混凝土拌合物易于施工操作并获得质量均匀、成型密实的性能,主要包括工作性、流动性和黏聚性三个方面的内容。影响混凝土工作性的因素主要包括水泥浆数量、水灰比、单位用水量、砂率、组成材料以及温度和时间等。混凝土立方体抗压强度是指边长 150mm 的立方体试件,在标准条件下养护至 28d 龄期,在一定条件下加压破坏,以单位面积承受的压力作为混凝土的抗压强度。混凝土抗压强度标准值是按标准方法测得,具有 95% 保证率的立方体试件抗压强度。影响水泥抗压强度的因素主要有水泥强度、水灰比、粗集料、龄期和养护条件等。混凝土在硬化和使用过程中,受多种因素影响而产生变形。这些变形使结构产生裂缝,从而降低其强度和刚度,或使混凝土内部产生裂纹,降低混凝土耐久性。耐久性是指混凝土在实际使用条件下抵抗各种破坏因素作用,长期保持强度和外观完整性的能力,主要包括抗冻性、抗碳化性和抗腐蚀性等。由于混凝土的抗压强度与混凝土的其他性能有着密切的相关性,能较好地反映混凝土的全面质量,因此工程中常以混凝土抗压强度作为混凝土重要的质量控制指标,并以此作为评定混凝土生产质量水平的依据。混凝土配合比的基本要求:满足结构设计要求的混凝土强度等级、满足施工要求的混凝土拌合物的工作性、满足环境和使用要求的混凝土耐久性以及经济性原则。通常情况下,主要通过调节水灰比、单位用水量和砂率三大参数来保证混凝土的性能和降低成本。

复习思考题

1. 粗骨料最大粒径的限制条件有哪些?

2. 混凝土矿物掺合料的常用品种和主要功能有哪些?对于不同类型的混凝土,应如何进行选用?

3. 混凝土外加剂常用品种和主要功能有哪些？对于不同类型的混凝土，应如何进行选用？

4. 影响混凝土强度的主要因素以及提高强度的主要措施有哪些？

5. 影响混凝土耐久性的主要因素以及提高混凝土耐久性的主要措施有哪些？

6. 某框架结构钢筋混凝土柱，混凝土设计强度等级为 C35，机械搅拌，机械振捣成型，混凝土坍落度要求为 120mm，根据施工单位的管理水平和历史统计资料，混凝土强度标准差取 4.0MPa。其他原材料信息如下：水泥为普通硅酸盐水泥 42.5 级，密度 3.1g/cm³；砂为河砂，细度模数 2.5，II 级配区，密度 2.65g/cm³；石子为碎石，最大粒径 31.5mm，连续级配，级配良好，密度 2.7g/cm³；II 级粉煤灰，掺量 20%；S95 矿粉，掺量 20%；减水剂掺量 1.5%（减水率 20%）；水为自来水。求：混凝土的初步计算配合比。

第 5 章　建筑砂浆

【本章要点】

本章主要介绍普通砂浆的组成材料、和易性、力学性能、黏结性能等方面的内容，还介绍了砂浆配合比设计方法；简要介绍了其他品种的砂浆和用途。

【学习目标】

熟悉和掌握砌筑砂浆的性能特点，区别砂浆与混凝土的不同，在工程施工过程中正确选择原材料、合理确定配合比等。

5.1　概述

建筑砂浆由胶凝材料、细骨料、掺合料和水按照适当比例配制而成，是建筑工程中一项用量大、用途广的建筑材料。它与混凝土的主要区别是组成材料中没有粗骨料，因此建筑砂浆也称为细骨料混凝土。砂浆在土木工程中的用途广泛，主要有以下六个方面：

（1）将块状的砖、石、砌块等胶结起来构成砌体。

（2）建筑物内外表面（墙面、地面、顶棚）的抹灰。

（3）在建筑物表面黏贴其他材料，如石材、瓷砖、锦砖等。

（4）填补建筑物表面和内部的空隙，如填补构件、瓷砖间的空隙。

（5）增加建筑物外观的美感，如装饰砂浆等。

（6）赋予建筑物某种特种功能，如防水、保温等。

建筑砂浆依据所用胶凝材料的不同可分为水泥砂浆、石灰砂浆、水玻璃砂浆、混合砂浆、聚合物砂浆等；依据用途的不同可分为砌筑砂浆、抹灰砂浆、特种砂浆（防水砂浆、装饰砂浆、保温砂浆、吸声砂浆、耐酸砂浆、防辐射砂浆和聚合物砂浆）；依据其生产方式的不同可分为现场搅拌砂浆和预拌砂浆。

5.2 建筑砂浆的技术性质

5.2.1 工作性

砂浆的工作性即为和易性，是指砂浆是否便于施工操作并保证质量的性质，包括流动性和保水性两个方面。和易性好的砂浆便于施工操作，可以比较容易地在砖石表面上铺成均匀连续的薄层，且与底面紧密地黏结，保证工程质量。和易性不良的砂浆施工操作困难，灰缝难以填实，水分易被砖石吸收使砂浆很快变得干稠，与砖石材料也难以紧密黏结。

1. 流动性

砂浆的流动性又称稠度，是指砂浆在自重或外力作用下可流动的性质。砂浆的流动性与许多因素有关，胶凝材料的用量、用水量、砂的质量以及砂浆的搅拌时间、放置时间、环境的温度、湿度等均影响其流动性。砂浆的稠度一般可由施工操作来把握；在实验室用砂浆稠度仪测定，即用标准圆锥体自砂浆表面贯入的深度来表示，也称沉入度。

测定砂浆的流动性时，先将被测砂浆均匀地装入砂浆流动性测定仪的砂浆筒中，置于测定仪圆锥体下，将质量为300g的带滑杆的圆锥尖与砂浆表面接触，然后突然放松滑杆，在10s内圆锥体沉入砂浆中的深度值（单位为"cm"）为沉入度（稠度）值。沉入度值大表示砂浆流动性好。

流动性选用原则有以下几点：

（1）砂浆流动性的选择与砌体种类、施工方法及天气情况有关。

（2）流动性过大，说明砂浆太稀，过稀的砂浆不仅铺垫困难，而且硬化后强度降低；流动性过小，砂浆太稠，难于铺平。

（3）一般情况下，多孔吸水的砌体材料或干热的天气，砂浆的流动性应大些；而密实不吸水的材料或湿冷的天气，其流动性应小些。

2. 保水性

保水性是指砂浆保持水分的能力，即搅拌好的砂浆在运输、存放、使用的过程中，水与胶凝材料及骨料分离快慢的性质。保水性良好与差对施工质量有很大影响。砂浆的保水性用"分层度"表示，用砂浆分层度筒测定。保水性好的砂浆分层度以 10 ~ 30mm 为宜。分层度小于 10mm 的砂浆，虽保水性良好，无分层现象，但往往是由于胶凝材料用量过多，或砂过细，以至于过于黏稠不易施工或易发生干缩裂缝，尤其不宜做抹面砂浆；分层度大于 30mm 的砂浆，保水性差，易于离析，不宜采用。

5.2.2 强度

硬化后的砂浆应具有一定的抗压强度。抗压强度是划分砂浆等级的主要依据。砂浆的强度等级是以边长为 70.7cm 的立方体试件，按标准养护条件养护至 28d 的抗压强度平均值（MPa）而确定的。砂浆强度等级分为 M5.0、M7.5、M10、M15、M20、M25、M30 七个等级。

砂浆是一种细骨料，有关混凝土强度的规律原则上也适用于砂浆。另外，砂浆的实际强度受基底材料性质的影响：

（1）铺设在不吸水密度基底上的砂浆，砂浆的强度主要取决于水泥强度和水灰比。

（2）铺设在吸水多孔基底上的砂浆，其强度主要取决于水泥强度和水泥用量。

不吸水基底上的砂浆强度计算公式如下：

$$f_{m,0}=Af_{ce}\left(\frac{C}{W}-B\right) \tag{5-1}$$

式中 $f_{m,0}$——28d 抗压强度，MPa；

$\quad\quad f_{ce}$——水泥 28d 抗压强度，MPa；

$\quad C/W$——灰水比；

$\quad A$、B——经验系数，可取 A=0.29，B=0.4。

吸水基底上的砂浆强度计算公式如下：

$$f_{m,0}=\frac{\alpha f_{ce}Q_c}{1000}+\beta \tag{5-2}$$

式中 $f_{m,0}$——28d 抗压强度，MPa；

$\quad\quad f_{ce}$——水泥 28d 抗压强度，MPa；

$\quad\quad Q_c$——对应于干燥状态 $1m^3$ 砂中的水泥用量，kg；

$\quad \alpha$、β——经验回归系数，由试验确定。

5.2.3 耐久性

砂浆的耐久性是指砂浆在使用条件下经久耐用的性质，包括抗冻性、抗渗性等。提高建筑砂浆、抹灰砂浆耐久性的对策是：在良好施工性能的基础上，控制砂浆适宜的强度等级和较低的收缩率及弹性模量。砂浆强度太低，可能引起掉粉；砂浆强度太高，砂浆收缩率和弹性模量均大幅度增大，可能引起开裂或空鼓。工程实践表明，室内抹灰砂浆强度等级不超过 M5，室外抹灰砂浆强度等级不超过 M10 是较合适的。在砂浆配制过程中，提高建筑抹灰砂浆耐久性的措施有以下几个：

（1）尽量少用纯水泥，增加矿物掺合料的使用，以减少砂浆的收缩和降低弹性模量。

（2）可以适当增加胶凝材料中的石膏含量，以通过化学膨胀效应来抵消部分由于水分蒸发而产生的收缩。

（3）适当掺入保水材料，因为抹灰砂浆的使用形式是一种薄层形式，与周围环境有非常大的接触面积，使得砂浆中的水分很容易失去。砂浆保水材料使砂浆失水速度减慢，为胶凝材料的水化反应截留了水，从而保证了砂浆强度的正常发展。

（4）适当掺入引气剂，掺入引气剂可以大幅度降低砂浆的弹性模量。在相同收缩率时，弹性模量低的砂浆层基层之间因温度、湿度变化而产生的剪切应力就小，砂浆与基层之间的黏结强度降低与失效的可能性就小，从而保证了砂浆层的长期耐久性。

5.3 常用砂浆

5.3.1 砌筑砂浆

凡用于砌筑砖、石砌体或各种砌块、混凝土构件接缝等的砂浆称为砌筑砂浆。其作用主要是把块状材料胶结成为一个坚固的整体，从而提高砌体的强度、稳定性，并使上层块状材料所受的荷载能均匀地传递到下层。同时，砌筑砂浆可填充块状材料之间的缝隙，提高建筑物的保温、隔声、防潮等性能。

为了保证砌筑砂浆的质量，配制砂浆的各种组成材料均应满足一定的技术要求。

1. 水泥

水泥是砌筑砂浆中最主要的胶凝材料，常用的水泥有普通水泥、矿渣水泥、火山灰水泥、粉煤灰水泥、砌筑水泥和无熟料水泥等。在选用时应根据工程所在的环境条件，选择合适的水泥品种。水泥强度等级应为砂浆强度等级的 4 ~ 5 倍为宜。由于砂浆强度要求不高，所以采用中、低强度等级的水泥配制砂浆较好。若水泥强度等级过高，会使砂浆中水泥用量不足而导致保水性不良。

2. 细骨料

砂是砌筑砂浆的骨料，其最大粒径不应超过灰缝厚度的 1/5 ~ 1/4。通常砌筑砖砌体时，砂的最大粒径规定为 2.5mm；砌石砌体时，可采用最大粒径 5mm 的砂。为保证砂浆质量，对砂中的黏土及淤泥量常作以下限制：M10 及 M10 以上的砂浆应不超过 5%；M2.5 ~ M7.5 的砂浆应不超过 10%；M1 及 M1 以下的砂浆应不超过 15% ~ 20%。

3. 掺合料及外加剂

为了改善砂浆的和易性，可在砂浆中加入一些无机的细颗粒掺合料，如石灰、黏土、粉煤灰等。石灰须制成一定稠度的膏体使用，粉煤灰若磨细后使用效果会更好。有时还可以采用微沫剂来改善砂浆的和易性。常用的微沫剂为松香热聚物，掺量为水泥重量的0.005% ~ 0.01%。

4. 水

配制砂浆用水应符合现行行业标准《混凝土用水标准》JGJ 63—2006 的规定，应选用不含有害杂质的洁净水来拌制砂浆。砌筑砂浆的稠度确定如表 5-1 所示。

砌筑砂浆的施工稠度 表 5-1

砌体种类	施工稠度（mm）
烧结普通砖砌体、粉煤灰砖砌体	70 ~ 90
混凝土砖砌体、普通混凝土小型空心砌块砌体、灰砂砖砌体	50 ~ 70
烧结多孔砖砌体、烧结空心砖砌体、轻集料混凝土小型空心砌块砌体、蒸压加气混凝土砌块砌体	60 ~ 80
石砌体	30 ~ 50

砌筑砂浆应根据工程类别及砌体部位的设计要求选择砂浆的强度等级，再按所选强度等级确定其配合比。一般分为水泥混合砂浆配合比设计和水泥砂浆配合比选用两种情况。

5. 水泥混合砂浆配合比设计

（1）计算试配强度

$$f_{m,0}=f_2+0.645\sigma \qquad (5-3)$$

式中　$f_{m,0}$——砂浆的试配强度，精确至 0.1MPa；

f_2——砂浆抗压强度平均值，精确至 0.1MPa；

σ——砂浆现场强度标准差，精确至 0.1MPa。

1）当有近期统计资料时，应按照下式计算：

$$\sigma=\sqrt{\frac{\sum\limits_{i=1}^{n}f_{m,i}^2-n\mu_{f_m}^2}{n-1}} \qquad (5-4)$$

式中　$f_{m,i}$——统计周期内同一品种砂浆第 i 组试件的强度，MPa；

μ_{f_m}——统计周期内同一品种砂浆 n 组试件强度的平均值，MPa；

n——统计周期内同一品种砂浆试件的总组数，$n \geqslant 25$。

2）当不具有近期统计资料时，砂浆现场强度标准差可按表 5-2 取用。

砂浆强度标准差 σ 选用值（单位：MPa）　　　　　　　　表 5-2

施工水平＼砂浆强度等级	M5	M7.5	M10	M15	M20	M25	M30
优良	1.00	1.50	2.00	3.00	4.00	5.00	6.00
一般	1.25	1.88	2.50	3.75	5.00	6.25	7.50
较差	1.50	2.25	3.00	4.50	6.00	7.50	9.00

（2）每立方米砂浆中的水泥用量

$$Q_c=\frac{1000\,(f_{m,0}-\beta)}{\alpha \cdot f_{ce}} \qquad (5-5)$$

式中　Q_c——每立方米砂浆的水泥用量，精确至 1kg；

$f_{m,0}$——砂浆的试配强度，精确至 0.1MPa；

f_{ce}——水泥实测强度，精确至 0.1MPa；

α，β——砂浆的特征系数，其中，$\alpha=3.03$，$\beta=-15.09$。

在无法取得水泥的实测强度值时，可按下式计算：

$$f_{ce}=\gamma_c \cdot f_{ce,k} \qquad (5-6)$$

式中　$f_{ce,k}$——水泥强度等级对应的强度值，MPa；

γ_c——水泥强度等级值的富余系数，该值应按实际统计资料确定，无统计资料时可取 1.0。

（3）确定 1m³ 水泥混合砂浆的掺加料用量

$$Q_D=Q_A-Q_C \tag{5-7}$$

式中　Q_D——每立方米砂浆的掺加料用量，精确至 1kg；石灰膏、黏土膏使用时的稠度为 120±5mm；

　　　　Q_A——每立方米砂浆中水泥和掺加料的总量，精确至 1kg；宜在 300～350kg 之间；

　　　　Q_C——每立方米砂浆的水泥用量，精确至 1kg。

（4）砂浆中的水、胶结料和掺合料是用来填充砂子的空隙的，因此 1m³ 砂浆用的干砂是 1m³。所以，每立方米砂浆中的砂子用量应按干燥状态（含水率小于 0.5%）的堆积密度值作为计算值（kg）。

（5）每立方米砂浆中的用水量根据砂浆稠度等要求可选用 240～310kg。

6. 水泥砂浆配合比选用

水泥砂浆配合比材料用量可按表 5-3 选用。

每立方米水泥砂浆材料用量　　　　　　表 5-3

强度等级	每立方米砂浆水泥用量（kg）	每立方米砂子用量（kg）	每立方米砂浆用水量（kg）
M5	200～230		
M7.5	230～260		
M10	260～290		
M15	290～330	1m³ 砂的堆积密度值	270～330
M20	340～400		
M25	360～410		
M30	430～480		

7. 试配与调整

（1）按计算或查表所得配合比进行试拌时，应测定其拌合物的稠度和分层度，当不能满足要求时应调整材料用量，直到符合要求为止。然后确定试配时的砂浆基准配合比。

（2）试配时至少应采用三个不同的配合比，确定其中一个基准配合比，其他配合比的水泥用量应按基准配合比分别增加和减少 10%。在保证稠度、分层度合格的条件下，可将用水量或掺加料用量作相应调整。

（3）分别按规定成型试件，测定砂浆稠度，并选用符合试配强度要求且水泥用量最低的配合比作为砂浆配合比。

5.3.2　抹面砂浆

砂浆也称抹灰砂浆，其涂抹在建筑物内、外表面，既可保护建筑物，又可使表面具有一定的使用功能（装饰、防水、绝热、吸声、耐酸等）。依据使用功能可将砂浆分为普通抹面砂浆、装饰砂浆、防水砂浆和特色用途砂浆（防水、绝热、吸声、耐酸等）。

1. 普通抹面砂浆

普通抹面砂浆主要是为了保护建筑物，并使表面平整美观。抹面砂浆与砌筑砂浆不同，主要要求的不是强度，而是与底面的黏结力。所以在配制时需要的胶凝材料数量较多，并应具有良好的和易性，以便操作。

为了保证抹灰表面平整，避免裂缝、脱落等现象，通常抹面应分两层或三层进行施工。各层抹灰要求不同，所以每层所用的砂浆也不一样。

底层砂浆主要起与基层黏结的作用，砖墙底层多用石灰砂浆；有防水、防潮要求时用水泥砂浆；板条墙及顶棚的底层抹灰多用水泥砂浆或者混合砂浆。中层抹灰主要起找平作用，多用混合砂浆或石灰砂浆。面层主要起装饰作用，砂浆中适宜用细砂。面层抹灰多用混合砂浆、麻刀石灰浆和纸筋石灰浆。在容易碰撞或潮湿部位的面层，如墙裙、踢脚板、雨篷、水池、窗台等均应采用水泥砂浆。

2. 装饰砂浆

装饰砂浆是指用作建筑物饰面的砂浆。装饰砂浆主要由水泥、砂、石灰、石膏、钙粉、黏土等无机天然材料构成。添加一定量的矿物颜料，涂抹在建筑表面装饰。常用的装饰砂浆有水刷石、干粘石、斩假石和水磨石。装饰砂浆与普通抹面砂浆基本相同，其装饰效果是通过施工时不同的处理方法，如表面不同做法，使用白水泥或色彩水泥，加入天然的彩色砂、碎屑等实现的。

3. 防水砂浆

防水砂浆是指用于制作防水层的抗渗性较高的砂浆。砂浆防水层又称刚性防水层。适用于不受振动和具有一定刚度的混凝土或砖、石砌体工程，用于水塔、水池等的防水。防水砂浆可用普通水泥砂浆中掺入防水剂制得。

5.3.3 地坪砂浆

地坪砂浆是环氧树脂砂浆的简称，是一种高快凝固、高黏度的混合砂浆灌浆料。地坪砂浆的主要施工原料为环氧树脂，常适用于超市、楼厅、仓库、汽车修理厂、停车场等地，或者机械性能要求高的区域和具有一定冲击性的企业厂房场地。

1. 性能特性

地坪砂浆的性能特性有以下几点：

（1）耐冲击、耐重压、机械性能佳。

（2）防尘、防霉、耐磨、硬度好。

（3）硬化后收缩率小，无裂缝。

（4）耐水、耐油污、耐酸碱等一般化学腐蚀。

（5）外观平整亮丽、色彩多样。

（6）无接缝、便于清洁、维护方便。

2. 施工工艺

（1）底涂层。使用溶剂型环氧单组分底漆或无溶剂型环氧底漆（主漆：固化剂 =5：1）混合，并搅拌均匀；用滚筒、毛刷均匀地涂刷，无漏涂。

（2）中涂砂浆。使用溶剂型环氧中涂漆（1：1）或无溶剂型环氧中涂漆（5：1）按比例混合后加适量石英砂搅拌均匀；用批刀整体满刮 1 ~ 2 遍；待固化后，打磨批刀痕等缺陷处，并清理干净。

（3）腻子层。使用溶剂型环氧中涂漆（1：1）或无溶剂型环氧中涂漆（5：1）按比例混合后加适量填料（如石英粉、滑石粉）搅拌均匀；用批刀批括 1 ~ 2 遍，重点是填补地面的坑洞缺陷处；待固化后，打磨批刀痕等缺陷处，用吸尘器、鸡毛掸、拧干的湿毛巾等清理干净。

（4）面涂层。使用溶剂型环氧面漆（1：1）或无溶剂型环氧面漆（5：1）按比例混合，搅拌均匀；用准备好的滚筒浸上面漆，均匀滚涂，要求涂层均匀，无漏涂，滚涂两遍。

（5）耐磨层。本工序可根据用户需要选择使用；溶剂型环氧面漆施工完毕 12 ~ 24h 后，即固化至行人不留印迹后，用环氧耐磨层面漆滚涂 1 遍，可大大提高地坪光洁度和耐用性。

5.3.4 保温砂浆

保温砂浆是以水泥、石灰、石膏等胶凝材料与膨胀珍珠岩、膨胀蛭石、火山渣或浮石砂、陶砂等轻质多孔骨料，按一定比例配制成的砂浆，具有轻质和良好的保温性能，其导热系数为 0.07 ~ 0.1W（m·K）。保温砂浆可用于平屋顶保温层及顶棚、内墙抹灰及供热管道的保温防护。常用的保温砂浆有水泥膨胀珍珠岩砂浆、水泥膨胀蛭石砂浆、水泥石灰膨胀蛭石砂浆等。水泥膨胀珍珠岩砂浆用 42.5 强度等级的普通水泥配制，其体积比为水泥：膨胀珍珠岩砂浆 =1：（12 ~ 15），水灰比为 1.5 ~ 2.0，导热系数为 0.067 ~ 0.074W/（m·K），其可用于砖及混凝土内墙表面抹灰或喷涂。水泥石灰膨胀蛭石砂浆的体积配合比为水泥：石灰膏：膨胀蛭石 =1：1：（5 ~ 8），导热系数为 0.076 ~ 0.105W/（m·K）。

5.4 商品砂浆

商品砂浆是降低能源、资源消耗、减少环境污染的环保型产品，商品砂浆可提高工程工效和质量，实现施工现代化，加强城市建设施工管理。

商品砂浆相比传统的砂浆有明显的优点：

（1）产品质量高、性能稳定，可以适应不同的用途和功能要求。

（2）产品黏结性好，大大提高了外墙瓷砖的黏结强度，减少了瓷砖掉落的安全隐患。

（3）产品施工性能良好，施工人员十分乐意使用。

商品砂浆又称预拌砂浆，一般可分为湿拌砂浆和干拌砂浆。

5.4.1 湿拌砂浆

湿拌砂浆是指水泥、细集料、保水增稠材料、外加剂和水以及根据需要掺入的矿物掺合料等组分按一定比例，在搅拌站经计量、拌制后，采用搅拌运输车运送至使用地点，放入专用容器储存，并在规定时间内使用完毕的砂浆拌合物。

湿拌砂浆按用途可分为湿拌砌筑砂浆、湿拌抹灰砂浆、湿拌地面砂浆和湿拌防水砂浆，代号如表5-4所示。强度等级、抗渗等级、稠度和凝结时间的分类见表5-5。

湿拌砂浆的性能应符合《预拌砂浆》GB/T 25181—2019的相关要求，湿拌砌筑砂浆的砌体力学性能还应符合《砌体结构设计规范》GB 50003—2011的规定，湿拌砌筑砂浆拌合物的表观密度不应小于1800kg/m³。

湿拌砂浆性能应符合表5-6的规定，湿拌砂浆稠度实测值与合同规定的稠度值之差应符合表5-7的规定。

湿拌砂浆代号 表5-4

品种	湿拌砌筑砂浆	湿拌抹灰砂浆	湿拌地面砂浆	湿拌防水砂浆
代号	WM	WP	WS	WW

湿拌砂浆分类 表5-5

项目	湿拌砌筑砂浆	湿拌抹灰砂浆		湿拌地面砂浆	湿拌防水砂浆
		普通抹灰砂浆（G）	机喷抹灰砂浆（S）		
强度等级	M5、M7.5、M10、M15、M20、M25、M30	M5、M7.5、M10、M15、M20		M15、M20、M25	M15、M20
抗渗等级	—	—		—	P6、P8、P10
稠度ª（mm）	50、70、90	70、90、100	90、100	50	50、70、90
保塑时间（h）	6、8、12、24	6、8、12、24		4、6、8	6、8、12、24

注：a. 可根据现场气候条件或施工要求确定。

湿拌砂浆性能指标 表5-6

项目		湿拌砌筑砂浆	湿拌抹灰砂浆		湿拌地面砂浆	湿拌防水砂浆
			普通抹灰砂浆	机喷抹灰砂浆		
保水率（%）		≥88	≥88	≥92	≥88	≥88
14d拉伸黏结强度（MPa）		—	M5：≥0.15；>M5：≥0.20	≥0.20	—	≥0.20
28d收缩率（%）		—	≤0.20		—	≤0.15
抗冻性ª	强度损失率（%）	≤25				
	质量损失率（%）	≤5				

注：a. 有抗冻性要求时，应进行抗冻性试验。

湿拌砂浆性能稠度允许偏差（单位：mm） 表 5-7

规定稠度	允许偏差
< 100	± 10
≥ 100	−10 ～ +5

湿拌砂浆通过搅拌站的专业化设备进行生产，并通过带有搅拌装置的专业运输车辆运送到工地现场使用，有以下优点：

（1）湿拌砂浆的拌制在工厂由专业技术人员进行配比设计、配方研制和砂浆质量控制，从根本上保证了砂浆的质量。

（2）原材料供应渠道稳定，进场各项指标控制严格。

（3）不用在工地进行二次搅拌，运输到现场可直接使用。

（4）湿拌砂浆的生产、运输、使用过程完全处于密闭状态，避免了水泥、砂石运输、堆放等搅拌和搬运过程中的粉尘、扬尘问题。

（5）生产过程采用全自动的生产方式，不需要人工在密封室操作，减少了粉尘对作业人员身体的伤害。

（6）有利于自动化施工机具的应用，改变了传统建筑施工的落后方式，提高了施工效率。

5.4.2　干混砂浆

干混砂浆是指由专业生产厂家生产的，经干燥筛分处理的细集料与无机胶结料、保水增稠材料、矿物掺合料和添加剂按一定比例混合而成的一种颗粒状或粉状混合物，它既可由专用罐车运输到工地加水拌合使用，也可采用包装形式运到工地拆包加水拌合使用。

干混砂浆按用途可分为干混砌筑砂浆、干混抹灰砂浆、干混地面砂浆、干混普通防水砂浆、干混陶瓷黏结砂浆、干混界面砂浆、干混保温板黏结砂浆、干混保温板抹面砂浆、干混聚合物水泥防水砂浆、干混自流平砂浆、干混耐磨地坪砂浆和干混饰面砂浆，代号如表 5-8 所示。强度等级、抗渗等级的分类见表 5-9。

干混砂浆的性能应符合《预拌砂浆》GB/T 25181—2019 的相关要求；干混砌筑砂浆的力学性能还应符合《砌体结构设计规范》GB 50003—2011 的规定，干混普通砌筑砂浆拌合物的表观密度不应小于 1800kg/m³。

干混砂浆代号 表 5-8

品种	干混砌筑砂浆	干混抹灰砂浆	干混地面砂浆	干混普通防水砂浆
代号	DM	DP	DS	DW
品种	干混陶瓷黏结砂浆	干混界面砂浆	干混聚合物水泥防水砂浆	干混自流平砂浆
代号	DTA	DIT	DWS	DSL
品种	干混耐磨地坪砂浆	干混填缝砂浆	干混饰面砂浆	干混修补砂浆
代号	DFH	DTG	DDR	DRM

干混砂浆代号 表 5-9

项目	干混砌筑砂浆		干混抹灰砂浆			干混地面砂浆	干混普通防水砂浆
	普通砌筑砂浆（G）	薄层砌筑砂浆（T）	普通抹灰砂浆（G）	薄层抹灰砂浆（T）	机喷抹灰砂浆（S）		
强度等级	M5、M7.5、M10、M15、M20、M25、M30	M5、M10	M5、M7.5、M10、M15、M20	M5、M7.5、M10	M5、M7.5、M10、M15、M20	M15、M20、M25	M15、M20
抗渗等级	—	—	—	—		—	P6、P8、P10

　　干混砌筑砂浆、干混抹灰砂浆、干混地面砂浆和干混普通防水砂浆的性能应符合表 5-10 的规定，干混陶瓷砖黏结砂浆的性能应符合表 5-11 的规定，干混界面砂浆的性能应符合表 5-12 的规定。

部分干混砂浆性能指标 表 5-10

项目		干混砌筑砂浆		干混抹灰砂浆			干混地面砂浆	干混普通防水砂浆
		普通砌筑砂浆	薄层砌筑砂浆	普通抹灰砂浆	薄层抹灰砂浆	机喷抹灰砂浆		
保水率（%）		≥ 88	≥ 99	≥ 88	≥ 99	≥ 92	≥ 88	≥ 88
凝结时间（h）		3 ~ 12	—	3 ~ 12	—	—	3 ~ 9	3 ~ 12
2h 稠度损失率（%）		≤ 30	—	≤ 30	—	≤ 30	≤ 30	≤ 30
压力泌水率（%）		—	—	—	—	< 40	—	—
14d 拉伸黏结强度（MPa）		—	—	M5：≥ 0.15 > M5：≥ 0.20	≥ 0.30	≥ 0.20	—	≥ 0.20
28d 收缩率（%）		—	—	≤ 0.20			—	≤ 0.15
抗冻性 [a]	强度损失率（%）	≤ 25						
	质量损失率（%）	≤ 5						

注：a. 有抗冻性要求时，应进行抗冻性试验。

干混陶瓷黏结砂浆性能指标 表 5-11

项目		性能指标		
		室内用（Ⅰ）		室外用（E）
		Ⅰ 型	Ⅱ 型	
拉伸黏结强度（MPa）	原强度	≥ 0.5	≥ 0.5	符合 JC/T 547 的要求
	浸水后	≥ 0.5	≥ 0.5	
	热老化后	—	≥ 0.5	
	冻融循环后	—	—	
	晾置时间 ≥ 20min	≥ 0.5	≥ 0.5	

注 1. 按使用部位分为室内用（代号 Ⅰ）和室外用（代号 E），室内用又分为 Ⅰ 型和 Ⅱ 型。
　　2. Ⅰ 型适用于常规尺寸的非瓷质砖黏贴；Ⅱ 型适用于低吸水率、大尺寸的瓷砖黏贴。

干混界面砂浆性能指标   表 5-12

项目		性能指标	
		混凝土界面（C）	加气混凝土界面（AC）
拉伸黏结强度（MPa）	未处理，14d	≥ 0.6	≥ 0.5
	浸水处理	≥ 0.5	≥ 0.4
	热处理		
	冻融循环处理		
	晾置时间，20min	—	≥ 0.5

注：按基层分为混凝土界面（代号 C）和加气混凝土界面（代号 AC）。

干混砂浆的优势在于以下几点：

（1）品质稳定可靠，解决了传统工艺配制砂浆配比难以控制导致质量被动的问题。

（2）计量准确，可提高工程质量。

（3）品种齐全，可以满足不同功能和性能需求。

（4）对新型墙体材料有较强的适应性，有利于推广应用新型墙材。

（5）干混砂浆运送到工地后保存时间较长，需要使用时再加水拌合。

（6）随拌随用，使用灵活，方便小批量使用。

但是干混砂浆的缺点在于：

（1）需要二次搅拌，需要投入相应的搅拌设备和人力。

（2）搅拌过程中会产生粉尘污染。

（3）现场搅拌时加水量较为随意，不利于砂浆质量控制。

【本章小结】

建筑砂浆是由胶凝材料、细集料、水和外加剂按一定比例配制而成的建筑材料。建筑砂浆的工作性主要包括流动性和保水性两个方面。流动性又称稠度，表示砂浆在重力或外力作用下的流动性能。水泥用量和用水量越多、砂子的级配越好、棱角少、颗粒粗，则砂浆的流动性越大，通常用砂浆稠度测定仪来测定。砂浆的保水性是指砂浆保持水分的能力，砂浆的保水性以分层度表示，用砂浆分层稠度仪测定。砂浆的强度受砂浆本身组成材料和配合比的影响。同种砂浆在配合比相同的情况下，还与砂浆基层的吸水性能有关。砂浆的黏结力随着砂浆抗压强度的提高而增大。砂浆的耐久性是指砂浆在使用条件下经久耐用的性质，包括抗冻性、抗渗性等。涂抹于建筑物表面的砂浆统称为抹面砂浆，主要包括普通抹面砂浆、装饰砂浆和防水砂浆。商品砂浆一般分为湿拌砂浆和干拌砂浆。

复习思考题

1. 建筑砂浆按用途可分为几类？

2. 砂浆的和易性包括哪些含义？各用什么技术指标来表示？

3. 什么是砌筑砂浆？砌筑砂浆对组成材料有何要求？

4. 抹灰砂浆与砌筑砂浆各有什么特点？

5. 抹面砂浆可分为哪几类？

6. 商品砂浆较现场搅拌砂浆的优势有哪些？干混砂浆与湿拌砂浆的优缺点有哪些？

第6章 钢材

【本章要点】

本章主要介绍钢材的生产、分类、组成与结构；重点讲述钢材的力学性能和工艺性能，介绍了建筑工程中的主要钢种以及建筑钢材的牌号选用；最后对建筑钢材的性质、钢材的技术标准与选用以及钢材的腐蚀与防止等进行了论述。

【学习目标】

了解钢材的化学成分及质量等级分类，掌握钢材的抗拉性能、冲击性能和冷弯性能，工程中钢材的工作条件及选用要求，低合金钢材的性能特点及应用，热轧钢筋的分类及用途。

6.1 概述

在土木工程中最重要的金属材料是钢材，钢材是指用于钢结构的热轧型钢、钢板、薄壁型钢以及用于混凝土结构的钢筋、钢丝、钢绞线等。建筑钢材具有一系列优良的性能。其有较高的强度和比强度；有良好的塑性和韧性，能承受冲击荷载和振动荷载；易于加工和装配；可以焊接、铆接和螺栓连接，所以在土木工程中得到了广泛的应用。钢材的缺点是易生锈、耐火性差、维护费用大。

现代建筑工程中大量使用的钢材主要有两类，一类是钢结构用的各种型钢、钢板和钢管，充分利用其轻质高强的优点，用于建造大跨度、大空间或超高层建筑；另一类是钢筋混凝土用的各种钢筋、钢丝、钢绞线等钢材，与混凝土共同构成受力构件。

6.2 钢材的生产、组成与结构

6.2.1 钢材的生产与分类

1. 钢材的生产

我们通常所说的钢铁又称为铁碳合金，因为钢铁的主要化学成分是铁元素和碳元素。

根据钢铁中碳元素含量的多少将钢铁分为生铁和钢，其中含碳量大于 2% 的铁碳合金称为生铁，含碳量小于 2% 的铁碳合金称为钢。

钢是由生铁冶炼而成的。生铁是由铁矿石、焦炭和少量石灰石等在高温的作用下进行还原反应和其他的化学反应，铁矿石中的氧化铁形成金属铁，然后再吸收碳而成的。生铁的主要成分是铁，但含有较多的碳以及硫、磷、硅、锰等杂质，杂质使得生铁的性质硬而脆、塑性很差、抗拉强度很低，使用受到很大限制。炼钢的目的就是通过冶炼将生铁中的含碳量降至 2.06% 以下，其他杂质含量降至一定的范围内，以显著改善其技术性能，提高质量。

生铁的冶炼：铁是地壳中较为活泼的元素，一般是以化合物的形式存在于铁矿石中。我们把铁矿石、焦炭和助熔剂等按照适当的比例放入高炉中冶炼，焦炭中的碳和铁矿石中的氧化铁发生还原反应，将铁元素从氧化物中分离出来，把生成的一氧化碳和二氧化碳气体排放到炉外。这个过程得到的铁中含有较多的碳以及其他的杂质，称为生铁。生铁质地又硬又脆，塑性和韧性较差，在应用中受到很大限制。

钢材的冶炼：生铁性能不好，需要进一步冶炼。向炼钢炉中吹入足量的氧气并加入造渣剂，一部分碳被氧化成气体排出，其他杂质则变成熔渣，这样就可以得到含碳量适宜的铁碳合金——钢材。钢材性能良好，有足够的强度和硬度，又有较好的塑性和韧性，在土木工程中得到广泛应用。

钢的冶炼方法主要有氧气转炉法、电炉法和平炉法三种，不同的冶炼方法对钢材的质量有着不同的影响，如表 6-1 所示。目前，氧气转炉法已成为现代炼钢的主要方法，而平炉法则已基本被淘汰。

炼钢方法的特点和应用　　　　　　　　　　　　表 6-1

炉种	原料	特点	生产钢种
氧气转炉	铁水、废钢	冶炼速度快，生产效率高，钢质较好	碳素钢、低合金钢
电炉	废钢	容积小，耗电大，控制严格，钢质好，但成本高	合金钢、优质碳素钢
平炉	生铁、废钢	容量大，冶炼时间长，钢质较好且稳定，成本较高	碳素钢、低合金钢

2. 钢材的分类

根据现行国家标准《钢分类》GB/T 13304.1—2008 的规定，按化学成分、合金元素含量可将钢材分为非合金钢、低合金钢和合金钢三类。在建筑工程中，常用的钢种为非合金钢以及合金钢中的一般低合金结构钢。钢的分类方法很多，通常有以下几种。

（1）根据冶炼时脱氧程度分类

由于在钢材的冶炼过程中通入了足量的氧气，所以在冶炼后期要加入硅铁、锰铁以及铝锭等脱氧剂进行脱氧，根据脱氧程度的不同可以将钢材分为沸腾钢、镇静钢、半镇静钢和特殊镇静钢四类。

1）沸腾钢：脱氧不完全的钢称为沸腾钢，用符号"F"来表示。由于脱氧不充分，会有大量的一氧化碳气体逸出，看似钢液在沸腾，由此而得名。沸腾钢中硫、磷等元素分布不均，密集在某些区域，偏析现象严重，材质不均匀，而且密实度较差，因此质量受到影响，但其价格便宜，所以应用广泛。

2）镇静钢：脱氧完全的钢称为镇静钢，用符号"Z"来表示。浇注钢锭时，钢液能够平静地冷却凝固。镇静钢偏析程度小，成分均匀，组织致密，孔洞较少，质量很好，可用于承受冲击荷载或者用于预应力结构等重要结构中。

3）半镇静钢：脱氧程度介于沸腾钢和镇静钢之间的钢材称为半镇静钢，用符号"b"来表示。半镇静钢的质量相对较好。

4）特殊镇静钢：比镇静钢脱氧程度更充分、更彻底的钢材称为特殊镇静钢，用符号"TZ"来表示。特殊镇静钢脱氧的质量最好，只有在特别重要的结构中才使用这种钢材。

（2）根据化学成分分类

钢材是由铁元素、碳元素以及其他许多元素组成的合金材料，根据化学成分的不同可以将钢材分为碳素钢和合金钢两类。

1）碳素钢：除铁元素、碳元素和限量以内的硅、锰、磷、硫等杂质外，不含其他合金元素的钢称为碳素钢。根据含碳量的多少可分为以下三种：

①低碳钢：含碳量小于 0.25% 的碳素钢。

②中碳钢：含碳量为 0.25%～0.60% 的碳素钢。

③高碳钢：含碳量大于 0.60% 的碳素钢。

2）合金钢：在碳素钢中有意识地加入一种或者几种合金元素，如硅、锰、铜、钒、钛、镍、铬等，以改善钢材的性能，这样得到的钢材即合金钢。根据合金元素含量的多少可分为以下三种：

①低合金钢：合金元素总含量小于 5% 的合金钢。

②中合金钢：合金元素总含量为 5%～10% 的合金钢。

③高合金钢：合金元素总含量大于 10% 的合金钢。

碳素钢中的低碳钢以及合金钢中的低合金钢在土木工程建筑中应用较广泛。

（3）按有害杂质含量分类

硫元素（S）和磷元素（P）都是钢材中的有害成分。一般来说，硫元素和磷元素的含量越少，钢材质量性能越好。根据它们含量的多少可以将钢材分为如下几类：

1）普通钢：S 含量小于等于 0.050%，P 含量小于等于 0.045%。

2）优质钢：S 含量小于等于 0.035%，P 含量小于等于 0.035%。

3）高级优质钢：S 含量小于等于 0.025%，P 含量小于等于 0.025%。

4）特级优质钢：S 含量小于等于 0.015%，P 含量小于等于 0.025%。

磷元素在一定程度上能够提高钢材的强度和抗生锈功能，故可以使用高磷钢，这时候要适当降低碳元素的含量，以保证必要的塑性和韧性。

（4）按用途分类

根据用途不同，可以将钢材分为如下几类：

1）结构钢：主要是指工程结构用钢（如钢结构建筑用钢材、钢筋混凝土结构用钢筋、桥梁用钢材等）和机械零件用钢。

2）工具钢：主要是指刃具钢、量具钢和模具钢。

3）特殊性能钢：具有特殊物理性能或者化学性能的钢材，如不锈钢、耐磨钢、耐热钢、耐酸钢等。

钢材的产品一般分为型材、板材、线材和管材等。型材包括钢结构用的角钢、工字钢、槽钢、方钢、吊车轨、钢板桩等；板材包括用于建造房屋、桥梁及建筑机械中的厚钢板，用于屋面、墙面、楼板等的薄钢板；线材包括钢筋混凝土和预应力混凝土用的钢筋、钢丝和钢绞线等；管材包括钢桁架和供水、供气管线等。

6.2.2 钢材的组成与结构

1. 钢材的组成

钢中的主要成分为铁元素，另外还含有少量的碳、硅、锰、硫、磷、氧、氮等元素，这些元素对钢材性质的影响各不相同。

（1）碳（C）：碳是决定钢材性能最重要的元素，含碳量对碳素钢性能的影响如图 6-1 所示。当钢中含碳量在 0.8% 以下时，随着含碳量的增加，钢材的强度和硬度提高，而塑性和韧性降低；但当含碳量在 1.0% 以上时，随着含碳量的增加，钢材的强度反而下降。

随着含碳量的增加，钢材的焊接性能变差（含碳量大于 0.3% 的钢材，可焊性显著下降），冷脆性和时效敏感性增大，耐大气锈蚀性下降。

一般工程中所用碳素钢均为低碳钢，即含碳量小于 0.25%；工程所用低合金钢，其含碳量小于 0.52%。

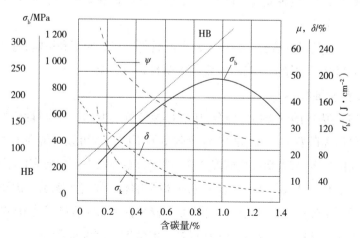

图 6-1 含碳量对碳素钢性能的影响

σ_b—抗拉强度；σ_k—冲击韧性；δ—伸长率；ψ—断面收缩率；HB—硬度

（2）硅（Si）：硅作为脱氧剂而残留于钢中，是钢中的有益元素。硅含量较低（小于1.0%）时，能提高钢材的强度和硬度以及耐蚀性，而对塑性和韧性无明显影响；但当硅含量超过1.0%时，将显著降低钢材的塑性和韧性，增大冷脆性、实效敏感性，并降低可焊性。

（3）锰（Mn）：锰在炼钢时用来脱氧去硫而残留于钢中，是钢中的有益元素。锰具有很强的脱氧去硫能力，能消除或减轻氧、硫所引起的热脆性，大大改善钢材的热加工性能，同时能提高钢材的强度和硬度，但塑性和韧性略有降低。在钢材中含锰量太高，则会降低钢材的塑性、韧性和可焊性。锰是我国低合金结构钢中的主要合金元素。

（4）硫（S）：硫是钢中很有害的元素。硫的存在会加大钢材的热脆性，降低钢材的各种机械性能，也使钢材的可焊性、冲击韧性、耐疲劳性和抗腐蚀性等均降低。为消除硫的这些危害，可在钢中加入适量的锰。

（5）磷（P）：磷是钢中很有害的元素。随着磷含量的增加，钢材的强度、屈强比、硬度均有提高，而塑性和韧性显著降低。特别是温度越低，对塑性和韧性的影响越大，显著加大了钢材的冷脆性。磷也使钢材的可焊性显著降低，但磷可提高钢材的耐磨性和耐蚀性，故在经过合理的冶金工艺之后，低合金钢中也将磷配合其他元素作为合金元素使用。

（6）氧（O）：氧是钢中的有害元素。随着氧含量的增加，钢材的强度有所提高，但塑性、特别是韧性显著降低，可焊性变差。

（7）氮（N）、氢（H）：氮对钢材性能的影响与碳、磷相似，随着氮含量的增加，可使钢材的强度提高，塑性、特别是韧性显著降低，可焊性变差，冷脆性加剧。氮在铝、铌、钒等元素的配合下可以减少其不利影响，改善钢材性能，可作为低合金钢的合金元素使用。钢中溶有氢则会引起钢的白点（圆圈状的断裂面）和内部裂纹，断口有白点的钢一般不能用于建筑结构。

（8）钛（Ti）：钛是强脱氧剂。钛能显著提高强度，改善韧性、可焊性，但稍降低塑性。钛是常用的微量合金元素。

（9）钒（V）：钒是弱脱氧剂。钒加入钢中可减弱碳和氮的不利影响，有效地提高强度，但有时也会增加焊接淬硬倾向。钒也是常用的微量合金元素。

2. 钢材的基本组织

钢是以铁（Fe）为主的铁碳（C）合金，其中C含量虽很少，但对钢材性能的影响非常大。液态时铁和碳可以无限互溶，固态时根据含碳量的不同，碳可以溶解在铁中形成固溶体，也可以与铁形成化合物，或者形成机械混合物。铁碳合金在固态下主要有以下几种基本相：

（1）铁素体：C溶于 α—Fe 中形成的间隙固溶体，常用F表示。由于 α—Fe 体心立方晶格的原子间空隙小，C在其中的溶解度也较小，室温时含碳量为0.0008%。铁素体的力学性能与工业纯铁相近，塑性、韧性很好，但强度、硬度很低。

（2）奥氏体：C溶于 γ—Fe 中形成的间隙固溶体，常用A表示，其溶碳能力较强。

奥氏体强度、硬度不高，但塑性好，在高温下易于轧制成型。

（3）渗碳体：铁和碳形成的金属化合物 Fe_3C，其含 C 量高达 6.69%。渗碳体晶体结构复杂，硬度很高，但塑性和韧性几乎为零，是钢中的主要强化相。

（4）珠光体：铁素体和渗碳体的机械混合物，常用 P 表示。层状结构，塑性和韧性较好，强度较高。

（5）莱氏体：由奥氏体（珠光体）和渗碳体组成的机械混合物，常用 L_d 表示。其中渗碳体较多，脆性大、硬度高、塑性差。

碳素钢中各相的相对含量与其含碳量关系密切，见图 6-2。由图可知，当含 C 量小于 0.8% 时，钢的基本组织由铁素体和珠光体组成，其间随着含 C 量提高，铁素体逐渐减少而珠光体逐渐增多，钢材的强度、硬度逐渐提高而塑性、韧性逐渐降低。当含 C 量为 0.8% 时，钢的基本组织仅为珠光体。当含 C 量大于 0.8% 时，钢的基本组织由珠光体和渗

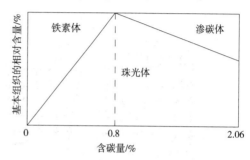

图 6-2　碳素钢基本组织相对含量与含碳量的关系

碳体组成，此后随含 C 量增加，珠光体逐渐减少而渗碳体相对渐增，从而使钢的硬度逐渐增大，塑性和韧性减小，且强度下降。

建筑工程中所用的钢材含碳量均在 0.8% 以下，既具有较高的强度，同时塑性、韧性也较好，可以很好地满足工程技术要求。

3. 钢材的晶体结构

为了表明原子在空间排列的规律性，常常将构成晶体的原子抽象为几何点，称之为阵点。由这些阵点有规则地周期性重复排列所形成的三维空间陈列，称为空间点阵。为了方便起见，人为地将阵点用直线连接起来形成空间格子，称之为晶格。而晶格则是描述晶体结构的最小单元。

钢的晶格有两种架构，即体心立方晶格和面心立方晶格，前者是原子排列在一个正六面体的中心及各个顶点而构成的空间格子，后者是原子排列在一个正六面体的各个顶点及六个面的中心而构成的空间格子。钢从液态变成固态时，随着温度的降低，其晶格将发生两次转变，即在大于 1390℃ 的高温时，形成体心立方晶格，称为 δ—Fe；温度由 1390℃ 降至 910℃ 的中温范围时，则转变为面心立方晶格，称为 γ—Fe，此时伴随产生体积收缩；继续降至 910℃ 以下的低温时，又转变成体心立方晶格，称为 α—Fe，这时将产生体积膨胀。

晶体中原子完全为规则排列时，称为理想晶体，而实际金属并非理想结构，往往存在多种缺陷。按照几何特征，这些晶体缺陷可分为点缺陷、线缺陷和面缺陷三类。

（1）点缺陷：主要为空位、间隙原子，如图 6-3（a）所示。不论哪种点缺陷，均会造成晶格畸变，对钢材的性能产生影响。例如屈服强度升高、电阻增大、高温下的塑性

变形和断裂等，均与点缺陷的存在和运动有关。

（2）线缺陷：通常为各种类型的位错，位错是晶体中某处有一列或若干列原子发生某种有规律的错排现象，其中最基本的为刃型位错和螺型位错。图6-3（b）所示为刃型位错。当金属中不含位错或位错密度越大，其强度越高。

（3）面缺陷：主要为晶界和亚晶界，是不同位向晶粒之间原子无规则排列的过渡层，如图6-3（c）所示。晶界上的晶格畸变在室温下对钢材的塑性变形起阻碍作用，在宏观上表现为钢材具有更高的强度和硬度，同时也使钢材易于腐蚀和氧化。

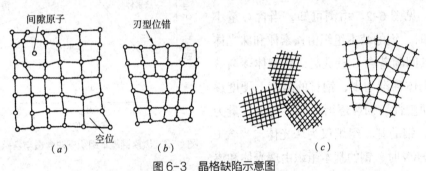

图6-3　晶格缺陷示意图
（a）点缺陷；（b）线缺陷；（c）面缺陷

6.3　建筑钢材的性质

钢材的技术性质主要包括力学性能（抗拉性能、冲击韧性、疲劳强度和硬度等）和工艺性能（冷弯性能、冷拉、冷拔及焊接性能等）两个方面。

6.3.1　力学性能

1. 抗拉性能

抗拉性能是建筑钢材最主要的技术性能。通过拉伸试验可以测得屈服强度、抗拉强度和伸长率，这些是钢材的重要技术性能指标。

建筑钢材的抗拉性能可用低碳钢受拉时的应力—应变图（图6-4）来阐明。低碳钢从受拉至拉断，分为以下四个阶段。

（1）弹性阶段

OA 阶段，如卸去荷载，试件将恢复原状，表现为弹性变形，与 A 点相对应的应力为弹性极限，用 σ_{1s} 表示。此阶段应力与应变成正比，其比值为常数，

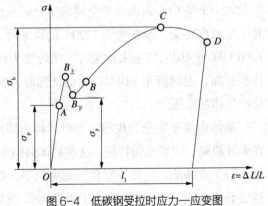

图6-4　低碳钢受拉时应力—应变图

即弹性模量，用 E 表示，即 $E=\dfrac{\sigma_p}{\varepsilon_p}$。弹性模量反映了钢材抵抗变形的能力，它是钢材在受力条件下计算结构变形的重要指标。土木工程中常用的低碳钢的弹性模量 $E=(2.0\sim2.1)\times10^5\text{MPa}$，弹性极限 $\sigma_p=180\sim200\text{MPa}$。

（2）屈服阶段

AB 为屈服阶段。在 AB 曲线范围内，应力与应变不成比例，开始产生塑性变形，应变增加的速度大于应力增长速度，钢材抵抗外力的能力发生"屈服"了。图中 $B_\text{上}$ 点为应力最高点，称为屈服上限，$B_\text{下}$ 点为屈服下限。因 $B_\text{下}$ 比较稳定易测，故一般以 $B_\text{下}$ 点对应的应力作为屈服点，用 σ_y 表示。常用低碳钢的 σ_y 为 $195\sim300\text{MPa}$。

中碳钢和高碳钢没有明显的屈服现象，规范规定以 0.2% 残余变形所对应的应力值作为名义屈服强度，用 $\sigma_{0.2}$ 表示。

屈服强度对钢材使用意义重大：一方面，当钢材的实际应力超过屈服强度时，变形即迅速发展，将产生不可恢复的永久变形，尽管尚未破坏，但已不能满足使用要求；另一方面，当应力超过屈服强度时，受力较高部位的应力不再提高，而自动将荷载重新分配给某些应力较低的部位。因此，屈服强度是设计中确定钢材容许应力及强度取值的主要依据。

（3）强化阶段

BC 阶段，当荷载超过屈服点以后，由于试件内部组织结构发生变化，抵抗变形能力又重新提高，故称为强化阶段。对应于最高点 C 点的应力为强度极限或抗拉强度，用 σ_b 表示。抗拉强度是钢材所能承受的最大拉应力，即当拉应力达到强度极限时，钢材完全丧失了对变形的抵抗能力而断裂。

通常，钢材是在弹性范围内使用的，但在应力集中处，其应力可能超过屈服强度，此时由于产生一定的塑性变形，可使结构中的应力产生重分布，从而使结构免遭破坏。抗拉强度虽然不能直接作为计算依据，但屈服强度与抗拉强度的比值，即"屈强比"（σ_y/σ_b）对工程应用有较大意义。工程使用的钢材不仅希望具有高的屈服强度，还希望具有一定的屈强比。屈强比越小，钢材在应力超过屈服强度工作时的可靠性越大，即延缓结构损坏过程的潜力越大，因而结构的安全储备越大，结构越安全。但屈强比过小，钢材强度的有效利用率低，造成浪费。常用碳素钢的屈强比为 $0.58\sim0.63$，合金钢的屈强比为 $0.65\sim0.75$。

（4）颈缩阶段

CD 阶段，当钢材强化达到最高点后，试件薄弱处的截面显著缩小，产生"颈缩现象"，由于试件断面急剧缩小，塑性变形迅速增加，拉力也随着下降，最后试件拉断。试件拉断后的标距增量与原始标距之比的百分率为伸长率（断后伸长率），按下式计算：

$$\delta=\frac{l_1-l_0}{l_0}\times100\% \tag{6-1}$$

式中 δ——伸长率，%；

    l_1——试件拉断后的标距，mm；

    l_0——试件试验前的原始标距，mm。

钢材拉伸时，塑性变形在试件标距内的分布是不均匀的，颈缩处的伸长较大。所以原始标距 l_0 与直径 d 之比越大，颈缩处的伸长值在总伸长值中所占的比例就越小，计算出的伸长率也越小。通常钢材拉伸试件取 $l_0=5d$ 或 $l_0=10d$，对应的伸长率分别记为 δ_5 和 δ_{10}，对于同一钢材，$\delta_5 > \delta_{10}$。

测定试件拉断处的截面面积 A。试件拉断前后截面面积的改变量与原始截面面积 A_0 的百分比称为断面收缩率 ψ。断面收缩率的计算公式如下：

$$\psi=\frac{A_0-A}{A_0}\times100\%$$ （6-2）

伸长率和断面收缩率都表示钢材断裂前经受塑性变形的能力。伸长率越大或者断面收缩率越高，表示钢材塑性越好。尽管结构是在钢的弹性范围内使用，但在应力集中处，其应力可能超过屈服点，此时产生一定的塑性变形，可使结构中的应力产生重分布，从而使结构免遭破坏。另外，钢材塑性大，在塑性破坏前有很明显的塑性变形和较长的变形持续时间，便于人们发现和补救问题，从而保证钢材在建筑上的安全使用，也有利于钢材加工成各种形式。

2. 冲击韧性

冲击韧性是钢材抵抗冲击荷载的能力。钢材的冲击韧性用试件冲断时单位面积上所吸收的能量来表示。冲击韧性按下式计算：

$$\alpha_k=\frac{A_k}{S_k}$$ （6-3）

式中 α_k——冲击韧性，J/cm^2；

    A_k——试件冲断时所吸收的冲击能，J；

    S_k——试件槽口处最小横截面面积，cm^2。

钢材的冲击韧性受很多因素的影响，主要影响因素有：

（1）化学成分。钢材中有害元素磷和硫较多时，则 α_k 下降。

（2）冶炼质量。脱氧不完全、存在偏析现象的钢，α_k 值小。

（3）冷作及时效。钢材经冷加工及时效后，冲击韧性降低。

将经过冷加工的钢材，在常温下放置 15～20d，或加热至 100～200℃ 并保持 2 h 左右，其屈服强度、抗拉强度和硬度进一步提高，而塑性和韧性有所下降，该过程称为时效处理，前者称为自然时效，后者称为人工时效。强度较低的钢筋通常采用自然时效，强度较高的钢筋则采用人工时效。钢材因时效而导致其性能改变的程度称时效敏感性。为了保证使用安全，在设计承受动荷载和反复荷载的重要结构（如吊车梁、桥梁等）时，应选用时效敏感性小的钢材。

（4）环境温度影响。当环境温度低于某值时，α_k 突然大幅下降，材料发生脆性断裂，此称为钢材的冷脆性，而该温度则称为脆性转变温度，见图 6-5。脆性转变温度越低，表明钢材的低温冲击韧性越好。因此，在低温下使用的重要结构，尤其是受动荷载作用的结构，应选用脆性转变温度低于使用温度的钢材，并满足规范规定的 -20℃或 -40℃下的冲击韧性。

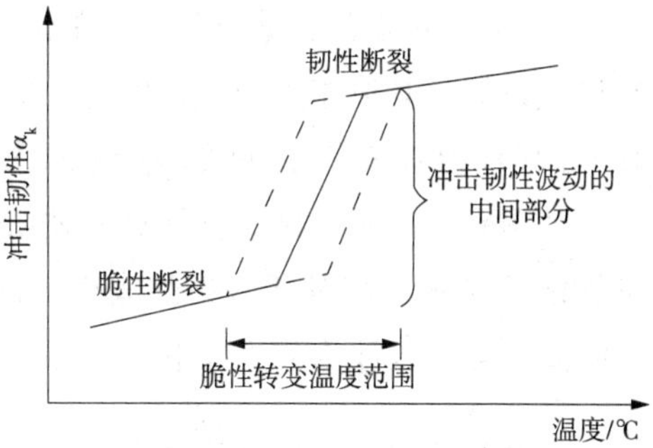

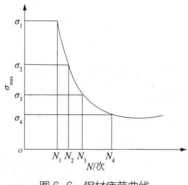

图 6-5　钢的脆性转变温度

3. 疲劳强度

当钢材受到交变应力作用时，即使应力远低于屈服极限也会发生突然破坏，这种现象称为疲劳破坏。疲劳破坏的危险应力用疲劳极限来表示，它是指疲劳试验时试件在交变应力作用下，于规定的周期基数内不发生断裂所能承受的最大应力。钢材承受的交变应力（σ）越大，则钢材至断裂时经受的交变应力循环次数（N）越少，反之则越多。当交变应力降低至一定值时，钢材可经受交变应力循环达无限次而不发生疲劳破坏。对于钢材，通常取循环次数 $N=10^7$ 时试件不发生破坏的最大交变应力（σ_n）作为其疲劳极限。图 6-6 为钢材疲劳曲线。

图 6-6　钢材疲劳曲线

测定疲劳极限时，应根据结构使用条件确定采用哪种应力循环类型、应力比值（最小与最大应力之比，又称应力特征值 ρ）和周期基数。

钢材的疲劳破坏一般是由应力集中引起的，首先在应力集中的地方出现微细疲劳裂纹，然后在交变荷载反复作用下，裂纹尖端产生应力集中，裂缝逐渐扩大，直至突然发生瞬时疲劳断裂。因此，钢材的疲劳极限不仅与其组织结构特征、成分偏析及其他各种缺陷有关，而且与钢结构的截面变化、表面质量及内应力大小等可能造成应力集中的各种因素有关。

4. 硬度

硬度是指金属材料在表面局部体积内抵抗硬物压入表面的能力，亦即材料表面抵抗塑性变形的能力。测定钢材硬度采用压入法，即以一定的静荷载（压力），把一定的压头压在金属表面，然后测定压痕的面积或深度来确定硬度。按压头或压力不同，硬度测量方法有布氏法、洛氏法等，相应的硬度试验指标称布氏硬度（HB）和洛氏硬度（HR）。较常用的方法是布氏法，其硬度指标是布氏硬度值。

（1）布氏硬度

布氏硬度试验是按规定选择一个直径为 D（mm）的淬硬钢球或硬质合金球，以一定荷载 P（N）将其压入试件表面，持续至规定时间后卸去荷载，测定试件表面上的压痕直

径 d（mm），根据计算或查表确定单位面积上所承受的平均应力值，其值作为硬度指标（无量纲），称为布氏硬度，代号为 HB。布氏硬度测定示意图如图 6-7 所示。

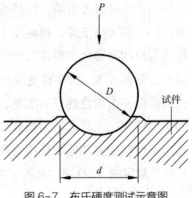

图 6-7　布氏硬度测试示意图

如图 6-7 所示，用直径为 D 的硬质合金球形压头，以规定的荷载 P 将其压入试件表面，保持规定的时间后卸去荷载。其计算公式如下：

$$HBW=0.102\frac{2F}{\pi D\left(D-\sqrt{D^2-d^2}\right)} \tag{6-4}$$

式中　F——荷载，N；

　　　D——钢球直径，mm；

　　　d——压痕平均直径，mm。

布氏法测定时所得压痕直径应在 $0.24D < d < 0.6D$ 范围内，根据所测材料的布氏硬度范围选择不同的压头球直径。最新标准规定布氏硬度试验范围上限为 600HBW，当被测材料硬度超过该值时，压头本身将发生较大的变形，甚至破坏。布氏硬度测试方法比较准确，但压痕较大，不适宜用于成品检验。

（2）洛氏硬度

洛氏硬度试验是将金刚石圆锥体或钢球等压头，按一定试验荷载压入试件表面，以压头压入试件的深度来表示硬度值（无量纲）。这种方法测得的硬度称为洛氏硬度，代号为 HR。洛氏硬度法的压痕小，所以常用于判断工件的热处理效果。

钢材的各种硬度值之间，硬度值与强度值之间具有近似的相应关系。因此，当已知钢材的硬度时，即可估算钢材的抗拉强度。

6.3.2　工艺性能

钢材应具有良好的工艺性能，以满足施工工艺的要求。冷弯、冷拉、冷拔及焊接性能是建筑钢材的重要工艺性能。

1. 冷弯性能

冷弯性能是钢材在常温条件下，承受弯曲变形的能力，是反映钢材缺陷的一种重要工艺性能。钢材的冷弯性能以试验时的弯曲角度和弯心直径作为指标来表示。

钢材冷弯时弯曲角度越大，弯心直径越小，则表示对冷弯性能的要求越高。试件弯曲处若无裂纹、断裂及起层等现象，则认为其冷弯性能合格。

钢材的冷弯性能与伸长率一样，也是反映钢材在静荷载作用下的塑性，而且冷弯是在更苛刻的条件下对钢材塑性的严格检验，它能反映钢材内部组织是否均匀、是否存在内应力及夹杂物等缺陷。在工程中，冷弯试验还被用作严格检验钢材的焊接质量。

冷弯性能是指钢材在常温下承受弯曲变形的能力。钢材的冷弯性能指标以试件弯曲的角度 α 和弯心直径对试件厚度（或直径）的比值 d/a 来表示。

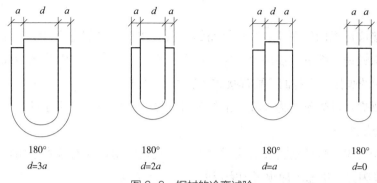

图 6-8　钢材的冷弯试验

钢材的冷弯试验是通过直径（或厚度）为 a 的试件，采用标准规定的弯心直径 d（$d=na$），弯曲到规定的弯曲角（180° 或 90°）时，试件的弯曲处不发生裂缝、裂断或起层，即认为冷弯性能合格。钢材弯曲时的弯曲角度越大，弯心直径越小，则表示其冷弯性能越好。图 6-8 为弯曲时不同弯心直径的钢材冷弯试验。

2. 冷拉性能

将热轧钢筋用拉伸设备在常温下拉长，使之产生一定的塑性变形的过程称为冷拉。冷拉后的钢筋不仅屈服强度提高 20% ~ 30%，同时还增加了钢筋长度（4% ~ 10%），因此冷拉也是节约钢材（一般为 10% ~ 20%）的一种措施。

钢材经冷拉后屈服阶段缩短，伸长率减小，材质变硬。

实际冷拉时，应通过试验确定冷拉控制参数。冷拉参数的控制直接关系到冷拉效果和钢材质量。

钢筋的冷拉可采用控制应力或控制冷拉率的方法。当采用控制应力方法时，在控制应力下的最大冷拉率应满足规定要求，当最大冷拉率超过规定要求时，应进行力学性能检验。当采用控制冷拉率方法时，冷拉率必须由试验确定，测定冷拉率时钢筋的冷拉应力应满足规定要求。对不能分清炉罐号的热轧钢筋，不应采取控制冷拉率的方法。

3. 冷拔性能

将光圆钢筋通过硬质合金拔丝模孔强行拉拔。钢筋在冷拔过程中不仅受拉，同时还受到挤压作用。经过一次或多次冷拔后，钢筋的屈服强度可提高 40% ~ 60%，但塑性大大降低，具有硬钢的性质。

4. 钢材的焊接

在建筑工程中，各种型钢、钢板、钢筋及预埋件等需用焊接加工。钢结构有 90% 以上是焊接结构。焊接的质量取决于焊接工艺、焊接材料及钢的焊接性能。

钢材的可焊性是指钢材是否适应通常的焊接方法与工艺的性能。可焊性好的钢材指易于用一般焊接方法和工艺施焊，焊口处不易形成裂纹、气孔、夹渣等缺陷；焊接后钢材的力学性能，特别是强度不低于原有钢材，硬脆倾向小。钢材可焊性能的好坏主要取决于钢的化学成分。含碳量高将增加焊接接头的硬脆性，含碳量小于 0.25% 的碳素钢具有良好的可焊性。

钢筋焊接应注意的问题是：冷拉钢筋的焊接应在冷拉之前进行；钢筋焊接之前，焊接部位应清除铁锈、熔渣、油污等；应尽量避免不同国家的进口钢筋之间或进口钢筋与国产钢筋之间的焊接。钢材的主要焊接方法有以下六种：

（1）电弧焊：以焊条作为一极，钢材为另一极，利用焊接电流通过产生的电弧热进行焊接的一种熔焊方法。

（2）闪光对焊：将两钢材安放成对接形式，利用电阻热使对接点金属熔化，产生强烈飞溅，形成闪光，迅速施加顶锻力完成的一种压焊方法。

（3）电渣压力焊：将两钢材安放成竖向对接形式，利用焊接电流通过两钢材端面间隙，在焊剂层下形成电弧过程和电渣过程，产生的电弧热和电阻热熔化钢材，加压完成的一种压焊方法。

（4）埋弧压力焊：将两钢材安放成 T 形接头形式，利用焊接电流通过，在焊剂层下产生电弧，形成熔池，加压完成的一种压焊方法。

（5）电阻点焊：将两钢材安放成交叉叠接形式，压紧于两电极之间，利用电阻热熔化母材金属，加压形成焊点的一种压焊方法。

（6）气压焊：采用氧乙炔火焰或其他火焰对两钢材对接处加热，使其达到塑性状态（固态）或熔化状态（熔态）后，加压完成的一种压焊方法。

焊接过程的特点是：在很短的时间内达到很高的温度；金属熔化的体积很小；由于金属传热快，故冷却的速度很快。因此，在焊件中常发生复杂的、不均匀的反应和变化，存在剧烈的膨胀和收缩，因而易产生变形与内应力和组织的变化。

6.4 钢材的技术标准与选用

土木工程中常用的钢材可分为钢筋混凝土结构用钢和钢结构用钢两大类。前者主要是钢筋、钢丝和钢绞线，后者主要是型钢和钢板。

6.4.1 主要钢种

在土木工程中，常用的钢筋、钢丝、型钢及预应力锚具等，基本上都是由碳素结构钢和低合金高强度结构钢等钢种经热轧或再经冷加工强化及热处理等工艺加工后而成的。

1.碳素结构钢

碳素结构钢是最基本的钢种，包括一般结构钢和工程用热轧钢板、钢带、型钢等。《碳素结构钢》GB/T 700—2006 具体规定了它的牌号、技术要求、试验方法、检验规则等。

（1）牌号表示方法

碳素结构钢的牌号由代表屈服强度的字母、屈服强度数值、质量等级符号、脱氧方法符号四个部分按顺序组成。其中，以"Q"代表屈服强度，屈服强度数值分为195MPa、

215MPa、235MPa 和 275MPa 四种；质量等级按钢中硫、磷有害杂质含量由多到少分为 A、B、C、D 四级，钢的质量随 A、B、C、D 顺序逐渐提高；脱氧方法以 F 表示沸腾钢、Z 表示镇静钢、TZ 表示特殊镇静钢，Z 和 TZ 符号可以省略。

例如，Q235BF 表示碳素结构钢的屈服强度为 235MPa（当钢材厚度或直径 ≤ 16mm 时），质量等级为 B 级，即硫、磷均控制在 0.045% 以下，脱氧程度为沸腾钢。

（2）技术要求

碳素结构钢的技术要求主要包括牌号和化学成分、冶炼方法、交货状态、力学性能及表面质量五个方面。各牌号碳素结构钢的化学成分应符合表 6-2 的规定。碳素结构钢的力学性能（含拉伸和冲击试验）、冷弯性能指标应分别符合表 6-3 和表 6-4 的要求。

碳素结构钢的化学成分 表 6-2

牌号	统一数字代号[a]	等级	厚度（或直径）（mm）	脱氧方法	化学成分（质量分数）（%）不大于				
					C	Si	Mn	P	S
Q195	U11952	—	—	F、Z	0.12	0.30	0.50	0.035	0.040
Q215	U12152	A	—	F、Z	0.15	0.35	1.20	0.045	0.050
	U12155	B							0.045
Q235	U12352	A	—	F、Z	0.22	0.35	1.40	0.045	0.050
	U12355	B		F、Z	0.20[b]				0.045
	U12358	C		Z	0.17			0.040	0.040
	U12359	D		TZ				0.035	0.035
Q275	U12752	A	—	F、Z	0.24	0.35	1.5	0.045	0.050
	U12755	B	≤ 40	Z	0.21			0.045	0.045
			> 40		0.22				
	U12758	C	—	Z	0.20			0.040	0.040
	U12759	D		TZ				0.035	0.035

注：a. 表中为镇静钢、特殊镇静钢牌号的统一数字，沸腾钢牌号的统一数字代号如下：Q195F——U11950；Q215AF——U12150，Q215BF——U12153；Q235AF——U12350，Q235BF——U12353；Q275AF——U12750。

b. 经需方同意，Q235B 的碳含量可不大于 0.22%。

（3）性能及应用

碳素结构钢冶炼方便，成本较低。其力学性能稳定，塑性好，在各种加工（如轧制、加热或迅速冷却）过程中敏感性较小，构件在焊接、冲击及适当超载的情况下也不会突然破坏。

碳素结构钢随牌号的增大，碳含量增加，屈服强度及抗拉强度提高，但塑性与韧性降低，冷弯性能变差，同时焊接性能也降低。

Q195、Q215 两种牌号的钢强度较低，但塑性、韧性、加工性能与焊接性能较好，故多用于受荷较小及焊接结构中，常用来制作钢钉、铆钉及螺栓等。

碳素结构钢的力学性能　　　　表 6-3

牌号	等级	拉伸实验												冲击试验（V 型缺口）	
		屈服强度 [a] R_{el}（σ_s）（N/mm²），不小于						抗拉强度 [b] R_m（σ_s）（N/mm²），不小于	断后伸长率 A（%），不小于					温度（℃）	冲击吸收功（纵向）（J），不小于
		厚度（或直径）（mm）							厚度（或直径）（mm）						
		≤16	>16~40	>40~60	>60~100	>100~150	>150~200		≤40	>40~60	>60~100	>100~150	>150~200		
Q195	—	195	185	—	—	—	—	315~430	33	—	—	—	—	—	—
Q215	A	215	205	195	198	175	165	335~450	31	30	29	27	26	—	—
	B													+20	27
Q235	A	235	225	215	215	195	185	375~500	26	25	24	22	21	—	—
	B													+20	27[c]
	C													0	
	D													−20	
Q275	A	275	265	255	245	225	215	410~540	22	21	20	18	17	—	—
	B													+20	27
	C													0	
	D													−20	

注：a. Q195 的屈服强度值仅供参考，不作交货条件。

b. 厚度大于 100mm 的钢材，抗拉强度下限允许降低 20N/mm²。宽带钢（包括剪切钢板）抗拉强度上限不作交货条件。

c. 厚度小于 25mm 的 Q235B 级钢材，如供方能保证冲击吸收功值合格，经需方同意，可不做检验。

碳素结构钢的冷弯性能　　　　表 6-4

牌号	试样方向	冷弯试验 180° $B=2a$ [a]	
		钢材厚度（或直径）[b]（mm）	
		≤ 60	> 60~100
		弯心直径 d	
Q195	纵	0	—
	横	0.5a	
Q215	纵	0.5a	1.5a
	横	a	2a
Q235	纵	a	2a
	横	1.5a	2.5a
Q275	纵	1.5a	2.5a
	横	2a	3a

注：a. B 为试样宽度，a 为试样厚度（或直径）。

b. 钢材厚度（或直径）大于 100mm 时，弯曲试验由双方协商确定。

Q235 是土木工程中最常用的碳素结构钢牌号，其既具有较高的强度，又具有较好的塑性、韧性，同时还具有较好的焊接性能及可加工性等综合性能，可轧制成各种型钢、钢板、钢管和钢筋，能够满足一般钢结构和钢筋混凝土结构用钢的要求，且成本较低。

Q275 牌号的钢强度较高，但塑性、韧性差，焊接性能也差，不宜进行冷加工，可用来轧制带肋钢筋，制作螺栓配件，用于钢筋混凝土结构及钢结构中，但更多的是用于机械零件和工具中。

碳素结构钢选用原则：在结构设计时，对于用作承重结构的钢材，应根据结构的重要性、荷载特征（动荷载或静荷载）、连接方法（焊接或铆接）、工作温度（正温或负温）等不同情况选择其钢号和材质。下列情况的承重结构不宜采用沸腾钢：

1）焊接结构。重级工作制的吊车梁、吊车桁架或类似结构；设计冬季计算温度等于或小于 –20℃时的轻、中级工作制的吊车梁、吊车桁架或类似结构；设计冬季计算温度等于或低于 –30℃时的其他承重结构。

2）非焊接结构。设计冬季计算温度等于或小于 –20℃时的重级工作制吊车梁、吊车桁架或类似结构。

2. 优质碳素结构钢

（1）优质碳素结构钢的分类

按冶金质量等级分为：优质钢、高级优质钢 A、特级优质钢 E。

按使用加工方法分为：①压力加工用钢 UP，其中：热压力加工用钢 UHP，顶锻用钢 UF，冷拔坯料用钢 UCD；②切削加工用钢 UC。

（2）优质碳素结构钢的牌号

根据国家标准《优质碳素结构钢》GB/T 699—2015 的规定，共有 28 个牌号，其牌号由数字和字母两部分组成。前面两位数字表示平均碳含量的万分数；字母分别表示锰含量、冶金质量等级、脱氧程度。锰含量为 0.35% ~ 0.80% 时，不注"Mn"；锰含量为 0.70% ~ 1.2% 时，两位数字后加注"Mn"。

优质碳素结构钢由氧气转炉或电炉冶炼，大部分为镇静钢，其特点是生产过程中对硫、磷等有害杂质控制严格，其力学性能主要取决于碳含量，碳含量高则强度也高，但塑性和韧性降低。

在土木工程中，优质碳素结构钢主要用于重要结构的钢铸件及高强螺栓，其常用钢号为 30 ~ 45 号钢；用作碳素钢丝、刻痕钢丝和钢绞线时，通常采用 65 ~ 80 号钢。

3. 低合金高强度结构钢

低合金高强度结构钢是用来加工生产建筑钢材的主要钢种。《低合金高强度结构钢》GB/T 1591—2018 具体规定了钢的牌号技术要求、试验方法、检验规则等内容。

（1）牌号表示方法

钢的牌号由代表屈服强度"屈"字的汉语拼音首字母 Q、规定的最小上屈服强度数值、交货状态代号、质量等级符号（B、C、D、E、F）四个部分组成。

交货状态为热轧时，交货状态代号 AR 或 WAR 可省略；交货状态为正火或正火轧制状态时，交货状态代号均用 N 表示。

Q+ 规定的最小上屈服强度数值 + 交货状态代号，简称为"钢级"。示例：Q355ND。其中：

  Q——钢的屈服强度的"屈"字汉语拼音的首字母；

  355——规定的最小上屈服强度数值，单位为兆帕（MPa）；

  N——交货状态为正火或正火轧制；

  D——质量等级为 D 级。

当需方要求钢板具有厚度方向性能时，则在上述规定的牌号后加上代表厚度方向（Z 向）性能级别的符号，如 Q355NDZ25。

（2）技术要求

低合金高强度结构钢的技术要求主要包括牌号及化学成分、冶炼方法、交货状态、力学性能及工艺性能、表面质量及特殊要求等几个方面。各牌号钢的拉伸及冲击试验性能指标应分别符合《低合金高强度结构钢》GB/T 1591—2018 的具体规定。

各牌号低合金高强度结构钢的主要力学技术标准见表 6-5 ~ 表 6-7。低合金高强度结构钢一般由转炉或电炉冶炼，必要时加炉外精炼；以热轧、控轧、正火、正火轧制或正火加回火、热机械轧制（TMCP）或热机械轧制加回火状态交货；其表面质量应符合钢板、钢带、型钢和钢棒等相关产品标准的规定。

钢材各项检验的检验项目和试验方法应符合表 6-8 的规定。钢的化学成分试验一般按 GB/T 4336、GB/T 20123、GB/T 20124、GB/T 20125 或通用的化学分析方法进行，仲裁时

热轧钢材的拉伸性能　　　　　　　　　　表 6-5

牌号		上屈服强度 $^a R_{Eh}$（MPa），不小于									抗拉强度 R_m（MPa）			
		公称厚度或直径（mm）												
钢级	质量等级	≤ 16	>16 ~ 40	>40 ~ 63	>63 ~ 80	>80 ~ 100	>100 ~ 150	>150 ~ 200	>200 ~ 250	>250 ~ 400	≤ 100	>100 ~ 150	>150 ~ 250	>250 ~ 400
Q355	B、C	355	345	335	325	315	295	285	275	—	470 ~ 630	450 ~ 600	450 ~ 600	—
	D									265^b				450 ~ 600^b
Q390	B、C、D	390	380	360	340	340	320	—	—	—	490 ~ 650	470 ~ 620	—	—
Q420^c	B、C	420	410	390	370	370	350	—	—	—	520 ~ 680	500 ~ 650	—	—
Q460^c	D	460	450	430	410	410	390	—	—	—	550 ~ 720	530 ~ 700	—	—

注：a. 当屈服不明显时，可用规定塑性延伸强度 $R_{p0.2}$ 代替上屈服强度。
  b. 只适合用于质量等级为 D 的钢板。
  c. 只适用于型钢和棒材。

热轧钢材的伸长率 表6-6

牌号			断后伸长率 A（%），不小于					
钢级	质量等级		公称厚度或直径（mm）					
		试样方向	≤40	>40～63	>63～100	>100～150	>150～250	>250～400
Q355	B、C、D	纵向	22	21	20	18	17	17[a]
		横向	20	19	18	18	17	17[a]
Q390	B、C、D	纵向	21	20	20	19	—	—
		横向	20	19	19	19	—	—
Q420[b]	B、C	纵向	20	19	19	19	—	—
Q460[b]	C	纵向	18	17	17	17	—	—

注：a. 只适用于质量等级为 D 的钢板。

　　　b. 只适用于型钢和棒材。

夏比（V 型缺口）冲击试验的温度和冲击吸收能量 表6-7

牌号		以下试验温度的冲击吸收能量最小值 KV_2（J）									
钢级	质量等级	20℃		0℃		-20℃		-40℃		-60℃	
		纵向	横向	纵向	横向	纵向	横向	纵向	横向	纵向	横向
Q355、Q390、Q420	B	34	27	—	—	—	—	—	—	—	—
Q355、Q390、Q420、Q460	C	—	—	34	27	—	—	—	—	—	—
Q355、Q390	D	—	—	—	—	34[a]	27[a]	—	—	—	—
Q355N、Q390N、Q420N、Q460N	B	34	27	—	—	—	—	—	—	—	—
Q355N、Q390N、Q420N、Q460N	C	—	—	34	27	—	—	—	—	—	—
	D	55	31	47	27	40[b]	20	—	—	—	—
	E	63	40	55	34	47	27	31[c]	20[c]	—	—
Q355N	F	63	40	55	34	47	27	31	20	27	16
Q355M、Q390M、Q420M	B	34	27	—	—	—	—	—	—	—	—
Q355M、Q390M、Q420M、Q460M	C	—	—	34	27	—	—	—	—	—	—
	D	55	31	47	27	40[b]	20	—	—	—	—
	E	63	40	55	34	47	27	31[c]	20[c]	—	—
Q355M	F	63	40	55	34	47	27	31	20	27	16
Q500M、Q550M、Q620M、Q690M	C	—	—	55	34	—	—	—	—	—	—
	D	—	—	—	—	47[b]	27	—	—	—	—
	E	—	—	—	—	—	—	31[c]	20[c]	—	—

　　当需方未指定试验温度时，正火、正火轧制和热机械轧制的 C、D、E、F 级钢材分别做 0℃、-20℃、-40℃、-60℃冲击，冲击试验取纵向试样。经供需双方协商，也可取横向。

注：a. 仅适用于厚度大于 250mm 的 Q355D 钢板。

　　　b. 当需方指定时，D 级钢可做 -30℃冲击试验时，冲击吸收能力纵向不小于 27J。

　　　c. 当需方指定时，E 级钢可做 -50℃冲击时，冲击吸收能力纵向不小于 27J，横向不小于 16J。

钢材检验项目、取样数量、取样方法和试验方法　　　　　表 6–8

序号	检验项目	取样数量	取样部位	试验方法
1	化学成分	1 个 / 炉	GB/T 20066—2006	
2	拉伸试验	1 个 / 批	钢材的一端，GB/T 2975—2018	GB/T 232—2010
3	弯曲试验	1 个 / 批	钢材的一端，GB/T 2975—2018	GB/T 229—2007
4	冲击试验	3/ 批	钢材的一端	GB/T 229—2007
5	厚度方向性能试验	3/ 批	GB/T 5313—2010	GB/T 5313—2010
6	无损检验	逐张（卷、根、支）	—	双方协议
7	尺寸、外形	逐张（卷、根、支）	—	相应精度的量具
8	表面质量	逐张（卷、根、支）	—	目视及测量

按 GB/T 223.3、GB/T 223.9、GB/T 223.11、GB/T 223.14、GB/T 223.17、GB/T 223.18、GB/T 223.23、GB/T 223.26、GB/T 223.37、GB/T 223.40、GB/T 223.60、GB/T 223.63、GB/T 223.68、GB/T 223.69、GB/T 223.76、GB/T 223.78、GB/T 223.84 和 GB/T 20125 的规定进行。当需方无特殊要求时，冲击试验的取样位置按如下规定进行：①对于型钢，按 GB/T 2975—2018 图 A.3 的规定；②对于圆钢，当公称直径 $d \leqslant 25mm$、$25mm < d \leqslant 50mm$ 及 $d > 50mm$ 时，分别按 GB/T 2975—2018 图 A.5 中 a）、b）、d）的规定；③对于方钢，当边长不大于 50mm 时，按 GB/T 2975—2018 图 A.9 中 a）的规定，当边长大于 50mm 时，按 GB/T 2975—2018 图 A.9 中 b）的规定；④对于钢板，当公称厚度不大于 40mm 时，按 GB/T 2975—2018 图 A.11 中 a）的规定，当公称厚度大于 40mm 时，按 GB/T 2975—2018 图 A.11 中 b）的规定。

（3）性能及应用

低合金高强度结构钢与碳素结构钢相比，具有较高的强度，同时还具有较好的塑性、韧性、焊接性能和耐磨性等。因此，它是综合性能较好的建筑钢材，在相同的使用条件下，可比碳素结构钢节省用钢量 20% ~ 30%，对减轻结构自重有利。低合金高强度结构钢主要用于轧制各种型钢（角钢、槽钢、工字钢）、钢板、钢管及钢筋等，广泛用于钢筋混凝土结构和钢结构中，特别适用于各种重型结构、大跨度结构、高层结构、大柱网结构以及承受动荷载和冲击荷载的结构（如桥梁结构等）。

6.4.2　钢筋混凝土结构用钢

混凝土材料的抗压性能很好，抗拉性能却很差，所以混凝土中一般要配置钢筋，称为钢筋混凝土结构，素混凝土结构用得很少。钢筋和混凝土协同工作，利用混凝土抗压、钢筋抗拉，充分发挥二者的优势。同时，混凝土包裹在钢筋外部，可使钢筋免于锈蚀或高温软化，从而使钢筋混凝土结构有着良好的耐久性和耐火性能。另外，混凝土和钢筋之间有良好的黏结力，因为二者的温度线膨胀系数很接近，故温度变化时，混凝土和钢筋之间不会产生较大变形而影响黏结。

钢筋混凝土结构用钢材主要由碳素结构钢和低合金高强度结构钢轧制而成，主要品种有以下五种。

1. 热轧钢筋

热轧钢筋是土木工程中用量最多的钢筋品种，广泛应用于混凝土结构和预应力混凝土结构中，不但要求有较高的强度，而且要求有良好的塑性、韧性和焊接性能。热轧钢筋按照表面形状的不同可以分为光圆钢筋和带肋钢筋两大类，光圆钢筋的表面比较光滑，带肋钢筋表面有凸凹不平的刻痕，可以增加钢筋与混凝土之间的机械咬合力，主要有螺旋纹刻痕、人字纹刻痕和月牙纹刻痕等。带肋钢筋有月牙肋钢筋和等高肋钢筋等，如图 6-9 所示。

（ a ）   （ b ）

图 6-9　带肋钢筋
（ a ）月牙肋钢筋；（ b ）等高肋钢筋

（1）热轧光圆钢筋

热轧光圆钢筋是指经热轧成型，横截面通常为圆形，表面光滑的成品钢筋。热轧光圆钢筋按屈服强度特征值分为 235、300 级，钢筋牌号由 HPB 和屈服强度特征值构成，分为 HPB235 和 HPB300 两种。钢筋的公称直径范围为 6 ~ 22mm。根据《钢筋混凝土用钢第 1 部分：热轧光圆钢筋》GB/T 1499.1—2017 的规定，各牌号钢筋的力学性能和工艺性能应分别符合表 6-9 的要求。

热轧光圆钢筋的力学性能和工艺性能　　　　　　　　　　表 6-9

牌号	下屈服强度 R_{el}（MPa）	抗拉强度 R_m（MPa）	断后伸长率 A（%）	最大力总延伸率 A_{gt}（%）	冷弯试验 180°
	不小于				
HPB	300	420	25	10.0	$d=a$

注：d——弯芯直径；a——钢筋公称直径。

钢筋牌号及化学成分（熔炼分析）应符合表 6-10 的规定。其强度相对较低，但塑性、韧性很好，伸长率达到 25%，容易弯曲成型和实施焊接，主要用作混凝土结构中的箍筋，也可以用作中、小型混凝土结构的受力钢筋，还可作为冷轧带肋钢筋和冷拔低碳钢丝的原材料。

钢筋牌号及化学成分（熔炼分析）　　　　　　　　　　表 6-10

牌号	化学成分（质量分数）（%），不大于				
	C	Si	Mn	P	S
HPB	0.25	0.55	1.50	0.045	0.045

（2）热轧带肋钢筋

钢筋牌号的构成及其含义见表6-11，热轧带肋钢筋是由低合金钢轧制而成的，表面的刻痕增加了钢筋与混凝土之间的黏结力，有效地防止钢筋在混凝土中的滑移。

钢筋牌号的构成及其含义   表 6-11

类别	牌号	牌号构成	英文字母含义
普通热轧钢筋	HRB400	由 HRB+ 屈服强度特征值构成	HRB——热轧带肋钢筋的英文（Hot rolled Ribbed Bars）缩写 E——"地震"的英文（Earthquake）缩写
	HRB500		
	HRB600		
	HRB400E	由 HRB+ 屈服强度特征值 +E 构成	
	HRB500E		
细晶粒热轧钢筋	HRBF400	由 HRBF+ 屈服强度特征值构成	HRBF——在热轧带肋钢筋的英文（Hot rolled Ribbed Bars）缩写后面加"细"的英文（Fine）的首位字母 E——"地震"的英文（Earthquake）缩写
	HRBF500		
	HRBF400E	由 HRBF+ 屈服强度特征值 +E 构成	
	HRBF500E		

热轧带肋钢筋分为普通热轧带肋钢筋（按热轧状态交货的钢筋）和细晶粒热轧带肋钢筋（在热轧过程中，通过控轧和控冷工艺形成的细晶粒钢筋）两类，是钢筋混凝土结构中使用的主要钢筋类别。热轧带肋钢筋按屈服强度特征值分为 400、500、600 级。普通热轧带肋钢筋牌号由 HRB 和屈服强度特征值构成，分为 HRB400、HRB500 和 HRB600 以及 HRB400E、HRB500E 五种，细晶粒热轧带肋钢筋牌号由 HRBF 和屈服强度特征值构成，分为 HRBF400、HRBF500 以及 HRBF400E、HRBF500E 四种。钢筋的公称直径范围为 6 ~ 50mm；根据《钢筋混凝土用钢第 2 部分：热轧带肋钢筋》GB/T 1499.2—2018 的规定，钢筋的下屈服强度 R_{el}、抗拉强度 R_m、断后伸长率 A、最大力总延伸率 A_{gt} 等力学性能特征值应符合表 6-12 的规定。表 6-12 所列各力学性能特征值，除 R^0_{el}/R_{el} 可作为交货检验的最大保证值外，其他力学特征值可作为交货检验的最小保证值。

力学性能特征值   表 6-12

牌号	下屈服强度 R_{el}（MPa）	抗拉强度 R_m（MPa）	断后伸长率 A（%）	最大力总延伸率 A_{gt}（%）	R^0_m/R^0_{el}	R^0_{el}/R_{el}
			不小于			不大于
HRB400、HRBF400	400	540	16	7.5	—	—
HRB400E、HRBF400E				9.0	1.25	1.30
HRB500、HRBF500	500	630	15	7.5	—	—
HRB500E、HRBF500E				9.0	1.25	1.30
HRB600	600	730	14	7.5	—	—

注：R^0_m 为钢筋实测抗拉强度；R^0_{el} 为钢筋实测下屈服强度

低碳钢热轧圆盘条是由碳素结构钢经热轧而成并成盘供应的光圆钢筋，在土木工程中应用也非常广泛，主要用作中、小型钢筋混凝土结构的受力钢筋和箍筋，以及作为拉丝等深加工钢材的原材料。根据《低碳钢热轧圆盘条》GB/T 701—2008 的规定，盘条的力学性能和工艺性能应分别符合表 6-13 的要求。

低碳钢热轧圆盘条的力学性能和工艺性能   表 6-13

牌号	力学性能		冷弯试验 180° D——弯心直径 A——试样直径
	抗拉强度 R_m（σ_b）（MPa），不大于	断后伸长率 A（%），不小于	
Q195	410	30	$d=0$
Q215	435	28	$d=0$
Q235	500	23	$d=0.5a$
Q275	540	21	$d=1.5a$

注：1. 经供需双方协商并在合同中注明，可做冷弯试验。
    2. 直径 > 12mm 盘条，冷弯性能指标由供需双方协商确定。

2. 冷轧带肋钢筋

冷轧带肋钢筋按延性高低分为两类：冷轧带肋钢筋 CRB、高延性冷轧带肋钢筋 CRB+、抗拉强度特征值 +HC、R、B、H 分别为冷轧（Coldrolled）、带肋（Ribbed）、钢筋（Bar）、高延性（High elongation）四个词的英文首位字母。钢筋分为 CRB550、CRB650、CRB800、CRB600H、CRB680H、CRB800H 六个牌号。CRB550、CRB600H 为普通钢筋混凝土用钢筋，CRB650、CRB800、CRB800H 为预应力混凝土用钢筋，CRB680H 既可作为普通钢筋混凝土用钢筋，也可作为预应力混凝土用钢筋使用。根据《冷轧带肋钢筋》GB/T 13788—2017 的规定，各牌号冷轧带肋钢筋的力学性能和工艺性能应符合表 6-14 的要求。

冷轧带肋钢筋的力学性能和工艺性能   表 6-14

分类	牌号	规定塑性延伸强度 $R_{p0.2}$（MPa），不小于	抗拉强度 R_m（MPa），不小于	$R_m/R_{p0.2}$，不小于	断后伸长率（%），不小于		最大力总延伸率（%），不小于	弯曲试验[a] 180°	反复弯曲次数	应力松弛初始应相当于公称抗拉强度70%
					A	A_{100}	A_{gt}			1000h，% 不大于
普通钢筋混凝土用	CRB550	500	550	1.05	11.0	—	2.5	$D=3d$	—	—
	CRB600H	540	600	1.05	14.0	—	5.0	$D=3d$	—	—
	CRB680H[b]	600	680	1.05	14.0	—	5.0	$D=3d$	4	5
预应力混凝土用	CRB650	585	650	1.05	—	4.0	2.5	—	3	8
	CRB800	720	800	1.05	—	4.0	2.5	—	3	8
	CRB800H	720	800	1.05	—	7.0	4.0	—	4	5

注：a. D 为弯心直径，d 为钢筋公称直径。
    b. 当该牌钢筋作为普通钢筋混凝土使用钢筋使用时，对反复弯曲和应力松弛不做要求；当该牌号钢筋作为预应力混凝土用钢筋使用时应进行反复弯曲试验代替 180° 弯曲试验，并检测松弛率。

冷轧带肋钢筋具有强度高、塑性好、节约钢材、质量稳定、与混凝土的握裹力强、综合性能良好等优点。CRB550 宜用作普通钢筋混凝土构件的受力主筋、架立筋和构造筋，其他牌号宜用作中、小型预应力混凝土构件的受力主筋。

3. 冷轧扭钢筋

冷轧扭钢筋是采用低碳钢热轧圆盘条经专用钢筋冷轧扭机调直、冷轧并冷扭（或冷辊）一次成型具有规定截面形式和相应节距的连续螺旋状钢筋。冷轧扭钢筋按其截面形状不同分为 Ⅰ 型、Ⅱ 型和Ⅲ型三种类型，按其强度级别不同分为 CTB550 级和 CTB650 级。根据《冷轧扭钢筋》JG 190—2006 的规定，冷轧扭钢筋的力学性能和工艺性能指标应符合表 6–15 的要求。

冷轧扭钢筋的力学性能和工艺性能　　　　　　　　　　　　　表 6–15

强度级别	型号	抗拉强度 R_m（σ_b）（N/mm²）	伸长率 A（%）	180° 弯曲试验（弯心直径 $=3a$）	应力松弛率（%）（当 $\sigma_{con}=0.7f_{ptk}$）	
					10h	1000h
CTB550	Ⅰ	≥ 550	$A_{11,3}$ ≥ 4.5	受弯曲部位钢筋表面不得产生裂纹	—	—
	Ⅱ	≥ 550	A ≥ 10		—	—
	Ⅲ	≥ 550	A ≥ 12		—	—
CTB650	Ⅲ	≥ 650	A_{100} ≥ 4		≤ 5	≤ 8

注：1. a 为冷轧扭钢筋标志直径。
　　2. A、$A_{11,3}$ 分别表示以标距5.65$\sqrt{S_0}$、11.3$\sqrt{S_0}$（S_0 为试样原始截面面积）的试样断后伸长率，A_{100} 表示标距为100mm 的试样断后伸长率。
　　3. σ_{con} 为预应力钢筋张拉控制应力，f_{ptk} 为预应力冷轧扭钢筋抗拉强度标准值。

冷轧扭钢筋具有刚度大、不易变形、与混凝土握裹力大、无须加工（预应力或弯钩）等优点，可直接用于混凝土工程，可节约 30% 钢材。使用冷轧扭钢筋可减小板的设计厚度、减轻自重，施工时可按需要将成品钢筋直接供应现场铺设，无须现场加工，改变了传统加工钢筋占用场地、不利于机械化生产的弊端。

4. 预应力混凝土用热处理钢筋

预应力混凝土用热处理钢筋是由普通热轧中碳低合金钢筋经淬火和回火调质处理后的钢筋，按直径有 6mm、8mm、10mm 三种规格，按其外形有纵肋和无纵肋两种，但都有横肋。热处理钢筋具有高强度、高韧性和高黏结力及塑性降低等特点，适用于预应力混凝土构件的配筋，但其应力腐蚀及缺陷敏感性强，使用时应防止锈蚀及刻痕等。

5. 预应力混凝土用钢绞线

预应力混凝土用钢绞线是以数根高强度钢丝经绞捻（一般为左捻）、稳定化处理（在一定张力下进行的短时热处理，以减小应用时的应力松弛）等工序制成。预应力混凝土用钢绞线按结构分为用两根钢丝捻制的钢绞线 1×2、用三根钢丝捻制的钢绞线 1×3、用三根刻痕钢丝捻制的钢绞线 1×3I、用七根钢丝捻制的标准型钢绞线 1×7、用七根钢丝捻制又经模拔的钢绞线（1×7）C。1×2、1×3、1×7 结构钢绞线外形，如图 6-10 所示。

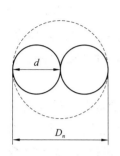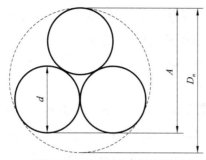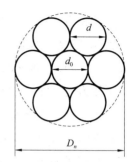

图 6-10 不同结构钢绞线外形示意图

D_n—钢绞线直径；d_0—中心钢丝直径；d—外围钢丝直径；A—1×3 结构钢绞线测量尺寸

预应力混凝土用钢绞线以盘卷供货，具有强度高、柔性好、安全可靠等优点，并且开盘后无须调直、接头，主要用于大跨度、重负荷的后张法预应力混凝土结构，特别是曲线配筋预应力混凝土结构。

6.4.3 钢结构用钢

钢结构构件一般应直接选用各种型钢，型钢之间可直接连接或附加连接钢板进行连接，连接方式主要有铆接、焊接及螺栓连接等。钢结构用钢主要有热轧型钢、冷弯薄壁型钢、热（冷）轧钢板和钢管等，所用钢材主要是碳素结构钢和低合金高强度结构钢。

1. 热轧型钢

常用的热轧型钢有工字钢、槽钢、角钢（等边角钢和不等边角钢）、T 型钢、H 型钢、L 型钢、Z 型钢等。我国建筑用热轧型钢主要采用碳素结构钢和低合金高强度结构钢来轧制。在碳素结构钢中主要用 Q235A(碳的质量分数为 0.14% ~ 0.22%)，其特点是冶炼容易、成本低廉、强度适中、塑性和焊接性能较好，适合土木工程使用。在低合金高强度结构钢中主要采用 Q345 和 Q390，可用于大跨度、承受动荷载的钢结构中。

钢结构常用的热轧型钢有角钢、工字钢、H 型钢、T 型钢、槽钢等，热轧型钢截面形式分布合理，连接方便，是钢结构中采用的主要钢材，如图 6-11 所示。型钢由于截面形式合理，构件间连接方便，是钢结构中采用的主要钢材。

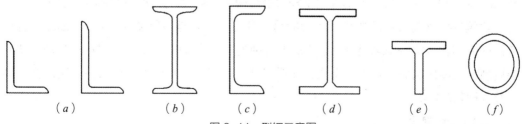

图 6-11 型钢示意图

（a）角钢；（b）工字钢；（c）槽钢；（d）H 型钢；（e）T 型钢；（f）钢管

角钢有两种，等边角钢和不等边角钢。不等边角钢在符号"∟"后加"长边宽 × 短边宽 × 厚度"来表示，如∠100×80×8；等边角钢在符号"∟"后加"边宽 × 厚度"来表示，如∠100×8，单位均为 mm。角钢主要用来作为承受轴向力的杆件和支撑杆件，也可作为受力杆件之间的连接件。

工字钢分为普通工字钢和轻型工字钢。普通工字钢的表示方法是在符号"I"后加截面高度的厘米数，如 I20 表示截面高度为 20cm 的工字钢，20 号以上的工字钢，同一号数有三种腹板厚度，分别用 a、b、c 表示，如 I36a、I36b、I36c，a 类腹板较薄。轻型工字钢的腹板和翼缘厚度都较普通工字钢薄，因此在相同重量下其截面模量和回转半径较大。工字钢广泛用于各种建筑结构和桥梁以及主要用于承受横向弯曲的杆件，但不宜单独用作轴心承受压力杆件或双向弯曲的构件。

H 型钢是由工字钢发展而来的，优化了截面的分布，与工字钢相比，其翼缘内外两侧平行，便于与其他构件相连。H 型钢分为宽翼缘 H 型钢（代号 HW，翼缘宽度 B 与截面高度 H 相等）、中翼缘 H 型钢（代号 HM，$B = (1/2 \sim 2/3)H$）和窄翼缘 H 型钢（代号 HN，$B = (1/3 \sim 1/2)H$）。H 型钢可以剖分为 T 型钢供应，代号分别为 TW、TM 和 TN。H 型钢和 T 型钢的表示方法均为"高度 $H ×$ 宽度 $B ×$ 腹板厚度 $t_1 ×$ 翼缘厚度 t_2"，例如 HM390×300×10×16，对应的 T 型钢为 TM195×300×10×16，单位均为"mm"。H 型钢有翼缘宽、侧向刚度大、抗弯能力强、连接构造简单、质量轻、节省钢材等优点。常用于承载压力大、截面稳定性好的大型建筑。其中宽翼缘和中翼缘适用于钢柱等轴心承受构件，窄翼缘适用于钢梁等受弯构件。

槽钢的表示方法与工字钢类似，例如 [32a 表示截面高度为 32cm、腹板较薄的 a 类槽钢，轻型槽钢的翼缘和腹板厚度比普通槽钢薄。槽钢可用作承受轴向力的杆件、承受横向弯曲的梁及联系杆件。

2. 冷弯薄壁型钢

冷弯薄壁型钢通常采用 1.5 ~ 6mm 厚度的薄钢板或钢带（一般采用碳素结构钢或低合金结构钢）经冷弯（轧）或模压而成，有角钢、槽钢等开口薄壁型钢及方形、矩形等空心薄壁型钢。

冷弯薄壁型钢属于高效经济截面，由于壁薄、刚度好，能高效地发挥材料的作用，在同样的荷载作用下，可减轻构件质量、节约钢材，用于建筑结构可比热轧型钢节约钢材 38% ~ 50%。冷弯薄壁型钢可用于轻型钢结构中，且施工方便，可降低综合费用。

建筑用压型钢板是冷弯薄壁型钢的另一种形式，它是用厚度为 0.4 ~ 3mm 的钢板、镀锌钢板、彩色涂层钢板经冷压（轧）成的各种类型的波形板。压型钢板具有单位质量轻、强度高、抗震性能好、施工速度快、外形美观等特点，主要用于围护结构、屋面板、楼板及各种装饰板等。

3. 钢板和钢管

钢结构使用的钢板是由碳素结构钢和低合金高强度结构钢轧制而成的扁平钢材，以平板状态供货的称为钢板，以卷状态供货的称为钢带。钢板按轧制温度的不同，可分为热轧钢板和冷轧钢板两类；按厚度分，热轧钢板又可分为厚板（厚度大于等于 4mm）和薄板（厚度小于 4mm）两种；而冷轧钢板只有薄板（厚度小于 4mm）一种。厚板可用作结构型钢的连接与焊接，组成钢结构承力构件，薄板可用作屋面或墙面等围护结构，或作为薄壁型钢的原料。

土木工程用钢板或钢带的钢种主要是碳素结构钢，一些重型结构、大跨度结构、高压容器等也采用低合金高强度结构钢。钢板经冷压或冷轧成波形、双曲形、V 形等形状称为压型钢板。彩色钢板（又称有机涂层薄钢板）、镀锌薄钢板、防腐薄钢板都可以用于制作压型钢板。其特点是质量轻、强度高、外形美观，主要用于维护结构、楼板、屋面，还可用于保温材料、制成复合墙板等，用途十分广泛。

按照生产工艺，钢结构所用钢管有无缝钢管和焊接钢管两类，用符号"ϕ"后面加"外径 × 厚度"来表示，如 $\phi 1400 \times 5$，单位为 mm。无缝钢管以优质碳素结构钢或低合金高强度结构钢为原料，采用热轧、冷拔无缝方法制造。热轧无缝钢管具有良好的力学性能和工艺性能，主要用于压力管道。焊接钢管采用优质或普通碳素钢钢板卷焊而成，表面有镀锌和不镀锌两种，按其焊接形式分为直缝焊钢管和螺旋焊钢管两类。焊接钢管价格相对较低、易加工，但一般抗压性能较差。

土木工程中，钢管多用于制作桁架、塔桅、钢管混凝土等构件，也广泛用于高层建筑、厂房柱、塔柱、压力管道等工程中。

6.5 钢材的腐蚀与防止

6.5.1 钢材的腐蚀

钢材表面与周围介质发生反应而引起破坏的现象称为腐蚀，最常见的即锈蚀，在潮湿空气中或者有侵蚀性介质存在的环境中腐蚀速度非常快。钢材腐蚀危害很大，铁锈使得钢材有效截面面积减小，承载能力降低；钢筋表面生锈会破坏钢筋与混凝土之间的黏结作用力；局部的锈斑、锈坑会产生应力集中，增大钢材的缺陷，加速结构的破坏，在交变荷载作用下则出现锈蚀疲劳，使结构发生脆性断裂。

根据钢材与周围介质作用原理的不同，可以将腐蚀分为化学腐蚀和电化学腐蚀两种，电化学腐蚀相比化学腐蚀更常见一些，钢材在大气中的实际腐蚀总是两种作用协同工作的结果。

1. 化学腐蚀

钢材与干燥气体及非电解质液体直接发生反应而产生的腐蚀称为化学腐蚀，化学腐蚀一般是氧化反应，将钢材表面氧化成疏松的氧化物，如氧化铁等。在干燥环境中腐蚀速度缓慢，但在温度高、湿度大的环境下腐蚀速度会大大加快。化学腐蚀的产物一般会覆盖在钢材表面，阻止进一步腐蚀，化学腐蚀过程中没有电流的产生。

2. 电化学腐蚀

电化学腐蚀是指电极电位不同的金属与电解质溶液接触形成微电池，产生电流而引起的腐蚀。钢材本身成分较复杂，由铁元素、碳元素以及其他许多元素组成，它们的电极电位不同，可以形成微电池，钢材表面的水分如果融入 CO_2、SO_2 等气体，就会形成电解质溶液，铁元素较活泼，作为阳极，碳元素则为阴极，两级之间通过电解质溶液相连，实现电子的流动，形成微电池。在阳极，铁失去电子成为 Fe^{2+} 进入水膜；在阴极，溶于水膜中的氧被还原为 OH^-；Fe^{2+} 与 OH^- 结合生成 $Fe(OH)_2$，然后进一步被氧化生成铁锈 $Fe(OH)_3$。电化学腐蚀的化学反应如下：

阳极区：$Fe=Fe^{2+}+2e$

阴极区：$2H_2O+2e+\frac{1}{2}OH^-=2OH^-+2H_2O$

溶液中：$Fe^{2+}+2OH^-=Fe(OH)_2$　　$4Fe(OH)_2+O_2+2H_2O=4Fe(OH)_3$

3. 应力腐蚀

钢材在应力状态下腐蚀加快的现象称为应力腐蚀。所以，钢筋冷弯处、预应力钢筋等都会因应力存在而加速腐蚀。

6.5.2　防止钢材腐蚀的措施

钢材的腐蚀原因既有其成分和材质等方面的内在因素，又有环境介质的外部影响，因此钢筋的防腐措施应该从多方面考虑。

1. 涂金属保护层

采用电镀或者其他方式在钢材表面镀耐腐蚀性好的金属材料，把钢材与周围的介质隔离开，从而起到保护钢材的作用。常用的方法有镀锌（如白铁皮）、镀锡（如马口铁）、镀铜和镀铬等，镀金属之前注意钢材表面的除锈。

2. 涂非金属保护层

在钢材表面涂非金属保护层，提高钢材的抗腐蚀能力。常用的方法有喷涂涂料、搪瓷、塑料等。涂料一般分为底漆、中间漆和面漆，底漆要求有较好的附着能力和防锈能力，中间漆属于防锈漆，面漆要求有较好的牢度和抵抗外界环境的能力。常用的底漆有红丹底漆、环氧富锌漆、铁红环氧底漆和云母氧化底漆等；常用的中间漆有红丹防锈漆和铁红防锈漆等；常用的面漆有灰铅漆、调和漆、醇酸磁漆和酚醛磁漆等。在涂防锈漆之前，注意钢材表面除锈和三层漆的合理选择。

3. 电化学保护法

有些钢结构建筑如轮船外壳、地下管道等结构不适宜涂保护层，这时候可以采用电化学保护法，金属单质不能获得电子，所以只要把被保护金属作为发生还原反应的阴极，即可起到防腐作用。一种方法是在钢结构附近埋设一些废钢铁，并加直流电源，将阴极接在被保护的钢结构上，阳极接在废钢铁上，通电时只要电流足够强大，废钢铁则成为阳极而被腐蚀，钢结构成为阴极被保护；第二种方法是在被保护的钢结构上连接一块更加活泼的金属，外加活泼金属作为阳极被腐蚀，钢结构作为阴极被保护。

4. 使用耐候钢

耐候钢即耐外界大气腐蚀的钢材，在普通碳素钢中加入铜、铬、镍、钼等耐腐蚀性好的合金元素而成，它属于低合金钢，耐腐蚀性介于普通钢和不锈钢之间。耐候钢能够在钢材表面生成一种防腐保护膜，它的耐腐蚀性高达普通钢的 2 ~ 8 倍，可以很好地保护内部钢材免受外界的侵害，长期暴露在大气中使用的钢结构建筑，如桥梁、塔架等通常采用耐候钢。

5. 混凝土包裹

钢筋混凝土结构中用到大量的钢筋，外部混凝土的包裹可以防止钢筋锈蚀。因为水泥水化后产生大量的 $Ca(OH)_2$，正常情况下混凝土是碱性环境，pH 值约等于 12，在这种强碱性环境下，钢筋表面能形成一种钝化保护膜，理论上来说钢筋是不生锈的。但是随着混凝土碳化的进行，其 pH 值会降低，失去对钢筋的保护作用。另外，混凝土中氯离子达到一定浓度会破坏钝化保护膜，钢筋将受到腐蚀。对于混凝土用钢筋的防锈，主要是保证混凝土的保护层厚度，提高混凝土的密实度，同时在二氧化碳浓度高的工业区采用硅酸盐水泥或者普通硅酸盐水泥，限制含氯盐外加剂的掺合量。另外，使用环氧树脂涂层钢筋或镀锌钢筋也是有效的防锈措施。

6. 喷涂防腐油

国内研究出的"73418"防腐油取得了较好的效果。它是一种黏性液体，均匀喷涂在钢材表面，形成一层连续、牢固的透明薄膜，使得钢材与腐蚀介质隔绝，在 –20℃ ~ 50℃ 时应用于除马口铁以外的所有钢材。

【本章小结】

钢和铁的主要成分是铁和碳。钢按照化学成分可以分为碳素钢和低合金钢两大类。碳素钢中除了铁和碳元素之外，还含有硅、锰、磷、硫、氮、氧等元素，它们的含量决定了钢材的质量和性能。钢材的技术性质主要包括力学性能和工艺性能。其中，力学性能包括抗拉性能、冲击韧性、疲劳强度和硬度等；工艺性能包括冷弯、冷拉、冷拔以及焊接性能等。屈服点、抗拉强度和伸长率是钢材的重要技术指标。建筑工程中常用的钢材可分为混凝土结构用钢和钢结构用钢两大类。混凝土结构用钢主要包括钢筋、钢丝和钢绞线；钢结构用钢主要包括型钢和钢板。热轧直条钢筋是经热轧成型并自然冷却而形成的钢筋，主要包括 HPB300、HRB335、HRB400 和 HRB500 四个强度等级。钢材在大气中腐蚀的主要形式分为化学腐蚀、电化学腐蚀和应力腐蚀，但以电化学腐蚀为主。钢材的腐蚀原因既有其成分和材质等方面的内在因素，又有环境介质的外部因素。

复习思考题

1. 简述钢材冷加工强化的机理。

2. 钢材根据脱氧程度的不同可分为哪几类？各有何特点？

3. 钢的化学成分主要有哪些？它们对钢材性能有何影响？

4. 常用的炼钢方法有哪几种？各有何特点？

5. 低碳钢拉伸时的应力—应变曲线分为哪几个阶段？各阶段有何特征？

6. 什么是钢的冲击韧性？钢材的冲击韧性与哪些因素有关？什么是脆性临界温度和时效敏感性？

7. 低合金高强度结构钢的牌号如何表示？

8. 钢筋混凝土用钢主要有哪几种？各自的性能和适用范围如何？

9. 引起建筑钢材腐蚀的原因有哪些？如何避免钢材的腐蚀？

第7章 墙体材料

【本章要点】

本章主要介绍烧结普通砖的主要原材料和物理力学性能指标，介绍烧结多孔砖和空心砌块、蒸压制品、砌筑石材和混凝土制品等墙体材料性能等方面内容。

【学习目标】

掌握各种墙体材料的技术性质与特性。

7.1 概述

用砌筑、拼装或用其他方法构成的承重或非承重墙体的材料称为墙体材料，墙体在房屋中起到承受荷载、传递荷载、隔断及围护作用。墙体材料的质量直接影响到建筑物的性能和使用寿命，因此，墙体材料在建筑中起到十分重要的作用。

墙体材料属于结构兼功能材料，以形状大小一般分为砖、砌块和板材三类；以生产制品方式来划分，墙体材料主要有烧结制品、蒸压蒸养制品、砌筑石材、混凝土制品等。

我国传统的砌筑材料主要是烧结普通砖和石材，烧结普通砖在我国砌墙材料产品构成中曾占"绝对统治"地位，是世界上烧结普通砖的"王国"。但是，随着我国经济的快速发展和人们环保意识的日益提高，以烧结砖为代表的高能耗、高资源消耗传统墙体材料已经不适应社会发展的需求，国家推出"积极开发新材料、新工艺、新技术"等相关政策和规定，在此背景下，新型墙体材料逐渐发展起来，并广泛应用于现代建筑工程中。

新型墙体材料是在传统墙体材料基础上产生的新一代墙体材料，是指不以消耗耕地、破坏生态和污染环境为代价，适应建筑产品工业化、施工机械化，减少施工现场湿作业，改善建筑功能等现代建筑业发展要求的墙体材料。其符合我国目前装配式建筑发展要求，具有节能、轻质、保温隔热、抗震、耐火、防水等多种优点，同时又具有节约土地资源、大量消纳工业固体废弃物、提高施工效率、降低工程成本、改善建筑性能等优点。

7.2 烧结制品墙体材料

7.2.1 烧结普通砖

1. 烧结普通砖的主要品种

根据《烧结普通砖》GB/T 5101—2017，烧结普通砖是指以黏土、页岩、煤矸石、粉煤灰、建筑渣土、淤泥（江河湖淤泥）、污泥等为原料，经焙烧制成主要用于建筑物承重部位的普通砖，产品代号为 FCB。

按主要原料分为黏土砖（N）、页岩砖（Y）、煤矸石砖（M）、粉煤灰砖（F）、建筑渣土砖（Z）、淤泥砖（U）、污泥砖（W）、固体废弃物砖（G）等。

2. 烧结普通砖的原材料及生产简介

烧结普通砖的主要原料为粉质或砂质黏土，其主要化学成分为 SiO_2、Al_2O_3、Fe_2O_3 和结晶水，由于地质生成条件的不同，可能还含有少量的碱金属和碱土金属氧化物等。除黏土外，还可利用页岩、煤矸石、粉煤灰、建筑渣土、淤泥（江河湖淤泥）、污泥等为原料来制造，这是因为它们的化学成分与黏土相似。

烧结砖的生产工艺流程为：采土→调土→制坯→干燥→焙烧→成品。采土和调土是根本，制坯是基础，干燥是保证，焙烧是关键。

生产过程中控制不好会出现螺旋纹砖、酥砖、欠火砖和过火砖。

螺旋纹砖是制坯过程中砖泥从螺旋挤压机挤出来后没有充分混合，泥条之间的结合力差，直接进入砖模制成砖坯，烧制后在坯体内部形成螺旋分层的砖。螺旋纹砖的特征为强度低、声音哑、抗风化性能和耐久性能差。

酥砖是干砖受潮湿气或雨淋后成反潮坯、雨淋坯，或湿坯受冻后的冻坯，或砖坯入窑焙烧时预热过急，焙烧而成的砖。酥砖极易从外观就能辨别出来，这类砖的特征是强度低、声音哑、抗风化性能差，受冻后会层层脱皮，耐久性能差。

焙烧温度的控制是制砖工艺的关键，不宜过高或过低，一般要控制在 900 ~ 1100℃ 之间。如果焙烧温度过高或时间过长，则易产生过火砖。过火砖的特点为色深、敲击声清脆、强度较高、吸水率低等，砖体平整度较差，会出现翘曲、变形、裂口，影响砌筑墙体整体质量。反之，如果焙烧温度过低或时间不足，则易产生欠火砖。欠火砖的特点为表面平整，声音哑、土心、抗风化性能和耐久性能差。

当砖窑中焙烧时为氧化气氛，黏土中所含的氧化物被氧化成三氧化铁（Fe_2O_3）而使砖呈红色，称为红砖。若在氧化气氛中烧成后，再在还原气氛中闷窑，红色 Fe_2O_3 还原成青灰色氧化亚铁（FeO），砖呈青灰色，称为青砖。青砖一般较红砖致密、耐碱、耐久性好，但其燃料消耗多，价格较红砖贵。

产品中不准出现欠火砖、酥砖和螺旋纹砖。

3.烧结普通砖的技术要求

（1）规格

烧结普通砖的外形为直角六面体，其公称尺寸为 240mm×115mm×53mm，如图 7-1 所示。通常将 240mm×115mm 面称为大面，240mm×53mm 面称为条面，115mm×53mm 面称为顶面。

烧结普通砖的尺寸偏差应符合表 7-1 的规定。

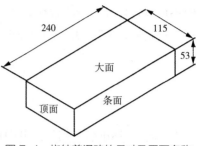

图 7-1 烧结普通砖的尺寸及平面名称

（2）外观质量

烧结普通砖的外观质量应符合表 7-2 的规定。

尺寸偏差（《烧结普通砖》GB/T 5101—2017）（单位：mm） 表 7-1

公称尺寸	指标	
	样本平均偏差	样本极差
240	± 2.0	6.0
115	± 1.5	5.0
53	± 1.5	4.0

外观质量（《烧结普通砖》GB/T 5101—2017）（单位：mm） 表 7-2

项目		指标
两条面高度差		≤ 2
弯曲		≤ 2
杂质凸出高度		≤ 2
缺棱掉角的三个破坏尺寸		不得同时大于 5
裂纹长度	大面上宽度方向及其延伸至条面的长度	≤ 30
	大面上长度方向及其延伸至顶面的长度或条顶面上水平裂纹的长度	≤ 50
完整面 *		不得少于一条面和一顶面

注：为砌筑挂浆面施加的凹凸纹、槽、压花等不算作缺陷。

　* 凡有下列缺陷之一者，不得称为完整面：

　　1.缺损在条面或顶面上造成的破坏面尺寸同时大于 10mm×10mm。

　　2.条面或顶面上裂纹宽度大于 1mm，其长度超过 30mm。

　　3.压陷、黏底、焦花在条面或顶面上的凹陷或凸出超过 2mm，区域尺寸同时大于 10mm×10mm。

（3）强度等级

烧结普通砖按抗压强度分为 MU30、MU25、MU20、MU15、MU10 五个强度等级。

试验时取砖样 10 块，把砖样切断或锯成两个半截砖，将已断开的半截砖放入室温的净水中浸 10 ～ 20min 后取出，并以断口相反方向叠放，两者中间用厚度不超过 5mm 的水泥净浆黏结，然后分别将 10 块试件平放在加压板的中央，垂直于受压面加荷，应均匀平稳，不得发生冲击或振动。加荷速度为 5±0.5kN/s，直至试件破坏为止，分别记录最大破坏荷载，计算出每块砖样的强度 f_i，用抗压强度平均值和强度标准值来评定砖的强度，计算公式见式（7-1）、式（7-2），强度等级见表 7-3。

$$s=\sqrt{\frac{1}{9}\Sigma_{i=1}^{10}\left(f_i-\bar{f}\right)^2} \qquad (7-1)$$

$$f_k=\bar{f}-1.83s \qquad (7-2)$$

式中　　s——标准差，精确至 0.01MPa；

　　　　f_i——单块试样的抗压强度测定值，精确至 0.01MPa；

　　　　$\bar{f}$——10 块试样的抗压强度平均值，精确至 0.01MPa；

　　　　f_k——强度标准值，精确至 0.1MPa。

强度等级（《烧结普通砖》GB/T 5101—2017）　　　　　　　　表 7-3

强度等级	抗压强度平均值 $\bar{f} \geqslant$（MPa）	强度标准值 $f_k \geqslant$（MPa）
MU30	30.0	22.0
MU25	25.0	18.0
MU20	20.0	14.0
MU15	15.0	10.0
MU10	10.0	6.5

（4）抗风化性能

抗风化性能是指材料在干湿变化、温度变化、冻融变化等物理因素作用下不破坏并保持原有性质的能力。

我国按风化指数分为严重风化区（风化指数 ≥ 12700）和非严重风化区（风化指数 < 12700）。风化区用风化指数进行划分。风化指数为日气温从正温降至负温或负温升至正温的每年平均天数与每年从霜冻之日起至消失霜冻之日止这一期间降雨总量（mm）平均值的乘积。

《烧结普通砖》GB/T 5101—2017 规定，严重风化区中的黑龙江、吉林、辽宁、内蒙古、新疆、宁夏、甘肃、青海、陕西、山西、河北、北京、天津、西藏等省（直辖市、自治区）的砖应进行冻融试验，其他省区砖的抗风化性能符合表 7-4 的规定时不做冻融试验，否则必须进行冻融试验。淤泥砖、污泥砖、固体废弃物砖应进行冻融试验。

经过 15 次冻融试验后，每块砖样不准出现分层、掉皮、掉角等冻坏现象；冻后裂纹长度不得大于表 7-2 中裂纹长度的规定。

（5）泛霜

泛霜（又称起霜、盐析、盐霜）是指可溶性盐类（如硫酸盐等）在砖或砌块表面的析出现象，一般呈白色粉末、絮团或絮片状。泛霜会造成外粉刷剥落、砖体表面粉化掉屑、破坏砖与砂浆之间的黏结，甚至使砖的结构松散、强度下降，影响建筑物正常使用。

《烧结普通砖》GB/T 5101—2017 规定，每块砖不准许出现严重泛霜。

抗风化性能（《烧结普通砖》GB/T 5101—2017） 表 7-4

砖种类	严重风化区				非严重风化区			
	5h 沸煮吸水率（%）≤		饱和系数≤		5h 沸煮吸水率（%）≤		饱和系数≤	
	平均值	单块最大值	平均值	单块最大值	平均值	单块最大值	平均值	单块最大值
黏土砖、建筑渣土砖	18	20	0.85	0.87	19	20	0.88	0.90
粉煤灰砖	21	23			23	25		
页岩砖	16	18	0.74	0.77	18	20	0.78	0.80
煤矸石砖								

（6）石灰爆裂

石灰爆裂是指烧结砖的砂质黏土原料中夹杂着石灰石，焙烧时被烧成生石灰块，在使用过程中吸水消化成熟石灰，体积膨胀，导致砖块裂缝，严重时甚至使砖砌体强度降低，直至破坏。

《烧结普通砖》GB/T 5101—2017 规定，砖的石灰爆裂应符合下列规定：

破坏尺寸大于 2mm 且小于或等于 15mm 的爆裂区域，每组不得多于 15 处，其中大于 10mm 的不得多余 7 处；不准许出现最大破坏尺寸大于 15mm 的爆裂区域；试验后抗压强度损失不得大于 5MPa。

（7）产品标记

砖的产品标记按产品名称的英文缩写、类别、强度等级和标准编号顺序编写。

例如：烧结普通砖，强度等级 MU15 的黏土砖，其标记为：FCB N MU15 GB/T 5101。

7.2.2 烧结多孔砖和多孔砌块

1. 主要品种和特点

根据《烧结多孔砖和多孔砌块》GB 13544—2011，烧结多孔砖和多孔砌块是指以黏土、页岩、煤矸石、粉煤灰、淤泥（江河湖淤泥）及其他固体废弃物等为主要原料，经焙烧而成主要用于建筑物承重部位的多孔砖和多孔砌块。多孔砖和多孔砌块孔的尺寸小、数量多。使用时孔洞垂直于受压面，主要用于建筑物承重部位。

按主要原料分为黏土砖和黏土砌块（N）、页岩砖和页岩砌块（Y）、煤矸石砖和煤矸石砌块（M）、粉煤灰砖和粉煤灰砌块（F）、淤泥砖和淤泥砌块（U）、固体废弃物砖和固体废弃物砌块（G）等。

烧结多孔砖和砌块是承重墙体材料，其具有良好的隔热保温性能、透气性能和优良的耐久性能。

2. 技术要求

（1）规格

《烧结多孔砖和多孔砌块》GB 13544—2011 规定，砖和砌块外形一般为直角六面体。在与砂浆的接合面上应设有增加结合力的粉刷槽（设在条面或顶面上深度不小于 2mm 的沟或类似结构）和砌筑砂浆槽（设在条面或顶面上深度大于 15mm 的凹槽）。

砖的规格尺寸为（mm）：290、240、190、180、140、115、90；砌块的规格尺寸为（mm）：490、440、390、340、290、240、190、180、140、115、90。

（2）强度等级

烧结多孔砖根据抗压强度分为 MU30、MU25、MU20、MU15、MU10 五个等级。

（3）密度等级

烧结多孔砖的密度等级分为 1000、1100、1200、1300 四个等级；砌块的密度等级分为：900、1000、1100、1200 四个等级。

（4）外观质量

烧结多孔砖和多孔砌块的外观质量应符合表 7-5 的规定。

（5）尺寸偏差

烧结多孔砖和多孔砌块的尺寸偏差应符合表 7-6 的规定。

（6）孔型孔结构及孔洞率

烧结多孔砖和多孔砌块的孔型孔结构及孔洞率应符合表 7-7 的规定。

（7）产品标记

按产品名称、品种、规格、强度等级、密度等级和标准编号顺序编写。

外观质量（《烧结多孔砖和多孔砌块》GB 13544—2011）（单位：mm）　　表 7-5

项目		指标
完整面 / 不得少于		一条面和一顶面
缺棱掉角的 3 个破坏尺寸 / 不得同时大于		30
裂纹长度	大面（有孔面）上深入孔壁 15mm 以上宽度方向及其延伸到条面的长度	≤ 80
	大面（有孔面）上深入孔壁 15mm 以上宽度方向及其延伸到顶面的长度	≤ 100
	条顶面上的水平裂纹	≤ 100
杂质在砖面上造成的凸出高度		≤ 5

注：凡有下列缺陷之一者，不得称为完整面：
　　1. 缺损在条面或顶面上造成的破坏面尺寸同时大于 20mm × 30mm。
　　2. 条面或顶面上裂纹宽度大于 1mm，其长度超过 70mm。
　　3. 压陷、黏底、焦花在条面或顶面上的凹陷或凸出超过 2mm，区域最大投影尺寸同时大于 20mm × 30mm。

尺寸偏差（《烧结多孔砖和多孔砌块》GB 13544—2011）（单位：mm）　　表 7-6

尺寸	样本平均偏差	样本极差≤
> 400	± 3.0	10.0
300 ~ 400	± 2.5	9.0
200 ~ 300	± 2.5	8.0
100 ~ 200	± 2.0	7.0
< 100	± 1.5	6.0

孔型孔结构及孔洞率（《烧结多孔砖和多孔砌块》GB 13544—2011）　　表 7-7

孔型	孔洞尺寸（mm）		最小外壁厚（mm）	最小肋厚（mm）	孔洞率（%）		孔洞排列
	孔宽度尺寸 b	孔长度尺寸 L			砖	砌块	
矩形条孔或矩形孔	≤ 13	≤ 40	≥ 12	≥ 5	≥ 28	≥ 33	所有孔宽应相等，孔采用单向或双向交错排列；孔洞排列上下、左右应对称，分布均匀，手抓孔的长度方向尺寸必须平行于砖的条面

注：1. 矩形孔的孔长 L、孔宽 b 满足式 L ≥ 3b 时，为矩形条孔。
　　2. 孔四个角应做成过渡圆角，不得做成直尖角。
　　3. 如设有砌筑砂浆槽，则砌筑砂浆槽不计算在孔洞率内。
　　4. 规格大的砖应设置手抓孔，手抓孔尺寸为（30 ~ 40）mm×（75 ~ 85）mm。

例如：规格尺寸 290mm × 140mm × 90mm，强度等级 MU25，密度 1200 级的黏土烧结多孔砖，其标记为：烧结多孔砖 N 290 × 140 × 90 MU25 1200 GB 13544—2011。

烧结多孔砖和多孔砌块同样有泛霜、石灰爆裂和抗风化性能等的技术要求。

7.2.3　烧结保温砖和保温砌块

1. 主要品种和特点

根据《烧结保温砖和保温砌块》GB/T 26538—2011，烧结保温砖和保温砌块是指以黏土、页岩或煤矸石、粉煤灰、淤泥等固体废弃物为主要原料制成的，或加入成孔材料制成的实心或多孔薄壁经焙烧而成的，主要用于建筑围护结构的起保温隔热作用的砖或砌块。

烧结保温砖和保温砌块按照主要原料分为：①黏土烧结保温砖和保温砌块（NB）；②页岩烧结保温砖和保温砌块（YB）；③煤矸石烧结保温砖和保温砌块（MB）；④粉煤灰烧结保温砖和保温砌块（FB）；⑤淤泥烧结保温砖和保温砌块（YNB）；⑥其他固体废弃物烧结保温砖和保温砌块（QGB）。

烧结保温砖和保温砌块按烧结处理工艺和砌筑方法分为：①经精细工艺处理，砌筑中采用薄灰缝、契合无灰缝的为 A 类；②未经精细工艺处理，砌筑中采用普通灰缝的为 B 类。

烧结保温砖和保温砌块按长度、宽度和高度尺寸不同，分为 A 类和 B 类，具体规格见表 7-8。

烧结保温砖和保温砌块尺寸　　表 7-8

分类	长度、宽度或高度（mm）
A	490、360（359、365）、300、250（249、248）、200、100
B	390、290、240、190、180（175）、140、115、90、53

烧结保温砖和保温砌块具有许多烧结制品的优异性能，如耐久性能、防火性能、防水性能、耐候性、尺寸稳定性和保温、隔声性能都较突出，基本没有干缩湿胀，热膨胀系数也很小，且不会因受外界应力而变形。

2. 技术要求

烧结保温砖外形多为直角六面体。烧结保温砌块多直角六面体，也有各种异形，其主要规格尺寸的长度、宽度或高度有一项或一项以上分别大于365mm、240mm或115mm，但高度不大于长度或宽度的6倍，长度不超过高度的3倍。

烧结保温砖和保温砌块的强度分为MU15、MU10.0、MU7.5、MU5.0和MU3.5五个等级。

烧结保温砖和保温砌块的密度分为700、800、900和1000四个等级。

烧结保温砖和保温砌块的传热系数按 K 值分为2.00、1.50、1.35、1.00、0.90、0.80、0.70、0.60、0.50、0.40十个等级。

烧结保温砖和保温砌块产品的标记按产品名称、类别、规格、密度等级、强度等级、传热系数和标准编号顺序来编写。

例如：规格尺寸240mm×115×53mm，密度等级为900，强度等级MU7.5，传热系数1.00级，B类页岩保温砖，其标记为：烧结保温砖 YB B（240×115×53）900 MU7.5 1.00 GB/T 26538—2011。

又例如：规格尺寸490mm×360mm×200mm，密度等级800，强度等级MU3.5，传热系数0.50级，A类的淤泥砌块，其标记为：烧结保温砌块 YNB A（490×360×200）800 MU3.5 0.50 GB/T 26538—2011。

烧结保温砖和保温砌块同样有泛霜、石灰爆裂和抗风化性能等的技术要求。

7.2.4 烧结空心砖和空心砌块

根据《烧结空心砖和空心砌块》GB/T 13545—2014，烧结空心砖和空心砌块是以黏土、页岩、煤矸石、粉煤灰、淤泥（江河湖淤泥）及其他固体废弃物为主要原料，经焙烧而成的。烧结空心砖和空心砌块的孔洞数量少、尺寸大，用于非承重墙和填充墙。

烧结空心砖和空心砌块具有质轻、强度高、保温、隔声降噪性能好、环保、无污染等优点，是框架结构建筑物的理想填充材料。

根据《烧结空心砖和空心砌块》GB/T 13545—2014 的规定，砖的外形为直角六面体，其长、宽、高应符合下列要求：390mm、290mm、240mm、190mm、180（175）mm、140mm、115mm、90mm。烧结空心砖和空心砌块的基本构造如图7-2所示。

烧结空心砖和空心砌块的体积密度分为800、900、1000、1100四个级别。

烧结空心砖和空心砌块的抗压强度分为MU10.0、MU7.5、MU5.0、MU3.5四个级别。

烧结空心砖和空心砌块的孔洞一般位于砖的顶面或条面，单孔尺寸较大但数量较少，孔洞率高，孔洞方向与砖主要受力方向相垂直。孔洞对砖受力影响较大，因而烧结空心

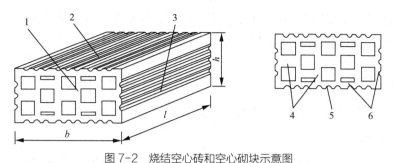

图 7-2　烧结空心砖和空心砌块示意图

1—顶面；2—大面；3—条面；4—肋；5—凹槽面；6—壁；*l*—长；*b*—宽；*h*—高

砖强度相对较低。

烧结空心砖和空心砌块的产品标记按产品名称、类别、规格、密度等级、强度等级和标准编号顺序编写。

例如：规格尺寸 290mm×190mm×90mm，密度等级 800，强度等级 MU7.5 的页岩空心砖，其标记为：烧结空心砖 Y（290×190×90）800 MU 7.5 GB/T 13545—2014。

烧结空心砖和空心砌块同样有泛霜、石灰爆裂和抗风化性能等的技术要求。

7.3　蒸压制品墙体材料

7.3.1　蒸压粉煤灰砖

蒸压粉煤灰砖是指以粉煤灰、生石灰为主要原料，掺加适量石膏和集料，经坯料制备、压制成型、高压蒸汽养护而成的砖。产品代号为 AFB。

根据《蒸压粉煤灰砖》JC/T 239—2014，蒸压粉煤灰砖的外形为直角六面体。砖的公称尺寸为：长度 240mm、宽度 115mm、高度 53mm。其他规格尺寸由供需双方协商后确定。

蒸压粉煤灰砖按强度分为 MU10、MU15、MU20、MU25、MU30 五个等级。

蒸压粉煤灰砖产品标记按产品代号、规格尺寸、强度等级、标准编号的顺序编写。

例如：规格尺寸为 240mm×115mm×53mm，强度等级为 MU15 的砖标记为：AFB 240mm×115mm×53mm MUl5 JC/T 239。

蒸压粉煤灰砖可用于工业与民用建筑的基础和墙体，但应注意以下几点：

（1）龄期不足 10d 的不得出厂；砖装卸时，不应碰撞、扔摔、应轻码轻放，不应翻斗倾卸；堆放时应按规格、龄期、强度等级分批分别码放，不得混杂；堆放、运输、施工时，应有可靠的防雨措施。

（2）在用于基础或易受冻融和干湿交替的部位，对砖要进行抗冻性检验，并用水泥砂浆抹面或在建筑设计上采取其他适当措施，以提高建筑物的耐久性。

（3）粉煤灰砖出釜后应存放一个月左右后再用，以减少相对伸缩值。

（4）长期受热高于 200℃，或受冷热交替作用，或有酸性侵蚀的建筑部位不得使用粉煤灰砖。

（5）粉煤灰砖吸水迟缓，初始吸水较慢，后期吸水量大，故必须提前润水，不能随浇随砌。砖的含水率一般宜控制在 10% 左右，以保证砌筑质量。

7.3.2　蒸压灰砂砖

蒸压灰砂砖是以砂、石灰为主要原料，经坯料制备、压制成型、蒸压养护而成的实心砖，简称灰砂砖。

灰砂砖的尺寸规格和烧结普通砖相同，其表观密度为 1800 ~ 1900kg/m³，导热系数约为 0.61W/（m.K）。根据灰砂砖的颜色分为彩色（Co）、本色（N）。

灰砂砖的产品标记按产品名称（LSB）、颜色、强度等级、产品等级、标准编号的顺序进行编写。

例如：强度等级为 MU20，优等品的彩色灰砂砖标记为：LSB Co 20A GB/T 11945。

蒸压灰砂砖，既具有良好的耐久性能，又具有较高的墙体强度。蒸压灰砂砖可用于工业与民用建筑的墙体和基础。

由于蒸压灰砂砖是在高压下成型，又经过蒸压养护，砖体组织致密，强度高、大气稳定性好、干缩率小、尺寸偏差小、外形光滑，其应用上应注意以下几点：

（1）蒸压灰砂砖主要用于工业与民用建筑的墙体和基础。其中，MU15、MU20 和 MU25 的灰砂砖可用于基础及其他建筑，MU10 的灰砂砖仅可用于防潮层以上的建筑部位。

（2）蒸压灰砂砖不得用于长期受热 200℃以上、受急冷急热或有酸性介质侵蚀的环境，也不宜用于受流水冲刷的部位。灰砂砖表面光滑平整，使用时注意提高砖与砂浆之间的黏结力。

（3）蒸压灰砂砖早期收缩值大，出釜后应至少放置一个月后再用，以防止砌体的早期开裂。

（4）蒸压灰砂砖砌体干缩较大，墙体在干燥环境中容易开裂，故在砌筑时砖的含水率宜控制在 5% ~ 8%。干燥天气下，蒸压灰砂砖应在砌筑前 1 ~ 2d 浇水。禁止使用干砖或含饱和水的砖砌筑墙体。不宜在雨天施工。

7.3.3　蒸压加气混凝土砌块

蒸压加气混凝土砌块是以钙质材料和硅质材料以及加气剂，少量调节剂，经配料、搅拌、浇筑成型、切割和蒸压养护而制成的，适用于民用和工业建筑物承重和非承重墙体及保温隔热的一种多孔轻质块体材料。代号为 ACB。

根据《蒸压加气混凝土砌块》GB 11968—2006，蒸压加气混凝土砌块外形一般为直角六面体；抗压强度等级有 A1.0、A2.0、A2.5、A3.5、A5.0、A7.5、A10.0 七个等级；干密度有 B03、B04、B05、B06、B07、B08 六个等级；砌块按尺寸偏差和外观质量、干密度、抗压强度和抗冻性分为优等品（A）、合格品（B）二个等级。

蒸压加气混凝土砌块的产品标记按产品代号、强度等级、干密度等级、规格尺寸、砌块等级、标准编号的顺序编写。

例如：强度等级为 A3.5，干密度为 B05，优等品，规格尺寸为 $600mm \times 200mm \times 250mm$ 的蒸压加气混凝土砌块，应标记为：ACB A3.5 B05 $600mm \times 200mm \times 250mm$ A GB 11968。

7.3.4 蒸压加气混凝土板

蒸压加气混凝土板是生产用原材料（包括水泥、生石灰、粉煤灰、砂、铝粉、石膏等），经配料、搅拌、浇筑成型、切割和蒸压养护而制成的，适用于民用和工业建筑物承重和非承重墙体及保温隔热的一种多孔轻质材料。

根据《蒸压加气混凝土板》GB 15762—2008，蒸压加气混凝土板按照使用功能分为屋面板（JWB）、楼板（JLB）、外墙板（JQB）、隔墙板（JGB）等。

蒸压加气混凝土板按蒸压加气混凝土强度有 A2.5、A3.5、A5.0、A7.5 四个强度等级；蒸压加气混凝土板按蒸压加气混凝土干密度有 B04、B05、B06、B07 四个等级。

屋面板、楼板、外墙板的标记应包括品种、标准号、干密度等级、制作尺寸（长度 × 宽度 × 厚度）、荷载允许值等内容。

例如：干密度等级为 B06，长度为 4800mm，宽度为 600mm，厚度为 175mm，荷载允许值为 $2000N/m^2$ 的屋面板，标记为：JWB–GB 15762–B06–4800 × 600 × 175–2000。

隔墙板的标记应包括品种、标准号、干密度等级、制作尺寸（长度 × 宽度 × 厚度）等内容。

例如：干密度级别为 B05，长度为 4200mm，宽度为 600mm，厚度为 150mm 的隔墙板，标记为：JGB–GB 15762–B05–4200 × 600 × 150。

7.4 砌筑石材

石材是以天然岩石为主要原材料，经过加工制作并用于建筑、装饰、碑石、工艺品或路面等用途的材料。其包括天然石材和人造石材。

天然石材是由天然岩石开采的，经过或不经过加工而制成的材料。天然石材具有抗压强度高、耐久性和耐磨性良好、资源分布广、便于就地取材等优点，但岩石的性质较脆、抗拉强度较低、体积密度大、硬度高，因此开采和加工比较困难。

人造石材是用无机或者有机胶结料、矿物质原料及各种外加剂配制而成的材料。例如人造大理石、花岗石等。人造石材具有天然石材的花纹、质感和装饰效果，而且花色、品种、形状等多样化，并具有质量轻、强度高、耐腐蚀、耐污染、施工方便等优点，而且可以人为控制其性能、形状、花色图案等。

7.4.1 砌筑石材的分类

1. 按照岩石的形成分类

根据岩石的成因，天然岩石可以分为岩浆岩、沉积岩、变质岩三大类。

（1）岩浆岩

岩浆岩又称火成岩，是由岩浆喷出地表或侵入地壳冷却凝固所形成的岩石，有明显的矿物晶体颗粒或气孔，约占地壳总体积的65%，总质量的95%。根据形成条件的不同，岩浆岩可分为深成岩、喷出岩、火山岩三种。

深成岩是岩浆侵入地壳深层3km以下，缓慢冷却形成的火成岩，一般为全晶质粗粒结构，其特性是结构致密、重度小、抗压强度高、吸水率低、抗冻性好、耐磨性好、耐久性好。建筑常用的深成岩有花岗岩、闪长岩、辉长岩。花岗岩是分布最广的深成侵入岩，主要矿物成分是石英、长石和云母，浅灰色和肉红色最为常见，具有等粒状结构和块状构造。其按次要矿物成分的不同，可分为黑云母花岗岩、角闪石花岗岩等。很多金属矿产，如钨、锡、铅、锌、汞、金等稀土元素及放射性元素与花岗岩类有密切关系。花岗岩既美观抗压强度又高，是优质建筑材料。

喷出岩是在火山爆发岩浆喷出地面之后，再经冷却形成的。由于冷却较快，当喷出岩浆层较厚时，形成的岩石接近深成岩；当喷出的岩浆较薄时，形成的岩石常呈现多孔结构。建筑常用的喷出岩有玄武岩、辉绿岩等。玄武岩是一种分布最广的喷出岩，矿物成分以斜长石、辉石为主，呈黑色或灰黑色，具有气孔构造和杏仁状构造、斑状结构。其根据次要矿物成分，可分为橄榄玄武岩、角闪玄武岩等。铜、钴、冰洲石等有用矿产常产于玄武岩气孔中，玄武岩本身可用作优良耐磨耐酸的铸石原料。

火山岩都是轻质多孔结构的材料，建筑常用的火山岩有浮石。浮石是指火山喷发岩浆冷却后形成的一种矿物质，主要成分是二氧化硅，质地软、相对密度小，能浮于水面。浮石可作为轻质骨料，配置成轻骨料混凝土作为墙体材料。

（2）沉积岩

沉积岩又称为水成岩，是在地壳发展演化过程中，在地表或接近地表的常温常压条件下，任何先成岩遭受风化剥蚀作用的破坏产物，以及生物作用与火山作用的产物在原地或经过外力的搬运所形成的沉积层，又经成岩作用而形成的岩石。

沉积岩一般结构致密性较差、重度较小、孔隙率和吸水率较大、强度较低、耐久性较差，建筑常用的沉积岩有石灰岩、砂岩、页岩，其可用于基础、墙体、挡土墙等石砌体。

（3）变质岩

变质岩是由地壳中先形成的岩浆岩或沉积岩在环境条件（内部温度、高压）改变的影响下，矿物成分、化学成分以及结构构造发生变化而形成的岩石。岩浆岩变质后性能变好、结构变得致密、坚实耐久，如石灰岩变质为大理石。沉积岩经过变质后，性能反而变差，如花岗岩变质成片麻岩易产生分层剥落，使耐久性变差。建筑常用的变质岩有大理岩、片麻岩、石英岩、板岩等。片麻岩可用于一般建筑工程的基础、勒脚等石砌体。

2. 按照外形分类

（1）料石

砌筑料石一般由致密的砂岩、石灰岩、花岗岩加工而成，制成条石、方石及楔形的拱石。

按其加工后的外形规则程度可分为毛料石、粗料石、半细料石和细料石四种。

1）毛料石：外观大致方正，一般不加工或者稍加调整。料石的宽度和厚度不宜小于200mm，长度不宜大于厚度的4倍。叠砌面和接砌面的表面凹入深度不大于25mm，抗压强度不低于30MPa。

2）粗料石：规格尺寸同上，叠砌面和接砌面的表面凹入深度不大于20mm；外露面及相接周边的表面凹入深度不大于20mm。

3）半细料石和细料石：通过细加工，规格尺寸同上，半细料石叠砌面和接砌面的表面凹入深度不大于10mm；细料石外露面及相接周边的表面凹入深度不大于2mm。

粗料石主要应用于建筑物的基础、勒脚、墙体部位，半细料石和细料石主要用作镶面的材料。

（2）毛石

毛石是不成形的石料，处于开采以后的自然状态。它是岩石经爆破或者人工开凿后所得形状不规则的石块，形状不规则的称为乱毛石，有两个大致平行面的称为平毛石。

1）乱毛石：乱毛石形状不规则，一般要求石块中部厚度不小于150mm，长度为300 ~ 400mm，质量约为20 ~ 30kg，其强度不宜小于10MPa，软化系数不应小于0.8。

2）平毛石：平毛石由乱毛石略经加工而成，形状较乱毛石整齐，其形状基本上有六个面，但表面粗糙，中部厚度不小于200mm。

毛石常用于砌筑基础、勒脚、墙身、堤坝、挡土墙等，也可用于配制片石混凝土等。

（3）条石

条石是由致密岩石凿平或锯解而成，其外露表面可加工成粗糙的剁斧面或平整的机刨面或平滑而无光的粗磨面或光亮且色泽鲜明的磨光面，一般选用强度高而无裂缝的花岗岩加工而成，常用于台阶、地面和桥面。

7.4.2 天然石材的性能

天然石材的技术性质包括物理性质、力学性质和工艺性质。天然石材的技术性质取决于其组成矿物的种类、特征以及结合状态。

1. 物理性质

（1）表观密度

天然石材按表观密度大小分为轻质石材和重质石材。轻质石材的表观密度小于等于1800kg/m^3；重质石材的表观密度大于1800kg/m^3。

石材的表观密度与其矿物组成和孔隙率有关，它能间接反映石材的致密程度和孔隙多少。在通常情况下，同种石材的表观密度越大，其抗压强度越高，吸水率越小，耐久性越好。

（2）吸水性

吸水率低于1.5%的岩石称为低吸水性岩石；吸水率介于1.5% ~ 3.0%的岩石称为中

吸水性岩石；吸水率高于 3.0% 的岩石称为高吸水性岩石。

（3）耐水性

石材的耐水性用软化系数表示。根据软化系数大小，石材可分为三个等级：

1）高耐水性石材软化系数大于 0.90。

2）中耐水性石材软化系数在 0.7 ~ 0.9 之间。

3）低耐水性石材软化系数在 0.6 ~ 0.7 之间。

一般，软化系数低于 0.6 的石材不允许用于重要建筑。

（4）抗冻性

石材的抗冻性用冻融循环次数来表示。也就是石材在水饱和状态下能经受规定条件下数次冻融循环，而强度降低值不超过 25%，重量损失不超过 5% 时，则认为抗冻性合格。石材的抗冻等级分为 D5、D10、D15、D25、D50、D100、D200 等。

石材的抗冻性与其矿物组成、晶粒大小及分布均匀性、胶结物的胶结性质等有关。

2. 力学性质

（1）抗压强度

砌筑用石材的抗压强度是以边长为 70mm 的立方体抗压强度值来表示，根据抗压强度值的大小，天然石材强度等级分为 MU100、MU80、MU60、MU50、MU40、MU30、MU20 七个等级。

石材的抗压强度大小取决于矿物组成、结构与构造特征、胶结物种类及均匀性等因素。

（2）冲击韧性

石材的抗拉强度比抗压强度小得多，约为抗压强度的 1/20 ~ 1/10，是典型的脆性材料。

石材的冲击韧性取决于矿物组成与构造。石英岩和硅质砂岩脆性很大，含暗色矿物较多的辉长岩、辉绿岩等具有相对较大的韧性。通常晶体结构的岩石较非晶体结构的岩石具有较高的韧性。

（3）硬度

石材的硬度以莫氏或肖氏硬度表示。它取决于矿物的硬度与构造。凡由致密、坚硬矿物组成的石材，其硬度较高。石材的硬度与抗压强度有紧密的相关性，一般抗压强度越高，其硬度也越高。硬度越高，其耐磨性和抗刻划性越好，但表面加工越困难。

3. 工艺性质

石材的工艺性质是指开采及加工的适应性，包括加工性、磨光性和抗钻性。

（1）加工性

加工性是指对岩石进行劈解、破碎与凿琢等加工时的难易程度。强度、硬度较高的石材不易加工；质脆而粗糙、颗粒交错结构、含层状或片状构造以及已风化的岩石都难以满足加工要求。

（2）磨光性

磨光性是指岩石能否磨成光滑表面的性质。致密、均匀、细粒的岩石一般都有良好的磨光性，可以磨成光滑亮洁的表面；疏松多孔、鳞片状结构的岩石磨光性均较差。

（3）抗钻性

抗钻性是指岩石钻孔的难易程度。影响抗钻性的因素很复杂，一般与岩石的强度、硬度等性质有关。

7.4.3 天然石材选用原则

在选用石材时，应根据建筑物类型、环境条件、使用要求等选择适用和经济的石材。一般应考虑以下几点，即适用性、经济性和安全性。

1. 适用性

在选用石材时，根据其在建筑物中的用途和部位，选定主要技术性质能满足要求的石材。如承重用石材，主要应考虑强度、耐水性、抗冻性等技术性能；饰面用石材，主要考虑表面平整度、光泽度、色彩与环境的协调、尺寸公差、外观缺陷及加工性等技术要求；围护结构用石材，主要考虑其导热性；用作地面、台阶等的石材，应坚韧耐磨；用在高温、高湿、严寒等特殊环境中的石材，还分别考虑其耐久性、耐水性、抗冻性及耐化学侵蚀性等。

2. 经济性

天然石材的密度大，运输不便、运费高，应综合考虑当地资源，尽可能做到就地取材。等级越高的石材，装饰效果越好，但价格越高。

3. 安全性

由于天然石材含有放射性物质，石材中的镭、钍等放射性元素在衰变过程中会产生对人体有害的放射性气体氡。氡无色、无味，五官不能察觉，特别是易在通风不良的地方聚集，可导致肺、血液、呼吸道发生病变。

《天然石材产品放射性防护分类控制标准》JC 518—1993 中规定，天然石材产品（花岗岩和部分大理岩）根据镭当量浓度和放射性比活度限制分为三类：A 类产品不受使用限制；B 类产品不可用于 I 类民用建筑物的内饰面；C 类产品可用于一切建筑物的外饰面。因此，装饰工程中应选用经放射性测试且发放了放射性产品合格证的产品。此外，在使用过程中还应经常打开居室门窗，促进室内空气流通，使氡气稀释，达到减少污染、保护人体健康的目的。

7.5 其他类型的墙体材料

7.5.1 混凝土制品

1. 混凝土小型空心砌块

根据《普通混凝土小型砌块》GB/T 8239—2014，混凝土小型砌块是以水泥、矿物掺合料、砂、石、水等为原材料，经搅拌、振动成型、养护等工艺制成的小型砌块，包括空心砌块和实心砌块。砌块示意图如图 7-3 所示。

根据《普通混凝土小型砌块》GB/T 8239—2014 的规定，砌块主规格尺寸为 390mm × 190mm × 190mm，最小外壁厚不应小于 30mm，最小肋厚不应小于 25mm，空心率不应小于 25%。其按抗压强度分为 MU5.0、MU7.5、MU10、MU15、MU20、MU25、MU30、MU35、MU40 九个等级。

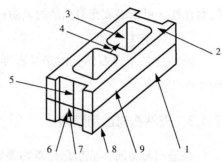

图 7-3　混凝土小型空心砌块
1—条面；2—坐浆面（肋厚较小的面）；3—壁；4—肋；5—高度；6—顶面；7—宽度；8—铺浆面（肋厚较大的面）；9—长度

砌块按空心率分为空心砌块（空心率不小于 25%，代号 H）和实心砌块（空心率小于 25%，代号 S）。

砌块按使用时砌筑墙体的结构和受力情况，分为承重结构用砌块（代号 L，简称承重砌块）和非承重结构用砌块（代号 N，简称非承重砌块）。

砌块按下列顺序标记：砌块种类、规格尺寸、强度等级（MU）、标准代号。

标记示例：

（1）规格尺寸 390mm × 190mm × 190mm，强度等级 MU15.0，承重结构用实心砌块，其标记为：LS390 × 190 × 190 MU15.0 GB/T 8239—2014。

（2）规格尺寸 395mm × 190mm × 194mm，强度等级 MU5.0，非承重结构用空心砌块，其标记为：NH 395 × 190 × 194 MU5.0 GB/T 8239—2014。

（3）规格尺寸 190mm × 190mm × 190mm，强度等级 MU15.0，承重结构用的半块砌块，其标记为：LH50 190 × 190 × 190 MU15.0 GB/T 8239—2014。

混凝土小型空心砌块主要适用于各种公用或民用住宅建筑以及工业厂房、仓库和农村建筑的内外墙体。为防止或避免小砌块因失水而产生的收缩导致墙体开裂，应特别注意：小砌块采用自然养护时，必须养护 28d 后方可上墙；出厂时小砌块的相对含水率必须严格控制；在施工现场堆放时，必须采用防雨措施；砌筑前，不允许浇水预湿；为防止墙体开裂，应根据建筑的情况设置伸缩缝，在必要的部位增加构造钢筋。

2. 轻集料混凝土小型空心砌块

根据《轻集料混凝土小型空心砌块》GB/T 15229—2011，轻集料混凝土小型空心砌块是用轻集料混凝土制成的小型空心砌块。轻集料混凝土是用轻粗集料、轻砂（或普通砂）、水泥和水等原材料配制而成的干表观密度不大于 1950kg/m³ 的混凝土。产品代号为 LB。

轻集料混凝土小型空心砌块按砌块孔的排数分类为：单排孔、双排孔、三排孔、四排孔等；按砌块密度等级分为八级：700、800、900、1000、1100、1200、1300、1400；按砌块强度等级分为五级：MU2.5、MU3.5、MU5.0、MU7.5、MU10.0。

轻集料混凝土小型空心砌块（LB）按代号、类别（孔的排数）、密度等级、强度等级、标准编号的顺序进行标记。

例如：符合 GB/T 15229—2011，双排孔，800 密度等级，MU3.5 强度等级的轻集料混凝土小型空心砌块，标记为：LB 2 800 MU3.5 GB/T 15229—2011。

轻集料混凝土小型空心砌块的吸水率应不大于 18%；干燥收缩率应不大于 0.065%；碳化系数应不小于 0.8；软化系数应不小于 0.8。

砌块应在厂内养护 28d 龄期后方可出厂。堆放时，砌块应按类别、密度等级和强度等级分批堆放。砌块装卸时，严禁碰撞、扔摔，应轻码轻放，不许用翻斗车倾卸。砌块堆放和运输时应有防雨、防潮和排水措施。

轻集料混凝土砌块具有自重轻、保温隔热和耐火性能好等特点，但其干缩值较大，使用时需要设置混凝土芯柱增强砌体的整体性能。

3. 陶粒发泡混凝土砌块

根据《陶粒发泡混凝土砌块》GB/T 36534—2018，陶粒发泡混凝土砌块是以陶粒为骨料，以水泥和粉煤灰等为胶凝材料，与泡沫剂和水制成浆料后，按一定比例均匀混合搅拌、浇筑、养护并切割而成的轻质多孔混凝土砌块。产品代号为 CFB。

陶粒发泡混凝土砌块按立方体抗压强度分为 MU2.5、MU3.5、MU5.0、MU7.5 四个等级；按干密度分为 600、700、800、900 四个等级；按导热系数和蓄热系数分为 H12、H14、H16、H18、H20 五个等级。

产品标记示例：强度等级为 MU5.0，干密度等级为 700 级，导热系数等级为 H18 级，规格尺寸为 600mm×240mm×300mm 的陶粒发泡混凝土砌块，其标记为：CFB MU5.0 700 H8 600×240×300 GB/T 36534—2018。

陶粒发泡混凝土砌块养护、堆放龄期 28d 以上方可出厂。砌块应按不同规格型号等级分类堆放、不得混杂，同时要求堆放平整、堆放高度适宜。出厂前，应捆扎包装，表面塑料薄膜封包。运输装卸时，宜用专用机具，要轻拿轻放，严禁碰撞、扔摔，禁止翻斗倾卸。

泡沫混凝土陶粒砌块具有表观密度小、强度高、隔热保温性能好、收缩率小、吸水率低、抗渗性能强、抗冻性好、防火和耐久性优、隔声吸声效果好等优点，适用于耐久性节能建筑的内、外墙砌体。

4. 泡沫混凝土砌块

根据《泡沫混凝土砌块》JC/T 1062—2007，泡沫混凝土砌块是用物理方法将泡沫剂水溶液制备成泡沫，再将泡沫加入到由水泥基胶凝材料、集料、掺合料、外加剂和水制成的料浆中，经混合搅拌、浇筑成型、自然或蒸汽养护而成的轻质多孔混凝土砌块，也称为发泡混凝土砌块。

泡沫混凝土砌块按砌块立方体抗压强度分为 A0.5、A1.0、A1.5、A2.5、A3.5、A5.0、A7.5 七个等级；按砌块干表观密度分为 B03、B04、B05、B06、B07、B08、B09、B10 八个等级；按砌块尺寸偏差和外观质量分为一等品（B）和合格品（C）二个等级。

产品按下列顺序进行标记：代号、强度等级、密度等级、规格尺寸、质量等级、标准编号。

例如：强度等级为 A3.5、密度等级为 B08、规格尺寸为 600mm×250mm×200mm、质量等级为一等品的泡沫混凝土砌块，其标记为：FCB A3.5 B08 600×250×200 B JC/T 1062—2007。

泡沫混凝土砌块使用时应注意以下问题：

（1）砌块必须存放 28d 方可出厂；砌块贮存堆放应做到场地平整，并设有养护喷淋装置和防晒设施；同品种、同规格、同等级做好标记，码放整齐稳妥，不得混杂；14d 后不得喷淋，宜有防雨措施。

（2）产品运输时，宜成垛绑扎或有其他包装，绝热用产品宜捆扎加塑料薄膜封包。运输装卸时，宜用专用机具，严禁摔、掷、翻斗车自翻卸货。

（3）泡沫混凝土砌块施工时的含水率一般小于 15%，且外墙应做饰面防护措施。

（4）在下列情况下，不得采用泡沫混凝土砌块：建筑物的基础；处于浸水、高温和化学侵蚀环境；承重制品表面温度高于 80℃的部位。

泡沫混凝土砌块的突出特点是在混凝土内部形成封闭的泡沫孔，使混凝土具有良好的保温隔热性和隔声性能。

7.5.2 墙用板材

墙用板材改变了墙体砌筑的传统工艺，通过黏结、组合等方法进行墙体施工，加快了建筑施工的速度。墙用板材除轻质外，还具有保温、隔热、隔声、防水及自承重的性能，有的轻型墙板还具有高强、绝热性能，目前在工程中应用十分广泛。

墙用板材的种类很多，主要包括加气混凝土板、石膏板、玻璃纤维增强水泥板、轻质隔热夹芯板等类型。

1. 水泥类墙板

水泥类墙用板材具有较好的力学性能和耐久性，生产技术成熟，产品质量可靠，主要用于承重墙、外墙和复合外墙的外层面，但其表观密度大、抗拉强度低，体型较大的板材在施工中易受损。为减轻自重，同时增加保温隔热性，生产时可制成空心板材，也可加入一些纤维材料制成增强型板材，还可在水泥板材上制作具有装饰效果的表面层。

（1）预应力混凝土空心板

预应力混凝土空心板是以高强度的预应力钢绞线用先张法制成，可根据需要增设保温层、防水层、外饰面层等。根据《预应力混凝土空心板》GB/T 14040—2007 的规定，预应力混凝土空心板的高度宜为 120mm、180mm、240mm、300mm、360mm，宽度宜为 900mm、1200mm，长度不宜大于高度的 40 倍，混凝土强度等级不应低于 C30，如用轻骨料混凝土浇筑，轻骨料混凝土强度等级不应低于 LC30。预应力混凝土空心板可用于承重或非承重的内外墙板、楼面板、屋面板、阳台板、雨篷等，如图 7-4 所示。

（2）玻璃纤维增强水泥（GRC）轻质多孔墙板

GRC 轻质多孔墙板是用抗碱玻璃纤维作增强材料，以水泥砂浆为胶结材料，经成型、养护而成的一种复合材料，GRC 是 "Glass Fiber Reinforced Cement（玻璃纤维增强水泥）" 的缩写。GRC 轻质多孔墙板具有质量轻、强度高、隔热、隔声、不燃、加工方便、价格适中、施工简便等优点，可用于一般建筑物的内隔墙和复合墙体的外墙面，如图 7-5 所示。

图 7-4　预应力混凝土空心板

图 7-5　GRC 轻质多孔墙板

2. 石膏类墙板

石膏板主要有纸面石膏板、纤维石膏板及石膏空心条板三类。

（1）纸面石膏板

纸面石膏板是以建筑石膏为主要原料，并掺入某些纤维和外加剂所组成的芯材，和与芯材牢固地结合在一起的护面纸所组成的建筑板材，如图 7-6 所示。其主要包括普通纸面石膏板、耐水纸面石膏板、耐火纸面石膏板和耐水耐火纸面石膏板。

图 7-6　纸面石膏板

纸面石膏板具有轻质、高强、绝热、防火、防水、吸声、可加工、施工方便等特点。普通纸面石膏板适用于建筑物的围护墙、内隔墙和吊顶。在厨房、厕所以及空气相对湿度大于 70% 的潮湿环境使用时，必须采用相应的防潮措施。耐火纸面石膏板主要用于对防火要求较高的建筑工程，如档案室、楼梯间、易燃厂房和库房的墙面和顶棚。耐水纸面石膏板主要用于相对湿度大于 75% 的浴室、厕所、盥洗室等潮湿环境下的吊顶和隔墙。

（2）纤维石膏板

纤维石膏板是以建筑石膏为主要原料，加入适量有机或无机纤维和外加剂，经打浆、铺浆脱水、成型、干燥而成的一种板材。石膏硬化体脆性较大，且强度不高。加入纤维材料可使板材的韧性增加、强度提高。纤维石膏板中加入的纤维较多，一般在 10% 左右，常用纤维类型多为纸纤维、木纤维、甘纤维、草纤维、玻璃纤维等。纤维石膏板具有质轻、高强、隔声、阻燃、韧性好、抗冲击力强、抗裂防震性能好等特点，可锯、钉、刨、粘，施工简便，主要用于非承重内隔墙、天花板、内墙贴面等。

（3）石膏空心板

石膏空心板是以石膏为胶凝材料，加入适量轻质材料（如膨胀珍珠岩等）和改性材料（如水泥、石灰、粉煤灰、外加剂等），经搅拌、成型、抽芯、干燥等工序制成的空心条板。其加工性好、质量轻、颜色洁白、表面平整光滑，可在板面喷刷或粘贴各种饰面材料，空心部位可预埋电线和管件，施工安装时不用龙骨，施工简单且效率高，主要用于非承重内隔墙。

3. 复合墙体板材

复合墙板是将不同功能的材料分层复合而制成的墙板。一般由外层、中间层和内层组成。外层用防水或装饰材料做成，主要起防水或装饰作用；中间层为为减轻自重而掺入的各种填充性材料，有保温、隔热、隔声作用；内层为饰面层。内外层之间多用龙骨或板勒连接，以增加承载力。目前，建筑工程中已广泛使用各种复合板材。

（1）钢丝网夹芯复合板材

钢丝网夹芯复合板材是将聚苯乙烯泡沫塑料、岩棉、玻璃棉等轻质芯材夹在中间，两片钢丝网之间用"之"字形钢丝相互连接，形成稳定的三维网架结构，然后用水泥砂浆在两侧抹面，或进行其他饰面装饰。

钢丝网夹芯复合板材商品名称众多，包括泰柏板、钢丝网架夹芯板、GY板等，但其基本结构相近，如图7-7所示。

钢丝网夹芯复合板材自重轻，约为 3.9 ~ 4.0kg/m^2，其热阻约为 240mm 厚普通砖墙的两倍，具有良好的保温隔热性。另外，其还具有隔声性好、防火性好、抗湿、抗冻性能好、抗震能力强、耐久性好等特点。钢丝网夹芯复合板材运输方便、损耗极低、施工方便，与砖墙相比可有效提高建筑使用面积。其可用作墙板、屋面板和各种保温板。

（2）金属面夹芯板

金属面夹芯板是以阻燃型聚苯乙烯泡沫塑料、聚氨酯泡沫塑料或岩棉、矿渣棉为芯材，两侧粘上彩色压型（或平面）镀锌板材复合而成的，如图7-8所示。外露的彩色钢板表面一般涂以高级彩色塑料涂层，使其具有良好的抗腐蚀性和耐候性。

金属面夹芯板质量为 10 ~ 25kg/m^2，质轻、高强、绝热性好，保温、隔热性好，防水性好，可加工性能好，且具有较好的抗弯、抗剪等力学性能，施工方便，安装灵活快捷，经久耐用，可多次拆装和重复使用，适用于各类墙体和屋面。

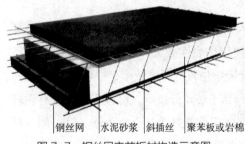

钢丝网　水泥砂浆　斜插丝　聚苯板或岩棉

图 7-7　钢丝网夹芯板材构造示意图

图 7-8　金属面夹芯板

【本章小结】

墙体材料在房屋中起到承受荷载、传递荷载、间隔及维护作用，直接影响到建筑物的性能和使用寿命。墙体材料以形状大小一般分为砖、砌块和板材三类；以制品方式来划分，主要分为烧结制品、蒸压蒸养制品、砌筑石材和混凝土制品等。烧结普通砖的技术要求主要包括规格、外观质量、强度等级、抗风化性能、泛霜、石灰爆裂和产品标记等。烧结多孔砖和砌块是承重材料，其具有良好的隔热保温性能、透气性能和优良的耐久性能。烧结保温砖和保温砌块主要用于建筑维护结构保温隔热的砖或砌块。烧结空心砖和空心砌块主要用于非承重墙和填充墙。蒸压粉煤灰砖可用于工业与民用建筑的基础和墙体。蒸压灰砂砖具有较高的墙体强度和良好的耐久性能，可用于工业与民用建筑的墙体和基础。蒸压加气混凝土砌块和板保温隔热性能好，适用于工业与民用建筑承重墙和非承重墙。天然岩石可分为岩浆岩、沉积岩和变质岩。天然石材的技术性质包括物理性质、力学性质和工艺性质。天然石材的技术性质取决于其组成的矿物种类、特征以及组合状态。其他墙体材料主要包括混凝土小型空心砌块、轻集料混凝土小型空心砌块、陶粒发泡混凝土空心砌块、泡沫混凝土砌块、预应力混凝土空心板、石膏类墙板以及复合型墙体板材等。

复习思考题

1. 烧结普通砖按焙烧时的火候可分为哪几种？各有何特点？

2. 试解释制成红砖与青砖的原理。

3. 某工地备用红砖 10 万块，在储存 2 个月后，尚未砌筑施工就发现有部分砖自裂成碎块，断面处可见白色小块状物质。请解释这是何原因所致？

4. 什么是新型墙体材料？其主要特点有哪些？

5. 天然石材选用的原则有哪些？

第8章 陶瓷和玻璃

【本章要点】

本章主要介绍陶瓷和玻璃的生产原材料和工艺等；简要介绍建筑陶瓷和建筑玻璃制品。

【学习目标】

熟悉陶瓷和玻璃的生产工艺，熟悉工程中常见建筑陶瓷和玻璃制品的分类和应用。

8.1 陶瓷生产工艺概述

陶瓷是以天然黏土以及各种天然矿物为主要原料，经过粉碎、混炼、成型和煅烧制得的制品。陶瓷的发展史是中华文明史的一个重要组成部分，中国作为四大文明古国之一，为人类社会的进步和发展做出了卓越的贡献，其中陶瓷的发明和发展更具有独特的意义。随着近代科学技术的发展，又出现了许多新的陶瓷品种。它们不再使用或很少使用黏土、长石、石英等传统陶瓷原料，而是使用其他特殊原料，甚至扩大到非硅酸盐、非氧化物的范围，并且出现了许多新的工艺。美国和欧洲一些国家的文献已将"陶瓷"一词理解为各种无机非金属固体材料的通称，可见陶瓷的含义实际上已远远超越过去狭窄的传统观念了。

陶瓷的生产工艺主要是以烧结法为主。完整的陶瓷成品一般需要经过原料进场检测→原料储备→配料→球磨→浆料检测→过筛除铁→喷雾干燥→粉料检测→粉料过筛→均化陈腐→入压料机→成型→干燥→施釉→烧成→出厂等工序。本节主要介绍原料、坯料制备、成型、干燥及施釉、烧成等工序。

8.1.1 原料

陶瓷原料有很多种，常见的陶瓷原料有高岭土、黏土、瓷石、石灰釉、石灰碱釉、工业氧化铝、氧化钙、二氧化硅、氧化镁等。陶瓷原料一般可分为黏土类、石英类和长石类。

1. 黏土类

黏土类原料是陶瓷的主要原料之一。黏土之所以作为陶瓷的主要原料是由于其具有可塑性和烧结性。陶瓷工业中主要的黏土类矿物有高岭石类、蒙脱石类和伊利石（水云母）类等。

2. 石英类

石英的主要成分为二氧化硅，在陶瓷生产中作为瘠性原料加入到陶瓷坯料中时，在烧成前可调节坯料的可塑性，在烧成时石英的加热膨胀可部分抵消部分坯体的收缩。当添加到釉料中时，可提高釉料的机械强度、硬度、耐磨性和耐化学侵蚀性。

3. 长石类

长石是陶瓷原料中最常用的熔剂性原料，在陶瓷生产中用作坯料、釉料熔剂等基本成分。在高温下熔融，形成黏稠的玻璃体，是坯料中碱金属氧化物的主要来源，能降低陶瓷坯体组分的熔化温度，利于成瓷和降低烧成温度。其在釉料中做熔剂，以形成玻璃相。

高岭土陶瓷原料是一种主要由高岭石组成的黏土，化学式为 $Al_2O_3 \cdot 2SiO_2 \cdot 2H_2O$。纯净的高岭土为致密或疏松的块状，外观呈白色、浅灰色。被其他杂质污染时，可呈黑褐、粉红、米黄色等，具有滑腻感，易用手捏成粉末，煅烧后颜色洁白，耐火度高，是一种优良的制瓷原料。

黏土陶瓷原料是一种含水铝硅酸盐矿物，由长石类岩石经过长期风化与地质作用而生成。它是多种微细矿物的混合体，主要化学组成为二氧化硅、氧化铝和结晶水，同时含有少量碱金属、碱土金属氧化物和着色氧化物等。黏土具有独特的可塑性和结合性，其加水膨润后可捏成泥团，塑造所需要的形状，经焙烧后变得坚硬致密，这种优异的性能构成了陶瓷制作的工艺基础。黏土是陶瓷生产的基础原料，在自然界中分布广泛、蕴藏量大、种类繁多，是一种宝贵的天然资源。

瓷石也是制作瓷器的原料，是一种由石英、绢云母组成，并有若干长石、高岭土等的岩石状矿物。它呈致密块状，外观为白色、灰白色、黄白色和灰绿色，呈玻璃光泽或土状光泽，断面常呈贝壳状，无明显纹理。瓷石本身含有构成瓷的多种成分，并具有制瓷工艺与烧成所需要的性能。我国很早就利用瓷石来制作瓷器，尤其是江西、湖南、福建等地的传统细瓷生产中均以瓷石作为主要原料。

石灰釉中的主要物质是氧化钙，起助熔作用，特点是高温黏度小、易于流釉。釉的玻璃质感强、透明度高，一般釉层较薄，釉面光泽较强，能清晰地刻划纹饰，南宋以前瓷器大多使用石灰釉。

石灰碱釉的主要成分为助熔物质氧化钙、氧化钾、氧化钠等碱性金属氧化物。它的特点是高温黏度大、不易流釉，可以施厚釉。在高温焙烧过程中，釉中的空气不能浮出釉面而在釉中形成许多小气泡，使釉中残存一定数量的未溶石英颗粒，并形成大量的钙长石析晶。这些小气泡、石英颗粒和钙长石析晶使进入釉层的光线发生散射，因而使釉层变得乳浊而不透明，产生一种温润如玉的视觉效果。此外，着色剂也是陶瓷制作过程中不可缺少的原料。着色剂存在于陶瓷器的胎、釉之中，起呈色作用。陶瓷中常见的着色剂有三氧化二铁、氧化铜、氧化钴、氧化锰、二氧化钛等，分别呈现红、绿、蓝、紫、黄等色。青花料是绘制青花瓷纹饰的原料，即钴土矿物。我国青花料蕴藏较为丰富，常用的国产料有石子青、平等青、浙料、珠明料等，进口料中有苏麻离青、回青等。

8.1.2 坯料制备

1. 配料

根据配方要求，将各种原料称出所需重量，混合装入球磨机料筒中备用。配方确定的原则为：

（1）坯料和釉料的组成应满足产品的物理、化学性质和使用要求。

（2）拟定配方时应考虑生产工艺及设备条件。

（3）了解各种原料对产品性质的影响。

（4）拟定配方时应考虑经济的合理性以及资源是否丰富、来源是否稳定等。

2. 球磨

球磨是指在装好原料的球磨机料筒中加入水进行球磨。球磨的原理是靠筒中的球石撞击和摩擦，将泥料颗粒进行磨细，以达到所需的细度。球磨过程中使用激光粒度分析仪不断地检测泥浆的细度，使其变成具有一定含水率的泥浆。

通常，坯料使用中铝球石进行辅助球磨，釉料使用高铝球石进行辅助球磨。在球磨过程中，一般是先放部分配料进行球磨一段时间后，再加剩余的配料一起球磨，总的球磨时间根据料的不同而有所区别，但为了使球磨后浆料的细度达到制造工艺的要求，球磨的总时间会有所波动。

3. 浆料检测

球磨后的浆料经检测合格后才能进入下一道生产工序，浆料性能要求一般为：

（1）流动性、悬浮性要好，以便输送和储存。

（2）含水率要合适，确保制粉过程中粉料产量高、能源消耗低。

（3）合适的细度，保证产品尺寸收缩、烧成温度与性能的稳定。

（4）浆料滴浆，看坯体颜色。

4. 过筛、除铁

将达标的浆料投入过筛系统，利用具有一定尺寸的孔径或缝隙的筛面进行分级，除去粗颗粒。过筛后再进行除铁工序，可使用湿式磁选机或高磁性电磁棒把原料中有危害产品质量的铁、钛等杂质基本除掉，确保烧制后的坯体没有黑色杂质，砖体纯净。过筛、除铁通常都做两次。

5. 泥浆脱水

泥浆脱水常用压滤脱水和喷雾干燥脱水（喷雾造粒、喷雾制粉）。压滤脱水将过筛、除铁后的泥浆通过柱塞泵抽到压滤机中，用压滤机挤压出多余水分。经过压滤所得的泥饼组织是不均匀的，而且含有很多空气。组织不均匀的泥饼如果直接用于生产，就会造成坯体在此后的干燥、烧成时收缩不均匀而产生变形和裂纹。因此，需要采用真空练泥机对泥饼进行真空处理，使泥饼的硬度、真空度均达到生产工艺所需的要求，从而使得泥饼的可塑性和密实度进一步提高，质地更加均匀，增加成型后坯体的干燥强度。

喷雾干燥脱水是以喷雾干燥塔为主体，并附用柱塞泵、风机和收集细粉的旋风分离器等设备构成的机组来完成的。由柱塞泵压送到干燥塔的雾化器将泥浆雾化成细滴，进入干燥塔内相遇热空气进行热交换时干燥脱水。尚含有一定水分的固体颗粒自由下降到干燥塔底部，由出口卸出；而微粉经旋风分离器收集后，从排风机口排出。一般喷雾干燥器的温度不高于500℃，如果温度过高，则干燥速度过快，颗粒表面会形成一层硬皮而里面仍然是湿的。收集的粉料需要检测水分含量，一般陶瓷粉料水分控制在6%~7%。最后粉料还需过筛，满足粉料颗粒级配要求，避免不符合粒度分布的颗粒进入下一道工序，以保障产品的质量。

6. 均化陈腐

将粉料在一定的温度和湿度环境中放置一段时间，这个过程称为均化陈腐。因为喷雾干燥后的粉料有一定的温度，且水分也不均匀，所以粉料一般需陈腐后方可使用。陈腐的主要作用是通过毛细管的作用使水分更加均匀分布；增加腐植酸物质的含量，改善泥料的黏性，提高成型性能；发生一些氧化和还原反应使泥料松散而均匀。经过陈腐后可提高坯体的强度，减少烧成变形的概率。陈腐时间需恰到好处，时间太短会出现水分不均匀，产品易产生夹层；时间太长会导致强度差、流动性差，不易填满压机模腔。通常陈腐所需的时间为5d左右，快的也有48h。

8.1.3 成型

陶瓷的成型过程是根据制品的形状来决定的，主要分为压制成型、滚压成型、注浆成型和手工成型等。

1. 压制成型

将均化陈腐好的粉料由输送带输送进入压机料斗，通过布料格栅布料以供压制成型。压制过程分三个阶段，首先轻压排气，其次加压再排气，最后将压力加至终极，压制成符合密度要求的坯体。整个过程要非常精细，成型压力、加压方式、加压速度和加压时间都会对最终制品产生影响。

（1）成型压力

成型压力包括总压力和压强。总压力取决于所要求的压强，这又与生坯的大小和形状有关，是压机选型的主要技术指标。压强是指垂直于受压方向上生坯单位面积所受到的压力，合适的成型压强取决于坯体的形状和高度、粉体的含水量及其流动性、要求坯体的致密度等。

（2）加压方式

加压方式有单面加压、两面加压、四面加压等。粉料的受压面越大，就越有利于生坯的致密度和均匀性。在加压过程中，采用真空抽气和振动等也有利于生坯的致密度和均匀性。

（3）加压速度和加压时间

干粉中有较多的空气，在加压过程中应该有充分的时间让空气排出，所以加压速度不能过快，最好先轻后重多次加压，并在达到最大压力时维持一段时间，让空气有机会排出。加压的速度与粉体的性质、水分和空气排出速度有关，一般最好加压2~3次。

2. 滚压成型

滚压成型时，盛放泥料的模型和滚压头绕着各自的轴以一定速度旋转，滚压头逐渐接近盛放泥料的模型，并对泥料进行"滚"和"压"的作用而成型。滚压成型可分为阳模滚压和阴模滚压。阳模滚压是利用滚头来形成坯体的外表面，此法常用于扁平、宽口器皿和器皿内部有浮雕的产品；阴模滚压是利用滚头来形成坯体内表面，此法常用于径口小而深的器皿或者器皿外部有浮雕的产品。

3. 注浆成型

注浆成型可分空心注浆和高压注浆两种，常用于一些立体件的制作，如空心罐类、壶类等产品。空心注浆是将泥浆注入石膏模内，水通过接触面渗入石膏模型体内，从而在表面形成硬层，待硬层达到一定的厚度后，再倒出多余的泥浆。高压注浆是通过高压把泥浆注进事先固定的石膏模内，利用石膏模的吸水性将泥浆中的水分吸掉，待石膏模内的泥浆达到一定的硬度后，把高压阀门关上，同时打开放浆阀门将多余的泥浆放掉。

4. 手工成型

手工成型多用于制作不规则形体的陶瓷制品，比如陶瓷艺术品、高档手工艺陶瓷制品等。手工成型主要分为拉坯、印坯和利坯三个步骤。

（1）拉坯

将泥团摔掷在辘轳车的转盘中心，随手法的屈伸收放拉制出坯体的大致模样。拉坯是成型的第一道工序。拉坯成型首先要熟悉泥料的收缩率，根据大小品种和不同器型及泥料的软硬程度予以放尺；其次还要注意造型，如遇较大尺寸的制品，则要分段拉制。

（2）印坯

印模的外形是按坯体内形弧线旋削而成的，将晾至半干的坯覆在模种上均匀按拍坯体外壁，然后脱模。坯体的优劣完全取决于拉坯师傅的技艺好坏和水平高低。

（3）利坯

利坯也称"修坯"或"旋坯"，是最后确定器物形状的关键环节，并使器物表面光洁、形体连贯、规整一致。将坯覆放于辘轳车的利桶上，转动车盘，用刀旋削，使坯体厚度适当，这是一道技术要求很高的工序。一般来说，在同一器物的不同部位，坯体厚度各不相同，因为不同部位在高温烧成时的收缩率和受力情况不一致，因而利坯时应控制不同部位的泥坯厚度，防止其在烧造时变形。

8.1.4　干燥及施釉

1. 干燥

干燥是指排出湿坯水分的工艺过程。成型后的坯体含有一定的水分，即便是极小的水分，都会影响到制品的强度。因此，坯体进入干燥窑后将多余的水分蒸发，经过干燥的坯体含水率一般控制在 0.5% 左右。干燥的作用是提高半成品强度，达到施釉和印花工序的强度要求。由于水分蒸发时易出现收缩开裂，所以控制水分蒸发速度非常关键。影响坯体干燥收缩的因素主要有以下几个方面：

（1）坯体中黏土的性质，黏土越细烧成收缩和变形就越大。

（2）坯体的化学组成，坯体中黏土的阳离子对坯体干燥收缩有很大影响。在坯体中加入钠离子可以促使黏土颗粒平行排列。实践证明，含有钠离子的黏土矿物比含钙离子的黏土矿物收缩率大。

（3）坯料的含水率，其与收缩率成正比。

（4）坯体的成型方法以及坯体的形状。

干燥分为热空气干燥、工频电干燥、直流电干燥、辐射干燥、综合干燥等。

（1）热空气干燥根据干燥设备不同可分为室式干燥、隧道式干燥、喷雾干燥、链式干燥、辊道传送式干燥、热泵干燥、少空气快速干燥技术等。

（2）工频电干燥是将坯体两端通电，通过交变电流，这样湿坯就相当于电阻而被并联在电路中。当电流通过时，坯体内部就会产生热量使水分蒸发而干燥。

（3）直流电干燥同样可以使水分在干燥过程中减少而且均匀分布。

（4）辐射干燥分为高频干燥和微波干燥。

（5）综合干燥分为辐射干燥和热空气对流干燥相结合、电热干燥与红外干燥和热风干燥相结合等。

2. 施釉

施釉是陶瓷制作过程中必不可少的一项工艺，大部分陶瓷制品均需经施釉后才能进窑烧造。施釉是指在坯体表面附上一层釉，是极为重要和较难掌握的一道工序。在施釉前，需对坯体进行表面清洁处理以除去污垢或油渍，保证坯釉良好结合。一般采用压缩空气在通风柜内进行吹扫，或者用海绵浸水后湿摸，然后干燥至所需含水率。施釉过程通常可分为浸釉、轮釉、淋釉和荡釉。

（1）浸釉

浸釉是将坯体浸入釉浆中，利用坯体的吸水性和釉的黏附性使釉浆附着于坯上，所以也称蘸釉。釉层厚度由坯的吸水性、釉浆浓度、浸渍时间进行控制。

（2）轮釉

轮釉是将坯体放在可旋转的转盘上，在旋转时，工人师傅将调配好的釉浆浇在坯体中心，在重力和离心力的作用下，釉浆均匀地散开，使制品施上厚薄均匀的釉后，多余的釉浆则向外甩出。轮釉多适用于盘碟等扁平的器物。

（3）淋釉

淋釉法又称烧釉法，是采用机器半自动上釉。在机器输送带上架放坯托与坯体，当坯体经过均匀的釉膜时，坯体的正面便可以上釉。一面上釉后，工人把坯体反过来，此时坯体的另一面经过釉膜后也可以上釉。此种上釉法效率高，适用于大批量生产。

（4）荡釉

对于中空制品，如壶、花瓶、罐等，对其进行内部施釉，采用其他方法无法实现或比较困难时，应采用荡釉法。把釉浆倒入坯体内部，然后晃荡，使上下左右均匀上釉，多余的釉浆倒出即可。

经过上釉的坯体底部一般要进行拖底处理，这样做的目的是为去除坯体底部的釉，以防止在烧成时坯体底部的釉与硼板粘在一起。

8.1.5 烧成

经过表面初步装饰完毕的坯体还不具备使用性能，它需在高温作用下发生一系列物理化学反应，最后显气孔率接近于零才能达到致密程度的瓷化现象，这个过程称之为烧成。对坯体来说，烧成过程就是将成型后的生坯在一定条件下进行的热处理，其经过一系列物理化学变化，得到具有一定矿物组成和显微结构、达到所要求的理化性能指标的成坯。

烧成是陶瓷制造工艺过程中最重要的工序之一，主要设备为烧成窑或辊道窑，窑炉高温达 1200℃，生坯由输送带送到辊道窑进行烧成，烧窑过程约 24h。按窑内整个温度的变化把窑炉分成三个温度带，即预热带、烧成带和冷却带，每个温度带的烧成时间、温度都是通过电脑严格控制的。经过高温烧成的砖坯发生了质的变化，此时就成了真正意义上的瓷砖。烧成过程可分为五个阶段，如表 8-1 所示。烧成工序结束之后，还需要对制品进行分选、磨边定尺、抛光、吹干、检验分级、上蜡、贴膜、包装、入库。至此，成品陶瓷制作完毕。

烧成过程的阶段特点 表 8-1

阶段特征	阶段温度	过程特点
预热阶段	常温 ~ 300℃	本阶段主要是坯体的预热与坯体残余水分的排除。这时窑内升温速度与坯体残余水分、坯体尺寸形状、窑内温差、窑内制品装载密度等有关
氧化分解阶段	300 ~ 950℃	在此阶段发生的物理变化特征主要有质量减轻、强度降低，发生的化学变化特征主要有硫化物氧化、碳酸盐分解、石英晶型转变等。本阶段升温速度主要与坯料化学组成、坯体尺度、形状及装窑密度等因素有关
高温阶段	950℃ ~ 烧成温度	该阶段坯体开始出现液相，釉层开始熔融，同时根据坯釉铁钛含量及对制品外观颜色的要求来决定是否采用还原气氛烧成。高温阶段也常称为成瓷阶段，应特别注意窑内烟气与制品间的传热状况，并加以调整，防止由于收缩相差太大而导致制品变形或开裂

续表

阶段特征	阶段温度	过程特点
高火保温阶段	烧成温度	高火保温阶段的主要作用是减少制品的不同部分，从而使坯体内各部分在物理化学反应后组织结构趋于均化，同时也减少窑内各部分的温差，使窑内不同部位的制品处于接近相等的受热条件
冷却阶段	烧成温度~常温	850℃以上由于有较多液相，因此坯体还处于塑性状态，可进行快冷，防止液相析晶。快冷时的降温速度可控制在 150 ~ 300℃/h。850℃以下，由于液相开始凝固、石英晶型转化、坯体固化，故应缓冷，防止因坯体快速收缩而开裂。缓冷阶段降温速度可控制在 40 ~ 70℃/h

8.2 建筑陶瓷制品

8.2.1 釉面砖

釉面砖是砖的表面经过施釉并经高温高压烧制处理后得到的瓷砖。这种瓷砖由土坯和釉面两部分组成，主体又分为陶土和瓷土两种，陶土烧制出来的背面呈红色，瓷土烧制的背面呈灰白色。釉面砖表面可以做各种图案和花纹，比抛光砖的色彩和图案丰富，因为表面是釉料，所以耐磨性不如抛光砖。根据光泽的不同，釉面砖又可以分为光面釉面砖和哑光釉面砖两类。釉面砖是装修中最常见的砖种，釉面的作用主要是增加瓷砖的美观和起到良好的防污作用。由于色彩图案丰富而且防污能力强，因此被广泛应用于墙面和地面装修，是内墙薄片装饰用的理想精陶建筑材料，如图 8-1 所示。釉面砖的主要成分如表 8-2 所示。

图 8-1　釉面砖

釉面砖的成分　　　　　　　　　　　　　　表 8-2

成分	含量
SiO_2	60% ~ 70%
Al_2O_3	15% ~ 22%
CaO	1.0% ~ 10%
MgO	1.0% ~ 3.0%

釉面砖的优点如下：

（1）釉面砖的色彩图案丰富、规格多、清洁方便、选择空间大、适用于厨房和卫生间。釉面砖表面可以做各种图案和花纹，比抛光砖的色彩和图案丰富。

（2）釉面砖的表面强度会大很多，可作为墙面和地面两用。相对于玻化砖，釉面砖最大的优点是防渗、不怕脏。大部分釉面砖的防滑度都非常好，而且釉面砖表面还可以烧制各种花纹图案，风格比较多样。虽然釉面砖的耐磨性比玻化砖稍差，但合格的产品其耐磨度绝对能满足家庭使用的需要。

（3）防渗，无缝拼接，任意造型，韧度非常好，基本上不会发生断裂等现象。

（4）耐急冷急热的特性好，釉面砖能承受的冷热温度差为 $130 \pm 2℃$，在此范围内温度急剧变化而不出现裂纹。

（5）弯曲强度高，釉面砖的弯曲强度平均值不小于 16MPa，当砖的厚度大于或等于 7.5mm 时，弯曲强度平均值不小于 13MPa。

但是由于釉面砖表面是釉料，所以耐磨性不如抛光砖。同时在烧制的过程中经常能看到釉面有针孔、裂纹、弯曲、色差、水波纹、斑点等。常见的质量问题主要集中在釉面砖龟裂。龟裂产生的根本原因是坯与釉层间的应力超出了坯釉间的热膨胀系数之差。当釉面比坯的热膨胀系数大，冷却时釉的收缩大于坯体，釉会受拉伸应力，当拉伸应力大于釉层所能承受的极限强度时就会产生龟裂现象。

8.2.2　外墙贴面砖

外墙面砖是镶嵌于建筑物外墙面上的片状陶瓷制品，它具有质地密实、强度高、耐磨、防水、耐腐和抗冻性好等特点，给人以清洁大方的美感，是一种应用比较普遍的外墙贴面装饰。

外墙贴面砖的传统生产工艺是以耐火黏土、长石、石英为坯体主要原料，在 1250 ~ 1280℃的高温下一次烧成，坯体烧后为白色。新工艺是以难熔或易熔的红黏土、页岩黏土、矿渣为主要原料，在辊道窑或隧道窑内于 1000 ~ 1200℃的高温下一次快速烧成，烧成周期为 60 ~ 180min。为了与基层墙面很好的黏结，面砖的背面均有肋纹。根据面砖表面的装饰情况可分为表面不施釉的单色砖、表面施釉的彩釉砖、表面既有彩釉又有凸起花纹图案的立体彩釉砖、表面施釉并做成花岗岩花纹表面的仿花岗岩釉面砖等。

8.2.3　地砖及梯沿砖

地砖和梯沿砖都属于地面装饰材料，采用黏土烧制而成，规格多样、质地坚硬、耐压耐磨并且防潮，多用于公共建筑和民用建筑的地面和楼面，如广场、商场、办公楼、客厅、阳台、卫生间等。

地砖作为一种大面积铺设的地面材料，利用自身质地坚实、便于清理、耐热、耐磨、耐酸碱、不渗水等优点营造出风格迥异的地面环境。地砖花色品种非常多，可供选择的余地很大，市场上砖的种类很齐全，可以根据自己的喜好和居室的风格设计选择相应风格的地砖。色彩明快的玻化砖装饰现代的家居生活，沉稳古朴的釉面砖放在中式、欧式风格的房间里相得益彰，马赛克的不同材质、不同拼接运用为居室添加万种风情，而创意新颖、气质不俗的花砖又起到画龙点睛的作用。

梯沿砖是用在楼梯、台阶边缘的一种地砖配件，具有与相配合使用地砖相同的性能。它要求具有较好的耐磨性，上表面压有凹凸线条以防滑。

8.2.4　陶瓷锦砖

陶瓷锦砖又被称为陶瓷马赛克，以瓷化好、吸水率小、抗冻性能优越为特色而成为外墙装饰的重要材料。特别是有釉和磨光制品，以其晶莹细腻的质感更加提高了耐污染能力和材料的高贵感，如图 8-2 所示。其砖体薄、自重轻，缝隙间充满砂浆，保证每个小瓷片都牢牢地黏结在砂浆中而不易脱落。即使若干年后少数砖块掉落，也不会构成伤人的危险性。

图 8-2　陶瓷锦砖

虽然陶瓷锦砖优点明显，但是若在铺贴时操作不当，容易产生表面不平整、分格缝不均匀、砖缝不平直、空鼓、脱落等质量问题。具体原因及防治措施如表 8-3 所示。

陶瓷锦砖饰面存在的质量问题及防治措施　　　　　　表 8-3

出现问题	原因分析	防治措施
表面不平整 分格缝不均匀 砖缝不平直	1. 陶瓷锦砖粘贴时，黏结层砂浆厚度过小，对基层处理和抹灰质量要求均很严格，如底子灰表面平整和阴阳角稍有偏差，粘贴面层时就不易调整找平，产生表面不平整现象。如果增加黏结砂浆厚度来找平，则陶瓷锦砖粘贴后，表面不易拍平，同样会产生墙面不平整 2. 施工前，没有按照设计图纸尺寸对结构施工实际情况进行排砖、分格和绘制大样图，抹底子灰时，各部位挂线找规矩不够，造成尺寸不准，引起分格缝不均匀 3. 陶瓷锦砖粘贴揭纸后，没有及时对砖缝进行检查和认真拨正调直	1. 施工前应对照设计图纸尺寸，核实结构实际偏差情况 2. 按照施工大样图，对各窗间墙、砖垛等处先测好中心线、水平线和阴阳角垂直线，对不符合要求、偏差较大的部位要预先处理。抹底子灰要平整，阴阳角要垂直方正，抹灰后立即划毛，并注意养护 3. 在养护完的底子灰上，根据大样图从上到下弹出若干水平线，在阴阳角处、窗口处弹上垂直线，作为粘贴陶瓷锦砖时控制的标准线 4. 粘贴陶瓷锦砖时，将涂上黏结砂浆的陶瓷锦砖逐张拿起，由下往上粘贴到墙上，每张之间缝要对齐 5. 陶瓷锦砖粘贴后，随即将拍板靠放在已贴好的面层上，用小锤敲击拍板，满敲均匀，使面层黏结牢固和平整，然后刷水将护纸揭去，检查陶瓷锦砖分缝平直、大小等情况，将弯扭的缝用开刀拨正调直，再用小锤拍板拍平一遍，以达到表面平整为止

续表

出现问题	原因分析	防治措施
墙面空鼓、脱落	1. 基层清理不干净，浇水不饱和、浇水不匀 2. 刷纯水泥浆结合层后，没有随即抹黏结砂浆；使用黏结砂浆配比不当；和易性不好；揭护纸时间过迟；在黏结砂浆已收水后才进行拨缝调直，都可能引起空鼓甚至脱落 3. 勾缝不严，雨水渗透进面层或黏结层后受冻膨胀引起空鼓或脱落	1. 抹灰前底层应清理干净，剔凿和补平，浇水均匀，基层要湿润 2. 刷纯水泥浆结合层后，要紧跟着抹1∶1水泥聚合物砂浆，掺水泥质量2%的聚醋酸乙烯乳液以改善砂浆的和易性和保水性能，防止砂浆收水太快，黏结力降低，引起空鼓 3. 陶瓷锦砖粘贴后，揭纸时间宜控制在1h内完成 4. 面层粘贴后，对起出分格条的大缝用1∶1水泥砂浆勾严实，砖缝要用素水泥浆擦缝填满。色浆的颜色要符合设计要求
墙面污染	1. 陶瓷锦砖在运输和堆放过程中保管不良 2. 墙、地面粘贴完毕后，成品保护不好 3. 施工过程中未及时清除砂浆、污水等污染	1. 面砖施工开始后，不得在室内向外泼脏水，倒垃圾 2. 面砖勾缝应自上而下，并随时清理墙面；拆脚手架不得碰坏墙面 3. 用草绳或色纸包装陶瓷锦砖时（特别是白色砖），运输和保管期间要防止雨淋或受潮

8.2.5　卫生陶瓷

卫生陶瓷是卫生间、厨房和试验室等场所用的带釉陶瓷制品。它一般是在1250～1280℃的温度条件下一次烧成，各种原料见表8-4。

卫生陶瓷原料表　　　　　　　　　　　　　　　　　表8-4

制坯主要原料	高岭土（20%～30%）、高塑性黏土（20%～30%）、石英（30%～40%）、钾长石（10%～20%）、水和少量电解质
基础釉原料	长石、石英、石灰石、菱镁石、氧化锌、碳酸钡等
釉的着色原料	铬锡红、铬绿、钒锆黄、钒锆蓝、镨锆黄、镨锆蓝等

按制品材质有熟料陶（吸水率<18%）、精陶（吸水率<12%）、半瓷（吸水率<5%）和瓷（吸水率<0.5%）四种，其中以瓷制材料的性能为最好。熟料陶用于制造立式小便器、浴盆等大型器具，其余三种用于制造中、小型器具。中国生产的卫生陶瓷产品多属半瓷质和瓷质。国家标准规定，各种半瓷质卫生陶瓷应耐急冷急热（100℃水中加热5min后投入15～16℃水中）三次不炸裂。普通釉白度大于或等于60度；白釉白度大于或等于70度。此外，对陶瓷的外观质量、规格、尺寸公差、使用功能等也都有明确的规定。

8.2.6　琉璃制品

琉璃制品是一种涂玻璃釉的陶质制品，用低熔点塑性黏土为主要原料制成型后，经干燥、素烧、施釉、釉烧等工序制成。"琉璃"一词始于汉代，是泛指玻璃或涂玻璃质釉料的器物，北魏曾用作宫殿建筑的瓦件等。唐朝时期举世闻名的"唐三彩"使琉璃的釉料色彩有了较大发展。

琉璃制品按用途可分为建筑琉璃制品、建筑装饰雕塑琉璃制品和琉璃工艺美术品三大类。用于建筑装饰及艺术装饰的带色琉璃制品主要有琉璃瓦、琉璃砖以及琉璃花窗、栏杆等。琉璃瓦是我国用于古建筑的一种高档屋面材料。琉璃瓦品种繁多、造型各异，主要有板瓦（底瓦）、筒瓦（盖瓦）、滴水、勾头等，另外还有飞禽走兽等形象，用作檐头和屋脊的装饰物等。琉璃砖是在陶质坯体上涂一层琉璃彩釉，经 1000℃ 烧制而成，其特点是光亮夺目、色彩鲜艳。

琉璃色彩绚丽，常用的有金黄、翠绿、宝蓝等颜色。琉璃制品的特点是质地致密、表面光滑、不易粘污、坚实耐久、色彩绚丽、造型古朴，富有我国传统的民族特色。但由于琉璃价格昂贵且自重大，故主要用于具有民族色彩的宫殿式建筑以及少数纪念性建筑物上。此外，还常用以建造园林中的亭、台、楼阁等。

8.2.7　新型墙、地砖简介

近年来，随着建筑装饰业的不断发展，新型墙、地砖装饰材料品种不断增加，功能各异。这里主要介绍金属釉面砖、黑瓷装饰板和大型陶瓷艺术饰面板。

1. 金属釉面砖

金属釉面砖运用进口和国产金属釉料（钛的化合物）等特种原料，以真空离子溅射法将釉面砖表面处理呈金黄、银白、蓝、黑等多种色彩后烧制而成，是当今国内市场的领先产品。它给人以光泽、灿烂、辉煌、坚固、豪华的感觉。我国四川陶瓷厂生产的金属釉面砖含黑色与红色两大色判，主要有金灰色、古铜色、墨绿色、宝石蓝等多个品种。产品光泽耐久、质地坚韧、网纹淳朴，赋予墙面装饰静态美，其还有良好的热稳定性、耐酸碱性，易于清洁、装饰效果好。这种面砖抗风化、耐腐蚀，历久常新，适用于商店柱面和门面的装饰。

2. 黑瓷装饰板

黑瓷装饰板采用冶金工业废弃的废钒尾渣，经过配料加工、挤压成型后再进行高温烧成。钒钛黑瓷板属烧结型瓷砖，色泽纯正、质地致密，其使用性能、外表质感均可与天然花岗岩媲美，甚至具有比黑色花岗石更黑、更硬、更亮的特点。它主要用于宾馆、饭店等装饰内外墙与地面，也可用作单位铭牌、仪器平台等，是一种富丽豪华、顺应时代潮流趋势的装饰材料。

3. 大型陶瓷艺术饰面板

大型陶瓷艺术饰面板具有单块面积大、厚度薄、平整度好、吸水率低、抗冻、抗化学侵蚀、耐急冷急热、施工方便等优点，并有绘制艺术、书法、条幅、陶瓷壁画等多种功能。产品表面可做成平滑或各种浮雕花纹图案，并施以各种彩色釉，其用作建筑物内外墙、墙裙、廊厅、立柱等的饰面材料，尤其适合用作大厦、宾馆、酒楼、机场、车站、码头等公共设施的装饰。

8.3 玻璃生产工艺概述

玻璃是一种呈现为玻璃态的无定形体，它由溶解的液态玻璃经过快速冷却而成型。由于冷却成型时间非常短，分子没有足够的时间形成晶体，因此玻璃属于非晶体无机非金属材料，具有透光、导热、不吸水、有一定硬度等特性。

8.3.1 原料

普通玻璃的主要成分是硅酸盐（Na_2SiO_3、$CaSiO_3$、SiO_2），其主要成分是 SiO_2。它的原料比较复杂，但按作用可分为主要原料和辅助原料。主要原料构成玻璃的主体并确定玻璃的主要物化性能，辅助原料给玻璃的特殊性质和生产工艺带来便利。

1. 玻璃的主要原料

（1）石英

石英引入玻璃的主要成分是二氧化硅，它在燃烧过程中能熔融成玻璃主体，决定了玻璃的主要性质，相应的称为硅酸盐玻璃。

（2）石灰石

石灰石引入玻璃的主要成分是氧化钙，增强玻璃的化学稳定性和物理强度。但含量过多会使玻璃析晶并降低其耐热性能。

（3）纯碱

纯碱引入玻璃的主要成分是氧化钠，在煅烧过程中与酸性氧化物形成易熔的复盐，从而起到助熔的作用，使玻璃易于成型。但含量过多会使玻璃的热膨胀率增加，抗拉强度下降。

2. 玻璃的辅助原料

（1）澄清剂

澄清剂可以有效降低玻璃熔液的黏度，能够使化学反应所产生的气泡更容易逸出。常用的澄清剂有硝酸钠、硫酸钠、二氧化锰等。

（2）脱色剂

原料中的某些杂质如 Fe^{2+}、Fe^{3+}、Cu^{2+} 等会给玻璃带来颜色，脱色剂在玻璃中呈现出原来颜色的补色，从而使玻璃变成无色。常用的脱色剂有碳酸钠、氧化钴、氧化镍等。

（3）着色剂

某些金属氧化物能直接溶于玻璃熔液中使玻璃着色。如氧化铁会使玻璃呈现浅绿色、四氧化三铁会使玻璃呈现黄色、氧化镍会使玻璃呈现棕色等。

此外，根据玻璃的不同需求，还可加入一些其他原料，如白云石作为引入氧化镁的原料，能减少玻璃的热膨胀，提高透明度；长石作为引入氧化铝和氧化钾的原料，可以提高玻璃的耐久性等。

8.3.2 配合料

玻璃原料需要按不同的组成和比例制备出配合料。配合料的制备需要遵循一定的原则，包括玻璃化学组成需要满足环保的要求、满足实际工艺的要求、满足玻璃的形成条件、满足预定性能的要求、价格低廉、原料易于获得等。

1. 设计与确定玻璃组成

（1）列出设计玻璃的性能要求。其包括热膨胀系数、热稳定性、化学稳定性、软化点、机械强度、光学电学性质等。

（2）拟定玻璃的组成。根据经验和文献，按照玻璃组成设计基本原则进行。

（3）试验、测试、确定组成。

2. 配合料计算

配合料计算是以玻璃的重量百分比组成和原料的化学成分为基础，计算出熔化100kg玻璃所需要的各种原料的用量。首先进行初步计算，得出结果后要进行校正，同时还需要考虑原料中的挥发损失。

3. 配合料的制备

（1）配合料的质量要求

制备的配合料要有合理的颗粒级配，同一原料要有适宜的颗粒度，各原料要有一定的粒度比值，并且要提高混合质量，防止料层分层。此外，配合料要具有一定的水分，这样有利于配合料混合均匀、减少飞扬。

（2）原材料的加工处理

1）工艺流程。其可分为单系统流程、多系统流程和混合系统流程。单系统流程为各种矿物原料共同使用一个破碎、粉磨、筛分系统；多系统流程为每种原料各有一套破碎、粉磨、筛分系统；混合系统流程为用量较多的原料单独使用一个加工处理系统，用量小的性质相近的原料共用一个加工处理系统。

2）原料干燥。其可采用回转干燥筒、离心脱水、蒸汽加热、热风炉干燥等。

3）原料的破碎与粉磨。应视原料大小、硬度和需要粉碎的程度来选择相应的设备和处理方法。石英硬度较高，可先将其在1000℃以上煅烧后，用颚式破碎机进行破碎；石灰石常用颚式破碎机进行破碎，然后用锤式破碎机进行粉碎；纯碱结块时用笼形碾或锤式破碎机粉碎。

4）原料的筛分。筛分设备一般有六角筛、振动筛、摇动筛等，也有使用风力离心机进行筛分的。

4. 配合料的称量

配合料称量需要又快又准，称量精度一般要求为1/500（精确称量时要求1/1000），称量方法包括分别称量法和累计称量法。分别称量法使用排式料仓，误差小、设备投资多、流程线长，利于自动化；累计称量法使用塔式料仓，误差大、设备投资少、流程线短，不利于实现自动化。

5. 配合料的混合

配合料混合的均匀程度不仅与机械设备有关，还与原料的特性如颗粒级配、密度、表面性质等有关。在工艺上，与配合料的加料量、加水量与加水方式、原料的加料顺序、混合时间以及是否加入碎玻璃等都有很大关系。

（1）加料量：一般为设备容积的 30% ~ 50%。

（2）加料顺序：按石英、水、石灰石、纯碱、澄清剂、脱色剂等顺序。

（3）混合时间：2 ~ 8min 为宜，盘式混合机时间较短，转动式混合机时间相对较长。

（4）混合设备：按机构的不同可以分为转动式、盘式和桨叶式三大类。常用的混合设备有艾立赫式混合机、转鼓式混合机、桨叶式混合机、抄举式混合机等。

6. 配合料的质量检验

配合料的质量是根据均匀性、化学组成的正确性和含水量来评定的。

（1）均匀性

配合料的均匀性一般采用滴定法和电导法进行测定。滴定法是在配合料中随机取三个试样，每个试样约 2g，将试样溶于热水，过滤，用标准盐酸溶液以酚酞为指示剂进行滴定。三个试样的滴定碱度平均偏差不超过 0.5% 为合格。电导法是利用碳酸钠、硫酸钠等在水溶液中能够电离形成电解质溶液的原理，在一定的电场作用下，离子移动传递电子，溶液显示导电的特性。根据导电率的变化来估计导电离子在配合料中的均匀程度。一般也是在配合料中随机取 3 个试样进行测定。

（2）化学组成的正确性

配合料化学组成的正确性是利用化学分析的方法分析各组成氧化物的含量，并与给定的玻璃组成进行比较。

（3）含水量

对于配合料中的水分，也需要测定。测定方法是取配料 2 ~ 3g 放在称量瓶中称量，然后在 105℃ 的烘箱中干燥至恒重，在干燥器内冷却后再称量其重量。两次重量之差即为配合料的含水量。

8.3.3 玻璃的熔制

在玻璃生产过程中，配合料经过加热形成玻璃的过程称为玻璃的熔制过程。玻璃的熔制是一个非常复杂的过程，它包括一系列物理的、化学的、物理化学的现象和反应，这些现象和反应的结果使各种原料的机械混合物变成了复杂的熔融物，即玻璃液。玻璃制品的很多缺陷主要是在熔制过程中产生的，玻璃熔制过程进行的好坏与产品的产业质量、合格率、生产成本、燃料消耗和池容寿命等都有密切关系，因此要进行合理的熔制，保证配合料在整个熔制过程中的物理化学反应进行得及时完善，使整个生产过程得以顺利进行并生产出优质玻璃制品。

玻璃的熔制是玻璃生产过程中的重要阶段，熔制的质量和速度决定着产品的质量和产量。玻璃的熔制过程大体分为以下五个阶段，各阶段之间都有内在联系、相互影响，每一阶段进行得不完善均影响下阶段的反应，并最终影响产品质量。

1. 硅酸盐的形成阶段

配合料约在 800 ~ 1000℃的温度作用下，发生一系列物理化学变化，如水分的分解蒸发、盐类的分解、多晶转变、组分熔化及石英砂与其他组分之间进行的固相反应，使配合料变成由硅酸盐和游离二氧化硅组成的不透明的烧结体物质。

2. 玻璃液的形成阶段

配合料加热到1200℃时，形成各种硅酸盐，出现一些熔融体，还剩下一些未起变化的石英颗粒；继续升高温度时，硅酸盐和石英砂完全熔于熔融体中，成为可见大量气泡的在化学成分和温度上都不够均匀的透明玻璃。

3. 玻璃的澄清阶段

在玻璃液形成阶段结束后，整个熔融体包含许多气泡，从玻璃液中除去肉眼可见的气体夹杂物，消除玻璃液中气孔组织的阶段称为澄清阶段。因为玻璃液的黏度随温度升高而降低，因此高温有利于玻璃的澄清，这个阶段玻璃液的温度约为1400℃。

4. 玻璃的均化阶段

玻璃液形成后，其化学成分和温度都不均匀。为消除不均匀性，需要进行均化，它与澄清过程在一起，无明显的界限，可以看成是边澄清边均化，均化阶段的结束往往在澄清阶段之后，高温有利于玻璃的均化。

5. 玻璃液的冷却阶段

澄清均化后的玻璃液温度高、黏度低，不适合玻璃成型，需要均匀冷却到成型温度。根据成型方法的不同，成型温度比澄清温度低200 ~ 300℃。

8.3.4　玻璃的成型

玻璃的成型是将熔融的玻璃液转变为具有几何形状制品的过程，这一过程称为玻璃的一次成型或热端成型。玻璃必须在一定的黏度和温度范围内才能成型。在成型时，玻璃液除做机械运动之外，还同周围介质进行连续的热交换和热传递。玻璃液首先由黏性液态转变为塑性状态，然后再转变成脆性固态。因此，玻璃的成型过程是极其复杂的过程。

常见的玻璃成型方法有吹制法、压制法、拉制法、压延法、浇铸法、浮法等。

1. 吹制法

吹制法一般用于空心制品，先将热熔状态的玻璃料压制为块状，再将压缩气体吹入块料中，使之膨胀成为中空制品。吹制法可以分为人工吹制成型和机械吹制成型。人工吹制成型一般用于高档装饰品，机械吹制成型一般用于工业化生产。

2. 压制法

压制成型是在模具中加入玻璃熔料加压成型，多用于玻璃盘碟、玻璃砖等。首先是挑料,挑起一定量玻璃液落入模具内;然后是压制,使冲头下压进入模中,压成制品;最后是退模,冲头停放一定时间后,使制品硬化,取出制品送去退火。压制法的优点是形状精确、工艺简便、生产能力高;缺点是不能生产薄壁和内腔在垂直方向上的制品,制品表面也常伴随不光滑和斑点。

3. 拉制法

拉制成型是利用机械拉力将玻璃熔体制成制品,分为垂直拉制和水平拉制,主要用来生产平板玻璃、玻璃管、玻璃纤维等,如生产日光灯管、霓虹灯管等。

4. 压延法

压延法是将熔制好的玻璃液在辊间或者辊板间压延成玻璃制品的方法,主要用来生产压花玻璃、夹丝玻璃、厚平板玻璃等。压延法分为单辊压延法和对辊压延法。单辊压延法是用金属压辊把倒于平板上的玻璃液滚压成平板,但制成的玻璃质量差、产量低,间歇作业操作笨重。对辊压延法是将玻璃液倒进成对的水冷中空压辊,经滚压而成平板。这种方法制作的玻璃质量好、时间短、产量高,可以连续作业。

5. 浇铸法

浇铸法是将熔制好的玻璃液注入模具中,经退火冷却,加工得到制品的方法。这种方法的工艺特点是对设备要求低、产品限制小,适合制大型制品,但制品准确率较差。其主要应用于艺术雕刻、建筑装饰品、大直径玻璃管、反应锅等。

6. 浮法

浮法是指熔窑熔融的玻璃液在流入锡槽后在熔融金属锡液的表面上成型平板玻璃的方法,英国皮尔金顿公司经过长期的研究、探索、实验,于1959年首次研制成功浮法成型技术并获得专利。玻璃液由流道、流槽连续流入锡槽,玻璃液在熔融锡液面依靠表面张力和重力摊平、抛光展薄、冷却,并在这个过程中随着传动辊子项强飘移。成型的玻璃经过渡辊台托起,离开锡槽进入退火窑,再经过横切、检验合格方可出厂。浮法工艺制备的玻璃具有均匀性好、透明度强、表面光滑、平面度好、光学性能较强等特点,主要应用于建筑行业,是民用建筑使用的最好玻璃之一。

8.3.5 退火

玻璃退火主要是指将玻璃置于退火窑中经过足够长的时间,通过退火温度范围或以缓慢的速度冷却下来,以便不再产生超过允许范围的永久应力和暂时应力,或者说是尽可能使玻璃中产生的热应力减少或消除的过程。玻璃的应力分为热应力、结构应力和机械应力。

1. 热应力

热应力分为暂时应力和永久应力。在温度低于应变点时,玻璃处于弹性变形温度范围(脆性状态),经受不均匀的温度变化时所产生的热应力随温度的梯度的存在而存在,随温度梯度的消失而消失,这种应力称为暂时应力。暂时应力仅产生于玻璃处于脆性状态下的加热或冷却过程。超过玻璃的极限强度时，玻璃也会破裂。生产上常用急冷的方法切割玻璃。

玻璃内外温度相等时残留的热应力称为永久应力，又称内应力。玻璃冷却到应变点附近，此温度处于玻璃由塑性体变成弹性体的转变温度范围，若冷却速度大于内部质点调整的速度，较早硬化的外层就会阻止较晚硬化的内层收缩，外层受到内层给它的压应力，而内层受到外层给它的张应力。这种应力不会随着温度梯度的消失而消失，因此称为永久应力或残余应力。

2. 结构应力

因化学组成不均匀而产生的应力称为结构应力。不同化学组成，其热膨胀系数不同，冷却时产生的收缩不一致。如玻璃中的结石、条纹等。

3. 机械应力

由于外力作用而产生的应力称为机械应力，外力除去，机械应力也随之消失。

玻璃的退火工艺与玻璃制品的种类、形状、大小、容许的应力值、退火炉内温度分布等情况有关。目前采用的退火工艺有多种形式。根据退火原理，退火工艺可分为四个阶段：加热阶段、均热阶段、慢冷阶段和快冷阶段。

（1）加热阶段

不同品种的玻璃有不同的退火工艺。有的玻璃在成型后直接进入退火炉进行退火，称为一次退火；有的制品在成型冷却后再经加热退火，称为二次退火。所以加热阶段对有些制品并不是必要的。在加热过程中，玻璃表面产生压应力，所以加热速率可相应高些，例如 20℃ 的平板玻璃可直接进入 700℃ 的退火炉，其加热速率可高达 300℃/min，生产中的加热速率需根据制品大小、形状、炉内温度分布等因素综合确定。

（2）均热阶段

把制品加热到退火温度进行保温、均热以消除应力。在本阶段中首先要确定退火温度，其次是保温时间。一般把比退火上限温度低 20 ~ 30℃ 的温度作为退火温度。退火温度除直接测定外，也可根据玻璃成分计算确定。

（3）慢冷阶段

为了使玻璃制品在冷却后不产生永久应力，或减小到制品所要求的应力范围，在均热后进行慢冷是必要的，以防止过大的温差。

（4）快冷阶段

玻璃在应变点以下冷却时，如前述只产生暂时应力，只要它不超过玻璃的极限强度，就可以加快冷却速度以缩短整个退火过程、降低燃料消耗、提高生产率。

8.3.6　玻璃的加工

玻璃在出厂前还需要完成加工工序。一块成品玻璃的加工要通过很多道工序，如原片的选取、玻璃尺寸切割、玻璃磨边倒角、印丝、清洗检测包装等。

1. 原片的选取

原片的选取可以说是玻璃加工的第一步，玻璃加工需要适宜的玻璃原片，在不同环境所使用的原片种类需要明确。玻璃原片的厚度也不一样，生产显示器类的玻璃一般选用 1～3mm 范围的厚度；数码类产品对透光性要求比较高，所以会选择超白玻；民用建筑中的玻璃以浮法玻璃较为常见。

2. 玻璃尺寸切割

原片本身的尺寸是很大的，必须进行切割才能应用到实际工程。切割工作人员会根据客户图纸上的尺寸来计算如何切割原片，这个算法必须考虑到后面玻璃磨边所消耗掉的尺寸。在使用自动玻璃切割机切割时，需要先进行排版，然后才能进行切割工艺。其不仅要求在玻璃原片上排出尽可能多的符合要求形状的裁片，提高原材料的利用率，而且要求排版操作简单易行、容易使用。机械交互排版是操作工人在现场对照工作任务单进行排版切割最常用、最方便的一种排版方式。

3. 玻璃磨边倒角

刚切好的玻璃边缘很锋利，具有一定的危险性，因此需要磨边倒角，一般客户也会要求磨边。磨边有磨雾边和磨亮边之分，如果是要装在框里，磨雾边就可以满足要求，这样也可以减少成本；磨亮边对玻璃美观度要求比较高，是在露边的情况下使用的。磨边之后进行倒角，倒角也有专门的倒角机，通过倒角机能精准地倒出想要的各种角度。

4. 丝印

如果需要在玻璃上印某些图案、公司标志等，玻璃需经过丝印加工。丝印环境需要比较干净，防止油墨掺入杂质，这样丝印出来的效果才会更佳。印丝分为手动丝印和机器丝印。印丝的原料主要是油墨，玻璃印上图案之后上面的油墨不会很快干掉，如果这个时候去拿玻璃会碰到油墨、破坏图案，因此还需要经过烤箱烘烤，之后油墨便会干掉，图案也不会轻易抹掉。

5. 检测包装

玻璃要通过检测员的检测方能过关，有问题的玻璃会被挑选出来，有的作废，有的可以再次加工。合格的玻璃通过贴膜机贴膜，再用牛皮纸包装。

8.4　建筑玻璃制品

8.4.1　普通平板玻璃

平板玻璃也称白片玻璃。平板玻璃具有良好的透视、透光性能（3mm 和 5mm 厚的无色透明平板玻璃的可见光透射比分别为 88% 和 86%），对太阳中近红热射线的透过率较高，但对可见光射至室内墙顶、地面和家具、织物而反射产生的远红外长波热射线却可有效阻挡，故可产生明显的"暖房效应"。无色透明平板玻璃对太阳光中紫外线的透过率较低。平板玻璃具有隔声和一定的保温性能，其抗拉强度远小于抗压强度，是典型的脆性材料。平板玻璃具有较高的化学稳定性，通常情况下，对酸、碱、盐、化学试剂及气体有较强的抵抗能力，但长期遭受侵蚀介质的作用也能导致质变和破坏，如玻璃的风化和发霉都会导致外观的破坏和透光能力的降低。平板玻璃热稳定性较差，急冷急热易发生爆裂。

8.4.2 彩色玻璃

彩色玻璃是指由透明玻璃粉碎后用特殊工艺染色制成的一种玻璃。彩色玻璃在古代就已经存在，把彩色玻璃磨成小块可以用来作画。彩色玻璃还可以铺路，铺成的彩色防滑减速路面的耐久性能大为提高，而且色彩艳丽程度高于使用花岗岩或石英砂作为骨料的传统彩色防滑路面。

玻璃的着色是由于可见光透过玻璃时不同波长透过程度不同而产生的。原因是溶解在玻璃中的过渡金属离子或稀土金属离子的电子跃迁而引起的光吸收或分散在玻璃中呈胶体状的元素或化合物微粒子的色散与吸收或放射线等的照射所产生的着色中心所引起的光吸收等，如图 8-3 所示。彩色玻璃广泛用于容器、太阳镜、医药玻璃或工艺美术品等，特别是滤光片和信号灯用玻璃。

图 8-3 彩色玻璃

8.4.3 磨光玻璃

磨光玻璃又称镜面玻璃，是指采用金刚砂、硅砂等磨料对普通平板玻璃的两个表面进行研磨使之平坦以后，再用红粉、氧化锡及毛毡进行抛光后制成的玻璃。研磨的目的在于获得平整的表面，抛光的目的在于使研磨后所得毛玻璃重新具有透明和光泽。磨光玻璃分单面磨光和双面磨光两种，其表面平整光滑且有光泽。透光率大于 84%，厚度为 4 ~ 6mm。

磨光玻璃主要用于大型高级建筑的门窗采光、橱窗或制镜。磨光玻璃虽然性能较好，但价格较贵，而且研磨抛光后的玻璃表面存在着大量视觉不可观察到的微裂纹，因而它的强度低于磨光前的玻璃。自从浮法玻璃工艺出现后，磨光玻璃的用量逐渐减少。

8.4.4 钢化玻璃

钢化玻璃是一种预应力玻璃，为提高玻璃的强度，通常使用化学或物理的方法在玻璃表面形成压应力，玻璃承受外力时首先抵消表层应力，从而提高了承载能力，增强玻璃自身抗风压性、寒暑性、冲击性等。玻璃钢化的第一个专利于 1874 年由法国人获得，钢化方法是将玻璃加热到接近软化温度后立即投入温度相对较低的液体槽中，使表面应力提高。这种方法即是早期液体钢化方法。

现代钢化玻璃是将普通退火玻璃先切割成要求的尺寸，然后加热到接近软化点的700℃左右，再进行快速均匀的冷却而得到的。加热降温的时间随着玻璃厚度变化，通常 5 ~ 6mm 的玻璃在 700℃高温下加热 240s 左右，降温 150s 左右；8 ~ 10mm 的玻璃在 700℃高温下加热 500s 左右，降温 300s 左右。钢化处理后玻璃表面形成均匀压应力，而内部则形成张应力，使玻璃的抗弯和抗冲击强度得以提高，其强度约是普通退火玻璃的4 倍以上。已钢化处理好的钢化玻璃不能再作任何切割、磨削等加工或受破损，否则就会因破坏均匀压应力平衡而粉碎。当钢化玻璃受到外力冲击破坏时，在内能作用下玻璃被撕裂成钝角的小碎块。相比普通玻璃破裂时大块的呈长形刀状、尖角状的碎块来说，钢化玻璃破裂后的小碎块对人体的伤害很小。其优缺点如表8-5所示。

钢化玻璃的优缺点 表 8-5

优点	1. 玻璃的强度提高了 3 ~ 5 倍
	2. 提高了玻璃表面的抗拉伸性能
	3. 玻璃的耐热性能得到提高，耐热冲击可达到 280 ~ 320℃
	4. 具有良好的安全性和可靠性
缺点	1. 钢化后的玻璃不能再进行切割和加工
	2. 钢化玻璃有自爆（自己破裂）的可能性
	3. 钢化玻璃表面会存在凹凸不平，有轻微的厚度变薄

钢化玻璃的自爆问题不容小觑。自爆的原因分为两种。第一种是由玻璃中可见缺陷引起的自爆，例如结石、砂粒、气泡、夹杂物、缺口、划伤、爆边等；第二种是由玻璃中的硫化镍杂质和异质相颗粒引起的自爆，Ballantyne 于 1961 年首次提出钢化玻璃自爆的硫化镍机制。当玻璃钢化加热时，玻璃内部板芯温度约620℃，硫化镍均处于高温态的 α-NiS相。随后玻璃进入风栅急冷，玻璃中的硫化镍在379℃发作相变。与浮法退火窑不同的是，钢化急冷时间很短，其来不及改变成低温态 β-NiS 而以高温态硫化镍 α 相被"冻结"在玻璃中。快速急冷使玻璃得以钢化，构成外压内张的应力一致平衡体。在已钢化了的玻璃中硫化镍相变低速持续地进行，体积不断胀大扩张，对其周围玻璃的效果力随之增大。钢化玻璃板芯自身就是张应力层，在张应力层内的硫化镍发作相变时体积胀大也构成张应力，这两种张应力叠加在一起，足以引发钢化玻璃的破裂，即自爆，如图8-4所示。

这是两种不同的自爆类型，应明确分类、区别对待，选用不同方法来应对和处理。前者一般目视可见，检测相对容易，故生产中可控；后者则主要由玻璃中微小的硫化镍颗粒体积胀大引发，无法目测查验，故不可控。在实际运作和处理上，第一种自爆一般能够在装置前剔除，第二种自爆因无法查验而持续存在，成为运用中钢化玻璃自爆的主要原因。硫化镍类自爆后替换难度大、处理费用高，会带来比较严重的结果。

图 8-4 钢化玻璃破裂

8.4.5 夹层玻璃

夹层玻璃又名夹胶玻璃或真空玻璃，由两片或多片玻璃组成，在玻璃中间夹一层或多层有机聚合物中间膜，再经过高温高压（或抽真空）工艺处理后使玻璃与中间膜黏合在一起后形成的一体复合玻璃制品，如图 8-5 所示。常用的夹层玻璃中间膜有 PVB、SGP、EVA、PU 等材料。此外，还有一些比较特殊的如彩色中间膜夹层玻璃、内嵌装饰件（金属网、金属板等）夹层玻璃等装饰及功能性夹层玻璃。根据中间膜的熔点不同可分为低温夹层玻璃、高

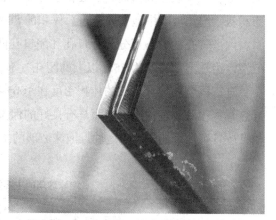

图 8-5 夹胶玻璃

温夹层玻璃、中空玻璃；根据夹层间的黏结方法不同可分为混法夹层玻璃、干法夹层玻璃、中空夹层玻璃；根据夹层的层类不同可分为一般夹层玻璃和防弹玻璃等。

夹层玻璃是一种安全玻璃，在受到撞击后，由于其两片玻璃中间夹的 PVB 膜的黏结作用，不会像普通玻璃破碎后产生锋利的碎片伤人。玻璃即使碎裂，碎片也会被粘在中间膜上，破碎的玻璃仍保持其一体性。这就有效防止了碎片扎伤和穿透坠落事件的发生，确保了人身安全。同时，它的 PVB 中间膜所具备的隔声、控制阳光的性能又使之成为具备节能、环保功能的材料。使用夹层玻璃不仅可以隔绝可穿透普通玻璃的 1000 ~ 2000Hz 的噪声，而且它可以阻挡大部分紫外线和吸收红外光谱中的热量，多用在汽车等交通工

具上。在西方国家，大部分建筑玻璃都采用夹层玻璃，这不仅是为了避免伤害事故，还因为夹层玻璃有极好的抗震入侵能力。中间膜能抵御锤子、劈柴刀等凶器的连续攻击，还能在相当长时间内抵御子弹穿透，其安全防范程度可谓极高。

夹层玻璃的制作分为清洗、围边、灌胶、排气、固化五个步骤。

（1）清洗。选取所需尺寸的两片玻璃，用丙酮擦洗干净并在干净的环境下晾干备用。

（2）围边。将胶液浸润过的 3 ~ 5mm 宽 PVB 胶片条嵌入上下两片玻璃的四周形成空腔，用铗子夹紧。围边时，预留灌胶口以备灌胶。

（3）灌胶。将已脱气的胶液通过薄膜袋缓缓注入空腔中，灌注胶液结束后静置 6 ~ 8min。

（4）排气。在静置后，轻轻敲打玻璃，施加一定压力，尽量排出溶于胶液中的空气，逐步放平玻璃，迅速封口，夹紧固定。

（5）固化。仔细检查无气泡后，将已灌注的夹层玻璃水平放置于阳光下或紫光灯下照射，30min 左右即可移去铗子以便有足够的光线照射让其固化，待其固化即可。

8.4.6 泡沫玻璃

泡沫玻璃是以富含玻璃相的物质为主要原料，添加适量的发泡剂和改性剂，经过粉磨、混合、预热、高温熔化、发泡、冷却和退火等工艺生产而成的轻质无机多孔状玻璃态材料。泡沫玻璃中泡孔体积占总体积的 80% ~ 95%，泡孔直径多为 1 ~ 2mm。其按照材料内部气孔的形态可分为开口孔和闭口孔两种，其中吸声泡沫玻璃为 50% 以上的开孔气泡，绝热泡沫玻璃为 75% 以上的闭孔气泡，其可以根据使用要求通过生产技术参数的变更进行调整。泡沫玻璃的体积密度在 100 ~ 200kg/m³。泡沫玻璃具有密度小、强度高、导热系数小等物理性质，因而具有良好的保温、隔热、吸声、防潮、防水、防火等功能，而且还具有良好的化学稳定性。泡沫玻璃的主要技术性能指标如表 8-6 所示。

泡沫玻璃的主要技术性能指标　　　　　　　　　　表 8-6

性能	单位	数值
-20℃导热系数	W/（m·K）	≤ 0.46
-0℃导热系数	W/（m·K）	≤ 0.5
-23.5℃导热系数	W/（m·K）	≤ 0.54
-350℃导热系数	W/（m·K）	≤ 0.058
密度	kg/m³	135 ~ 180
抗压强度	MPa	≥ 0.4
抗折强度	MPa	≥ 0.5
体积吸水率	%	≤ 0.5
体积吸湿率	%	≤ 0.01
使用温度	℃	-200 ~ 400
线膨胀系数	K⁻¹	8×10^{-6}

1. 保温隔热

泡沫玻璃的热导率很小，是良好的保温隔热材料。泡沫玻璃的传热包括玻璃的孔壁和其中的气体。孔壁是固相，以传导为主，而气孔中的气体除了传导以外，主要是对流和辐射。泡沫玻璃中的气孔很多，传热主要以气孔中气体的对流和辐射为主，由于对流和辐射的传热效率很低，因此泡沫玻璃的热导率很小。当泡沫玻璃内部的气泡为封闭状态时，其吸水率也比较小，于同密度的其他隔热材料相比具有更高的强度，并且容易加工。利用以上特性，泡沫玻璃可以作为液化石油气储罐及冷藏库的隔热材料，也可用作高层建筑的墙体材料和顶层隔热材料、居民住房室内、室外隔热材料等。

2. 吸声功能

由于泡沫玻璃具有许多微小的间隙和连续的气孔，用于隔声、吸声方面效果非常好。当声波传播到泡沫玻璃上时，由于声波产生的振动引起小孔或间隙内的空气运动，造成与孔壁的摩擦，但仅靠孔壁的空气受孔壁的影响不易动起来，摩擦和黏滞力的作用使声波转换为热能而被消耗，从而使声波衰减，达到吸收噪声的目的。在不同频率声波下，泡沫玻璃的吸声效果是不同的。对于低频（100 ~ 125Hz），声波吸声系数较低；对于高频，声波吸声系数比较高。微孔结构泡沫玻璃吸声频带宽（1.2 ~ 3.0kHz），吸声效果可达 60% ~ 80%。与常用的玻璃棉、延绵、矿渣棉等纤维吸声材料相比，其外表不需要再加装饰穿孔护面板。泡沫玻璃作为一种降噪、隔声屏障，目前已被广泛应用于地铁、地下军事设施、隧道、公路、音乐厅、商场等噪声较大的场所，效果较好。

3. 耐腐蚀功能

泡沫玻璃化学稳定性良好，能耐除氢氟酸以外的几乎所有的化学腐蚀，不会氧化，不会发生风化腐烂。同时，泡沫玻璃对其他物品也没有腐蚀作用，无毒、无放射性伤害，长期受紫外线照射或热辐射仍然不发生老化，是石油、化工、冶金、国防等行业的优质建筑防腐材料。利用其良好的耐水、耐腐蚀和抗老化性能，可用于潮湿环境和风吹雨淋的露天条件下，如游泳馆、地铁、道路声屏障等。同时，泡沫玻璃不会产生纤维粉尘污染环境，非常适合于洁净环境的通风和空调系统的消声。

4. 吸水功能

泡沫玻璃是由无机玻璃连续相和无数个相对独立的气泡所组成，开孔型泡沫玻璃的吸水率可达 50% ~ 70%，有的甚至更高。在潮湿环境中，其不会因毛细管作用而将水吸入制品内部，隔热层不会出现水汽凝结。在低温或超低温条件下，隔热层内也不会因吸水结冰而引起结构组织的变形或破坏，具有良好的透湿性和吸水性。因此泡沫玻璃适用于绿化隔墙，其微孔结构能填充土壤和水分，花草可以在砖体上生长。将泡沫玻璃固定在岩石斜坡上，利用泡沫玻璃中的开口气孔储存水分，当坡面土壤变干时，泡沫玻璃可将这些水分陆续供给土壤和植物，并且还可起到防止水土流失的作用。

5. 装饰功能

泡沫玻璃因其美观、轻质、耐热、抗冻、耐腐蚀等优异的性能，可作为建筑的墙面装饰材料、各种颜色的室内装饰材料及大型的雕塑等，将节能、环保、安全、装饰等多功能融为一体。

【本章小结】

陶瓷是以天然黏土以及各种天然矿物为主要原料，经过粉碎混炼、成型和煅烧制得的制品，生产工艺主要包括坯料制备、成型、干燥、施釉及烧成等工序。釉面砖是砖表面经过施釉并经高温高压烧制处理后得到的瓷砖。外墙贴面砖具有质地密实、强度高、耐磨、防水、耐腐和抗冻性好等特点。地砖和梯沿砖多用于公共建筑和民用建筑的地面和楼面。陶瓷锦砖瓷化好、吸水率小、抗冻性能优越。玻璃是一种呈现为玻璃态的无定形体，它由溶解的液态玻璃经过快速冷却而成型。建筑玻璃制品主要包括普通平板玻璃、彩色玻璃、磨光玻璃、钢化玻璃、夹层玻璃、泡沫玻璃等。

复习思考题

1. 陶瓷坯料制备过程中为什么要进行均化陈腐？
2. 陶瓷压制成型过程中需要考虑哪些因素？
3. 简述玻璃的熔制过程。
4. 如何降低钢化玻璃的自爆率？

第9章 木材

【本章要点】

本章主要介绍木材的分类与构造、木材的主要性质、防护以及木材的综合利用等方面的内容。

【学习目标】

掌握木材的主要性质；掌握平衡含水率和强度的影响因素；熟悉木材的分类与构造；掌握木材防护的措施。

9.1 概述

建筑木材是指建筑工程所用的木制材料，是人类使用最早的建筑材料之一。木材具有轻质高强、耐冲击、弹性和韧性好、导热性低、纹理美观、装饰性好等特点，建筑用的木材产品已从原木的初加工（电杆、各种锯材等）发展到木材的再加工（人造板、胶合木等）以及成材的再加工（建筑构件、家具等）等，在建筑工程中主要用作木结构、模板、支架墙板、吊顶、门窗、地板、家具及室内装修等。由于森林资源较慢的再生性以及过度砍伐对环境气候的不利影响，木材的综合利用是今后发展的方向之一。

9.2 木材的分类和构造

木材主要由树木的树干加工而成，木材的分类按其来源（树木的种类）有针叶树木材和阔叶树木材两大类。木材的构造是决定木材性质的主要因素，不同树种以及生长环境条件不同的树材其构造差别很大，木材的构造通常从宏观和微观两个方面进行分析。构造缺陷是确定木材质量标准或设计时必须考虑的因素。

9.2.1 分类

针叶树木材是用松树、杉树、柏树等生产的木材，其树叶细长，树干通直高大，易得大材。针叶树木材纹理顺直、材质均匀、木质较软而易于加工，又称软木材。针叶树木材强度较高、表观密度和胀缩变形较小、耐腐性较强，是建筑工程中的主要用材，广泛用作承重构件、制作范本、门窗等。

阔叶树木材是用杨树、桐树、樟树、榆树等生产的木材。其树叶宽大，多数树种的树干通直，部分较短，一般材质坚硬，较难加工，又称为硬木材。阔叶树木材一般表观密度较大、干湿变形大、易开裂翘曲，仅适用于尺寸较小的非承重木构件。因其加工后表现出天然美丽的木纹和颜色，具有很好的装饰性，常用作家具及建筑装饰材料。

9.2.2　宏观构造

木材的宏观构造是指用肉眼或借助放大镜所观察到的木材构造特征。一般从横、径、弦三个切面了解木材的结构特性，如图9-1所示。与树干主轴成直角的锯切面称横切面，如原木的端面；通过树心与树干平行的纵向锯切面称径切面；垂直于端面并距树干主轴有一定距离的纵向锯切面则称弦切面。

从横切面上可以看到树木可分成髓心、木质部和树皮三个主要部分，髓心是树干中心的松软部分，其木质强度低、易腐朽，故锯切的板材不宜带有髓心部

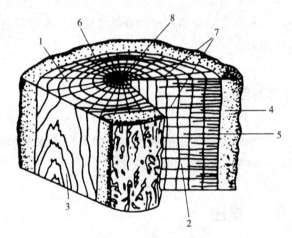

图9-1　木材的宏观构造
1—横切面；2—径切面；3—弦切面；4—树皮；
5—木质部；6—生长轮；7—髓线；8—髓心

分。木质部是指从树皮至髓心的部分，是木材的主体，也是建筑用材的主体。其按生长的阶段又可区分为边材、心材等部分。靠近髓心颜色较深的称为心材；靠近树皮颜色较浅的称为边材。心材材质较硬、密度大，抗变形性、耐久性和耐腐蚀性均比边材好。因此，一般来说心材比边材的利用价值高些。从横切面上还可看到木质部围绕髓心有深浅相间的同心圆环，称为生长轮（俗称年轮）。在同一年轮内，春天生长的木质，色较浅、质较松，称为春材（早材）；夏秋两季生长的木质，色较深、质较密，称为夏材（晚材）。相同树种，年轮越密且均匀，材质越好；夏材部分越多，木材强度越高。从髓心向外的辐射线，称为木射线或髓线。髓线与周围连接较差，木材干燥时易沿髓线开裂。深浅相间的生长轮和放射状的髓线构成了木材雅致的颜色和美丽的天然纹理。树皮是指树干的外围结构层，是树木生长的保护层，建筑上用途不大。

9.2.3　微观结构

木材的微观结构是借助显微镜所观察到的木材构造特征。在显微镜下，可以看到木材是由无数呈管状的细胞紧密结合而成的，绝大部分细胞呈纵向排列形成纤维结构，少

部分横向排列形成髓线。每个细胞分为细胞壁和细胞腔两部分。细胞壁由细胞纤维组成，细胞纤维间具有极小的空隙，能吸附和渗透水分；细胞腔则是由细胞壁包裹而成的空腔。木材的细胞壁越厚、腔越小，木材越密实，表观密度和强度也越大，但胀缩变形也大。一般来说，夏材比春材细胞壁厚。

木材细胞因功能不同可分为管胞、导管、木纤维、髓线等多种。管胞为纵向细胞，长 2 ～ 5mm，直径为 30 ～ 70μm，在树木中起支承和输送养分的作用，占树木总体积的 90% 以上。某些树种，如松树在管胞间有树脂道，用来储藏树脂，如图 9-2 所示。导管是壁薄而腔大的细胞，主要起输送养分的作用，大的管孔肉眼可见。木纤维长约 1mm，壁厚腔小，主要起支承作用。针叶树和阔叶树的微观构造有较大的差别。针叶树的显微结构简单而规则，主要由管胞和髓线组成，针叶树木材的髓线较细而不明显；阔叶树木材主要由导管、木纤维及髓线等组成，其髓线粗大而明显，导管壁薄而腔大。因此，有无导管以及髓线的粗细是鉴别阔叶树或针叶树的显著特征。

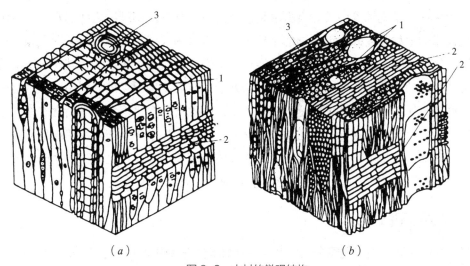

图 9-2　木材的微观结构
（a）针叶树木材的微观结构：1—管胞；2—髓线；3—树脂道；
（b）阔叶树木材的微观结构：1—导管；2—髓线；3—木纤维；

9.2.4　构造缺陷

凡是树干上由于正常的木材构造所形成的木节、裂纹和腐朽等缺陷均称为构造缺陷。包含在树干或主枝木材中的枝条部分称为木节或节子。节子破坏木材构造的均匀性和完整性，不仅影响木材表面的美观和加工性质，更重要的是影响木材的力学性质。节子对顺纹抗拉强度的影响最大，其次是抗弯强度，特别是位于构造边缘的节子最明显，其对顺纹抗压强度影响较小，但能提高横纹抗压强度和顺纹抗剪强度。木材由于木腐菌的侵入逐渐改变其颜色和结构，使细胞壁受到破坏变得松软易碎、呈筛孔状或粉末状等形态，称为腐朽。腐朽严重影响木材的性质，使其质量减轻、吸水性增大，强度、硬度降低。木材纤维与纤维之间的分离所形成的裂隙称为裂纹，贯通的裂纹会破坏木材的完整性、降低木材的力学性能，如斜纹、涡纹，会降低木材的顺纹抗拉、抗弯强度。应压木（偏宽年轮）的密度、硬度、顺纹抗压和抗弯强度较大，但抗拉强度及冲击韧性较小，纵向干缩率大，因而翘曲和开裂严重。

9.3 木材的性质

9.3.1 含水率

木材的含水率是指木材所含水的质量占干燥木材质量的百分数。含水率的大小对木材的湿胀干缩和强度影响很大。新伐木材的含水率常在 35% 以上；风干木材的含水率为 15% ~ 25%；室内干燥木材的含水率为 8% ~ 15%。木材中的水主要有自由水和吸附水两种。自由水是存在于木材细胞腔和细胞间隙中的水分，自由水的变化只与木材的表观密度、含水率、燃烧性等的关。吸附水是被吸附在细胞壁内细纤维之间的水分，吸附水的变化是影响木材强度和胀缩变形的主要因素。木材的吸湿性是双向的，即干燥木材能从周围空气中吸收水分，潮湿的木材也能在较干燥的空气中失去水分，其含水率随着环境温度和湿度的变化而改变。当木材长时间处于一定温度和湿度的环境中时，木材中的含水量最后会达到与周围环境的湿度相平衡，这时木材的含水率称为平衡含水率。它是木材进行干燥时的重要指标，在使用时木材的含水率应接近于平衡含水率或稍低于平衡含水率。平衡含水率随空气湿度的变大和温度的升高而增大，反之减少。我国北方木材的平衡含水率约为 12%，南方约为 18%，长江流域一般为 15% 左右。

9.3.2 湿胀与干缩

当木材细胞腔与细胞间隙中无自由水，而细胞壁内吸附水达到饱和时的含水率称为纤维饱和点，纤维饱和点因树种而异，一般为 25% ~ 35%，平均为 30%，它是含水率是否影响强度和胀缩性能的临界点。当木材从潮湿状态干燥至纤维饱和点时，其尺寸并不改变。当干燥至纤维饱和点以下时，细胞壁中的吸附水开始蒸发，木材发生收缩，反之，干燥木材吸湿后，将发生膨胀，直到含水率达到纤维饱和点为止，此后木材含水率继续增大，也不再膨胀，由于木材构造的不均匀性，木材不同方向的干缩湿胀变形明显不同。纵向干缩最小，约为 0.1% ~ 0.35%；径向干缩较大，约为 3% ~ 6%；弦向干缩最大，约为 6% ~ 12%。因此，湿材干燥后，其截面尺寸和形状，都会发生明显的变化，干缩对木材的使用有很大影响，它会使木材产生裂缝或翘曲变形，以至引起木结构的结合松弛，装修部件破坏等。

9.3.3 木材的强度

木材是一种天然的、非匀质的各项异性材料，木材的强度主要有抗压、抗拉、抗剪及抗弯强度，而抗压、抗拉、抗剪强度又有顺纹、横纹之分。所谓顺纹，是指作用力方向与纤维方向平行；横纹是指作用力方向与纤维方向垂直。每一种强度在不同的纹理方向均不相同，木材的顺纹强度与横纹强度差别很大，木材各种强度之间的关系见表9-1。常用阔叶树的顺纹抗压强度为 49 ~ 56MPa，常用针叶树的顺纹抗压强度为 33 ~ 40MPa。

木材各种强度的关系（单位：MPa） 表9-1

抗压		抗拉		抗弯	抗剪	
顺纹	横纹	顺纹	横纹		顺纹	横纹切断
100	10 ~ 20	200 ~ 300	6 ~ 20	150 ~ 200	15 ~ 20	50 ~ 100

　　木材顺纹抗压强度是木材各种力学性质中的基本指标，广泛用于受压构件中。如柱、桩、桁架中的承压杆件等。横纹抗压强度又分弦向与径向两种。

　　顺纹抗压强度比横纹弦向抗压强度大，而横纹径向抗压强度最小。顺纹抗拉强度在木材强度中最大，而横纹抗拉强度最小。因此使用时应尽量避免木材受横纹拉力。

　　木材的剪切有顺纹剪切、横纹剪切和横纹切断三种。横纹切断强度大于顺纹剪切强度，顺纹剪切强度又大于横纹剪切强度，用于土木工程中的木构件受剪情况比受压、受弯和受拉少得多。

　　木材具有较高的抗弯强度，因此在建筑中广泛用作受弯构件，如梁、桁架、脚手架、瓦条等。一般抗弯强度高于顺纹抗压强度的1.5 ~ 2.0倍。木材种类不同，其抗弯强度也不同。

9.3.4　木材的装饰性

　　木材的装饰性是利用木材进行艺术空间创造，赋予建筑空间以自然典雅、明快富丽，同时展现时代气息、体现民族风格。不仅如此，木材构成的空间可使人们心绪稳定，这不仅是因为它具有天然纹理和材色所引起的视觉效果，更重要的是它本身就是大自然的空气调节器，因而具有调节温度与湿度、散发芳香、吸声、调光等多种功能，这是其他装饰材料无法与之相比的。过去木材是重要的结构用材，现在则因其具有很好的装饰性，主要用于室内装饰和装修。木材的装饰性主要体现在木材的色泽、纹理和花纹等方面。

　　1. 木材的颜色

　　木材颜色以温和色彩（如红色、褐色、红褐色、黄色和橙色等）最为常见。木材的颜色对其装饰性很重要，但这并非指新鲜木材的"生色"，而是指在空气中放置一段时间后的"熟色"。

　　2. 木材的光泽

　　任何木材都是径切面最光泽，弦切面稍差。若木材的结构密实细致、板面平滑，则光泽较强。通常心材比边材有光泽，阔叶树木材比针叶树木材光泽好。

3. 木材的纹理

木材纤维的排列方向称为纹理。木材的纹理可分为直纹理、斜纹理、螺旋纹理、交错纹理、波形纹理、皱状纹理、扭曲纹理等。不规则纹理常使木材的物理和力学性能降低，但其装饰价值有时却比直纹理木材大得多，因为不规则纹理能使木材具有非常美丽的花纹。

4. 木材的花纹

木材表面的自然图形称为花纹。花纹是由树木中不寻常的纹理、组织和色彩变化引起的，还与木材的切面有关。美丽的花纹对装饰性十分重要，木材的花纹主要有以下几种：

1）抛物线、山峦状花纹（弦切面）：一些年轮明显的树种，如水曲柳、榆木和马尾松等，由于早材和晚材密实程度不同，会呈现此类花纹。有色带的树种也可产生此种花纹。

2）带状花纹（径切面）：具有交错纹理的木材，由于纹理不同方向对光线的反射不同而呈现明暗相间的纵列带状花纹。年轮明显或有色素带的树种也有深浅色交替的带状花纹。

3）银光纹理或银光花纹（径切面）：当木射线明显较宽时，由于木射线组织对光线的反射作用较大，径切面上有显著的片状、块状或不规则状的射线斑纹，光泽显著。

4）波形花纹、皱状花纹（径切面）：波形纹理导致径切面上纹理方向呈周期性变化，由于光线反射的差异，形成极富立体感的波形或皱状花纹。

5）鸟眼花纹（弦切面）：由于寄生植物的寄生，在树内皮出现圆锥形突出，树木生长局部受阻，在年轮上形成圆锥状的凹陷。弦切面上这些部位组织扭曲，形似鸟眼。

6）树瘤花纹（弦切面）：因树木受伤或病菌寄生而形成球形突出的树瘤，由于毛糙曲折地交织在弦切面上，构成不规则的圈状花纹。

7）丫杈花纹（弦切面）：连接丫杈的树干纹理扭曲，径切面（沿丫杈轴向）木材细胞相互成一定的夹角排列，花纹呈羽状或鱼骨状，所以也称为羽状花纹或鱼骨花纹。

8）团状、泡状或絮状花纹（弦切面）：木纤维按一定规律沿径向前后卷曲，由于光线的反射作用，构成连绵起伏的图案。根据凸起部分的形状不同，可分为团状、泡状或絮状花纹。

5. 木材的结构

木材的结构是指木材各种细胞的大小、数量、分布和排列情况。结构细密和均匀的木材易于刨切，正切面光滑，油漆后光亮。

木材的装饰性并不仅仅取决于某单个因素，而是由颜色、结构、纹理、图案、斑纹、光泽等综合效果及其持久性所共同决定的。

9.4 木材的防护

9.4.1 防腐防虫

木材腐蚀是由真菌或虫害所造成的内部结构破坏。可腐蚀木材的常见真菌有霉菌、变色菌和腐朽菌等。霉菌主要生长在木材表面，是一种发霉的真菌，通常对木材内部结构的破坏很小，经表面抛光后可去除。变色菌则以木材细胞腔内含有的有机物为养料，它一般不会破坏木材的细胞壁，只是影响其外观，而不会明显影响其强度。对木材破坏最严重的是腐朽菌，它以木质素为养料，并利用其分泌酶来分解木材细胞壁组织中的纤维素、半纤维素，从而破坏木材的细胞结构，直至使木材结构溃散而腐朽。真菌繁殖和生存的条件是必须同时具备适宜的温度、湿度、空气和养分。木材防腐的主要方法是阻断真菌的生长和繁殖。通常木材防腐的措施有以下四种：一是干燥法，采用蒸汽、微波、超高温处理等方法对木材进行干燥，降低其含水率至20%以下，并长期保持干燥；二是水浸法，将木材浸没在水中（缺氧）或深埋地下；三是表面涂覆法，在木构件表面涂刷油漆进行防护，油漆涂层既使木材隔绝了空气，又隔绝了水分；四是化学防腐剂法，将化学防腐剂注入木材中，使真菌、昆虫无法寄生。

木材除受真菌侵蚀而腐朽外，还会遭受昆虫的蛀蚀，常见的蛀虫有白蚁、天牛和蠹虫等。它们在树皮内或木质部内生存、繁殖，会逐渐导致木材结构的疏松或溃散。特别是白蚁，它常将木材内部蛀空，而外表仍然完好，其破坏作用往往难以被及时发现。在土木工程中，木材防虫的措施主要是采用化学药剂处理，使其不适于昆虫的寄生与繁殖，防腐剂也能防止昆虫的危害。

9.4.2　防火

木材属木质纤维材料，易燃烧，它是具有火灾危险性的有机可燃物。木材的防火就是将木材经过具有阻燃性能的化学物质处理后，变成难燃的材料，以达到遇小火能自熄、遇大火能延缓或阻滞燃烧蔓延的目的，从而赢得扑救的时间。常用木材防火处理方法有两种：一是表面处理法，将不燃性材料覆盖在木材表面构成防火保护层，阻止木材直接与火焰接触，常用的材料有金属、水泥砂浆、石膏和防火涂料等；二是溶液浸注法，将木材充分干燥并初步加工成型后，以常压或加压方式将防火溶剂浸注在木材中，利用其中的阻燃剂达到防火作用。

9.5　木材的综合利用

9.5.1　木材的初级产品

在建筑工程中，木材的初级产品主要有原木和锯材两种。原木是指去皮、根、枝梢后按规定直径加工成一定长度的木料；锯材包括板材和枋材，板材是指截面宽度为厚度3倍或3倍以上的木料，枋材是指截面宽度不足厚度3倍的木料。木材的初级产品在建筑结构中的应用大体有以下两类：一是用于结构物的梁、板、柱、拱；二是用于装饰工程中的门窗、顶棚、护壁板、栏杆、龙骨等。

9.5.2　木质人造板材

人造板材是以木材或非木材植物纤维材料为主要原料，加工成各种材料单元，施加（或不施加）胶黏剂和其他添加剂，组坯胶合而成的板材或成型制品。其主要包括胶合板、刨花板、纤维板及其表面装饰板等产品，详见《人造板及其表面装饰术语》GB/T 18259—2018。

胶合板又称层压板，是用蒸煮软化的原木旋切成大张薄片，再用胶粘剂按奇数层以各层纤维互相垂直的方向黏合热压而成的人造板材。通常按奇数层组合，并以层数取名，如三夹板、五夹板和七夹板等，最高层数可达 15 层。《普通胶合板》GB/T 9846—2015 规定，普通胶合板按使用环境分类可分为干燥条件下使用、潮湿条件下使用和室外条件下使用；按表面加工状况分类可分为未砂光板和砂光板。Ⅰ类胶合板指能够通过煮沸试验，供室外条件下使用的耐气候胶合板。Ⅱ类胶合板指能够通过 63±3℃热水浸渍试验，供潮湿条件下使用的耐水胶合板。Ⅲ类胶合板指能够通过 20±3℃冷水浸泡试验，供干燥条件下使用的不耐潮胶合板。《混凝土模板用胶合板》GB/T 17656—2018 规定，混凝土模板用胶合板是指能够通过煮沸试验，用作混凝土成型模具的胶合板。该标准对其树种、板的结构（如板的层数应不小于 7 层等）、胶黏剂、规格尺寸及其偏差、外观质量等提出了相关要求。胶合板克服了木材的天然缺陷和局限，其主要特点是由小直径的原木就能制成较大幅宽的板材，大大提高了木材的利用率，并且使产品规格化，使用起来更方便。因其各层单板的纤维互相垂直，它不仅消除了木材的天然疵点、变形、开裂等缺陷，而且各向异性小、材质均匀、强度较高。纹理美观的优质木材可作面板，普通木材作芯板，增加了装饰木材的出产率。胶合板广泛用作建筑室内隔墙板、天花板、门框、门面板以及各种家具及室内装修等。

刨花板指将木材或非木材植物纤维材料原料加工成刨花（或碎料），施加胶黏剂（或其他添加剂）组坯成型并经热压而成的一类人造板材。所用胶料可为有机材料（如动物胶、合成树脂等）或无机材料（如水泥、石膏和菱苦土等）。采用无机胶料时，板材的耐火性可显著提高。这类板材表观密度较小、强度较低，主要作为绝热和吸声材料；表面喷以彩色涂料后，可以用于天花板等。其中热压树脂刨花板和木丝板，在其表面可粘贴装饰单板或胶合板做饰面层，使其表观密度和强度提高，且具有装饰性，用于制作隔墙、吊顶、家具等。《刨花板》GB/T 4897—2015 规定，刨花板按用途分为十二种类型；按功能分为三种类型，即阻燃刨花板、防虫害刨花板和抗真菌刨花板。

纤维板是用木材废料制成木浆，再经施胶、热压成型、干燥等工序制成的板材。纤维板具有构造均匀、无木材缺陷、胀缩性小、不易开裂和翘曲等优良特性。若在浆料里施加或在湿板坯表面喷涂耐火剂或防腐剂，制成的纤维板还具有耐燃性和耐腐蚀性。纤维板能使木材的利用率达到 90% 以上。成型时的温度和压力不同，纤维板的密度就不同，按其密度大小可分为硬质纤维板、中密度纤维板和软质纤维板。硬质纤维板密度大、强度高，主要用于代替木材制作壁板、门板、地板、家具等室内装修材料。中密度纤维板主要用于家具制造和室内装修。软质纤维板密度小、吸声性能和绝热性能好，可作为吸声或绝热材料使用。

重组装饰木材也称科技木，是以人工林速生材或普通木材为原料，在不改变木材天然特性和物理结构的前提下，采用仿生学原理和计算机设计技术对木材进行调色、配色、胶压层积、整修、模压成型后制成的一种性能更加优越的全木质新型装饰材料。科技木可仿真天然珍贵树种的纹理，并保留木材隔热、绝缘、调湿、调温的自然属性。科技木原材料取材广泛，只要木质易于加工、材色较浅即可，可以多种木材搭配使用，大多数人工林树种完全符合要求。

各类人造板及其制品是室内装饰装修最主要的材料之一。室内装饰装修用人造板大多数都存在游离甲醛释放问题。游离甲醛是室内环境主要污染物，对人体危害很大，已引起全社会的关注。《室内装饰装修材料 人造板及其制品中甲醛释放限量》GB 18580—2017 规定了各类人造板材中甲醛限量值。

9.5.3 木材的装饰装修制品

建筑装饰装修常用的木材有单片板、细木工板和木质地板等，其中木质地板常用的有实木地板、实木复合地板、浸渍纸层压木质地板和木塑地板。

单片板是将木材蒸煮软化，经旋切、刨切或锯割成的厚度均匀的薄木片，用以制造胶合板、装饰贴面或复合板贴面等。由于单片板很薄，一般不能单独使用，被认为是半成品材料。

细木工板又称大芯板，是中间为木条拼接，两个表面胶黏一层或两层单片板而成的实心板材。由于中间为木条拼接有缝隙，因此可降低因木材变形而造成的影响。细木工板具有较高的硬度和强度，质轻、耐久、易加工，适用于家具制造、建筑装饰、装修工程，是一种极有发展前景的新型木型材。细木工板按其结构可分为芯板条不胶拼和胶拼两种；按其表面加工状况可分为一面砂光细木工板、两面砂光细木工板、不砂光细木工板；按使用的胶合剂不同可分为Ⅰ类细木工板、Ⅱ类细木工板；按材质和加工工艺质量可分为一、二、三等。细木工板要求排列紧密，无空洞和缝隙；选用软质木料，以保证有足够的持钉力且便于加工。细木工板尺寸规格见表9-2。

实木地板是未经拼接、覆贴的单块木材直接加工而成的地板。实木地板有四种分类：按表面形态分为平面实木地板和非平面实木地板；按表面有无涂饰分为涂饰实木地板和未涂饰实木地板；按表面涂饰类型分为漆饰实木地板和油饰实木地板；按加工工艺分为普通实木地板和仿古实木地板。平面实木地板按外观质量、物理性能分为优等品和合格品，非平面实木地板不分等级。详见《实木地板 第1部分：技术要求》GB/T 15036.1—2018。

细木工板的尺寸规格（单位：mm）　　　　　　　　　　　表 9-2

宽度	长度					厚度
915	915	—	1830	2135	—	16，19，22，25
1220	—	1220	1830	2035	2440	

实木复合地板是以实木拼板或单板（含重组装饰板）为面板，以实木拼板、单板或胶合板为芯层或底层，经不同组合层加工而成的地板。其以面板树种来确定地板树种名称（面板为不同树种的拼花地板除外），根据产品的外观质量分为优等品、一等品和合格品，并对面板树种、面板厚度、三层实木复合地板芯层、实木复合地板用胶合板提出了材料要求。详见《实木复合地板》GB/T 18103—2013。实木复合地板适用于办公室、会议室、商场、展览厅、民用住宅等的地面装饰。

浸渍纸层压木质地板也称为强化木地板，是以一层或多层专用纸浸渍热固性氨基树脂铺装在刨花板、中密度纤维板、高密度纤维板等人造板基材表面，背面加平衡层，正面加耐磨层，经热压而成的地板。《浸渍纸层压木质地板》GB/T 18102—2020规定了其表层、基材和底层材料。其表层可选用下述两种材料：热固性树脂装饰层压板和浸渍胶膜纸。基材即芯层材料通常是刨花板、中密度纤维板或高密度纤维板。底层材料通常采用热固性树脂装饰层压板、浸渍胶膜纸或单板，起平衡和稳定产品尺寸的作用。浸渍纸层压木质地板具有耐烫、耐污、耐磨、抗压、施工方便等特点。浸渍纸层压木质地板安装方便，板与板之间可通过槽榫进行连接。在地面平整度保证的前提下，复合木地板可直接浮铺在地面上，而不需用胶黏结。其按表面耐磨等级分为商用级≥9000转；家用Ⅰ级≥6000转；家用Ⅱ级≥4000转。

木塑地板是由木材等纤维材料同热塑性塑料分别制成加工单元，按一定比例混合后，经成型加工制成的地板。《木塑地板》GB/T 24508—2020规定，表面未经其他材料饰面的木塑地板为素面木塑地板；表面经涂料涂饰处理的木塑地板为涂饰木塑地板；表面经浸渍胶膜纸等材料贴面处理的木塑地板为贴面木塑地板。

【本章小结】

木材具有比强度大、弹性韧性好、导热性低、在适当保养下有较好的耐久性、纹理美观、色调温和、易于加工、绝缘性好、无毒性等优点。木材中的水分可以分为自由水和吸附水两种。木材的含水率随着周围空气湿度的变化而变化，当木材的含水率与周围空气湿度达到平衡时的含水率称为平衡含水率。木材的顺纹抗拉强度在木材中强度最大，横纹中径向抗压强度最小。含水率对木材强度的影响极大，木材的强度随着荷载时间的增长而降低。木材的缺陷影响了木材材质的均质性，破坏了木材的构造。木材的防护主要包括防腐防虫和防火两方面。木材的综合利用主要包括初级产品、木质人造板材和木材装饰装修制品。

复习思考题

1. 木材按树种分为哪几类？其特点如何？

2. 何为木材的横切面、径切面和弦切面？

3. 有不少住宅的木地板使用一段时间后出现接缝不严，也有一些木地板出现起拱。请分析原因。

4. 什么是木材的纤维饱和点和平衡含水率？各有什么实用意义？

5. 木材有哪些主要缺陷？对木质有何影响？

6. 木材防腐的措施有哪些？

7. 木材的顺纹和横纹对木材的强度有何影响？

8. 人造板材主要有哪些品种？它们有何特点？

9. 建筑装饰装修过程常用的木质地板有哪些？它们有何特点？

第10章 合成高分子材料

【本章要点】

本章主要介绍高分子材料的基本知识和建筑工程中常见的高分子材料，如塑料、胶粘剂和涂料等。

【学习目标】

初步了解高分子材料的分类和性能特点；掌握塑料制品的组成和性能；了解胶粘剂和涂料的性能。

10.1 概述

合成高分子材料是指通过化学合成的方法得到分子量在一万到百万甚至更高的一类化合物，它常由一种或多种单体以共价键重复地连接而成。合成高分子采用的化学合成方式即聚合反应包括逐步聚合、自由基聚合、离子型聚合（阴离子聚合、阳离子聚合）、配位聚合、开环聚合以及共聚合。同时，对于一个聚合反应又可根据其聚合机理、所需求产品不同的性能采用不同的聚合方法。以聚合体系的相溶性为标准可分为均相聚合和非均相聚合，均相聚合包括本体聚合、溶液聚合、熔融缩聚和溶液聚合，非均相聚合包括悬浮聚合、乳液聚合、界面缩聚和固相缩聚。需要指出的是，对于同一种合成高分子材料来说，尽管采用的单体和聚合反应机理相同，但采用不同的聚合方法所得产物的分子结构、相对分子质量、相对分子质量的分别往往会有很大的差别，进而影响产物最终的性能。在工业生产中为满足不同的制品性能，一种单体常需要采用不同的聚合方法，如对于常用的聚苯乙烯产品、用于挤塑或注塑成型的通用型聚苯乙烯多采用本体聚合，可发型聚苯乙烯主要采用悬浮聚合，而高抗冲聚苯乙烯则采用溶液聚合—本体聚合。

合成高分子材料根据材料性能可分为结构材料和功能材料两大类。对于结构材料，主要使用的是它的力学性能，需要了解材料的强度、刚度、变形等特性。结构材料主要包括塑料、橡胶和纤维三大合成材料，主要的塑料品种有聚乙烯、聚丙烯、聚氯乙烯、聚苯乙烯等；主要的橡胶品种有丁苯橡胶、顺丁橡胶、异戊橡胶、乙丙橡胶等；主要的化纤品种有尼龙、腈纶、丙纶、涤纶等。对于功能材料，主要使用它的声、光、电、热等性能。功能材料用的高分子化合物一般称为功能高分子，根据功能可分为反应型高分子，如高分子催化剂等；光敏型高分子，如光刻胶、感光材料、光致变色材料等；电活性高分子，如导电高分子等；膜型高分子，如分离膜、缓释膜等；吸附型高分子，如离子交换树脂等。此外，高分子材料在黏合剂、涂料、聚合物基复合材料、聚合物合金、生物高分子材料领域也有广泛用途。目前合成高分子材料已经广泛渗透到人类生活的各个方面，成为工业、农业、国防和科技等领域的重要组成部分。

10.2　塑料及其制品

塑料是以合成高分子材料及填料、增塑剂、稳定剂、润滑剂、色料等添加剂组成，能在一定的温度和压力下成型加工的各种材料的总称。

10.2.1　塑料的基本组成

塑料的主要成分是树脂。树脂是指尚未和各种添加剂混合的高分子化合物。树脂这一名词最初是由动植物分泌出的脂质而得名，如松香、虫胶等。树脂约占塑料总重量的40% ~ 100%。塑料的基本性能主要取决于树脂的本性，但添加剂也起着重要作用。有些塑料基本上是由合成树脂组成，不含或少含添加剂，如有机玻璃、聚苯乙烯等。

塑料中常用的添加剂类型及其主要作用如下：

（1）填充剂：提高塑料的力学性能或电性能，并降低成本。

（2）增塑剂：提高塑料的可塑性和柔软性。

（3）稳定剂：提高塑料在加工和使用过程中对热、光、氧的稳定性，延长制品的使用寿命。

（4）着色剂：赋予塑料制品各种色泽。

（5）润滑剂：提高塑料在加工成型中的流动性和脱模性。

（6）固化剂：与树脂（聚合物）起化学反应，形成不溶不熔的交联网络结构。

10.2.2　塑料的主要性质

1. 物理力学性能

（1）密度：塑料的表观密度一般在 0.9 ~ 2.2g/cm^3，与木材接近。

（2）孔隙率：塑料的孔隙率在生产时可在很大范围内加以控制。例如，塑料薄膜和有机玻璃实际上是没有空隙的，而泡沫塑料的孔隙率高达 95% ~ 98%。

（3）吸水率：大部分塑料是耐水材料，吸水率很小，一般不超过 1%。

（4）比强度：从比强度来看，塑料已超过钢材，是一种优质的轻质高强材料，如砖砌体的比强度为 0.02、普通混凝土为 0.06、红松为 0.7、钢材为 0.9，而密实的塑料约为 1 ~ 2。

（5）耐热性：许多塑料耐热性不高，软化温度约为 100 ～ 200℃，个别塑料（氟塑料、有机硅聚合物等）可以加热至 300 ～ 500℃。

（6）导热性：塑料的导热系数低，约为 0.23 ～ 0.70W（m·K），发泡塑料的导热系数接近于空气的导热系数。

（7）强度：塑料强度高。例如，结构用玻璃钢抗拉强度高达 200 ～ 300MPa。许多塑料的抗拉强度与抗弯强度相近。

（8）弹性模量：塑料的弹性模量低，大约是混凝土的 1/10，同时具有徐变特性，所以塑料的变形是较大的。

2. 物理化学性质

（1）老化：在使用条件光、热、大气作用下，塑料中聚合物的组成和结构发生变化，致使塑料失去弹性、变硬、变脆、出现龟裂或变软、发黏，出现蠕动等现象，这种现象称为老化。

（2）化学稳定性：大多数塑料对酸、碱、盐及蒸汽等的作用都具有较高的化学稳定性，但有些塑料在有机溶剂中会溶解或膨胀，使用时要注意。

（3）可燃性：塑料属于可燃性材料，因此使用时应注意。

（4）毒性：一般地说，液体状态的聚合物几乎全部有不同程度的毒性，而固化后的聚合物则不同，多半无毒。

10.2.3　常用建筑塑料及其制品

塑料及其制品在建筑上可作为结构材料、装饰材料、隔热材料、防水和密封材料。

1. 玻璃纤维增强塑料

玻璃纤维增强塑料（FRP）是一种以玻璃纤维增强不饱和聚酯、环氧树脂与酚醛树脂为基体材料的复合塑料。作为复合材料的一种，玻璃钢因其独特的性能优势在航空航天、铁道铁路、装饰建筑、家居家具、建材卫浴和环卫工程等相关行业中得到了广泛应用。

根据所采用的纤维不同，玻璃纤维增强塑料可分为玻璃纤维增强复合塑料（GFRP）、碳纤维增强复合塑料（CFRP）和硼纤维增强复合塑料等。它以玻璃纤维及其制品（玻璃布、带、毡、纱等）为增强材料，以合成树脂为基体材料。纤维增强复合材料是由增强纤维和基体组成的。纤维（或晶须）的直径很小，一般小于 10μm，是脆性材料，易损伤、断裂和受腐蚀。基体具有黏弹性和弹塑性，是韧性材料。

玻璃纤维增强塑料的相对密度在 1.5 ～ 2.0 之间，只有碳素钢的 1/5 ～ 1/4，但拉伸强度却接近甚至超过碳素钢，强度可以与高级合金钢媲美。某些环氧玻璃钢的拉伸、弯曲和压缩强度甚至能达到 400MPa 以上。

2. 热塑性塑料

（1）聚乙烯（PE）

聚乙烯是塑料中产量最高的一个品种。其属于结晶性塑料，外观乳白，有高密度、低密度和线型低密度三种类型，差别在于分子链支化程度不同。支化程度越高，则结晶度越低，从而材料的刚性减小而韧性提高，同时透明度有所提高。聚乙烯的优点是：耐化学试剂；出色的电绝缘性能和高频介电性能；韧性好、耐寒性好；摩擦系数较低。其主要的缺点是：不耐热；不耐大气老化。聚乙烯塑料主要用来生产防水、防潮薄膜、给水排水管和卫生洁具。

（2）聚氯乙烯（PVC）

聚氯乙烯是氯乙烯的聚合物，具有较好的黏结力和化学稳定性。常用的聚氯乙烯为无规立构，因而是非结晶的。其主要优点为：强度较高；耐腐蚀；阻燃；可通过加入增塑剂在广泛的范围内调节。其主要缺点是热稳定性差。

纯聚氯乙烯无色透明，又硬又脆，应用不多。常用的聚氯乙烯有两大类。一类是改性增韧的硬质聚氯乙烯，另一类是增加了增塑剂的增塑聚氯乙烯。硬质聚氯乙烯的化学稳定性和电绝缘性都较高，且抗拉、抗压、抗弯强度以及冲击韧性都较好。硬质聚氯乙烯的主要应用有：建筑用管道、板壁、窗框及给水排水管等。增塑聚氯乙烯具有较好的柔韧性和弹性、较大的伸长率和低温韧性，但强度、耐热性、电绝缘性和化学稳定性较低。增塑聚氯乙烯的主要应用有：窗帘、桌布、雨衣、地板革、农用薄膜、止水带、土工膜等。

（3）聚丙烯（PP）

聚丙烯属于结晶性塑料，外观乳白半透明。聚丙烯的主要优点是：轻质，它是非泡沫塑料中密度最小的品种；出色的耐折性；良好的耐水性、化学稳定性和尺寸稳定性；良好的电绝缘性。其主要缺点是不耐紫外光老化。

聚丙烯塑料的主要应用有：家庭厨房用具、包装薄膜、高频绝缘材料、电线包皮、耐热耐蚀管道、增强纤维材料等。

（4）聚苯乙烯（EPS）

聚苯乙烯由苯乙烯单体聚合而成，其刚度大、尺寸稳定性高，具有耐光、耐水、耐化学腐蚀性、优良的电绝缘性、易加工和着色的优点。缺点是脆、不耐油、不耐大气老化。聚苯乙烯的主要制品是聚苯乙烯泡沫塑料，主要用于绝热材料。

（5）聚甲基丙烯酸甲酯（PMMA）

聚甲基丙烯酸甲酯俗称有机玻璃，可透过 90% 以上的太阳光，透过紫外线的能力达 73%。其最大的特点是：透光率可达 91% ~ 93%，超过无机玻璃；韧性好，特别是双轴取向拉伸后的定向有机玻璃韧性很高，子弹穿透时只留下空洞而不发生大面积破裂。用玻璃纤维增强树脂可浇筑面盆、浴缸等建筑制品。将 PMMA 水乳液浸渍或涂刷在木材、水泥制品等多孔材料上可形成耐水的保护膜层，并可拌制成高强水泥。

3. 热固性塑料

与热塑性塑料相比，热固性塑料的主要优点是：耐热性高；刚度高；抗蠕变性能好；尺寸稳定性高。其主要缺点是：脆性大；不能再次成型。

（1）酚醛塑料

酚醛塑料中的酚醛树脂是酚类和醛类化合物的缩聚产物。酚醛树脂本身有热塑性和热固性之分。以苯酚和甲醛形成的酚醛树脂为例，苯酚上与羟基邻位与对位的三个氢原子都很活泼，能与甲醛发生缩合反应。在制备酚醛树脂时，可通过控制甲醛和苯酚的摩尔比以及反应介质的 pH 值，使合成产物或呈热塑性或呈热固性。热固性酚醛树脂常用作胶粘剂或浸渍增强剂（如玻璃纤维及其织物）制成层压制品。酚醛树脂在建筑上的主要应用是制造各种层压板、保温绝热材料、玻璃纤维增强塑料、胶粘剂及聚合物混凝土等。

（2）不饱和聚酯

不饱和聚酯通常是指饱和二元酸和一定量不饱和二元酸与饱和二元醇缩聚而成的线性高分子聚合物。由于其主链中具有可反应的双键，在固化剂的作用下可形成交联体型结构。不饱和聚酯具有良好的黏结力、耐磨性、抗腐蚀性，但收缩较大。

不饱和聚酯树脂的黏度小，能与大量填料均匀混合。例如在玻璃纤维增强聚酯中，玻璃纤维含量高达 80%。不饱和聚酯可以在常温下成型固化，固化后具有优良的力学性能和电性能，因此为复合材料中很有用的一种基体树脂。玻璃纤维增强聚酯俗称聚酯玻璃钢，其可以作为结构材料使用，由于其透光度可达 85%，故可以制成瓦楞板供屋顶和墙壁采光用。

（3）环氧树脂

环氧树脂是含有环氧基树脂的总称。环氧树脂的种类很多，最常用的是双酚 A 型环氧树脂。环氧树脂对金属和非金属都具有较强的黏结力，固化后的环氧树脂还具有良好的耐热性，能经受一般酸碱及溶剂的侵蚀，且收缩率、吸水率和膨胀系数都很小。环氧树脂可以用来生产防水、防腐蚀涂料和增强塑料，故环氧树脂是工程中常用的一种合成高分子材料。

（4）氨基树脂

氨基塑料中的氨基树脂是带氨基官能团的化合物与醛类化合物的缩聚反应产物。最重要的有脲醛和三聚氰胺甲醛两类。

和酚醛塑料一样，通常也是将氨基树脂与填料和其他配合剂混合制成压塑粉。压塑粉在成型过程中的高温作用下进一步反应，形成交联的体型结构。氨基塑料的特点是表面硬度高、耐电弧性能好，而且能够制成各种色彩鲜艳的制品。脲醛树脂是胶合板、刨花板和纤维板的胶粘剂。脲醛树脂若经过发泡制成泡沫塑料，则是很好的保温、隔声材料，广泛应用于家具、建筑、车辆、船舶、飞机作内壁或表面的装饰材料。它具有不易划伤、耐溶剂、耐脂肪侵蚀以及不怕烫等优点。三聚氰胺甲醛塑料的表面硬度更大，耐热性和耐水性也优于脲醛塑料。

10.3 胶粘剂

胶粘剂是能够把两个固体表面黏结在一起，并在结合处具有足够强度的物质。作为胶粘剂必须具备以下三个条件：

（1）在黏结过程中一定是流体，具有良好的浸润性，容易涂刷在被胶物表面。

（2）在一定条件下能凝固成坚硬的固体。

（3）能把被胶物牢固地联结成一个整体，有一定的胶结强度，不会轻易脱开。

由于胶结工艺操作简单，结合处应力分布均匀，接头的密封性、绝缘性和耐蚀性较好，而且可连接各种材料，所以在工程中应用日益广泛。

10.3.1 胶粘剂的组成与分类

组成胶粘剂的材料有粘料、固化剂、填料、稀释剂等。

1. 粘料

粘料是胶粘剂的基本成分，又称基料。对胶粘剂的胶接性能起着决定性作用。合成胶粘剂的粘料可以采用合成树脂、合成橡胶，也可以采用二者的共聚物或物理混合物。用于胶接结构受力部位的胶粘剂以热固性树脂为主；用于非受力部位和变形较大部位的胶粘剂以热塑性树脂和橡胶为主。

2. 固化剂

固化剂能使基本黏合物质形成网型或体型结构，增强胶层的内聚强度。常用的固化剂有胺类、酸酐类、高分子类和硫磺类等。

3. 填料

加入填料可改善胶粘剂的性能，如提高强度、降低收缩性、提高耐热性等。常用填料有金属及其氧化物粉末、水泥及木棉、玻璃等。

4. 稀释剂

为改善工艺性、降低黏度和延长使用期，常加入稀释剂。稀释剂分活性和非活性两种，前者参加固化反应；后者不参加固化反应，只起稀释作用。常用的稀释剂有溶剂油、丙酮等。此外还有防老化剂、催化剂等。

10.3.2 建筑常用胶粘剂

根据主体成分的化学结构和性能特点，可以将胶粘剂分为热固性树脂胶粘剂、热塑性树脂胶粘剂和橡胶型胶粘剂三大类。建筑常用胶粘剂的重要品种及其主要用途如表 10-1 所示。

建筑常用胶粘剂 表 10-1

类别	重要品种	主要用途
热固性树脂胶粘剂	脲醛树脂	胶合板、集成材、木材加工
	酚醛树脂	胶合板、砂布、砂轮
	酚醛—丁腈	金属结构、金属—非金属胶接
	酚醛—缩醛	金属结构、金属—非金属胶接、层压材料
	三聚氰胺树脂	胶合板、贴面板

类别	重要品种	主要用途
热固性树脂胶粘剂	环氧树脂	金属结构、金属—非金属胶接、硬塑料黏合
	环氧—尼龙	金属结构
	环氧—丁腈	金属结构、金属—非金属胶接
	环氧—聚硫	金属结构、金属—非金属胶接、耐压密封
	聚氨酯树脂	耐低温胶、金属结构、金属—非金属胶接
	不饱和聚酯	玻璃纤维增强塑料
	丙烯酸双脂	厌氧胶、金属零件胶接、电器绝缘件胶接
	有机硅树脂	耐高温胶、金属零件固定、电器绝缘件胶接
	杂环高分子	耐高温金属结构胶
热塑性树脂胶粘剂	氰基丙烯酸酯	硫化橡胶、金属零件、硬质塑料
	聚乙烯及共聚物	软质塑料制品
	乙醋（乙烯—醋酸乙烯共聚物）热熔胶	木材加工、包装、装订
	聚醋酸乙烯酯	木材、织物、纸制品加工
	聚乙烯醇	纸制品、乳液胶粘剂的配合剂
	聚乙烯醇缩醛	安全玻璃、织物加工
	聚氯乙烯和过氯乙烯	聚氯乙烯制品
	聚丙烯酸酯	压敏胶
	聚乙烯基醚	压敏胶
橡胶类胶粘剂	氯丁橡胶	金属—橡胶黏合、塑料、织物黏合
	丁腈橡胶	金属—织物黏合、耐油橡胶制品黏合
	丁苯橡胶	橡胶制品黏合、压敏胶
	改性天然橡胶	橡胶制品黏合、压敏胶
	羧基橡胶	金属—非金属胶接
	硅橡胶	密封
	聚硫橡胶	耐油密封

10.4 涂料

涂料是一种可以用不同的施工工艺涂覆在物件表面，形成黏附牢固、具有一定强度、连续的固态薄膜。这样形成的膜通称涂膜，又称漆膜或涂层。所谓涂料是涂覆在被保护或被装饰的物体表面，并能与被涂物形成牢固附着的连续薄膜，通常是以树脂或油或乳液为主，添加或不添加颜料、填料，添加相应助剂，用有机溶剂或水配制而成的黏稠液体。

10.4.1 涂料的组成材料与作用

涂料一般有四种基本成分：成膜物质（树脂、乳液）、颜料（包括体质颜料）、溶剂和添加剂（助剂）。涂料的组成如表 10-2 所示。

涂料的组成　　　　　　　　　　　　　　表 10-2

涂料	主要成膜物质	油脂	干性油
			半干性油
			不干性油
		树脂	天然树脂
			人造树脂
			合成树脂
	次要成膜物质	颜料	着色颜料
			体质颜料
			防锈颜料
		增韧剂	
	辅助成膜物质	溶剂	助溶剂
		助剂	催干剂
			其他助剂 → 悬浮剂
			其他助剂 → 润湿剂
			其他助剂 → 防皱剂
			其他助剂 → 乳化剂

（1）成膜物质

成膜物质是涂膜的主要成分，包括油脂、油脂加工产品、纤维素衍生物、天然树脂、合成树脂和合成乳液。成膜物质还包括部分不挥发的活性稀释剂，它是使涂料牢固附着于被涂物面上形成连续薄膜的主要物质，是构成涂料的基础，决定涂料的基本特性。

（2）助剂

常用助剂有消泡剂、流平剂等，还有一些特殊的功能助剂，如底材润湿剂等。这些助剂一般不能成膜并且添加量少，但对基料形成涂膜的过程与耐久性起着相当重要的作用。

（3）颜料

一般分两种，一种为着色颜料，常见的有钛白粉、铬黄等；还有一种为体质颜料，也就是常说的填料，如碳酸钙、滑石粉等。

（4）溶剂

溶剂（矿物油精、煤油、汽油、苯、甲苯、二甲苯等）包括烃类、醇类、醚类、酮类和酯类物质。溶剂和水的主要作用在于使成膜基料分散而形成黏稠液体，它有助于施工和改善涂膜的某些性能。

溶剂按基料的种类分类可分为有机涂料、无机涂料和有机—无机复合涂料。有机涂料由于其使用的溶剂不同又分为有机溶剂型涂料和有机水性（包括水乳型和水溶型）涂料两类。生活中常见的涂料一般都是有机涂料。无机涂料指的是用无机高分子材料为基料所生产的涂料，包括水溶性硅酸盐系、硅溶胶系、有机硅及无机聚合物系。有机—无机复合涂料有两种复合形式，一种是涂料在生产时采用有机材料和无机材料共同作为基料形成复合涂料；另一种是有机涂料和无机涂料在装饰施工时相互结合。

涂料的组成中无颜料和体质颜料的透明体称为清漆，加有颜料和体质颜料的不透明体称为色漆（调合漆、磁漆、底漆），加有大量体质颜料的稠厚浆体称为腻子。涂料组成中以有机溶剂作稀释剂的称为溶剂漆，无挥发性稀释剂的称为无溶剂漆，呈粉末状的称为粉末涂料，以水作稀释剂的则称为水性漆。涂料形成的涂膜可起到保护、装饰、标志和其他特殊作用。

（1）保护作用

物体暴露在大气之中，受到氧气、水分等的侵蚀，造成金属锈蚀、木材腐朽、水泥风化等破坏现象。在物体表面涂以涂料能够阻止或延缓这些破坏现象的发生和发展，使各种材料的使用时间大大延长。防腐蚀涂料能保护化工、炼油、冶金、轻工等工业部门的机器、设备、管道、构筑物等，减轻化学介质的侵蚀。

（2）装饰作用

火车、轮船、汽车、自行车等交通运输工具涂装了各种颜色鲜艳的涂料就显得美观大方，房屋、家具、日常用品涂上了涂料就显得五光十色、绚丽多彩。涂料的这种美化生活环境的作用在人们的物质生活乃至精神生活中都是不容忽视的。

（3）色彩标志

由于涂料可使各种物件带上明显的颜色，所以它还可以起到标志的作用。工厂的各种设备、管道、容器、槽车等涂上各种颜色的涂料后，使操作工人容易识别，提高操作的准确程度，避免事故的发生。道路划线漆、铁道号志漆对保证行车安全、维护交通秩序都有非常重要的作用。

（4）特殊用途

除了上述各种作用之外，涂料在一些特定的场合还发挥着一些特殊作用。如电器的绝缘性能往往借助于绝缘漆的涂膜；为了防止海洋生物的黏附，保持船壳的光滑平整，以达到提高航速、节约燃料和延长船只使用期限的目的，就必须在各种海轮、舰艇的底部涂以船底防污漆。

10.4.2 常用涂料

按主要成膜物质中所含的树脂来进行分类，可以将涂料分成十八大类：①油脂漆类；②天然树脂漆类；③酚醛树脂漆类；④沥青漆类；⑤醇酸树脂漆类；⑥氨基树脂漆类；⑦硝基漆类；⑧纤维素漆类；⑨过氯乙烯漆类；⑩乙烯树脂漆类；⑪丙烯酸树脂漆类；⑫聚酯树脂漆类；⑬环氧树脂漆类；⑭聚氨基甲酸酯漆类；⑮元素有机漆类；⑯橡胶漆类；⑰其他漆类；⑱辅助材料。在这十八类中，前面四类使用植物油和天然树脂作为主要原料，产品的性能和质量一般不是太高；后面十三类采用合成材料作为原料的相对密度较大，有的甚至完全以合成树脂作为其成膜材料。

目前市场上常用的涂料及用途如表 10-3 所示。其中，建筑涂料是用于建筑领域方面的涂料，主要包括外墙涂料、内墙涂料、地坪涂料、防水涂料和功能型建筑涂料等。

常用涂料及用途

表 10-3

品种	主要用途
醇酸树脂类	一般金属、木器、家庭装修、农机、汽车、建筑等的涂装
丙烯酸乳胶类	内外墙涂装、皮革涂装、木器家具涂装、地坪涂装
溶剂型丙烯酸酯类	汽车、家具、电器、塑料、电子、建筑、地坪涂装
环氧树脂类	金属防腐、地坪、汽车底漆、化学防腐等
聚氨酯树脂类	汽车、木器家具、金属防腐、化学防腐、绝缘涂料、仪器仪表涂装
硝基树脂类	木器家具、装修、金属装饰
氨基树脂类	汽车、电器、仪器仪表、木器家具、金属防护
不饱和聚酯类	木器家具、化学防腐、金属防护、地坪
酚醛树脂类	绝缘、金属防腐、化学防腐、一般装饰
乙烯基树脂类	化学防腐、金属防腐、绝缘、金属底漆、外用涂料

【本章小结】

高分子材料的主要成分是聚合物，但为了加工和改性的需要，常加入一些助剂。合成高分子材料根据性能可分为结构材料和功能材料两大类。塑料是以合成高分子材料及其填料、增塑剂、稳定剂、润滑剂、色料等添加剂组成，能在一定的温度和压力下成型加工的各种材料的总称。塑料具有质轻、绝缘、耐腐、耐磨、隔声等优良性能，但有易燃、易老化、热膨胀性大和刚度小等缺点。胶粘剂是能够把两个固体表面黏结在一起，并在结合处具有足够强度的物质。胶粘剂的组成材料主要包括粘料、固化剂、填料和稀释剂等。涂料一般由成膜物质、颜料、溶剂和添加剂四种基本成分组成。涂料对建筑物的作用主要体现在保护作用、装饰作用、色彩标志和特殊用途等几个方面。

复习思考题

1. 简述合成高分子材料的概念。
2. 塑料的主要性质是什么？
3. 塑料的基本组成有哪些？
4. 胶粘剂的基本组成有哪些？
5. 涂料的基本组成有哪些？

第 11 章　建筑功能材料

【本章要点】

本章主要介绍防水材料、绝热材料、吸声隔声材料、装饰材料和防火材料等建筑工程材料的种类和性能。

【学习目标】

初步了解建筑功能材料的分类和常见的建筑功能材料。

11.1　概述

土木工程材料按照用途和性能可以分为建筑结构材料和建筑功能材料。建筑结构材料是以力学性能为主要特征，在结构中起到骨架承重的作用。建筑功能材料则是赋予建筑物防水、绝热、吸声、装饰、防火等功能。随着社会发展的速度越来越快，人们对生活质量的要求也越来越高，今后的建筑结构势必将满足越来越多的要求，因此对于建筑材料功能化的要求也将变得尤为突出，一些新型的建筑功能材料也将应运而生。本章将介绍防水材料、绝热材料、吸声隔声材料、装饰材料和防火材料。

11.2　防水材料

11.2.1　概述

防水材料是建筑物的围护结构要防止雨水、雪水和地下水的渗透；要防止空气中的湿气、蒸汽和其他有害气体与液体的侵蚀；分隔结构是要防止给水排水的渗翻等这些防渗透、渗漏和侵蚀的材料的统称。目前，防水材料包括 SBS、APP 改性沥青防水卷材、高分子防水卷材、建筑防水涂料、刚性防渗和堵漏材料等，包括高中低档品种，并形成集材料、生产、设备制造、防水设计、专业施工、科研教学、经营网络为一体的工业化体系。依据防水材料的外观形态，防水材料可分为防水卷材、防水涂料、建筑密封材料等。本章主要介绍这几类防水材料及其常见的品种组成、性能特点和应用。

11.2.2　防水卷材

将沥青类或高分子类防水材料浸渍在胎体上，制作成的防水材料产品以卷材形式提供，称为防水卷材。根据主要组成材料的不同，其可分为沥青防水卷材、高聚物改性沥青防水卷材和合成高分子防水卷材；根据胎体的不同，其可分为无胎体卷材、纸胎卷材、玻璃纤维胎卷材、玻璃布胎卷材和聚乙烯胎卷材。防水卷材要求有良好的耐水性，对温度变化的稳定性（高温下不流淌、不起泡、不滑动；低温下不脆裂），一定的机械强度、延伸性和抗断裂性，一定的柔韧性和抗老化性等。

1. 沥青防水卷材

沥青防水卷材是指以沥青材料、胎料和表面撒布防黏材料等制成的成卷材料，又称油毡，常用于张贴式防水层。沥青防水卷材分有胎卷材和无胎卷材两种。凡是用厚纸或玻璃丝布、石棉布、棉麻织品等胎料浸渍石油沥青制成的卷状材料称为有胎卷材；将石棉、橡胶粉等掺入沥青材料中，经碾压制成的卷状材料称为辊压卷材，即无胎卷材。沥青防水卷材成本低、拉伸强度和延伸率低、温度稳定性差（高温易流淌，低温易脆裂）、耐老化性较差、使用年限短，属于低档防水卷材。

2. SBS 改性沥青防水卷材

SBS 改性沥青防水卷材是以 SBS 橡胶改性石油沥青为浸渍覆盖层，以聚酯纤维无纺布、黄麻布、玻纤毡等分别制作胎基，以塑料薄膜为防粘隔离层，经选材、配料、共熔、浸渍、复合成型、卷曲等工序加工制作。SBS 改性沥青防水卷材具有很好的耐高温性能，可以在 −25 ~ 100℃的温度范围内使用；有较高的弹性和耐疲劳性；以及高达 150% 的伸长率和较强的耐穿刺能力、耐撕裂能力。其使用寿命长、施工简便、污染小。产品广泛应用于工业和民用建筑的屋面、地下室、卫生间等防水工程以及屋顶花园、道路、桥梁、隧道、停车场、游泳池等工程的防水防潮。变形较大的工程建议选用延伸性能优异的聚酯胎产品，其他建筑宜选用相对经济的玻纤胎产品。

3. 合成高分子防水卷材

合成高分子防水卷材是指以合成高分子材料为主体，掺入适量化学助剂和填料，经混炼、压延或挤出工艺制成的片状防水材料，也称为防水片材。合成高分子防水卷材的性能指标较高，如优异的弹性和抗拉强度使卷材对基层变形的适应性增强；优异的耐候性能使卷材在正常维护条件下使用年限更长，可减少维修、翻新的费用。合成高分子防水卷材主要包括三元乙烯橡胶防水卷材、氯丁橡胶卷材、氯丁橡胶乙烯防水卷材、氯化聚乙烯防水卷材、氯化聚乙烯橡胶共混卷材等。

11.2.3　防水涂料

建筑防水涂料是在常温下呈无固定形状的黏稠状液态高分子合成材料，经涂布后，通过溶剂的挥发或水分的蒸发或反应固化后在基层表面可形成坚韧的防水涂膜的材料的总称。防水涂料根据成膜物质的不同可分为沥青基防水涂料、高聚物改性沥青防水涂料和合成高分子防水材料涂料。沥青基防水涂料是以沥青为基料配制而成的水乳型或溶剂型防水涂料。乳化沥青涂刷于材料基面，水分蒸发后，沥青微粒靠拢将乳化剂膜挤裂，相互团聚而黏结成连续的沥青膜层，成膜后的乳化沥青与基层黏结形成防水层。沥青防水涂料主要包括石灰乳化防水涂料、膨润土沥青乳液和水性石棉沥青防水涂料等。高聚物改性沥青防水涂料是指采用橡胶或 SBS 对沥青进行改性而制成的水乳型或溶剂型防水涂料，具有显著的柔韧性、弹性、流动性、气密性、耐化学腐蚀性和耐老化耐疲劳性。高聚物改性沥青防水涂料包括氯丁橡胶沥青防水涂料、水乳型再生橡胶改性沥青防水涂料、SBS 改性沥青防水涂料等。合成高分子防水材料涂料是以多种高分子聚合材料为主要成膜物质，添加触变剂、防流挂剂、防沉淀剂、增稠剂、流平剂、防老剂等添加剂和催化剂，经过特殊工艺加工而成的合成高分子水性乳液防水涂膜，具有优良的高弹性和绝佳的防水性能。该产品无毒、无味，安全环保。涂膜耐水性、耐碱性、抗紫外线能力强，具有较高的断裂延伸率、拉伸强度和自动修复功能。合成高分子防水材料涂料包括聚氨酯涂膜防水涂料、水性丙烯酸酯防水涂料、聚氯乙烯防水涂料、硅橡胶防水涂料、有机硅防水涂料、聚合物水泥防水涂料等。

常见的聚氨酯类防水涂料一般是由聚氨酯与煤焦油作为原材料制成的。它所挥发的焦油气毒性大且不容易清除，因此于 2000 年在中国被禁止使用。尚在销售的聚氨酯防水涂料是用沥青代替煤焦油作为原料。聚氨酯防水涂料可以分为单组分和双组分两种。单组分聚氨酯防水涂料也称湿固化聚氨酯防水涂料，是一种反应型湿固化成膜的防水涂料。使用时涂覆于防水基层，通过和空气中的湿气反应而固化交联成坚韧、柔软和无接缝的橡胶防水膜。高强聚氨酯防水涂料是一种双组分反应固化型防水涂料。其中甲组分是由聚醚和异氰酸酯缩聚得到的异氰酸酯封端的预聚体，乙组分是由增塑剂、固化剂、增稠剂、促凝剂、填充剂组成的彩色液体。使用时将甲乙两组分按比例混合均匀，涂刷在防水基层表面上，经常温交联固化形成一种富有高弹性、高强度、耐久性的橡胶弹性膜，从而起到防水作用。它适用于厨房、卫生间、阳台、地下室、水池、露台、游泳池、仓库、隧道、木地板防潮和地暖防水，以及各种吸水量大的瓷质砖及水泥基层粘贴楼层墙壁及地板的专业防水处理。

另一类为聚合物水泥基防水涂料，其是由合成高分子聚合物乳液（如聚丙烯酸酯、聚醋酸乙烯酯、丁苯橡胶乳液）及各种添加剂优化组合而成的液料和配套的粉料（由特种水泥、级配砂组成）复合而成的双组分防水涂料，是一种既具有合成高分子聚合物材料弹性高、又具有无机材料耐久性好的防水材料。聚合物水泥基涂料既包含有机聚合物乳液，又包含无机水泥。有机聚合物涂膜柔性好、临界表面张力较低、装饰效果好，但耐老化性不足；而水泥是一种水硬性胶凝材料，与潮湿基面的黏结力强、抗湿性非常好、抗压强度高，但柔性差。二者结合能使有机和无机结合，优势互补、刚柔相济，抗渗性提高，抗压比提高，综合性能比较优越，达到较好的防水效果。它的优点是施工方便、综合造价低、工期短，且无毒环保。因此，广泛应用于室内外混凝土结构、砖墙、楼层墙壁地板、地下室、地铁站、人防工程、建筑物地基等。

11.2.4 建筑密封材料

建筑密封材料是嵌入建筑物缝隙、门窗四周、玻璃镶嵌部位以及由于开裂产生的裂缝，能承受位移且能达到气密、水密目的的材料，又称嵌缝材料。密封材料有良好的黏结性、耐老化和对高、低温度的适应性，能长期经受被黏结构件的收缩与振动而不破坏。建筑密封材料有多种分类方式，按构成类型分为溶剂型、乳液型和反应型密封材料；按使用时的组分分为单组分密封材料和多组分密封材料；按组成材料分为改性沥青密封材料和合成高分子密封材料；按材料形态可分为定型密封材料（密封条和压条等）和非定型密封材料（密封膏或嵌缝膏等），其中不定型密封材料按原材料及其性能又可分为塑性密封膏、弹塑性密封膏和弹性密封膏。

1. 聚氯乙烯密封膏

聚氯乙烯密封膏是以煤焦油为基料、聚氯乙烯为改性材料，掺入一定量的增塑剂、稳定剂和填料，在一定温度下塑化而成的热施工嵌缝材料。聚氯乙烯密封膏有优良的黏附力、延伸力、弹性、防水性、低温柔性和抗老化性能，其应用面广、使用寿命长、操作方便、价格低、黏结性能好，是一种技术性能优良且较经济的混凝土密封材料。聚氯乙烯密封膏适用于公路、桥梁、渠道、市政、建筑屋面地下防水工程等。

2. 有机硅密封胶

有机硅建筑密封胶主要有基胶、填料、交联剂、催化剂及其他助剂组成。基胶是密封胶的基础材料，决定着密封胶的性能。有机硅密封胶的基胶是107室温硫化硅橡胶，化学结构是端羟基聚二甲基硅氧烷；填料是一些无机粉末，如白炭黑、碳酸钙、重钙等，填料的作用是提供强度、硬度、流变性能等；交联剂和催化剂是密封胶的固化体系，密封胶就是通过基胶与交联剂和催化剂以及空气中的水分发生反应由液体状态变为弹性体的。有机硅密封胶的生产过程就是将组成密封胶的各种组分混合均匀的过程。通常的生产方法是用捏合机将基料和填料混匀，必要时还要用研磨机研磨，然后用行星机将交联剂、催化剂及其他助剂在真空状态下混合均匀。与其他品种的密封胶相比，有机硅建筑密封胶的弹性、耐高温性、低温柔顺性、耐气候性、耐臭氧、耐紫外线等性能都比较好，使用寿命长；但有机硅成本相对较高，通常比其他品种的密封胶要贵一点，强度特别是抗撕裂强度较差，有资料介绍其耐水性比聚氨酯密封胶差一些，耐油性不如聚硫密封胶。

3. 聚硫密封膏

聚硫密封膏是以液态聚硫橡胶为基料配制而成的常温下能够自硫化交联的密封材料。其对金属及混凝土等材料具有良好的黏结性，振动及温度变化下保持良好的气密性和防水性，且耐油、耐溶剂、耐久性甚佳。在使用聚硫密封膏（胶）施工前要除去被粘表面的油污、附着物、灰尘等杂物，保证被粘表面干燥、平整，以防止黏结不良。按设计要求，向接缝内填充背衬材料。设计要求使用底涂液的工程，或长期浸水部位的密封，需要将底涂液涂刷在被粘表面，干燥成膜。聚硫密封膏适用于混凝土墙板、屋面板、楼板、金属幕墙、金属门窗框、冷藏库、地道、地下室等部位的接缝密封。

4. 硅酮密封胶

硅酮密封胶是以聚二甲基硅氧烷为主要原料，辅以交联剂、填料、增塑剂、偶联剂、催化剂，在真空状态下混合而成的膏状物，在室温下通过与空气中的水发生反应固化形成弹性硅橡胶。单组分硅酮玻璃胶是一种类似软膏，一旦接触空气中的水分就会固化成一种坚韧的橡胶类固体的材料。硅酮玻璃胶的黏结力强、拉伸强度大，同时又具有耐候性、抗振性、防潮、抗臭气和适应冷热变化大等特点。加之其较广泛的适用性，能实现大多数建材产品之间的黏合，因此应用价值非常大。硅酮玻璃胶由于其不会因自身的重量而流动，所以可以用于过顶或侧壁的接缝而不发生下陷、坍落或流走。它主要用于干洁的金属、玻璃，大多数不含油脂的木材、硅酮树脂、加硫硅橡胶、陶瓷、天然及合成纤维，以及许多油漆塑料表面的黏结。质量好的硅酮玻璃胶在摄氏零度以下使用不会发生挤压不出、物理特性改变等现象。

5. 密封条

密封条是将一种东西密封，使其不容易打开，起到减震、防水、隔声、隔热、防尘、固定等作用的产品。密封条有橡胶、金属、塑料等多种材质，包括改性 PVC 胶条、热塑性三元乙丙橡胶密封条、硫化三元乙丙橡胶密封条等。

11.3 绝热材料

11.3.1 绝热材料的绝热机理

在建筑围护或者热工设备、阻抗热流传递中，习惯上把用于控制室内热量外流的材料或者材料复合体叫作保温材料；把防止室外热量进入室内的材料或者材料复合体叫作隔热材料。保温、隔热材料统称为绝热材料。不同材料的绝热机理不同，大体分为以下两种。

1. 减小导热系数

靠热导率小的介质充满孔隙中达到绝热的目的，一般以空气为热阻介质，热量在传递过程中被消耗，主要体现在纤维状聚集组织和多孔结构材料。气凝胶毡的绝热性能最佳，其次泡沫塑料的绝热性较好，再者为矿物纤维（如石棉）、膨胀珍珠岩和多孔混凝土、泡沫玻璃等。

2. 反射热量

通过将热量反射回去，在源头阻止热量入侵，典型的反射材料如铝箔，能靠热反射减少辐射传热，几层铝箔或与纸组成夹有薄空气层的复合结构还可以增大热阻值。

绝热材料常以松散材、卷材、板材和预制块等形式用于建筑物屋面、外墙和地面等的保温及隔热。其可直接砌筑（如加气混凝土）或放在屋顶及围护结构中作芯材，也可铺垫成地面保温层。

11.3.2 绝热材料的性能

绝热材料的性能主要体现在导热性，是指材料传递热量的能力。材料的导热能力用导热系数表示。导热系数的物理意义为：在稳定传热条件下，当材料层单位厚度内的温差为1℃时，在1h内通过1m² 表面积的热量。材料导热系数越大，导热性能越好。影响材料导热系数的因素有：

（1）材料组成。材料的导热系数由大到小为：金属材料、无机非金属材料、有机材料。

（2）微观结构。相同组成的材料，结晶结构的导热系数最大，微晶结构次之，玻璃体结构最小，如水淬矿渣就是一种较好的绝热材料。

（3）孔隙率。孔隙率越大，材料导热系数越小。

（4）孔隙特征。在孔隙相同时，孔径越大，孔隙间连通越多，导热系数越大。

（5）含水率。由于水的导热系数 $\lambda=0.58W/（m \cdot K）$，远大于空气，故材料含水率增加后其导热系数将明显增加；若受冻（冰 $\lambda=2.33W/（m \cdot K）$），则导热系数更大。

绝热材料除应具有较小的导热系数外，还应具有适宜的或一定的强度、温度稳定性、抗冻性、耐热性、耐低温性，有时还需具有较小的吸湿性或吸水性等。

11.3.3 常用绝热材料

常用的绝热材料分为无机和有机两大类。有机绝热材料是用有机原料如树脂、木丝板、软木等制成的。无机绝热材料是用矿物质为原料制成的呈松散颗粒、纤维或多孔状的材料，可制成毡、板、管套、壳状等或通过发泡工艺制成多孔制品。无机绝热材料又分为三大类：无机纤维绝热材料，主要品种有矿棉及矿棉制品、玻璃棉及其制品、石棉及其制品等；无机散粒绝热材料，主要品种有膨胀珍珠岩及其制品、膨胀蛭石及其制品等；无机多孔绝热材料，主要品种有轻质混凝土、硅藻土、微孔硅酸钙、泡沫玻璃等。一般来说，无机绝热材料的表观密度大、不易腐蚀、耐高温，而有机绝热材料的吸湿性大、不耐久、不耐高温，只能用于低温绝热。

1. 硅藻土

硅藻土是一种生物成因的硅质沉积岩，它主要由古代硅藻的遗骸组成，其化学成分以 SiO_2 为主。它的孔隙率约为 50% ~ 80%，导热系数为 0.06W/（m · K），熔点为 1650 ~ 1750℃，最高使用温度为 900℃，在电子显微镜下可以观察到明显的多孔构造。在建筑保温业，硅藻土可用作屋顶隔热层、硅酸钙保温材料、保温地砖等。此外，由于硅藻土是一种天然材料，不含有害化学物质，可除湿、除臭、净化室内空气，是优良的环保型室内外装修材料。

2. 膨胀珍珠岩及制品

珍珠岩是一种火山喷出的酸性熔岩急速冷却形成的玻璃质岩石，因具有"珍珠"状裂纹而得名。珍珠岩矿经破碎、筛分、预热，并在 1200 ~ 1380℃的温度下焙烧 0.5 ~ 1s，使其体积急剧膨胀，便可制得多孔颗粒段质保温材料，称为膨胀珍珠岩，其是一种轻质高效能绝热材料。膨胀珍珠岩不燃烧、不腐蚀、化学稳定性好、价廉、产量大、资源丰富，因其重度小、导热系数小、易抽真空、吸湿性小而用作低温装置的保冷材料。膨胀珍珠岩散料用于填充保冷，在负压状态下工作。膨胀珍珠岩添加各种憎水剂或用沥青胶粘剂制成憎水剂制品，大大提高了它的抗水性。然而这类制品的抗水蒸气渗透性仍不够理想，用于保冷时必须设置增加的隔汽层。

膨胀珍珠岩制品是以膨胀珍珠岩为骨料，配合适量的胶结剂如水玻璃、沥青等，经过搅拌、成型、干燥、焙烧或养护而制成的具有一定形状的产品（如板、砖、管瓦等）。各种制品的命名一般是以胶结剂为名，如水玻璃膨胀珍珠岩、水泥珍珠岩、沥青珍珠岩、憎水珍珠岩等。水玻璃珍珠岩制品适用于不受水或潮湿侵蚀的高、中温热力设备和管道的保温。沥青珍珠岩制品适用于屋顶建筑、低温（冷库）和地下工程。

3. 泡沫玻璃

泡沫玻璃是一种以玻璃粉为主要原料，经过粉碎掺碳、烧结发泡和退火冷却加工处理后制得的，具有均匀的独立密闭气隙结构的新型无机绝热材料。它具有重度小、不透湿、不吸水、不燃烧、不霉变，机械强度高却又易于加工，能耐除氟化氢以外所有化学侵蚀，本身无毒，化学性能稳定以及能在超低温到高温的广阔温度范围内使用等优异特性。泡沫玻璃作为绝热材料使用的重要经济技术意义和价值在于，它不仅具有长年使用不会变坏的良好绝热性能，而且本身又能起到防潮、防火、防腐的作用。它在低温、深冷、地下、露天、易燃、易潮以及有化学侵蚀等苛刻环境下使用时不但安全可靠，而且经久耐用，是一种优良的保冷材料，特别适用于深冷。

4. 聚苯乙烯泡沫塑料

聚苯乙烯泡沫塑料是以聚苯乙烯树脂发泡而成。它是由表皮层和中心层构成的蜂窝状结构，表皮层不含气孔，而中心层内有大量封闭气孔。聚苯乙烯具有重度小、导热系数低、吸水率小、耐冲击性能高等优点。此外，由于在制造过程中是把发泡剂加入到液态树脂中在模型内膨胀而发泡的，因此成型品内残余应力小、尺寸精度高。聚苯乙烯泡沫塑料的原料是直径约 0.38 ~ 6mm 的小颗粒，一般呈白色或淡青色。颗粒内含有膨胀剂（通常采用丁烷），当用蒸汽或热水加热时，则变为气体状态。这些小颗粒需要预先膨胀，生产低密度泡沫时采用蒸汽或热水加热，生产高密度泡沫时可采用热水加热，受热后膨胀剂气化成气体使软化的聚苯乙烯膨胀，形成具有微小闭孔的轻质颗粒；然后将这些膨胀颗粒置于所要求形状的模型中再喷入蒸汽，利用蒸汽热压使孔隙中的气体膨胀，将颗粒间的空气和冷凝蒸汽排除出去，同时使聚苯乙烯软化并黏合在一起制成聚苯乙烯泡沫塑料保温制品。

聚苯乙烯泡沫塑料对水、海水、弱碱、弱酸、植物油、醇类都相当稳定，但石油系溶剂可侵蚀它，其可溶于苯、酯、酮等溶剂中，因而不宜用于可能和这类溶剂接触的部位。油质的漆类对聚苯乙烯有腐蚀性或能使材料软化，因此在选择涂敷材料和黏合剂时不应有过多的溶媒。聚苯乙烯泡沫塑料的重度小，导热系数为 0.033 ~ 0.044W/（m·K）。由于聚苯乙烯本身的亲水基因、开口气孔很少，又有一层无孔的外表层，所以客观存在的吸水率比聚氨酯泡沫塑料的吸水率还低。聚苯乙烯硬质泡沫塑料有较高的机械强度、较强的恢复变形能力，是很好的耐冲击材料。聚苯乙烯树脂属热塑性树脂，在高温下容易软化变形，故聚苯乙烯泡沫塑料的安全使用温度为 70℃，最低使用温度为 –150℃。

5. 聚氯乙烯泡沫塑料

聚氯乙烯泡沫塑料是以聚氯乙烯为原料制成的泡沫塑料。它的抗吸水性和抗水蒸气渗透性都很好，强度和重量比值高、导热系数小、绝热性能好，具有较好的化学稳定性和抗蚀能力。其在低温下有较高的耐压和抗弯强度，耐冲击、阻燃性能好、不易燃烧，因此在安全要求高的装置上广为应用，如冷藏车、冷藏库等。

6. 聚氨酯硬质泡沫塑料

聚氨酯硬质泡沫塑料以聚醚或聚酯与多异氰酸酯为主要原料，再加阻燃剂、稳定剂和氟利昂发泡剂等，经混合、搅拌产生化学反应而形成发泡体，其孔腔的闭孔率达80% ~ 90%，吸水性小。由于其气孔内为低导热系数的氟利昂气体，所以它的导热系数比空气小，强度较高，有一定的自熄性，常用来作保冷和低温范围的保温。应用时可以在预制厂预制成板状或管壳状等制品，也可以现场喷涂或灌注发泡。但聚氨酯原材料质量不够稳定，生产过程中有少量毒气。聚氨酯本身可以燃烧，在防火要求高的地方使用时，可采用含卤素或含磷的聚酯树脂为原料，或者加入一些有灭火能力的物质。聚氨酯泡沫有较强的耐侵蚀能力，它能抵抗碱和稀酸的腐蚀，但不能抵抗浓硫酸、浓盐酸和浓硝酸的侵蚀。

11.4　吸声隔声材料

11.4.1　概述

建筑声学材料通常分为吸声材料和隔声材料，一方面是按照它们分别具有较大的吸收或较小的透射，另一方面是按照使用它们时主要考虑的功能是吸声或隔声。建筑声学材料早在古代就已经开始使用。古希腊露天剧场就采用了共鸣缸、反射面的音响调节方法。中世纪根据封闭空间声学知识，采用大的内部空间和吸声系数低的墙面，以产生长混响声。因混响时间长、可辨度较差来营造神秘的宗教气氛。16、17 世纪，欧洲修建的一些剧院大多有环形包厢和排列至接近顶棚的台阶式座位以及建筑物内部繁复凹凸的装饰对声音的散射作用，它们使混响时间适中、声场分布也比较均匀。我国著名的北京天坛建有直径 65m 的回音壁，其可使微弱的声音沿壁传播一二百米，在皇穹宇的台阶前，还有可以听到几次回声的三音石。

建筑声学材料在现代建筑中已经得到广泛的应用。在现代图书馆、阅览室、电影院等场所，天花板都有许许多多的小孔，其实这就是一种吸声材料。吸声材料多用在会议厅、礼堂、影剧院、体育馆以及宾馆大厅等人多聚集的地方，一方面控制和降低噪声干扰，另一方面可以达到改善厅堂音质、消除回声等目的。而隔声材料更是随处可见，门、窗、隔墙等都可称为隔声材料。吸声和隔声是完全不同的两个声学概念。吸声是指声波传播到某一边界面时，一部分声能被边界反射或者散射，一部分声能被边界面吸收，包括声波在边界材料内转化为热能被消耗掉，或者是转化为振动能沿边界构造传递转移，或者是直接透射到边界另一面空间。对于入射声波来说，除了反射到原来空间的反射（散射）声能外，其余能量都被看作被边界面吸收。在一定面积上被吸收的声能与入射声能的比值称为该界面的吸声系数。隔声是指减弱或隔断声波的传递，隔声性能的好坏用材料的入射声能与透过声能相差的分贝数值表示，差值越大，隔声性能越好。了解和掌握声学材料的特性有利于合理选用声学材料，有效地利用建筑声学材料，达到以最经济的手段获得最好声学效果的目的。

11.4.2　吸声材料

声波在传播过程中必然会遇到不同的介质，从而一部分声能被反射、一部分声能被吸收。因此，任何材料都有一定的吸声能力，只是吸声能力的大小不同而已。一般来说，坚硬、光滑、结构紧密的材料的吸声性能较差，反射声能比较强，如大理石、混凝土等；而粗糙松软、具有相互贯通的内外微孔的多孔吸声材料，其吸声性能较好，反射能力弱，如泡沫塑料、微孔砖等。吸声材料从吸声机理角度分类，主要可分为多孔吸声材料和共振吸声材料两大类。其中，多孔吸声材料是最传统、应用最多的吸声材料。

1. 多孔吸声材料

多孔吸声材料是指内部有大量的、互相贯通的、向外敞开的微孔的材料，即材料具有一定的透气性。工程上广泛使用的有纤维材料和灰泥材料两大类。前者包括玻璃棉和矿渣棉或以此类材料为主要原料制成的各种吸声板材或吸声构件等；后者包括微孔砖和颗粒性矿渣吸声砖等。

多孔吸声材料的吸声性能与材料本身的特性密切相关。在实际应用中，多孔材料的厚度、重度、材料表面的装饰处理等因素都会对材料的吸声性能产生影响，具体如表 11-1 所示。多孔吸声天花板如图 11-1 所示。

2. 共振吸声材料

由于多孔性材料的低频吸声性能差，为解决中、低频吸声问题，往往采用共振吸声结构。共振吸声也是吸声处理中的一个重要方式，其主要以吸声材料为原材料，采用共振吸声机理组成一个吸声结构；其吸声频谱以共振频率为中心出现吸收峰，当远离共振频率时，吸声系数就很低。当然也有靠共振作用吸声的材料。实际应用中，按照吸声结构和材料可将共振吸声分为单共振器、穿孔板吸声结构、薄板吸声结构和柔

多孔吸声材料性能的影响因素　　　　　　　　　　　　　　表 11-1

影响因素	作用效果
流阻	低流阻吸收中高频好，高流阻对中低频吸收好
孔隙率	孔隙率低的密实材料吸声性能差
厚度	增加厚度能提高对低频的吸声，但存在适宜厚度
重度	重度相对于厚度的影响较小，同种材料厚度不变时，能增大对低频的吸收效果
背后条件	背后有空气层厚度的增加，可以提高吸声，尤其是低频的吸收；如果空气层厚度是入射声波 1/4 波长的奇数倍时，吸声系数最大
表面装饰处理	油漆、粉饰会大大降低吸声；钻孔、开槽可以提高材料的吸声性能
湿度和温度	温度会改变声波的波长，吸声系数会相应改变；湿度主要改变材料的孔隙率

顺材料等。

（1）单共振器

单共振器是一个有颈口的密闭容器，相当于一个弹簧振子系统，容器内的空气相当于弹簧，而进口空气相当于和弹簧连接的物体。当入射声波的频率和这个系统的固有频率一致时，共振器孔颈处的空气柱就激烈振动，孔颈部分的空气与颈壁摩擦阻尼，将声能转变为热能。

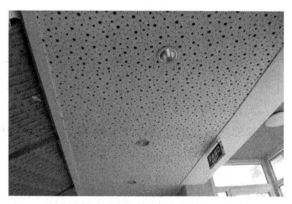

图 11-1　多孔吸声天花板

（2）穿孔板吸声结构

在打孔的薄板后面设置一定深度的密闭空腔，组成穿孔板吸声结构，这是经常使用的一种吸声结构，相当于单个共振器的并联组合。当入射声波频率和这一系统的固有频率一致时，穿孔部分的空气就激烈振动，加强了吸收效应，出现吸收峰，使声能衰减。

（3）薄板吸声结构

在薄板后设置空气层，就成为薄板吸声结构。当声波入射时，激发系统的振动，由于板的内部摩擦，使振动能量转化为热能。当入射声波频率与系统的固有频率一致时，即产生共振，在共振频率处出现吸收峰。增加板的单位面密度或空腔深度时，吸声峰就移向低频。在空腔内沿龙骨处设置多孔吸声材料，在薄板边缘与龙骨连接处放置毛毡或海绵条，以增加结构的阻尼特性，从而提高吸声系数和加宽吸声频带。

11.4.3　隔声材料

隔声材料是指把空气中传播的噪声隔绝、隔断、分离的一种材料、构件或结构。对于隔声材料，要减弱透射声能，阻挡声音的传播，就不能如同吸声材料那样多孔、疏松、透气，相反它的材质应该是重而密实的，如钢板、铅板、砖墙等一类材料。隔声材料材质的要求是密实无孔隙或缝隙；有较大的重量。由于这类隔声材料密实，难于吸收和透过声能而反射能强，所以它的吸声性能差。

隔声材料的主要特点是隔声减振效果极其显著，使用非常方便、施工简便，而且无毒无任何有机挥发物，并满足最高阻燃标准。成本低、易使用、效果佳、质量轻、具有抗菌和抗锈功能等使其被大量用户高度认可。比较常用的隔声材料有隔声板、高分子阻尼隔声毡、地面减振砖、减振器等。

1. 隔声板

隔声板隔声性能好，性价比高，具有环保 E1 级、防火 A1 级，无放射、不污染，耐候性佳，同时具有全频隔声和低频缓冲抗振的作用，可砖、可钉、可开锯，安装方便快捷。

2. 高分子阻尼隔声毡

隔声毡是目前市场上比较好的房间隔声材料，主要用来与石膏板搭配，用于墙体隔声和吊顶隔声，也应用于管道、机械设备的隔声和阻尼减振。隔声毡不是毛毡，在外观上看完全不同，毛毡轻而柔软，而隔声毡薄薄的却很重。

3. 地面减振砖

地面减振砖主要由高分子橡胶颗粒和优质软木颗粒采用独特工艺混合压制而成，能够有效切断声桥的传播，尤其用于娱乐场所中构建减振"浮筑层"地台效果好。

4. 减振器

减振器主要由承重金属构件和高分阻尼减振胶以及承重螺杆采用独特工艺组装加工而成，能够有效切断声桥的传播，尤其在娱乐场所中抗低频冲击效果好。

根据不同的场所要选用不同的隔声材料，不是所有的隔声材料都是有用的，要根据不同的噪声传播途径选择不同的隔声材料。首先，对于中低频比较严重的场所（娱乐场所），不能只是简单使用一层隔声材料，这就需要针对使用环境进行设计，把每一个环节都处理到位，只有按照专业要求施工才能更好地处理好环境噪声。对于管道噪声而言，根据噪声的特性，一般情况下噪声都是由于空气摩擦导致的高频声，这样就可以选择隔声材料作处理。用于管道隔声，隔声材料具有明显的优势，该材料可以任意弯曲、裁剪。其次，对于面密度较高的墙体，隔声材料直接粘贴的效果不是特别的理想，如混凝土墙、砖墙等。一般情况下可做双层墙体，同时使用不同厚度、材质的隔声材料，这样就可以避免吻合效应的产生，同时又能够避免同一种材料对于某一频率隔声低谷的出现。中间空腔部分又有很好的弹簧效果，这样就形成了一个"质量＋弹簧＋质量"的隔声质量组合。这样的组合将会达到最理想的隔声效果。最后，对于薄板等轻质墙体，因为轻质墙体材料本身的隔声量较低，而且容易产生共振，粘贴隔声材料之后，隔声阻尼材料可以很好地抑制墙体的震动，同时隔声材料本身没有大的隔声低谷，因此在这样的墙体上使用效果也是非常理想的。

11.5 装饰材料

11.5.1 概述

建筑装饰材料又称建筑饰面材料，是指铺设或涂装在建筑物表面起装饰和美化环境作用的材料。在建筑物主体工程完成后所进行的装潢和修饰处理是以美学原理为依据，以各种建筑及建筑装修材料为基础，从建筑的多功能角度出发，对建筑或建筑空间环境进行设计、加工。建筑装饰材料是集材料、工艺、造型设计、美学于一身的材料，它是建筑装饰工程的重要物质基础。建筑装饰的整体效果和建筑装饰功能的实现在很大程度上受到建筑装饰材料的制约，尤其受到装饰材料的光泽、质地、质感、图案、花纹等装饰特性的影响。因此，只有熟悉各种装饰材料的性能、特点，按照建筑物及使用环境条件合理选用装饰材料，才能材尽其能、物尽其用，更好地表达设计意图，并与室内其他配套产品来体现建筑装饰性。

11.5.2 常用的建筑装饰材料

常用的建筑装饰材料包括塑料、金属、石材、木材、陶瓷、玻璃、装饰砂浆和装饰混凝土等。

1. 建筑装饰塑料

塑料是以单体为原料，通过加聚或缩聚反应聚合而成的高分子化合物，其抗形变能力中等，介于纤维和橡胶之间，由合成树脂及填料、增塑剂、稳定剂、润滑剂、色料等添加剂组成。塑料的主要成分是树脂，塑料的基本性能主要取决于树脂的本性，但添加剂也起着重要作用。有些塑料基本上是由合成树脂所组成，不含或少含添加剂，如有机玻璃、聚苯乙烯等。常用的建筑装饰塑料按装饰部位分为墙面装饰塑料、顶棚及屋面装饰材料、塑料门窗和塑料地面装饰材料，如表11–2所示。

常用的建筑装饰塑料　　　　　　　　　　　　　　表 11–2

分类	产品	描述
墙面装饰材料	塑料贴面装饰板	塑料贴面装饰板又称塑料贴面板。它是以酚醛树脂的纸质压层为胎基，表面用三聚氰胺树脂浸渍过的印花纸为面层，经热压制成并可覆盖于各种基材上。塑料贴面板的图案、色调丰富多彩，耐一定酸、碱、油脂及酒精等溶剂的侵蚀，平滑光亮，极易清洗。粘贴在板材的表面，较木材耐久，装饰效果好，是节约优质木材的好材料，适用于各种建筑室内及家具等表面装饰
	有机玻璃板	有机玻璃板又称有机板、亚克力板、透明板，材料是甲基烯酸甲酯单体。它具有特高强度和刚度、表面可抛光、高透明度、耐热不变形、电气和介电绝缘性良好、低吸水等特性，是一种优良的建筑装饰材料
	PVC装饰板	PVC装饰板具有轻质、隔热、保温、防潮、阻燃、施工简便等特点。规格、色彩、图案繁多，极富装饰性，可用于居室内墙和吊顶的装饰，是塑料类材料中应用最为广泛的装饰材料之一

分类	产品	描述
墙面装饰材料	塑料壁纸	塑料壁纸包括涂塑壁纸和压塑壁纸。涂塑壁纸是以木浆原纸为基层，涂布氯乙烯—醋酸乙烯共聚乳液与钛白、瓷土、颜料、助剂等配成的乳胶涂料烘干后再印花而成。压塑壁纸是聚氯乙烯树脂与增塑剂、稳定剂、颜料、填料经混练、压延成薄膜，然后与纸基热压复合，再印花、压纹而成。两种均具有耐擦洗、透气好的特点
顶棚及屋面装饰材料	钙塑天花板	钙塑天花板又称钙塑吸顶板，是用钙粉和轻质热塑性塑料模压成型的，每块的尺寸为50cm×50cm×50cm，上面有各种凹凸形图案花饰，以四块拼合成 $1m^2$ 大小的装饰图案。如果在居室天花板上粘贴这种花纹图案，便可起到美化和防止落灰的作用。同时，钙塑天花板还具有滞燃、轻质、隔热、耐水的特点，可以长期使用
	透明塑料卡布隆	透明塑料卡布隆是指用透明塑料代替无机玻璃制成的采光屋面。与传统的玻璃屋顶相比，塑料卡布隆具有安全性好、自重小、防水、气密、抗风化、抗冲击、保温、隔热、防射线等综合性能好的特点
	塑料格栅吊顶	塑料格栅吊顶是由塑料制成的一个个小格子。塑料格栅吊顶可装在天花板内，广泛运用于大型的商场、机场、酒吧、地铁站等场所。这种吊顶看起来美观大方，很受人们的青睐
塑料门窗	PVC塑料门窗	PVC塑料窗在节约型材生产能耗、回收料重复再利用和使用能耗方面有突出优势，在保温节能方面有优良的性能价格比
	玻璃纤维增强塑料门窗	国外的玻璃钢门窗以无碱玻璃纤维增强，制品表面光洁度较好，不需处理可直接用于制窗。国内自主开发的玻璃钢门窗型材一般用中碱玻璃纤维增强，型材表面经打磨后可用静电粉末喷涂、表面覆膜等多种技术工艺，可获得多种色彩或质感的装饰效果
塑料地面装饰材料	地板革	地板革是一种塑料地板，其优点是花色品种多、成本低，比较适合临时用房地面的铺设。缺点是不耐用、档次低，对地面没有校平作用，往往是随地走

2. 建筑装饰金属

金属在建筑工程领域里的作用为大家所熟知。建筑金属不仅能够在结构领域发挥作用，在建筑装饰领域，凭借金属丰富的色彩、光泽和可加工成多种形状的特性，仍然占有重要的地位。

（1）建筑装饰用钢

钢材的主要技术性质体现在其抗拉强度、冷弯性能、冲击韧性、耐疲劳性等，主要成分为碳、硅、锰、磷、硫等。不锈钢是在钢中加入铬等合金元素制成的，它比普通钢的膨胀系数大、导热系数小、韧性延展性好，尤其是耐腐蚀和光泽性以及多种色彩的不锈钢，使其具有优异的装饰作用。此外，彩色涂层钢也具有装饰性好、手感光滑、抗污易清洁等作用。它是以钢板、钢带为基材，表面施涂有机涂层的钢制品，充分发挥了金属与有机材料的共同特点，可用于各类建筑的内外墙面及吊顶。

（2）建筑装饰用铝和铝合金

铝在建筑中一般只用作门、窗、百叶等非承重材料，而在铝中加入一定的锰、镁、铜、锌等元素制成的铝合金，不仅保持了铝轻质的特点，还明显提高了其强度、硬度及耐腐蚀性，可制成各种色彩、图纹及造型，具有优异的装饰性能。将其制作成花格网与龙骨，可用于门窗阳台、操场处的护网及吊顶龙骨；其还可制成门窗框架，以减轻自重，提高密实性、稳定性和装饰性。

（3）建筑装饰用铜和铜合金

铜具有良好的导电导热能力，本身质感厚重、光泽好，但是强度、硬度不高。纯铜一般用于门、墙、柱面装饰，也可用于扶手、栏杆及装饰。铜合金是在铜中加入了锌、锡等元素制成的铜基合金，如黄铜、青铜，其特点是既保持了铜良好的塑性和耐腐蚀性，又增加了其强度和硬度的机械性能，可用于建筑装饰。

3. 建筑装饰石材

土木工程中所使用的石材主要包括天然石材和人造石材。天然石材包括大理石、花岗石等，人造石材包括人造大理石、人造花岗石、青石板材、人造饰面石材等。

天然花岗石是火成岩，也叫酸性结晶深成岩，是火成岩中分布最广的一种岩石，属于硬石材，由长石、石英和云母组成，其成分以二氧化硅为主，约占 60% ~ 75%。天然花岗石岩质坚硬密实，按其结晶颗粒大小可分为微晶、粗晶和细晶三种。花岗石的品质取决于矿物成分和结构。品质优良的花岗石，结晶颗粒细而均匀，云母含量少而石英较多，并且不含有黄铁矿。花岗石不易风化变质，外观色泽可保持百年以上，因此多用于墙基础和外墙饰面。由于花岗石硬度较高、耐磨，所以也常用于高级建筑装修工程。

4. 建筑装饰木材

木材泛指用于建筑的木制材料，是人类历史上使用时间最长的建筑材料之一。它具有质感较好、纹理丰富、轻质高强、抗冲击性好、易于加工等优良特点，一直受到建筑业的青睐。装饰用木材大致可分为软杂材、硬杂材、名贵硬木、进口木材四种。

5. 建筑装饰陶瓷

陶瓷是陶器和瓷器的总称。建筑陶瓷是以黏土为主要原料，经配料、制坯、干燥、焙烧而成的用于建筑工程的烧结制品。在建筑装饰领域，陶瓷包括陶瓷砖、釉面砖、墙地砖、陶瓷锦砖等。

（1）陶瓷砖

陶瓷砖由黏土或其他无机非金属原料制成，也称为陶瓷饰面砖。其按使用部位可分为内墙砖、外墙砖、室内地砖、室外地砖、广场地砖、配件砖等；按表面形状又可分为平面装饰砖和立体装饰砖，平面装饰砖是指正面为平面的陶瓷砖，立体装饰砖是指正面呈现凹凸纹样的陶瓷砖，如图 11-2、图 11-3 所示。

（2）釉面砖

釉面砖是砖的表面经过施釉高温高压烧制处理的瓷砖，这种瓷砖是由土坯和表面的釉面两个部分构成的，主体又分陶土和瓷土两种，陶土烧制出来的背面呈红色，瓷土烧制的背面呈灰白色。釉面砖表面可以做各种图案和花纹，比抛光砖的色彩和图案丰富，因为表面是釉料，所以耐磨性不如抛光砖。釉面的作用主要是增加瓷砖的美观和起到良好的防污作用。根据光泽的不同，釉面砖又可以分为光面釉面砖和哑光釉面砖两类。釉面砖是装修中最常见的砖种，由于色彩图案丰富而且防污能力强，因此被广泛使用于墙

图 11-2 平面陶瓷砖

图 11-3 立体陶瓷砖

面和地面装修。

（3）墙地砖

墙地砖是陶土、石英砂等材料经研磨、压制、施釉、烧结等工序制成的陶质或瓷质板材。它具有强度高、密实性好、耐磨、抗冻、易清洗、耐腐蚀、经久耐用等特点，品种主要有釉面砖、抛光砖、玻化砖等。墙地砖主要用来铺贴客厅、餐厅、走道、阳台的地面和厨房、卫生间的墙地面。

（4）陶瓷锦砖

陶瓷锦砖也称为陶瓷马赛克，是指采用优质瓷土烧制而成的形状各异的小片陶瓷材料。陶瓷锦砖色泽多样、质地坚实、经久耐用，能耐酸、耐碱、耐火、耐磨，抗压力强、吸水率小、不渗水、易清洗，可用于工业与民用建筑的洁净车间、门厅、走廊、餐厅、厕所、浴室、工作间、化验室等处的地面和内墙面，并可作高级建筑物的外墙饰面材料。

6. 建筑装饰玻璃

人类学会制造使用玻璃已有上千年的历史，但是一千多年以来，作为建筑玻璃材料的发展是比较缓慢的。随着现代科学技术和玻璃技术的发展及人民生活水平的提高，建筑玻璃的功能不再仅仅是满足采光要求，而是要具有调节光线、保温隔热、安全（防弹、防盗、防火、防辐射、防电磁波干扰）、艺术装饰等特性。随着需求的不断发展，玻璃的成型和加工工艺方法也有了新的发展。目前已开发出了夹层、钢化、离子交换、釉面装饰、化学热分解及阴极溅射等新技术玻璃，使玻璃在建筑中的用量迅速增加，成为继水泥和钢材之后的第三大建筑材料。建筑装饰玻璃表面具有一定的颜色、图案或质感，主要包括磨光玻璃、磨砂玻璃、彩色玻璃、彩绘玻璃、压花玻璃等。

（1）磨光玻璃

磨光玻璃又称镜面玻璃，表面经过机械研磨和抛光，厚度一般为 5 ~ 6mm。由于磨光消除了玻璃表面的波筋、波纹等缺陷，其表明平整、光滑，光学性质和装饰性优良。因此，主要用于高级的建筑门窗、橱窗等。

（2）磨砂玻璃

磨砂玻璃又叫毛玻璃、暗玻璃，是用普通平板玻璃经机械喷砂、手工研磨（如金刚砂研磨）或化学方法处理（如氢氟酸溶蚀）等将表面处理成粗糙不平整的半透明玻璃。一般多用在办公室、卫生间的门窗上，用作其他房间的玻璃也可以。

（3）彩色玻璃

彩色玻璃是由透明玻璃粉碎后用特殊工艺染色制成的一种玻璃。彩色玻璃在古代就已经存在，将彩色玻璃磨成小块可以用来作画。彩色玻璃还可以铺路，用其铺成的彩色防滑减速路面的耐久性能大为提高，而且色彩艳丽程度高于使用花岗岩或石英砂作为骨料的传统彩色防滑路面。

（4）彩绘玻璃

彩绘玻璃主要有两种，一种是用现代数码科技经过工业粘胶黏合成的，一种是纯手绘的传统手法。它可以在有色玻璃上绘画，也可以在无色玻璃上绘画。把玻璃当作画布，运用特殊的颜料绘画过后，再经过低温烧制就可以了。彩绘玻璃的花色不会掉落，持久度更长，不用担心被酸碱腐蚀，而且也便于清洁；订制尺寸、色彩、图案可随意搭配，安全而更显个性，不易雷同同时又制作迅速。

（5）压花玻璃

压花玻璃也称花纹玻璃，主要应用于室内隔断、门窗玻璃、卫浴间玻璃隔断等。玻璃上的花纹和图案漂亮精美，看上去像压制在玻璃表面上，装饰效果较好。这种玻璃既能阻挡一定的视线，同时又有良好的透光性。为避免尘土的污染，安装时要注意将印有花纹的一面朝向内侧。

7. 建筑装饰砂浆

建筑装饰砂浆是指用作建筑物饰面的砂浆。它是在抹面的同时经各种加工处理而获得的特殊的饰面形式，以满足审美的需要。装饰砂浆饰面可分为两类，即灰浆类饰面和石碴类饰面。灰浆类饰面是通过水泥砂浆的着色或水泥砂浆表面形态的艺术加工，获得一定色彩、线条、纹理、质感的表面装饰。石碴类饰面是在水泥砂浆中掺入各种彩色石碴作骨料，配制成水泥石碴浆抹于墙体基层表面，然后用水洗、斧剁、水磨等手段除去表面的水泥浆皮，呈现出石碴颜色及其质感的饰面。装饰砂浆所用胶凝材料与普通抹面砂浆基本相同，只是灰浆类饰面更多地采用白水泥和添加各种颜料。

8. 建筑装饰混凝土

建筑装饰混凝土（混凝土压花）是一种近年来流行的绿色环保地面材料。它能在原本普通的新旧混凝土表层，通过色彩、色调、质感、款式、纹理、机理和不规则线条的创意设计，图案与颜色的有机组合，创造出各种天然大理石、花岗岩、砖、瓦、木地板等天然石材铺设效果，具有图形美观自然、色彩真实持久、质地坚固耐用等特点。装饰混凝土主要有彩色水泥混凝土、清水装饰混凝土、露骨料装饰混凝土、仿其他饰面混凝土、板缝处理装饰混凝土等。

11.6 防火材料

11.6.1 概述

在现代建筑中，除了要考虑建筑设计的安全性和美观性，在建筑设计和装饰工程中，对于安全防火也是非常重视的。建筑火灾与人民的生命和财产安全息息相关，严重的建筑火灾将会给社会带来巨大的安全危害和经济损失。各种设备的安装、易燃装饰材料、塑料制品、木制家居、轻纺材料等大量引入建筑中，都会产生火灾隐患。尤其是现代高层建筑，一旦出现火灾，其危害是巨大的。针对这种情况，建筑防火材料的主要作用就是从火源点防止火灾的发生，或者在火灾中阻隔火势的蔓延，从而起到保障人身安全和财产安全的目的。建筑防火材料的使用对于延长建筑物的寿命、保障人民的生命财产安全具有十分重要的意义。

建筑材料的防火性能主要包括燃烧性能、耐火极限、燃烧时的毒性和发烟性。一些常用材料的高温损伤临界温度如表 11-3 所示，建筑材料的燃烧性通常分为四级，如表 11-4 所示。

材料发生燃烧必须具备三个条件：物质可燃、周围存在助燃剂、热源。这三个条件同时存在时才会发生燃烧，因此可以阻断其中一个或多个条件来阻止燃烧。常用的防火方法有：

常用建筑材料的高温损伤临界温度   表 11-3

材料	温度（℃）	注释
普通黏土砖砌体	500	最高使用温度
普通钢筋混凝土	200	最高使用温度
普通混凝土	200	最高使用温度
页岩陶粒混凝土	400	最高使用温度
普通钢筋混凝土	500	火灾时最高允许温度
预应力混凝土	400	火灾时最高允许温度
钢材	350	火灾时最高允许温度
木材	260	火灾危险温度
花岗石（含石英）	575	相变发生急剧膨胀温度
石灰石、大理石	750	开始分解温度

常用建筑材料的燃烧分级   表 11-4

燃烧性分级	描述	材料
不燃性建筑材料	不起火，不微燃，难碳化	砖、玻璃、灰浆、石材、钢材等
难燃性建筑材料	难起火，难微燃，难碳化	石膏板、难燃胶合板、纤维板等
可燃性建筑材料	起火，微燃	木材及大部分有机材料
易燃性建筑材料	立即起火燃烧，火焰传播快	有机玻璃、泡沫等

（1）从物质源头着手，采用难燃或者不燃的材料。

（2）对于可燃易燃材料，可以采用将材料表面与空气隔绝的方法阻止燃烧。

（3）在材料中添加在高温或者燃烧情况下可以释放出保护层或者可以脱水、分解、发生吸热反应等过程的物质，对于已经燃烧起火的情况，可以减少火势蔓延。

11.6.2 常用的建筑防火材料

常用的防火原材料，如表 11-5 所示。

常用的防火原材料 表 11-5

类别	材料
无机黏合剂	水玻璃、石膏、磷酸盐、水泥等
耐火矿物质填料	氧化铝、石棉粉、碳酸钙、珍珠岩等
难燃型有机树脂	聚氯乙烯、氯化橡胶、氯丁橡胶乳液、环氧树脂、酚醛树脂等
难燃防火添加剂	氯化石蜡、磷酸三丁酯、十溴联苯醚、硼酸、硼酸锌等

1. 建筑防火涂料

建筑防火涂料是一种液态浆体，能够覆盖并牢固地附着在被涂物体的表面，形成对物体起装饰、保护等作用的成膜物质。防火涂料本身不燃或难燃，不起助燃作用。涂料能使底材与火热隔离，从而延长了热侵入底材和到达底材另一侧所需的时间，起到延迟和抑制火焰蔓延的作用。侵入底材所需时间越长，涂层的防火性能越好。其防火机理大致可以归纳为如下几点：

（1）防火涂料本身具有难燃或者不燃性，使被保护的基材不直接与空气接触，从而延迟物体着火和减小燃烧速度。

（2）防火涂料除本身具有难燃或不燃性外，还具有较低的导热系数，可以延迟火焰温度向被保护基材的传递。

（3）防火涂料受热分解出不燃的惰性气体，冲淡被保护物体受热分解出的可燃性气体，使之不易燃烧或者燃烧速度减慢。

防火涂料的成分包括催化剂、碳化剂、发泡剂、阻燃剂、无机隔热材料等。常用的防火涂料有饰面防火涂料、钢结构防火涂料、混凝土结构防火涂料等。

2. 石膏板

石膏板是以建筑石膏为主要原料制成的一种材料。它是一种质量轻、强度较高、厚度较薄、加工方便以及隔声、绝热和防火等性能较好的建筑材料，是当前着重发展的新型轻质板材之一。石膏板已被广泛用于住宅、办公楼、商店、旅馆和工业厂房等各种建筑物的内隔墙、墙体覆面板（代替墙面抹灰层）、天花板、吸声板、地面基层板和各种装饰板等。石膏硬化后的二水石膏中含有约 21% 的结晶水，当遇到燃烧时，结晶水会脱出并吸收大量热能从而蒸发，产生的水蒸气气幕能阻止火势的蔓延。我国生产的石膏板主要有纸面石膏板（图11-4）、无纸面石膏板、装饰石膏板、石膏空心条板、纤维石膏板（图11-5）、石膏吸声板、定位点石膏板等。

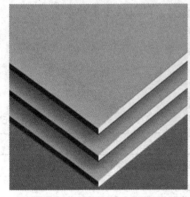

图 11-4　防火纸面石膏板　　　　　　　图 11-5　纤维石膏板

3. 纤维增强水泥平板

纤维增强水泥平板（简称水泥板）是以纤维和水泥为主要原材料生产的建筑用水泥平板，以其优越的性能被广泛应用于建筑行业的各个领域。通常所说的纤维增强水泥平板一般用作钢结构隔层楼板，厚板24mm，或叫楼板王、厚板王，也用于LOFT公寓、室内隔层楼板。

4. 纤维增强硅酸钙板

纤维增强硅酸钙板是一种典型的装修纤维增强板，以硅、钙为主要材料，用辊压、加压精湛技术，经压蒸养护、表面磨光等处理，生成以莫来石晶体结构为主的硅酸钙板。经高温高压蒸养、干燥处理生产的装饰板材具有轻质、高强、防火、防潮、隔声、隔热、不变形、不破裂的优良特性，可用于建筑的内外墙板、吊顶板、复合墙体面板等，广泛应用于高档写字楼、商场、餐厅、影剧院以及公共场所的隔墙、贴护墙、吊顶等装潢。

5. 水泥刨花板

以水泥作为胶凝剂、木质刨花作为主要原料，经搅拌、铺装、冷压、加热养护、脱模、分板、锯边、自然养护和调湿（干燥）等处理制成的板材。它是加水和少量化学添加剂制成的新型建筑人造板材，属于难燃烧材料。水泥刨花板最早的产品是瑞士在20世纪30年代用杜里佐尔法生产的轻质水泥刨花板，现在其产品主要用于活动房屋、通风管道等。

6. 防火胶合板

防火胶合板又称阻燃胶合板，是由木段旋切成单板或由木方刨切成薄木，对单板进行阻燃处理后再用胶粘剂胶合而成的三层或多层的板状材料，通常用奇数层单板，并使相邻层单板的纤维方向互相垂直胶合而成。阻燃胶合板是以木材为主要原料生产的胶合板，由于其结构的合理性和生产过程中的精细加工，可大体上克服木材的缺陷，大大改善和提高木材的物理力学性能，同时阻燃胶合板也克服了普通胶合板易燃烧的缺点，有效提高了胶合板的阻燃性能。阻燃胶合板的生产是充分合理地利用木材、改善木材性能，并提高其防火性能的一个重要方法。

7. 铝塑建筑装饰板

铝塑建筑装饰板是以聚乙烯、聚丙烯或聚氯乙烯树脂为主要原料，配以高铝质填料，同时添加发泡剂、交联剂、活化剂、防老剂等助剂加工制成。铝塑建筑装饰板是一种新型建筑装饰材料，它具有难燃、质轻、吸声、保温、耐水、防蛀等优点，性质优于钙塑泡沫装饰板。该材料可广泛用于礼堂、影院、剧院、宾馆饭店、医院、空调车厢、重要机房、船艇舱室等的吊顶及墙面（作吸声板用）。该装饰板图案新颖、美观大方、施工方便，它的性能指标如表 11-6 所示。

铝塑建筑装饰板的性能指标 表 11-6

项目	指标	项目	指标
表观密度（g/cm³）	0.3	质量吸水率（%）	0.27 ~ 0.46
抗拉强度（MPa）	0.46	热导率 [W/（m·K）]	0.045
抗压强度（MPa）	0.27	比热容 [J/（kg·K）]	0.080

8. 矿棉装饰板

矿棉装饰板是用矿棉做成的装饰用的板，它最显著的是吸声性能，同时还具有优越的防火、隔热性能。由于其密度低，可以在表面加工出各种精美的花纹和图案，因此具有优越的装饰性能。矿棉对人体无害，而废旧的矿棉装饰板可以回收作为原材料进行循环利用，因此矿棉装饰板是一种健康环保、可循环利用的绿色建筑材料。

9. 氯氧镁防火板

氯氧镁防火板属于氯氧镁水泥类制品，其以镁质胶凝材料为主体、玻璃纤维布为增强材料、轻质保温材料为填充物复合而成，能满足不燃性要求，是一种新型环保型板材。

10. 防火壁纸

防火壁纸是用 $100 \sim 200g/m^2$ 的石棉纸作基材，同时在壁纸面层的 PVC 涂塑材料中掺有阻燃剂，使壁纸具有一定的防火阻燃性能。其适用于防火要求较高的各种公共与民用建筑住宅，以及各种家庭居室中木质材料较多的装饰墙面。现在多数的壁纸都是防火的，但是由于各种壁纸所使用的环境不同，其防火等级也是不同的。民用建筑住宅壁纸的防火等级要求相对较低，各种公共环境的壁纸防火等级要求相对较高，而且要求壁纸燃烧后没有有毒气体产生。

【本章小结】

　　防水材料通过材料自身密实性达到防水效果，绝大多数防水材料具有憎水特性，在使用条件下不产生裂缝，即使在结构和基层受力变形或开裂时，也能保持其防水功能。依据防水材料的外观形态，防水材料主要分为防水卷材、防水涂料和建筑密封材料等。导热系数反映了材料传递热量的能力。导热系数越小，表示其导热性能越差、绝热性能越好。建筑声学材料通常分为吸声材料和隔声材料。吸声系数越高，吸声性能越好。材料的表观密度越大，质量越大，隔声性能越好，因为隔绝空气声主要服从质量定律。装饰材料是指铺设或涂装在建筑物表面起到装饰和美化环境作用的材料。常用的建筑装饰材料主要包括塑料、金属、石材、陶瓷、玻璃、装饰砂浆和混凝土等。建筑材料的防火性能主要包括燃烧性能、耐火极限、燃烧时的毒性和发烟性。

复习思考题

　　1. 什么是建筑功能材料？建筑领域使用功能材料的意义是什么？

　　2. 在经常受到烈日暴晒的地区，防水材料需如何选择？

　　3. 绝热材料在选用时需要考虑哪些问题？

　　4. 吸声材料和隔声材料的主要区别是什么？

　　5. 请列举一些可以起到吸声、隔声或防火作用的装饰材料。

　　6. 简述防火涂料的防火原理。

第12章 建筑材料试验

12.1 土木工程材料基本性质试验

建筑材料的基本性质很多，相对应的试验方法也很多。虽然其基本原理相同，但是对于不同材料来说，同一种性质的测试方法也各有不同。

本试验主要列举了块状石材的密度、表观密度和容积密度以及孔隙率、吸水率的基本测试方法。

通过本试验，同学们可以在熟悉以及掌握材料基本试验方法的同时，更好地了解材料的基本性质。

12.1.1 试验目的

测定材料的密度、表观密度和容积密度，计算孔隙率，了解材料的基本性质。

12.1.2 采用标准

《天然石材试验方法 第3部分：吸水率、体积密度、真密度、真气孔率试验方法》GB/T 9966.3—2020。

12.1.3 试验设备

（1）电热干燥箱：温度控制范围为 105 ± 2℃；干燥器。

（2）天平：最大称量1000g，感量10mg；最大称量200g，感量1mg。

（3）比重瓶：容积 $25 \sim 30$mL（图12-1）。

（4）63μm 标准筛。

12.1.4 试验及试验制备

1. 密度、孔隙率试样

取洁净样品1000g左右，将其破碎为小于5mm的颗粒，以四分法缩分到150g，再用瓷研钵研磨成可通过63μm标准筛的粉末。

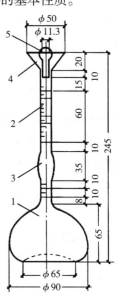

图 12-1 比重瓶
1—底瓶；2—细颈；
3—鼓型扩大颈；
4—喇叭形漏斗；
5—玻璃磨口塞

2.表观密度、容积密度、吸水率试样

试样为边长 50mm 的立方体或直径、高度均为 50mm 的圆柱体。每组 5 块。试样不允许有裂纹。

12.1.5 试验步骤

1.密度、孔隙率测定试验

（1）将试样装入称量瓶内，放入 $105 \pm 2℃$ 电热干燥箱内，干燥 4h 以上。取出，放入干燥器内冷却至室温。

（2）称取 3 份试样，每份质量（m'_0）10g，精确至 0.002g。每份试样分别装入洁净的比重瓶中。

（3）向李氏比重瓶中注入蒸馏水，其体积不超过比重瓶容积的一半，将比重瓶放入水浴中煮沸 10 ~ 15min，或是将比重瓶放在真空干燥器内，以此种方法排除试样中的气泡。

（4）擦干比重瓶，待其冷却至室温。注入蒸馏水至标记处，称得质量（m'_2），精确至 0.002g。

（5）清空比重瓶，冲洗干净。注入蒸馏水至标记处，称得质量（m'_1），精确至 0.002g。

2.表观密度、容积密度测定试验

（1）将试样放入 $105 \pm 2℃$ 电热干燥箱内，干燥至恒重，连续两次质量之差小于 0.02%。放入干燥器内，冷却至室温，称其质量（m_0），精确至 0.02g。

（2）将试样放入 $20 \pm 2℃$ 的蒸馏水中浸泡 48h 后取出，用拧干的湿毛巾擦去试样表面的水分，并立即称量其质量（m_1），精确至 0.02g。

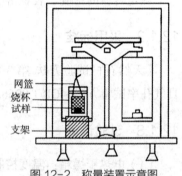

网篮
烧杯
试样
支架

（3）立即将水饱和的试样放入网篮中，将网篮与试样浸入 $20 \pm 2℃$ 的蒸馏水中，小心去除网篮及试样上的气泡，称量试样在水中的质量（m_2），精确至 0.02g。称量装置如图 12-2 所示。

图 12-2 称量装置示意图

12.1.6 结果计算

1.密度

密度 ρ（又称真密度、绝对密度，g/cm^3），是材料在绝对密实状态下的单位体积质量，按下式计算（取 3 位有效数字）：

$$\rho = \frac{m'_0}{V} = \frac{m'_0 \rho_w}{m'_1 - m'_2}$$

（12-1）

式中　m'_0——干粉试样在空气中的质量，g；

V——干粉试样的体积，cm^3；

m'_1——装蒸馏水的比重瓶质量，g；

m'_2——装粉样加水的比重瓶质量，g；

ρ_w——试验时室温水的密度，g/cm^3。

计算精度为 $0.01g/cm^3$，以两次实验结果的算术平均值作为测定值。两次结果相差应不大于2%。

2. 表观密度、容积密度

表观密度 ρ'（又称视密度、近似密度，g/cm^3），表示材料单位细观外形体积（包括内部封闭空隙）的质量，按下式计算（取3位有效数字）：

$$\rho' = \frac{m_0}{V'} = \frac{m_0 \rho_w}{m_0 - m_2} \tag{12-2}$$

密度 ρ_0（又称体积密度、表观毛密度、重度，g/cm^3），表示材料单位宏观外形体积（包括内部封闭空隙和开口空隙）的质量，按下式计算（取3位有效数字）：

$$\rho_0 = \frac{m_0}{V_0} = \frac{m_0 \rho_w}{m_1 - m_2} \tag{12-3}$$

式中 V'——材料细观外形体积，cm^3；

V_0——材料宏观外形体积，cm^3；

m_0——干燥试样在空气中的质量，g；

m_1——水饱和试样在空气中的质量，g；

m_2——水饱和试样在水中的质量，g；

ρ_w——试验时室温水的密度，g/cm^3。

3. 孔隙率

总孔隙率 P（%）按下式计算（取2位有效数字）：

$$P = \left(1 - \frac{\rho_0}{\rho}\right) \times 100\% \tag{12-4}$$

开口孔孔隙率 P_K（%）按下式计算（取2位有效数字）：

$$P_K = \frac{V_K}{V_0} = \frac{m_1 - m_0}{V_0 \rho_w} \times 100\% \tag{12-5}$$

闭口孔孔隙率 P_B（%）按下式计算（取2位有效数字）：

$$P_B = \frac{V_B}{V_0} = \frac{(V_0 - V) - V_K}{V_0} = P - P_K \tag{12-6}$$

式中 V_K——开口孔隙体积，cm^3；

V_B——闭口孔隙体积，cm^3。

4. 吸水率

吸水率 W（%）按下式计算（两位有效数字）：

$$W = \frac{m_1 - m_0}{m_0} \times 100\% \tag{12-7}$$

12.2 水泥试验

12.2.1 水泥细度试验

水泥细度试验方法有三种：负压筛法、水筛法和手工筛析法。采用 45μm 方孔筛和 80μm 方孔筛对水泥试样进行筛析试验，用筛上筛余量的质量百分数来表示水泥样品的细度。当三种测试方法的结果发生争议的时候，以负压筛法的结果为准。

GB 175—2007 规定，通用硅酸盐水泥包括硅酸盐水泥、普通硅酸盐水泥、矿渣硅酸盐水泥、火山灰质硅酸盐水泥、粉煤灰硅酸盐水泥和复合硅酸盐水泥。其中，硅酸盐水泥和普通硅酸盐水泥的细度以比表面积表示，可采用透气式比表面积仪测定；矿渣硅酸盐水泥、火山灰质硅酸盐水泥、粉煤灰硅酸盐水泥和复合硅酸盐水泥的细度用筛余量来表示，80μm 方孔筛筛余不大于 10%，或者 45μm 方孔筛筛余不大于 30%。氯离子质量分数 ≤ 0.06%。

1. 试验目标

掌握水泥细度试验方法；正确使用仪器与设备，并熟悉其性能；正确、合理记录并处理数据。

2. 试验依据

《水泥细度检验方法筛析法》GB/T 1345—2005。

3. 水泥细度试验（负压筛法）

（1）主要仪器设备

1）负压筛析仪：由筛座、负压筛、负压源和收尘器组成，如图 12-3 以及图 12-4 所示。

2）天平：最小分度值不大于 0.01g。

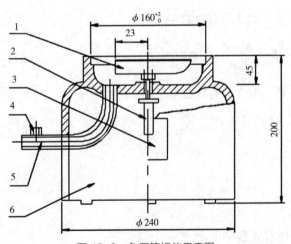

图 12-3　负压筛析仪示意图
1—喷气嘴；2—微型电动机；3—控制板开口；4—负压表接口；5—负压源及收尘器接口；6—壳体

图 12-4　负压筛析仪

（2）试验准备

试验前所用试验筛应保持清洁，负压筛以及手工筛应保持干燥。试验时，80μm 筛析试验称取试样 25g，45μm 筛析试验称取试样 10g。

（3）试验步骤

1）检查负压筛析仪系统，调节负压至 4000 ～ 6000Pa 范围内。

2）称取水泥试样 25g（精确至 0.01g），置于洁净的负压筛中，放在筛座上，盖上筛盖。

3）接通电源，启动负压筛析仪，连续筛析 2min。在此期间，如有试样附在筛盖上，可轻轻敲击筛盖，使试样落下。

4）筛毕，取下筛子，倒出筛余物。用天平称量筛余物的质量（精确至 0.01g）。

4. 水泥细度试验（水筛法）

（1）主要仪器设备

1）水筛及筛座：筛框内径 125mm，高 90mm，如图 12-5 以及图 12-6 所示。

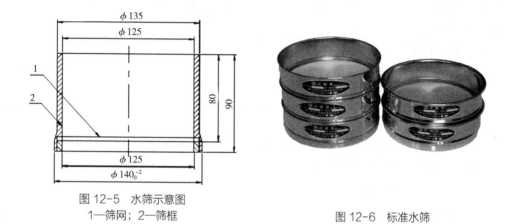

图 12-5　水筛示意图
1—筛网；2—筛框

图 12-6　标准水筛

2）喷头：直径 55mm，面上均匀分布 90 个孔，孔径 0.5 ～ 0.7mm，喷头安装高度离筛网 35 ～ 75mm 为宜。

3）天平：最小分度值不大于 0.01g。

4）烘箱。

（2）试验准备

筛析试验前，应检查水中无泥、无砂，调整好水压以及水筛架的位置，使其能够正常运转，并控制喷头底面与筛网之间的距离为 35 ～ 75mm。

（3）试验步骤

1）称取水泥试样 25g（精确至 0.01g），置于洁净的水筛中，立即用淡水冲洗至大部分细粉通过后，放在水筛架上，用水压 0.05 ～ 0.07MPa 的喷头连续冲洗 3min。

2）将筛余物冲到筛的一边，用少量的水将其冲至蒸发皿中，等待水泥颗粒全部沉淀后，小心倒出清水。

3）将蒸发皿放入烘箱中，烘至恒重，用天平称量全部筛余物（精确至0.01g）。

5. 水泥细度试验（手工筛析法）

（1）主要仪器设备

1）手工筛：由圆形筛框和筛网组成，筛子高度为50mm，直径为150mm。

2）天平：最小分度值不大于0.01g。

（2）试验准备

手工筛必须保持清洁，筛孔通畅，使用10次后要用专门的清洗剂进行清洗。

（3）试验步骤

1）试样经烘干至恒量后，冷却至室温。称取水泥试样25g（精确至0.01g），将试样倒入手工筛中。

2）用一只手执筛，往复摇动；另一只手轻轻拍打。往复摇动与拍打的过程应保持近乎水平。拍打速度约每分钟120次，每40次向同一方向旋转60°，使得试样均匀分布在筛网上，直至每分钟通过的试样量不超过0.03g为止。称量全部筛余物。

6. 结果计算

（1）水泥试样筛余百分数

水泥试样筛余百分数按下式计算：

$$F = \frac{R_t}{W} \times 100\% \qquad (12-8)$$

式中　F——水泥试样的筛余百分数，%（结果计算至0.1%）。

　　　R_t——水泥筛余物的质量，g。

　　　W——水泥试样的质量，g。

（2）筛余结果修正

试验筛的筛网在试验中会有所磨损，因此需要对筛析结果进行修正。修正方法是将上述结果乘以试验筛标定的有效修正系数。所求即为最终结果。

7. 结果评定

合格评定时，每个样品应该称取两个试样进行筛析，取筛余平均值作为筛析结果。如果两次筛余结果绝对误差大于0.5%时（筛余值大于5.0%时可放宽至1.0%）应再做一次试验。取两次相近结果的算数平均值作为最终结果。

当采用80μm方孔筛时，水泥筛余百分数 $F \leq 10\%$ 时，细度合格；当采用45μm方孔筛时，水泥筛余百分数 $F \leq 30\%$ 时，细度合格。

12.2.2　水泥标准稠度用水量测定

水泥标准稠度净浆对标准试杆（试锥）的沉入具有一定的阻力。通过对不同含水量的水泥净浆的穿透性进行试验，以确定水泥标准稠度净浆中所需加入的水量。

由于水泥的凝结时间、安定性均受到水泥浆稠度的影响，为了使得不同水泥具有可比性，必须设置一个水泥的标准稠度。通过水泥标准稠度用水量试验，测定水泥浆达到标准时的用水量，作为凝结时间试验和安定性试验用水量的标准。

水泥标准稠度用水量的测定方法有两种：标准法和代用法。

1. 试验目标

掌握水泥标准稠度用水量测定方法；正确使用仪器与设备，并熟悉其性能；正确、合理记录并处理数据。

2. 试验依据

《水泥标准稠度用水量、凝结时间、安定性检验方法》GB/T 1346—2011。

3. 水泥标准稠度用水量测定（标准法）

（1）主要仪器设备

1）水泥净浆搅拌机：符合 JC/T 729 要求，由主机、搅拌叶和搅拌锅组成，见图 12-7。

2）标准法维卡仪：主要由试杆和盛装水泥净浆的试模两部分组成，见图 12-8。

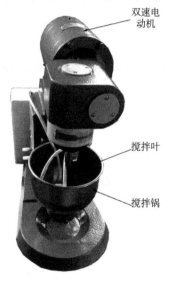

图 12-7　水泥净浆搅拌机

图 12-8　标准法维卡仪

3）天平：最大称量不小于 1000g，分度值不大于 1g。

4）量筒：精度 ±0.5mL。

5）铲子、小刀、平板玻璃地板等。

（2）试验准备

1）维卡仪的滑动杆能自由滑动，试模和玻璃底板用湿布擦拭，将试板放在底板上。

2）调整至试杆接触玻璃板时指针对准零点。

3）搅拌机运行正常。

（3）试验步骤

1）用湿布将搅拌锅和搅拌叶片擦湿，称取水泥试样 500g，按经验确定拌合水量，并用量筒量好。

2）将拌合水倒入搅拌锅内，然后在 5 ~ 10s 内小心将称好的 500g 水泥加入水中，加入过程中要防止水和水泥溅出。将搅拌锅放在锅座上，升至搅拌位，启动搅拌机，先低速搅拌 120s，停机 15s，再快速搅拌 120s，停机。

3）拌合结束后，立即取适量水泥净浆，一次性将其装入已置于玻璃底板上的试模中，浆体超过试模上端。使用宽约 25mm 的直边刀轻轻拍打超出试模部分的浆体 5 次，以排除浆体中的孔隙，然后在试模上表面约 1/3 处，略倾斜于试模分别向外轻轻锯掉多余净浆，再从试模边沿轻抹顶部一次，使净浆表面光滑。在锯掉多余净浆和抹平净浆的操作过程中，注意不要压实净浆。

4）抹平后迅速将试模和底板转移到维卡仪上，并将其中心定在试杆下，降低试杆直至与水泥净浆表面接触，拧紧螺钉 1 ~ 2s 后，突然放松，使试杆垂直自由地沉入水泥净浆中。

5）在试杆停止沉入，或者释放试杆 30s 时，记录试杆距离底板之间的距离。整个操作应在搅拌后 1.5min 之内完成。

（4）试验结果

试验的结果以试杆沉入净浆并距离底板 6 ± 1mm 的水泥净浆作为标准稠度净浆。其拌合水量为该水泥的标准稠度用水量（P），按水泥质量的百分比计。

4. 水泥标准稠度用水量测定（代用法）

（1）主要仪器设备

1）水泥净浆搅拌机：符合 JC/T 729 要求。

2）标准法维卡仪：主要由试杆和盛装水泥净浆的试模两部分组成。

3）天平：最大称量不小于 1000g，分度值不大于 1g。

4）量筒：精度 ±0.5mL。

5）铲子、小刀、平板玻璃地板等。

（2）试验准备

1）维卡仪的滑动杆能自由滑动，试模和玻璃底板用湿布擦拭，将试板放在底板上。

2）调整至试杆接触玻璃板时指针对准零点。

3）搅拌机运行正常。

（3）试验步骤

1）用湿布将搅拌锅和搅拌叶片擦湿，称取水泥试样 500g，按经验确定拌合水量，并用量筒量好。

2）将拌合水倒入搅拌锅内，然后在 5 ~ 10s 内小心将称好的 500g 水泥加入水中，加入过程中要防止水和水泥溅出。将搅拌锅放在锅座上，升至搅拌位，启动搅拌机，先低速搅拌 120s，停机 15s，再快速搅拌 120s，停机。

3）拌合结束后，立即取适量水泥净浆，一次性将其装入已置于玻璃底板上的试模中，浆体超过试模上端。使用宽约 25mm 的直边刀轻轻拍打超出试模部分的浆体 5 次，以排除浆体中的孔隙，然后在试模上表面约 1/3 处，略倾斜于试模分别向外轻轻锯掉多余净浆，再从试模边沿轻抹顶部一次,使净浆表面光滑。在锯掉多余净浆和抹平净浆的操作过程中，注意不要压实净浆。

4）抹平后迅速将试模和底板转移到维卡仪上，并将其中心定在试杆下，降低试杆直至与水泥净浆表面接触，拧紧螺钉 1 ～ 2s 后，突然放松，使试杆垂直自由地沉入水泥净浆中。

5）在试杆停止沉入，或者释放试杆 30s 时，记录试杆距离底板之间的距离。整个操作应在搅拌后 1.5min 之内完成。

（4）试验结果

用调整水量方法测定时，以试锥下沉深度为 30±1mm 时的净浆作为标准稠度净浆。其拌合水量为该水泥的标准稠度用水量（P），按水泥质量百分比计。如下沉深度超出范围，则需另称试样，调整水量，重新试验。直至达到 30±1mm 为止。

用不变水量方法测定时，根据试锥下沉深度 S，按下式计算水泥标准稠度用水量 P：

$$P=33.4-0.185S \tag{12-9}$$

式中 P——标准稠度用水量，%；

S——试锥下沉深度，mm。

用水量也可从仪器对应的标尺上进行读取。当 S ＜ 13mm 时,应改用调整水量法测定。

5. 水泥净浆凝结时间测定

（1）主要仪器设备

1）水泥净浆搅拌机：符合 JC/T 729 要求。

2）标准法维卡仪：将试杆更换为试针，仪器主要由试针和试模两部分组成。

3）天平：最大称量不小于 1000g，分度值不大于 1g。

4）量筒：精度 ±0.5mL。

5）铲子、小刀、平板玻璃地板等。

（2）试验准备

调整凝结时间测定仪的试针，试针接触玻璃板时指针对准零点。

（3）试验步骤

1）称取水泥试样 500g，按标准稠度用水量制备标准稠度水泥净浆。将水泥净浆一次装满试模，震动数次刮平，立即放入湿气养护箱中。记录水泥全部加入水中的时间，作为凝结时间的起始时间。

2）初凝时间的测定：首先，调整凝结时间测定仪，使其试针接触玻璃板时指针对准零点.试模在湿气养护箱中进行养护,到加水 30min 时进行第一次测定。将试模放在试针下，调整试针与水泥净浆表面接触，拧紧螺钉 1 ~ 2s 后突然放松。试针垂直自由落入水泥净浆。观察试针停止下沉时的读数，或者观察在释放试针 30s 时指针的读数。临近初凝时，每隔 5min 测定一次。当试针沉入，与底板的距离达到 4 ± 1mm 时，水泥达到初凝状态。

3）终凝时间测定：为准确观察试针沉入状况，在终凝针上安装一个环形附件。完成初凝时间测定后，立即将试模连同浆体以平移的方式从玻璃板取下，翻转 180°，直径大端向上，小端向下放入湿气养护箱中继续养护。临近终凝时间，每隔 15min（或者更短的时间）测定一次。当试针沉入试体 0.5mm 时，即环形附件开始不能在试体上留下痕迹时，为水泥达到终凝状态。

4）到达初凝时应立即重复测试一次，当两次结论相同时，才能确定达到初凝状态。到达终凝时，需要在试体另外两个不同点再次进行测试。确认结论相同，才能确定达到终凝状态。每次测定不能让试针落入原针孔。每次测试完毕，需将试针擦净，并将试模放回湿气养护箱内。整个测试过程要防止试模受振。

（4）试验结果

1）由水泥全部加入水中至初凝状态的时间为水泥的初凝时间，用 min 作为单位。

2）由水泥全部加入水中至终凝状态的时间为水泥的终凝时间，用 min 作为单位。

12.2.3　水泥体积安定性测定

体积安定性测定的方法有两种，雷氏法（标准法）和试饼法。当发生争议时，一般以雷氏法为准。雷氏法（标准法）是通过测定水泥标准稠度净浆在雷氏夹中煮沸后试针的相对位移，表征其体积膨胀的程度。试饼法是通过观测水泥标准稠度净浆试饼煮沸后的外形变化情况，表征其体积安定性。

1. 试验目标

掌握水泥安定性的测定方法；正确使用仪器与设备，并熟悉其性能；正确、合理记录并处理数据。

2. 水泥体积安定性测定（雷氏法）

（1）主要仪器设备

1）雷氏夹：由铜质材料制成，其结构如图 12-9 所示。当一根指针的根部先悬挂在一根金属丝或尼龙丝上，另一根指针的根部再挂上 300g 质量的砝码时，两根指针的针尖距离应在 17.5 ± 2.5mm 范围以内，即 $2x$=17.5 ± 2.5mm（图 12-10），当去掉砝码后针尖的距离能恢复至挂砝码前的状态。

2）雷氏夹膨胀测定仪：标尺最小刻度为 0.5mm，如图 12-11 所示。

3）煮沸箱：符合 JC/T 955 要求，即能在 30 ± 5min 内，将箱体的试验用水由室温升至沸腾状态，并保持 3h 以上，整个过程不需要补充水量。

4）水泥净浆搅拌机：符合 JC/T 729 要求。

5）天平：最大称量不小于 1000g，分度值不大于 1g。

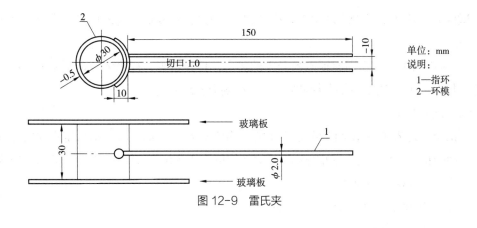

图 12-9 雷氏夹

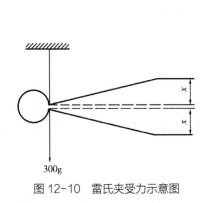

300g

图 12-10 雷氏夹受力示意图

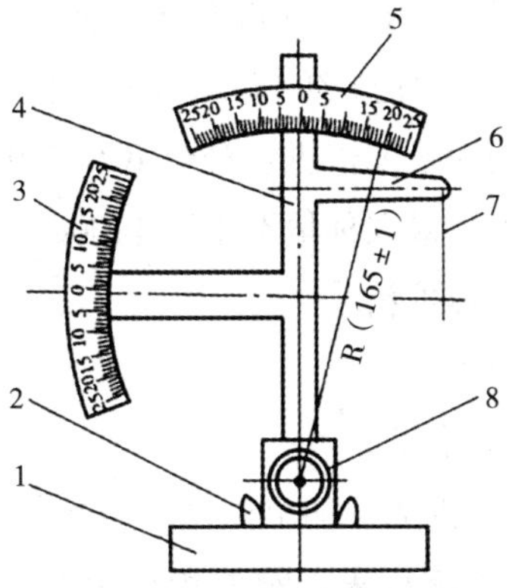

图 12-11 雷氏夹膨胀值测量仪
1—底座；2—模子座；3—测弹性标尺；
4—立柱；5—测膨胀值标尺；6—悬臂；
7—悬丝；8—弹簧顶钮

6）湿气养护箱。

7）小刀等。

（2）试验准备

每个试样需成形两个试件。每个雷氏夹需配备两个边长或直径约为80mm、厚度4～5mm的玻璃板。凡与水泥净浆接触的玻璃板和雷氏夹表面都要稍稍涂上一层油（因为有些油会影响水泥净浆的凝结时间，使用矿物油比较合适）。

（3）试验步骤

1）将预先准备好的雷氏夹放在已擦油的玻璃板上，并立即将已制好的标准稠度净浆一次装满雷氏夹。装浆时一只手轻轻扶住雷氏夹，另一只手用宽约25mm的直边刀在浆体表面轻轻插捣3次，然后抹平，盖上已涂少量油的玻璃板，接着立即将试件移至湿气养护箱内养护24±2h。

2）脱去玻璃板，取下试件，先测量雷氏夹指针尖端的距离 A（精确到0.5mm）。接着将试件放入煮沸箱水中的试架上，指针朝上，然后在 30 ± 5min 内加热至沸腾，并恒沸 180 ± 5min。

3）煮沸结束后，立即放掉煮沸箱中的热水，打开箱盖，待箱体冷却至室温，取出试件进行判别。测量雷氏夹指针尖端距离 C（精确至 0.5mm）。

（4）试验结果

当两个试件煮沸后增加的距离 C-A 的平均值不大于 5.0mm 时，即认定水泥安定性合格；当两个试件煮沸后增加的距离 C-A 的平均值大于 5.0mm 时，应用同一样品立即重做一次实验，以复检结果为准。

3. 水泥体积安定性测定（试饼法）

（1）主要仪器设备

1）煮沸箱：符合 JC/T 955 要求，即能在 30 ± 5min 内，将箱体的试验用水由室温升至沸腾状态，并保持 3h 以上，整个过程不需要补充水量。

2）水泥净浆搅拌机：符合 JC/T 729 要求。

3）天平：最大称量不小于 1000g，分度值不大于 1g。

4）湿气养护箱。

5）小刀等。

（2）试验准备

每个试样需成形两个试件。需配备两个边长或直径约为 100mm 的玻璃板。凡与水泥净浆接触的玻璃板表面都要稍稍涂上一层油（因为有些油会影响水泥净浆的凝结时间，使用矿物油比较合适）。

（3）试验步骤

1）将制好的标准稠度净浆取出一部分，分成两等份，使之呈球形。放置在预先准备好的玻璃板上，轻轻振动玻璃板，并用湿布擦过的小刀由边缘向中央抹，做成直径 70 ~ 80mm、中心厚约 10mm、边缘减薄、表面光滑的试饼。接着将试饼放入湿气养护箱内养护 24 ± 2h。

2）脱去玻璃板取下试件，在试饼无缺陷的情况下，将试饼放在煮沸箱水中的箅板上，在 30 ± 5min 内加热至沸腾，并恒沸 180 ± 5min。

3）煮沸结束后，立即放掉煮沸箱中的热水，打开箱盖，待箱体冷却至室温，取出试件进行判别。

（4）试验结果

目测试饼未发现裂纹，用钢直尺检查也没有弯曲（使钢直尺和试饼底部紧靠，以两者间不透光为不弯曲）的试饼为安定性合格，反之则为不合格。当两个试饼判别结果有矛盾时，该水泥的安定性为不合格。

试验报告应包括标准稠度用水量、初凝时间、终凝时间、雷氏夹膨胀值或试饼的裂缝、弯曲形态等所有的试验结果。

12.2.4 水泥胶砂强度检验

测定水泥胶砂试件 3d 和 28d 的抗压强度和抗折强度，确定水泥的强度等级或评定水泥强度是否符合标准要求。

1. 试验目标

掌握水泥胶砂强度检验方法；正确使用仪器与设备，并熟悉其性能；正确、合理记录并处理数据。

2. 试验依据

《水泥胶砂强度检验方法（ISO 法）》GB/T 17671—1999。

3. 主要仪器设备

（1）试验筛：金属丝网试验筛，应符合现行 GB/T 6003 要求。

（2）行星式水泥胶砂搅拌机：由搅拌锅、搅拌叶和电动机等组成,符合 JC/T 681 要求。多台搅拌机工作时，搅拌锅和搅拌叶片应保持配对使用，如图 12-12 所示。

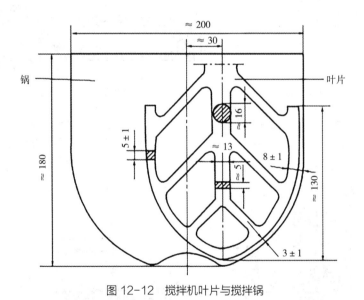

图 12-12　搅拌机叶片与搅拌锅

（3）水泥胶砂试模：由三条水平的模槽组成，可同时成型三条截面为 40mm × 40mm、长度为 160mm 的四棱柱试体。其材料和制造尺寸应符合要求，如图 12-13 所示。

（4）水泥胶砂试体成型振实台：符合 JC/T 682 要求。振动台应安装在高度为 400mm 的混凝土基座上，安装后设备应呈现水平状态，可在仪器底座与基座之间铺一层砂浆，以保证它们的完全接触，如图 12-14 所示。

（5）抗折强度试验机：符合 JC/T 724 要求。抗折强度也可用抗压强度试验仪来测定。

此时，应使用符合上述规定的夹具，如图 12-15 所示。

（6）抗压强度试验机：抗压强度试验机在较大的五分之四量程范围内使用时，记录的荷载应有 ±1% 精度，并具有按 2400±200N/s 速率的加荷能力，应该有一个能指示试件破坏时荷载，并将其保持到试验机卸荷以后的指示器，可以用表盘里的峰值指针或显示器来达到。人工操作的试验机应配有一个速度动态装置，以便于控制荷载的增加，如图 12-16 所示。

（7）抗压强度试验机夹具：符合 JC/T 683 要求，受压截面为 40mm×40mm，如图 12-17 所示。

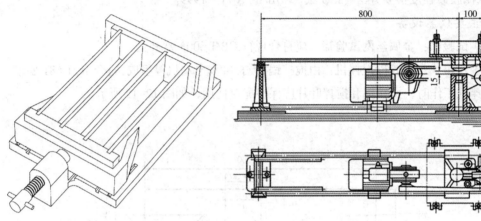

图 12-13　典型试模
注：不同生产厂家生产的试模和振实台可能有不同的尺寸和质量，因而买主在采购的时候应该考虑其与振实台设备的匹配性。

图 12-14　典型的振实台
1—突头；2—凸轮；3—制动器；4—随动轮

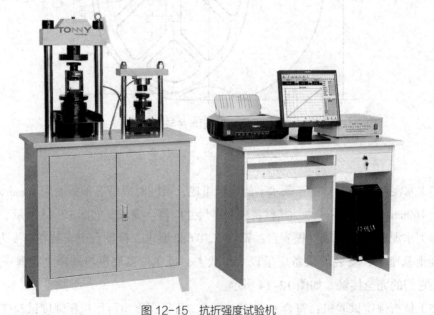

图 12-15　抗折强度试验机

图 12-16 抗压强度试验机

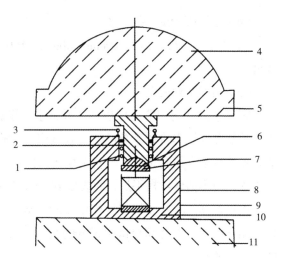

图 12-17 典型的抗压强度试验夹具
1—滚珠轴承；2—滑块；3—复位弹簧；4—压力机球座；5—压力机上压板；6—夹具球座；7—夹具上压板；8—试体；9—底板；10—夹具下垫板；11—压力机下垫板

（8）其他仪器设备：套膜、刮平直尺、播料器、标准养护箱等。

4. 试验准备

（1）胶砂的组成与制备

ISO 标准砂是由德国标准砂公司制备的 SiO_2 质量分数不低于 98% 的天然圆形硅质砂组成。中国产的 ISO 标准砂，其鉴定质量验证与质量控制以德国标准砂公司的 ISO 标准砂为基准材料。

（2）配合比

水泥胶砂试件是由水泥、中国 ISO 标准砂和水，按 1∶3∶0.5 的配合比拌制而成。一锅砂可形成三条试件，每锅用料以质量计（单位为 g）：需水泥用量为 450±2g；中国 ISO 标准砂用量为 1350±5g；水用量为 225±1g。

（3）搅拌

每锅胶砂用搅拌机进行机械搅拌。先使搅拌机处于待工作状态，然后按以下程序进行操作：

1）把水加入胶砂搅拌锅内，再加入水泥，把锅放在固定架上，上升至固定位置。

2）立即开动搅拌机，低速搅拌 30s 后，在第二个 30s 开始同步均匀地加入砂子（当各级砂是分装时，从最粗粒级开始，依次将所需的每级砂量加完）。把机器转至高速再拌 30s。

3）停拌 90s，在第一个 15s 内，用一胶皮刮具将叶片和锅壁上的胶砂刮入锅中间。在高速下继续搅拌 60s。各个搅拌阶段的时间误差应在 ±1s 以内。

（4）水泥胶砂试件的制备

试件成型（尺寸应是 40mm×40mm×160mm 的棱柱体）：胶砂制备后应立即进行成型。

（5）用振实台成型

将试模内壁均匀涂一层机油，并将空试模和模套固定在振实台上。用一个适当的勺子直接从搅拌锅里将胶砂分两层装入试模。装第一层时，每模槽内约放 300g 胶砂。用大播料器垂直架在模套顶部，沿每个模槽来回一次将料播平，接着振实 60 次。再装入第二层胶砂，用小播料器播平后，再振实 60 次。移走模套，从振实台上取下试模，用一金属直尺以近似 90°的角度架在试模模顶的一端，沿试模长度方向从横向以锯割动作慢慢向另一端移动，一次将超出试模部分的胶砂刮去，并用同一直尺以近似水平的情况下将试体表面抹平。

在试模上作标记或加字条，标明试件编号和试件相对于振实台的位置。

（6）用振动台成型

当使用代用的振动台成型时，操作如下：

在搅拌胶砂的同时，将试模和下料漏斗卡紧在振动台的中心。将搅拌好的全部胶砂均匀地装入下料漏斗中，开动振动台。胶砂通过漏斗流入试模，振动 120±5s 停止。振动完毕，取下试模，用刮平尺以上文所述的刮平手法刮去其高出试膜的胶砂并抹平。接着在试模上作标记或用纸条标明试件编号。

（7）水泥胶砂试件的养护

1）脱模前的处理和养护：去掉留在模子四周的胶砂。立即将作好标记的试模放入雾室或湿箱的水平架子上进行养护，湿空气应能与试模各边接触，养护时不应将试模放在其他试模上，一直养护到规定的脱模时间时取出脱模。脱模前用防水墨汁或颜料笔对试体进行编号或作其他标记，两个龄期以上的试体在编号时应将同一试模中的三条试体分在两个以上龄期内。

2）脱模：脱模时应非常小心。对于 24h 龄期的，应在破型实验前 20min 内脱模；对于 20h 以上龄期的，应在成型后 20～24h 脱模。已确定作为 24h 龄期试验（或其他不下水直接做试验）的已脱模试体，应用湿布覆盖至做试验时为止。

3）水中养护：将作好标记的试件立即水平或竖直放在 20±1℃水中养护，水平放置时，刮平面应朝上。试件放在不易腐烂的篦子上，并彼此间保持一定距离，以便让水与试件的六个面接触。养护期间，试件之间间隔或试件上表面的水深不得小于 5mm。每个养护池，只养护同类型的水泥试件。最初用自来水装满养护池（或容器），之后随时加水保持适当的恒定水位，不允许在养护期间全部换水。除 24h 龄期或延迟至 48h 脱膜的试体外，任何到龄期的试件应在试验（破型）前 15min 从水中取出。擦去试体表面沉积物，用湿布覆盖至试验为止。

5. 试验步骤

（1）强度试验试体的龄期

试体龄期是从水泥加水搅拌开始试验时算起。不同龄期强度试验在下列时间里进行：

1）24h ± 15min；

2）48h ± 30min；

3）72h ± 15min；

4）7d ± 2h；

5）> 28d ± 8h。

（2）抗折强度测定

将试体一个侧面放在试验机的支撑圆柱上，试体长轴垂直于支撑圆柱，通过加荷圆柱以 50 ± 10N/s 的速率均匀的将荷载垂直的加在棱柱体的相对侧面上，直至折断。保持两个半截棱柱体处于潮湿状态，直至抗压试验。

抗折强度 R_f 以 MPa 表示，按下式进行计算：

$$R_f = \frac{1.5F_f L}{b^3}$$

（12-10）

式中　R_f——抗折强度，MPa；

　　　F_f——折断时施加于棱柱体中部的荷载，N；

　　　L——支撑圆柱之间的距离，mm；

　　　b——棱柱体正方形截面的边长，mm。

（3）抗压强度测定

抗压强度试验通过规定的仪器，在经过抗折实验折断后的半截棱柱体的侧面上进行。半截棱柱体中心与压力机压板受压中心差应在 ±0.5mm 内。棱柱体露在压板外的部分约有 10mm。整个加荷过程中以 2400 ± 2000N/s 的速率均匀加荷直至破坏。

抗压强度 R_c 以 MPa 表示，按下式进行计算：

$$R_c = \frac{F_c}{A}$$

（12-11）

式中　R_c——抗压强度，MPa；

　　　F_c——破坏时的最大荷载，N；

　　　A——受压部分面积，mm^2。

6. 数据处理及结果评定

抗折强度：以一组三个棱柱体抗折结果的平均值作为试验结果。当三个强度值中有超出平均值 ±10% 时，应剔除后再取平均值作为抗折强度试验结果。试体的抗折强度记录至 0.1MPa。计算精确至 0.1MPa。

抗压强度：以一组三个棱柱体上得到的六个抗压强度测定值的算术平均值为试验结果。如六个测定值中有一个超出六个平均值 ±10% 时，应剔除这个结果，以剩下五个测定值的平均数作为结果。如果五个测定值中再有超过它们平均值 ±10% 的，则此组结果作废。抗压强度结果的计算也精确至 0.1MPa。

12.3　砂石材料试验

12.3.1　砂的表观密度试验（标准法）

测定砂在自然状态下的单位体积质量，为计算砂的空隙率和混凝土配合比设计提供依据。

1. 试验目标

掌握砂的表观密度试验方法；正确使用仪器与设备，并熟悉其性能；正确合理记录并处理数据。

2. 试验依据

按照《普通混凝土用砂、石质量及检验方法标准》JGJ 52—2006 进行砂石材料试验。

3. 主要仪器设备

（1）天平：称量 1000g，感量 1g。

（2）容量筒：容量 500mL。

（3）烘箱：温度控制范围为 105 ± 5℃。

（4）其他仪器设备：试验筛、带盖容器、搪瓷盘、干燥器、浅盘、铝制料勺、温度计、毛巾等。

4. 试验准备

取经过缩分后不少于 650g 的样品装入浅盘，在温度为 105 ± 5℃ 的烘箱中烘干至恒重，在干燥器内冷却至室温，分成大致相等的两份备用。

5. 试验步骤

（1）称取烘干试样 300g（m_0），精确至 1g。将试样装入容量瓶中，注入冷开水至接近 500mL 刻度处，用手摇动容量瓶，使试样在水中充分搅动以排除气泡。塞紧瓶塞，静置 24h。

（2）用滴管小心加水至 500mL 刻度处，塞紧瓶塞。擦干容量瓶外部的水分，称其质量（m_1），精确至 1g。

（3）倒出瓶内的水和试样，洗净瓶内壁。再向瓶内注入水温相差不超过 2℃ 的冷开水至 500mL 刻度处。塞紧瓶塞，擦干容量瓶外壁水分，称其质量（m_2），精确至 1g。

在砂的表观密度试验过程中，应测量并控制水的温度。试验的各项称量可在 15 ～ 25℃ 的温度范围内进行。

6. 结果评定

砂的表观密度（标准法）ρ 按下式计算，精确至 $10kg/m^3$：

$$\rho=\left(\frac{m_0}{m_0+m_2-m_1}-\alpha_t\right)\times 1000 \tag{12-12}$$

式中　ρ——砂的表观密度，kg/m^3；

　　　m_0——试样烘干质量，g；

　　　m_1——试样、水及容量瓶的总质量，g；

　　　m_2——水及容量瓶的总质量，g；

　　　α_t——水温对砂的表观密度影响的修正系数，见表 12-1。

不同水温对砂的表观密度影响的修正系数　　　　　　　　表 12-1

水温（℃）	15	16	17	18	19	20
α_t	0.002	0.003	0.003	0.004	0.004	0.005
水温（℃）	21	22	23	24	25	—
α_t	0.005	0.006	0.006	0.007	0.008	—

砂的表观密度以两次试验结果的算术平均值作为测定值。当两次结果之差大于 $20kg/m^3$ 时，应重新取样进行试验。

12.3.2　砂的堆积密度试验

测定砂在松散状态下的单位体积质量，为计算砂的空隙率和混凝土配合比设计提供依据。

1. 试验目标

掌握砂的堆积密度试验方法；正确使用仪器与设备，并熟悉其性能；正确合理记录并处理数据。

2. 试验依据

按照《普通混凝土用砂、石质量及检验方法标准》JGJ 52—2006 进行砂石材料试验。

3. 主要仪器设备

①天平：称量 5kg，感量 5g。

②容量筒：金属制，圆柱形，内径 108 ± 0.3mm，净高 109 ± 0.5mm，筒壁厚 2 ± 0.1mm，容量 1L，筒底厚度为 5mm。

③烘箱：温度控制范围为 105 ± 5℃。

④垫棒：直径 10mm，长 500mm 的圆钢。

⑤试验筛。

⑥浅盘。

⑦漏斗或铝制料勺：如图 12-18 所示。

⑧其他仪器设备：直尺、毛刷等。

4. 试验准备

先用公称直径 5.00mm 的筛子过筛，然后取经过缩分后的样品不少于 3L，装入浅盘，在温度为 105±5℃的烘箱中烘干至恒重，取出并冷却至室温，分成大致相等的两份备用。试样烘干后若有结块，应在试验前先予捏碎。

5. 试验步骤

（1）松散堆积密度

取试样一份，用漏斗或铝制料勺，将它徐徐装入容量筒（漏斗出料口或料勺距容量筒筒口不应超过 50mm），直至试样装满并超出容量筒筒口，然后用直尺将多余的试样沿筒口中心线向相反方向刮平，称其质量（m_2），精确至 1g。倒出试样，称取容量筒质量（m_1），精确至 1g。

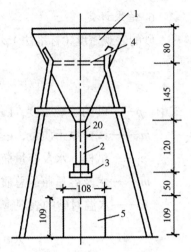

图 12-18　标准漏斗（单位：mm）
1—漏斗；2—ϕ20 管子；
3—活动门；4—筛；5—金属量筒

（2）紧密堆积密度

取试样一份，分两层装入容量筒。装完第一层后，在桶底垫一根直径为 10mm 的垫棒。将筒按住，左右交替颠击地面各 25 下，然后再装入第二层；第二层装满后用同样的方法颠实（但筒底所垫垫棒方向与第一层放置方向垂直）；第二层装完并颠实后，加料至试样超出容量筒筒口，然后用直尺将多余的试样沿筒口中心线方向两个相反方向刮平，称其质量（m_2），精确至 1g。

（3）容量筒容积的校正方法

称取容量筒和玻璃板质量（m'_1），以温度为 20±2℃的饮用水，装满容量孔。用玻璃板沿筒口滑移，使其紧贴水面。擦干筒外壁水分，然后称其重量（m'_2）。沙容量桶精确至 1g，石子容量筒精确至 10g。按下式计算桶的容积：

$$V = m'_2 - m'_1 \qquad (12-13)$$

式中　V——容量筒容积，L；

　　　m'_1——容量桶和玻璃板质量，kg；

　　　m'_2——容量桶，玻璃板和水的质量，kg。

6. 结果评定

（1）松散堆积密度及紧密堆积密度

松散堆积密度（ρ_L）及紧密堆积密度（ρ_c）按下式计算，精确至 10kg/m³：

$$\rho_L(\rho_c) = \frac{m_2 - m_1}{V} \times 1000 \qquad (12-14)$$

式中　V——容量筒容积，L；

　　　m_1——容量筒质量，kg；

m_2——试样和容量筒总质量，kg。

以两次试验结果的算术平均值作为测定值。

（2）空隙率

空隙率按下式计算，精确 1%：

$$e_L = \left(1 - \frac{\rho_L}{\rho}\right) \times 100\% \qquad (12\text{-}15)$$

$$e_c = \left(1 - \frac{\rho_c}{\rho}\right) \times 100\% \qquad (12\text{-}16)$$

式中　e_L——松散堆积的空隙率，%；

　　　e_c——紧密堆积的空隙率，%；

　　　ρ_L——砂的松散堆积密度，kg/m^3；

　　　ρ_c——砂的紧密堆积密度，kg/m^3；

　　　ρ——砂的表观密度，kg/m^3。

12.3.3　砂的含水率试验（标准法）

1. 试验目标

掌握砂的含水率（标准法）试验方法；正确使用仪器与设备，并熟悉其性能；正确合理记录并处理数据。

2. 试验依据

按照《普通混凝土用砂、石质量及检验方法标准》JGJ 52—2006 进行砂石材料试验。

3. 主要仪器设备

（1）烘箱：温度控制范围为 105±5℃。

（2）天平：称量 1000g，感量 1g。

（3）其他试验仪器：浅盘等。

4. 试验步骤

由密封的样品中取重约 500g 的试样两份，分别放入已知质量的干燥容器（m_1）中称重，记下每盘试样与容器的质量（m_2）。将容器连同试样放入温度为 105±5℃的烘箱中烘干至恒重，称量烘干后的试样与容器的总质量（m_3）。

5. 结果评定

砂的含水率（标准法）按下式计算，精确至 0.1%：

$$\omega_{wc} = \frac{m_2 - m_3}{m_3 - m_1} \times 100\% \qquad (12\text{-}17)$$

式中　ω_{wc}——砂的含水率，%；

　　　m_1——容器质量，g；

　　　m_2——未烘干的砂与容器的总质量，g；

m_3——烘干的砂与容器的总质量，g。

以两次试验结果的算术平均值为测定值。

12.3.4　砂中含泥量试验（标准法）

1. 试验目标

掌握砂中含泥量（标准法）试验方法；正确使用仪器与设备，并熟悉其性能；正确合理记录并处理数据。

2. 试验依据

按照《普通混凝土用砂、石质量及检验方法标准》JGJ 52—2006 进行砂石材料试验。

3. 主要仪器设备

（1）天平：称量 1000g，感量 1g。

（2）烘箱：温度控制范围为 105 ± 5℃。

（3）试验筛：孔径公称直径为 80μm 及 1.25mm 的方孔筛各 1 个。

（4）其他仪器设备：洗砂用的容器、烘干用的浅盘等。

4. 试验准备

样品缩分至 1100g，置于温度为 105 ± 5℃ 的烘箱中烘干至恒重，冷却至室温后，称取 400g（m_0）的试样两份备用。

5. 试验步骤

（1）取烘干的试样一份置于容器中，并注入饮用水，使水面高出砂面约 150mm，充分拌匀后，浸泡 2h，然后用手在水中淘洗试样，使尘屑、淤泥和黏土与砂粒分离，并使之悬浮或溶于水中。缓缓地将浑浊液倒入公称直径为 1.25mm 及 80μm 的套筛（1.25mm 筛放置于上面）上，滤去小于 80μm 的颗粒。试验前筛子的两面应先用水润湿，在整个试验过程中应注意避免砂粒丢失。

（2）再次加水于容器中，重复上述过程，直到筒内洗出的水清澈为止。

（3）用水淋洗剩留在筛上的细粒，并将 80μm 筛放在水中（使水面略高出筛中砂粒的上表面）来回摇动，以充分洗除小于 80μm 的颗粒。然后将两只筛上剩留的颗粒和容器中已经洗净的试样一并装入浅盘，置于温度为 105 ± 5℃ 的烘箱中烘干至恒重。取出来冷却至室温后，称试样的质量（m_1）。

6. 结果评定

砂的含泥量（标准法）按下式计算，精确至 0.1%：

$$\omega_c = \frac{m_0 - m_1}{m_0} \times 100\% \qquad （12-18）$$

式中　ω_c——砂的含泥量，%；

　　　m_0——试验前的烘干试验质量，g；

m_1——试验后的烘干试验质量，g。

以两个试样试验结果的算术平均值为测定值，两次结果的差值超过 0.5% 时，应重新取样进行试验。

12.3.5　砂的筛分试验

在配制混凝土时，砂的颗粒级配和砂的粗细程度应同时考虑。本试验通过测定砂的颗粒级配、计算砂的细度模数、评定砂的粗细程度为混凝土配合比设计提供依据。

1. 试验目标

掌握砂的筛分试验方法；正确使用仪器与设备，并熟悉其性能；正确合理记录并处理数据。

2. 试验依据

按照《普通混凝土用砂、石质量及检验方法标准》JGJ 52—2006 进行砂石材料试验。

3. 主要仪器设备

（1）天平：称量 1000g，感量 1g。

（2）试验筛：公称直径分别为 10.0mm、5.00mm、2.50mm、1.25mm、630μm、315μm、160μm 的方孔筛各一只，筛的底盘和盖各一只。产品质量应符合《试验筛技术要求和检验第 2 部分：金属穿孔板试验筛》GB/T 6003.2—2012 的要求。

（3）烘箱：温度控制范围为 105±5℃。

（4）摇筛机。

（5）其他仪器设备：浅盘、硬毛刷、软毛刷等。

4. 试验准备

用于筛分试验的试样，其颗粒的公称粒径不应大于 10.0mm，试验前应先将试样通过公称直径 10.0mm 的方孔筛，并计算筛余。称取经缩分后样品不少于 550g 两份，分别装入两个浅盘，在 105±5℃的温度下烘干至恒重，冷却至室温备用。

5. 试验步骤

（1）准确称取烘干试样 500g，特细砂可称 250g，精确至 1g，置于按筛孔大小顺序排列（大孔在上，小孔在下）的套筛的最上一只筛（公称直径为 5.00mm 的方孔筛）上，进行筛分。

（2）将套筛装入摇筛机内固紧，筛分 10min。然后取出套筛，再按筛孔由大到小的顺序，在清洁的浅盘上逐一进行手筛，直至每分钟的筛出量不超过试样总量的 0.1% 时为止。通过的颗粒并入下一只筛，并和下一只筛子中的试样一起进行手筛。按这样的顺序依次进行，直至所有的筛子全部筛完为止。

（3）试样在各只筛子上的筛余量均不得超过按下式计算出的剩余量，否则应将该筛的筛余试样分成两份或数份再次进行筛分，并以其筛余量之和作为该筛的筛余量。

$$m_t = \frac{A\sqrt{d}}{300} \qquad (12-19)$$

式中　m_t——某一筛上的剩余量，g；

　　　　d——筛孔边长，mm；

　　　　A——筛的面积，mm^2。

称取各筛筛余试样的质量，精确至 1g。所有各筛的分计筛余量和底盘中的剩余量之和与筛分前的试样总量相比，相差不得超过 1%。

6. 结果评定

（1）计算分级筛余

各筛上的筛余量除以试样总量的百分率，精确至 0.1%。

（2）计算累计筛余

该筛的分计筛余与筛孔大于该筛的各筛的分计筛余之和，精确至 0.1%。

（3）评定颗粒级配分布情况

根据各筛两次试验累计筛余的平均值，评定该试样的颗粒级配分布情况，精确至 1%。

（4）计算砂的细度模数

砂的细度模数应按下式计算，精确至 0.01：

$$M_x = \frac{(A_2+A_3+A_4+A_5+A_6)-5A_1}{100-A_1} \qquad (12-20)$$

式中　　　　　　　M_x——砂的细度模数；

A_1、A_2、A_3、A_4、A_5、A_6——公称直径 5.00mm、2.50mm、1.25mm、630μm、315μm、160μm 方孔筛上的累计筛余，mm。

（5）测定值

以两次试验结果的算术平均值作为测定值，精确至 0.1。当两次试验所得的细度模数之差大于 0.20 时，应重新取试样进行试验。

12.3.6　石或卵石的表观密度试验（标准法）

1. 试验目标

掌握碎石或卵石的表观密度试验方法；正确使用仪器与设备，并熟悉其性能；正确合理记录并处理数据。

2. 试验依据

按照《普通混凝土用砂、石质量及检验方法标准》JGJ 52—2006 进行砂石材料试验。

3. 主要仪器设备

（1）液体天平：称量 5kg，感量 5g，其型号及尺寸应能允许在臂上悬挂试样的吊篮，并在水中称重，如图 12-19 所示。

（2）吊篮：直径和高度均为 150mm，由孔径为 1 ~ 2mm 的筛网或钻有孔径为

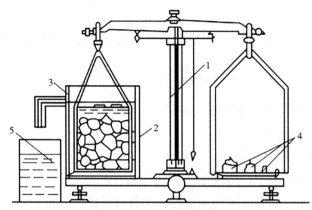

图 12-19　液体天平示意图

1—5kg 天平；2—吊篮；3—带有溢流孔的金属容器；4—砝码；5—容器

2 ~ 3mm 孔洞的耐锈蚀金属板制成。

（3）烘箱：温度控制范围为 105 ± 5℃。

（4）盛水容器：有溢流孔。

（5）试验筛：筛孔公称直径为 5.00mm 的方孔筛一只。

表观密度试验所需的试样最少用量　　　　　　　　　　　表 12-2

最大公称粒径（mm）	10.0	16.0	20.0	25.0	31.5	40.0	63.0	80.0
试样最少质量（kg）	2.0	2.0	2.0	2.0	3.0	4.0	6.0	6.0

（6）其他仪器设备：温度计、带盖容器、浅盘、刷子和毛巾等。

4. 试验准备

将样品筛除公称粒径 5.00mm 以下的颗粒，并缩分至大于 2 倍表 12-2 所规定的最少质量，冲洗干净后分成两份备用。

5. 试验步骤

（1）按表 12-2 的规定称取试样。

（2）取试样一份装入吊篮，并浸入盛水的容器中，水面至少高出试样 50mm。

（3）浸水 24h 后，移放到称量用的盛水容器中，并用上下升降吊篮的方法排除气泡（试样不得露出水面）。吊篮每升降一次约为 1s，升降高度为 30 ~ 50mm。

（4）测定水温（此时吊篮应全浸在水中），用天平称取吊篮及试样在水中的质量（m_2）。称量时盛水容器中水面的高度由容器的溢流孔控制。

（5）提起吊篮，将试样置于浅盘中，放入 105 ± 5℃ 的烘箱中烘干至恒重；取出来放在带盖的容器中冷却至室温后，称重（m_0）。

（6）称取吊篮在同样温度水中的质量（m_1），称量时盛水容器的水面高度仍应由溢流孔控制。

6. 结果评定

碎石或卵石的表观密度（标准法）ρ 按下式计算，精确至 10kg/m^3：

$$\rho = \left(\frac{m_0}{m_0 + m_1 - m_2} - \alpha_t \right) \times 1000 \qquad (12\text{-}21)$$

式中　ρ——碎石或卵石的表观密度，kg/m^3；

　　　m_0——试样烘干质量，g；

　　　m_1——水及吊篮的总质量，g；

　　　m_2——试样、水及吊篮的总质量，g；

　　　α_t——水温对碎石或卵石表观密度影响的修正系数，见表 12-3。

不同水温下碎石或卵石的表观密度影响的修正系数　　　表 12-3

水温（℃）	15	16	17	18	19	20
α_t	0.002	0.003	0.003	0.004	0.004	0.005
水温（℃）	21	22	23	24	25	—
α_t	0.005	0.006	0.006	0.007	0.008	—

以两次试验结果的算术平均值作为测定值。当两次结果之差大于 20kg/m^3 时，应重新取样进行试验。对颗粒材质不均匀的试样，两次试验结果之差大于 20kg/m^3 时，可取四次测定结果的算术平均值作为测定值。

12.3.7　碎石或卵石的堆积密度试验

测定碎石或卵石在松散状态下单位体积质量，为计算碎石或卵石的空隙率和混凝土配合比设计提供依据。

1. 试验目标

掌握碎石或卵石的堆积密度试验方法；正确使用仪器与设备，并熟悉其性能；正确合理记录并处理数据。

2. 试验依据

按照《普通混凝土用砂、石质量及检验方法标准》JGJ 52—2006 进行砂石材料试验。

3. 主要仪器设备

（1）秤：称量 100kg，感量 100g。

（2）容量筒：金属制，规格见表 12-4。

（3）烘箱：温度控制范围为 105 ± 5℃。

（4）垫棒：直径 25mm、长 500mm 的圆钢。

（5）其他仪器设备：平头铁锹等。

容量筒的规格要求及取样数量　　　　　　表 12-4

碎石或卵石的最大公称粒径（mm）	容量筒容积（L）	容量筒规格（mm）		筒壁厚度（mm）	最小取样数量（kg）
		内径	净高		
10.0，16.0，20.0，25.0	10	208	294	2	40
31.5，40.0	20	294	294	3	80
63.0，80.0	30	360	294	4	120

4. 试验准备

按表 12-4 的规定称取试样，放入浅盘，在 105±5℃的烘箱中烘干，也可以摊在清洁的地面上风干，拌匀后分成两份备用。

5. 试验步骤

（1）松散堆积密度

取试样一份，置于平整干净的地板（或铁板）上，用平头铁锹铲起试样，使石子自由落入容量筒内。此时，从铁锹的齐口至容量筒上口的距离应保持为 50mm 左右，装满容量筒除去凸出筒口表面的颗粒，并以合适的颗粒填入凹陷部分，使表面稍凸起部分和凹陷部分的体积大致相等，称取试样和容量筒总质量（m_2）。

（2）紧密堆积密度

取试样一份，分三层装入容量筒。装完一层后，在筒底垫放一根直径为 25mm 的钢筋，将筒按住，并左右交替，颠击地面各 25 下，然后装入第二层。第二层装满后，用同样方法颠实（但筒底所垫钢筋的方向应与第一层放置方向垂直），然后再装入第三层，用同样的方法颠实。待三层试样装填完毕后，加料直到试样超出容量筒筒口，用钢筋沿筒口边缘滚转，刮下高出筒口的颗粒，用合适的颗粒填平凹处，使表面稍凸起部分和凹陷部分的体积大致相等。称取试样和容量筒总质量（m_2）。

6. 结果评定

（1）松散堆积密度及紧密堆积密度

松散堆积密度（ρ_L）及紧密堆积密度（ρ_c）按下式计算，精确至 $10kg/m^3$：

$$\rho_L\,(\rho_c) = \frac{m_2 - m_1}{V} \times 1000 \qquad （12-22）$$

式中　V——容量筒体积，L；

m_1——容量筒质量，kg；

m_2——试样和容量筒总质量，kg。

以两次试验结果的算术平均值作为测定值。

（2）空隙率

空隙率按下式计算，精确 1%：

$$e_L = \left(1 - \frac{\rho_L}{\rho}\right) \times 100\% \qquad （12-23）$$

$$e_c = \left(1 - \frac{\rho_c}{\rho}\right) \times 100\% \qquad\qquad (12-24)$$

式中　e_L——松散堆积的空隙率，%；

　　　e_c——紧密堆积的空隙率，%；

　　　ρ_L——碎石或卵石的松散堆积密度，kg/m^3；

　　　ρ_c——碎石或卵石的紧密堆积密度，kg/m^3；

　　　ρ——碎石或卵石的表观密度，kg/m^3。

12.3.8　碎石或卵石的含水率试验（标准法）

1. 试验目标

掌握碎石或卵石的含水率（标准法）试验方法；正确使用仪器与设备，并熟悉其性能；正确合理记录并处理数据。

2. 试验依据

按照《普通混凝土用砂、石质量及检验方法标准》JGJ 52—2006 进行砂石材料试验。

3. 主要仪器设备

（1）烘箱：温度控制范围为 105±5℃。

（2）秤：称量 20kg，感量 20g。

（3）其他试验仪器：浅盘等。

4. 试验步骤

（1）按要求称取试样，并分成两份备用。

（2）将试样置于干净的容器中，称取试样和容器的总质量（m_1），并在 105±5℃的烘箱中烘干至恒重。

（3）取出试样，冷却后称取试样与容器的总质量（m_2），并称取容器的质量（m_3）。

5. 结果评定

碎石或卵石的含水率（标准法）按下式计算，精确至 0.1%：

$$\omega_{wc} = \frac{m_1 - m_2}{m_2 - m_3} \times 100\% \qquad\qquad (12-25)$$

式中　ω_{wc}——碎石或卵石的含水率，%；

　　　m_1——烘干前的碎石或卵石与容器的总质量，g；

　　　m_2——烘干后的碎石或卵石与容器的总质量，g；

　　　m_3——容器质量，g。

以两次试验结果的算术平均值为测定值。

注：碎石或卵石含水率简易测定法可采用"烘干法"。

12.3.9　碎石或卵石中含泥量试验（标准法）

1. 试验目标

掌握碎石或卵石中含泥量（标准法）试验方法；正确使用仪器与设备，并熟悉其性能；正确合理记录并处理数据。

2. 试验依据

按照《普通混凝土用砂、石质量及检验方法标准》JGJ 52—2006进行砂石材料试验。

3. 主要仪器设备

（1）烘箱：温度控制范围为105±5℃。

（2）秤：称量20kg，感量20g。

（3）试验筛：筛孔公称直径为1.25mm及80μm的方孔筛各一个。

（4）容器：容积约10L的瓷盘或金属盒。

（5）其他试验仪器：浅盘等。

4. 试验准备

样品缩分至表12-5所规定的量（注意防止细粉丢失），并置于温度为105±5℃的烘箱中烘干至恒重，冷却至室温后分成两份备用。

含泥量试验所需的试样最小质量　　　　　　　　表 12-5

最大公称粒径（mm）	10.0	16.0	20.0	25.0	31.5	40.0	63.0	80.0
试样量不少于（kg）	2	2	6	6	10	10	20	20

5. 试验步骤

（1）称取试样一份（m_0）装入容器中摊平，并注入饮用水，使水面高出石子表面150mm。浸泡2h后，用手在水中淘洗颗粒，使尘屑、淤泥和黏土与较粗颗粒分离，并使之悬浮或溶解于水。缓缓地将浑浊液倒入公称直径为1.25mm及80μm的方孔套筛（1.25mm筛放置上面）上，滤去小于80μm的颗粒。试验前筛子的两面应先用水湿润，在整个试验过程中应注意避免大于80μm的颗粒丢失。

（2）再次加水于容器中，重复上述过程，直至洗出的水清澈为止。

（3）用水冲洗剩留在筛上的细粒，并将公称直径为80μm的方孔筛放在水中（使水面略高出筛内颗粒）来回摇动，以充分洗除小于80μm的颗粒。然后将两只筛上剩留的颗粒和筒中已洗净的试样一并装入浅盘，置于温度为105±5℃的烘箱中烘干至恒重。取出冷却至室温后，称取试样的质量（m_1）。

6. 结果评定

碎石或卵石的含泥量（标准法）按下式计算，精确至0.1%：

$$\omega_c = \frac{m_0 - m_1}{m_0} \times 100\%$$ （12-26）

式中　ω_c——碎石或卵石的含泥量，%；

　　　m_0——试验前的烘干试样质量，g；

　　　m_1——试验后的烘干试样质量，g。

以两个试样试验结果的算术平均值为测定值，两次结果的差值超过 0.2% 时，应重新取样进行试验。

12.3.10　碎石或卵石的筛分试验

本试验主要测定碎石或卵石的颗粒级配，为选择优质粗骨料提供依据，达到节约水泥和改善混凝土性能的目的。

1. 试验目标

掌握卵石、碎石的测试方法；正确使用仪器与设备，并熟悉其性能；正确合理记录并处理数据。

2. 试验依据

按照《普通混凝土用砂、石质量及检验方法标准》JGJ 52—2006 进行砂石材料试验。

3. 主要仪器设备

（1）天平：称量 5kg，感量 5g。

（2）秤：称量 20kg，感量 20g。

（3）试验筛：公称直径分别为 100.0mm、80.0mm、63.0mm、50.0mm、40.0mm、31.5mm、25.0mm、20.0mm、16.0mm、10.0mm、5.00mm、2.5mm 的方孔筛及筛的底盘和盖各一只，产品质量应符合 GB/T 6003.2 的要求，筛框直径为 300mm。

（4）烘箱：温度控制范围为 105 ± 5℃。

（5）摇筛机。

（6）其他仪器设备：浅盘、硬毛刷、软毛刷等。

4. 试验准备

试验前应将试样缩分至表 12-6 规定的试样最少质量，并烘干或风干后备用。

筛分析所需试样的最少质量　　　　　　　　　　表 12-6

公称直径（mm）	10.0	16.0	20.0	25.0	31.5	40.0	63.0	80.0
试样最少质量（kg）	2.0	3.2	4.0	5.0	6.3	8.0	12.6	16.0

5. 试验步骤

（1）按表 12-6 规定最少质量称取试样一份，精确至 1g。

（2）将试样按筛孔大小顺序过筛。当每只筛上的筛余层厚度大于试样的最大粒径值时，应将该筛上的筛余试样分成两份，再进行筛分。直至各筛每分钟的通过量不超过试样总量的0.1%为止。通过的颗粒并入下一号筛中，并和下一号筛中的试样一起过筛，按此顺序进行，直至各号筛全部筛完为止。

注：当筛余试样的颗粒粒径比公称直径大20mm以上时，在筛分过程中允许用手拨动颗粒。

（3）称取各筛筛余的质量，精确至试样总质量的0.1%。各筛的分计筛余量和筛底剩余量的总和与筛分前测定的试样总量相比，其相差不得超过1%。

6. 结果评定

（1）计算分计筛余

各筛上的筛余量除以试样的百分比，精确至0.1%。

（2）计算累计筛余

该筛的分计筛余与筛孔大于该筛的各筛的分计筛余百分率之和，精确至1%。

（3）评定颗粒级配

根据各筛的累计筛余，评定该试样的颗粒级配。

12.4　混凝土试验

12.4.1　混凝土拌合物取样及试样制备

混凝土各组成材料按一定比例配合，拌制而成的尚未凝结硬化的塑性状态拌合物称为混凝土拌合物，也称为新拌混凝土。

1. 试验目标

掌握混凝土拌合物试样制备方法；正确使用仪器与设备，并熟悉其性能；正确合理记录并处理数据。

2. 一般要求

（1）同一组混凝土拌合物的取样应从同一盘混凝土或同一车混凝土中取样，取样量应多于实验所需量的1.5倍，且不宜小于20L。

（2）混凝土拌合物的取样应具代表性，宜采用多次采样的方法。一般在同一盘混凝土或同一车混凝土中约1/4处、1/2处和3/4处之间分别采样。从第一次采样到最后一次采样不宜超过15min，然后人工搅拌均匀，也可在试验室用机械或人工单独拌制。

（3）试验用原材料应提前运入室内。原材料温度与试验室温度保持一致时拌合混凝土，拌合时实验室温度应保持在20±5℃。

（4）试验室拌合混凝土时，材料用量应以质量计。称量精度：骨料为±1%，水、水泥、掺合料、外加剂均为±0.5%。

（5）混凝土拌合物的制备应符合《普通混凝土配合比设计规程》JGJ 55—2011中的

有关规定。从试样制备完毕到开始做各项性能试验不宜超过 5min。

3. 主要仪器设备

（1）搅拌机：容量 75 ~ 100L，转速 18 ~ 22r/min。

（2）磅秤：称量 50kg，感量 50g。

（3）天平：称量 5kg，感量 1g。

（4）量筒：200mL、100mL 各一只。

（5）其他试验器材：拌板、拌铲、抹布等。

4. 拌合方法

（1）人工拌合

1）按所定配合比备料，以全干状态为准。

2）用湿布湿润拌板和拌铲。将砂倒在拌板上加入水泥。用拌铲自拌板一端翻拌至另一端，然后再翻拌回来，如此反复至颜色混合均匀，再加入石子翻拌直至混合均匀为止。

3）将干混合料堆成堆，在中间做一凹槽。将已称量好的水倒入凹槽中，勿使水流出，仔细翻拌。一边翻拌，一边徐徐加入剩余的水，直至拌合均匀为止。每翻拌一次，用拌铲在混合料上铲切一次。

4）拌合时力求动作迅捷。拌合时间从加水时算起，应大致符合以下规定：

拌合物体积在 30L 以下时为 4 ~ 5min，拌合物体积在 30 ~ 50L 时为 5 ~ 9min，拌合物体积在 50 ~ 75L 时，为 9 ~ 12min。

5）拌好后根据试验要求即可做拌合物的各项性能测试。从开始加水至全部操作完成必须控制在 30min 内。

（2）机械拌合

1）按锁定配合比备料，以全干状态为准。

2）按配合比的水泥、砂和水组成的砂浆和少量石子在搅拌机中涮膛，然后倒出多余的砂浆，其目的是使水泥砂浆先黏附于搅拌机的筒壁，以免正式搅拌时影响混凝土的配合比。

3）开动搅拌机将石子、砂和水泥依次加入搅拌机，干拌均匀，再将水徐徐加入。全部加料时间不得超过 2min，水全部加入后继续搅拌 2min。

4）将拌合物从搅拌机中卸出倒在拌板上，再经人工拌合 1 ~ 2min 即可开始做拌合物的各项性能试验，从开始加水至全部操作完成必须控制在 30min 内。

12.4.2　普通混凝土拌合物和易性检验（坍落度法）

通过测定混凝土拌合物在自重作用下自由坍落的程度及外观现象（泌水、离析等），评定混凝土的和易性（流动性、保水性、黏聚性）是否满足施工要求。通过坍落度测定，确定试验室配合比，并制成符合标准要求的试件，以便进一步确定混凝土的强度。定量测定流动性的方法有坍落度法和维勃稠度法两种。坍落度法适用于骨料最大粒径不大于40mm、坍落度不小于10mm的混凝土拌合物稠度测定。维勃稠度法适用于骨料最大粒径不大于40mm，维勃稠度在5～30s之间的混凝土拌合物稠度测定。

1. 试验目标

掌握混凝土拌合物和易性检验方法；正确使用仪器与设备，并熟悉其性能；正确合理记录并处理数据。

2. 试验依据

按照《普通混凝土拌合物性能试验方法标准》GB/T 50080—2016进行试验。

3. 主要仪器设备

（1）坍落度筒。

（2）其他试验仪器：捣棒、小铲、木尺、钢尺、拌板、镘刀等。

4. 试验步骤

（1）湿润坍落度筒及底板，在坍落度筒内壁和底板上应无明水。底板应放置在坚实水平面上，并把筒放在底板中心，然后用脚踩住两边的脚踏板，坍落度筒在装料时应保持固定的位置。

（2）把按要求取得的混凝土试样用小铲分三层均匀地装入筒内，使捣实后每层高度为筒高的1/3左右。每层用捣棒插捣25次。插捣应沿螺旋方向由外向中心进行，各次插捣应在截面上均匀分布。插捣筒边混凝土时，捣棒可以稍稍倾斜。插捣底层时，捣棒应贯穿整个深度，插捣第二层和顶层时，捣棒应插透本层至下一层的表面。浇灌顶层时，混凝土应灌到高出筒口。插捣过程中，如混凝土沉落到低于筒口，则应随时添加。顶层插捣完后，刮去多余的混凝土，并用抹刀抹平。

（3）清除筒边底板上的混凝土后，垂直平稳地提起坍落度筒。坍落度筒的提离过程应在5～10s内完成。从开始装料到提坍落度筒的整个过程应不间断地进行，并应在150s内完成。

（4）提起坍落度筒、测量筒高与坍落后，混凝土试体最高点之间的高度差即为该混凝土拌合物的坍落度值。坍落度筒提离后，如混凝土发生崩坍或一边剪坏现象，则应重新取样另行测定。如第二次试验仍出现上述现象，则表示该混凝土和易性不好，应予记录备查。

（5）观察坍落后的混凝土试体的黏聚性及保水性。黏聚性的检查方法是用捣棒在已坍落的混凝土锥体侧面轻轻敲打，此时如果锥体逐渐下沉，则表示黏聚性良好，如果锥体倒塌、部分崩裂或出现离析现象，则表示黏聚性不好。保水性以混凝土拌合物稀浆析出的程度来评定，坍落度筒提起后，如有较多的稀浆从底部析出，锥体部分的混凝土也因失浆而骨料外露，则表明此混凝土拌合物的保水性能不好。如坍落度筒提起后无稀浆或仅有少量稀浆自底部析出，则表示此混凝土拌合物保水性良好。

（6）当混凝土拌合物的坍落度大于220mm时，用钢尺测量混凝土扩展后最终的最大直径和最小直径，在这两个直径之差小于 50mm 的条件下，用其算术平均值作为坍落扩展度值；否则，此次试验无效。

如果发现粗骨料在中央集堆或边缘有水泥浆析出，表示此混凝土拌合物抗离析性不好，应予记录。

（7）混凝土拌合物坍落度和坍落扩展度值以"mm"为单位，测量精确至 1mm，结果表达修约至 5mm。

12.4.3　稠度试验（维勃稠度法）

1. 试验目标

掌握测定骨料最大粒径不大于 40mm、维勃稠度在 5 ~ 30s 的混凝土拌合物稠度测定；正确使用仪器与设备，并熟悉其性能；正确合理记录并处理数据。

2. 主要仪器设备

（1）坍落度筒。

（2）维勃稠度仪。

（3）其他试验仪器：秒表、振动台、捣棒、小铲、木尺、钢尺、拌板、镘刀等。

3. 试验步骤

（1）维勃稠度仪应放置在坚实水平面上，用湿布把容器、坍落度筒、喂料斗内壁及其他用具润湿。

（2）将喂料斗提到坍落度筒上方扣紧，校正容器位置，使其中心与喂料斗中心重合，然后拧紧固定螺钉。

（3）把按要求取样或制作的混凝土拌合物试样用小铲分三层经喂料斗均匀地装入筒内。

（4）把喂料斗转离，垂直地提起坍落度筒，此时应注意不使混凝土试体产生横向的扭动。

（5）把透明圆盘转到混凝土圆台体顶面，放松测杆螺钉，降下圆盘，使其轻轻接触到混凝土顶面。

（6）拧紧定位螺钉，并检查测杆螺钉是否已经完全放松。

（7）在开启振动台的同时用秒表计时，当振动到透明圆盘的底面被水泥浆布满的瞬间停止计时，并关闭振动台。

（8）由秒表读出的时间即为该混凝土拌合物的维勃稠度值，精确至 1s。

12.4.4　混凝土拌合物表观密度试验

1. 试验目标

掌握混凝土拌合物捣实后的单位体积质量（表观密度）测定方法；正确使用仪器与设备，并熟悉其性能；正确合理记录并处理数据。

2. 主要仪器设备

（1）台秤：称量 50kg，感量 50g。

（2）容量筒：容积为 5L。

（3）其他仪器设备：振动台、捣棒等。

3. 试验步骤

（1）用湿布把容量筒内外擦干净，称出容量筒质量，精确至 50g。

（2）混凝土的装料及捣实方法应根据拌合物的稠度而定。坍落度不大于 70mm 的混凝土，用振动台振实为宜；大于 70mm 的用捣棒捣实为宜。

采用捣棒捣实时，应根据容量筒的大小决定分层与插捣次数：用 5L 容量筒时，混凝土拌合物应分两层装入，每层的插捣次数应为 25 次；用大于 5L 的容量筒时，每层混凝土的高度不应大于 100mm，每层插捣次数应按每 10000mm² 截面不小于 12 次计算。各次插捣应由边缘向中心均匀地进行，插捣底层时捣棒应贯穿整个深度，插捣第二层时，捣棒应插透本层至下一层的表面；每一层捣完后用橡皮锤轻轻沿容器外壁敲打 5 ~ 10 次进行振实，直至拌合物表面插捣孔消失并不见大气泡为止。

采用振动台振实时，应一次将混凝土拌合物灌到高出容量筒口。装料时可用捣棒稍加插捣，振动过程中如混凝土低于筒口，应随时添加混凝土，振动直至表面出浆为止。

（3）用刮尺将筒口多余的混凝土拌合物刮去，表面如有凹陷应填平；将容量筒外壁擦净，称出混凝土试样与容量筒总质量，精确至 50g。

4. 结果评定

混凝土拌合物的表观密度应按下式计算：

$$\gamma_h = \frac{W_2 - W_1}{V} \times 1000 \qquad (12-27)$$

式中　γ_h——表观密度，kg/m³；

　　　W_1——容量筒质量，kg；

　　　W_2——试样和容量筒的总质量，kg；

　　　V——容量筒容积，L。

12.4.5　混凝土抗压强度试验

1. 试验目标

掌握混凝土立方体抗压强度测试方法；正确使用仪器与设备，并熟悉其性能；正确合理记录并处理数据。

2. 主要仪器设备

（1）压力试验机：试验机的精度（示值的相对误差）至少应为 ±2%，其量程应能使试件的预期破坏荷载不小于全量程的 20%，也不大于全量程的 80%。

（2）其他试验仪器：振动台、试模、捣棒、小铁铲、金属直尺、镘刀等。

3. 试件制作及养护

（1）试件的制作

1）混凝土抗压强度试验应以三个试件为一组，每一组试件所用的混凝土拌合物应从同一次拌合成的拌合物中取出。

2）150mm×150mm×150mm 的试件为标准试件。试件尺寸按骨料最大粒径根据表 12-7 选用，当混凝土强度等级大于等于 C60 时，宜采用标准试件。制作前，应将试模擦干净并在试模的内表面涂一薄层矿物油或脱模剂。

3）混凝土应在拌制后尽量短的时间内成型，一般不宜超过 15min。

4）坍落度不大于 70mm 的混凝土宜用振动振实，坍落度大于 70mm 的混凝土宜用捣棒人工捣实。

①振动台振实。将混凝土拌合物一次装入试模，装料时应用抹刀沿试模内壁插捣，并使混凝土拌合物高出试模口。振动时试模不得有任何自由跳动。振动应持续到拌合物表面出浆为止，不得过度振动。

②振捣棒振实。将混凝土拌合物一次装入试模，装料时应用抹刀沿试模内壁插捣，并使混凝土拌合物高出试模口。振捣棒宜用直径为 25mm 的插入式振捣棒，插入试模振捣时，振捣棒距试模底板 10 ~ 20mm 且不得触及试模底板，振动应持续到表面出浆为止，且应避免过振，以防止混凝土离析。一般振捣时间为 20s。振捣棒拔出时要缓慢，拔出后不得留有孔洞。

③人工捣实。将混凝土拌合物分两层装入试模，每层厚度大致相等。插捣应按螺旋方向从边缘向中心均匀进行。插捣底层时，捣棒应达到试模底面；插捣上层时，捣棒应插入下层 20 ~ 30mm。插捣时捣棒应保持垂直，不得倾斜。然后用抹刀沿试模内壁插拔数次。每层的插捣次数见表 12-7。

试件尺寸及强度换算系数   表 12-7

试件尺寸（mm）	骨料最大粒径（mm）	每层插捣次数（次）	抗压强度换算系数
100×100×100	31.5	12	0.95
150×150×150	40	25	1
200×200×200	63	50	1.05

插捣后应用橡皮锤轻轻敲击试模四周，直至捣棒留下的孔洞消失为止。振实或捣实后，刮除多余的混凝土，待混凝土临近初凝时用抹刀抹平。

（2）试件的养护

1）试件成型后应立即用不透水的薄膜覆盖表面，以防水分蒸发。采用标准养护的试件应在温度为 20±5℃的环境下静置 1 ~ 2 昼夜，然后编号、拆模。

2）拆模后的试件应立即放在温度为 20±2℃、湿度为 95% 以上的标准养护室中养护，或在温度为 20±2℃ 的不流动的 Ca(OH)₂ 饱和溶液中养护。在标准养护室内，试件应放在架上，彼此间隔为 10 ~ 20mm，试件表面应保持潮湿，并不得被水直接冲淋。

3）同条件养护试件的拆模时间可与实际构件的拆模时间相同。拆模后，试件仍需保持同条件养护。

4. 试验步骤

（1）试件自养护地点取出后应尽快进行试验，以免试件内部的温度发生显著变化。先将试件擦干净，测量尺寸（精确至 1mm），据此计算试件的承压面积，并检查其外观。如实测尺寸与公称尺寸之差不超过 1mm，可按公称尺寸计算承压面积。

试件承压面的不平度应为每 100mm 不超过 0.05mm，承压面与相邻面的不垂直度不应超过 ±1°。

（2）将试件安放在下承压板上，试件的承压面应与成型时的顶面垂直。试件的中心应与试验机下压板中心对准。开动试验机，当上压机与试件接近时，调整球座，使接触均衡。当混凝土强度等级大于等于 C60 时，试件周围应设置防崩裂网罩。

（3）加压时，应连续而均匀地加荷，加荷速度应为：

1）混凝土强度等级小于 C30 时，取 0.3 ~ 0.5MPa/s；

2）当混凝土强度等级大于等于 C30 且小于 C60 时，取 0.5 ~ 0.8MPa/s；

3）当混凝土强度等级大于等于 C60 时，取 0.8 ~ 1.0MPa/s。

当试件接近破坏而开始迅速变形时，停止调整试验机油门，直至试件破坏，然后记录破坏荷载。

5. 结果评定

（1）抗压强度计算

混凝土立方体试件抗压强度 f_{cc} 应按下式计算，精确至 0.1MPa：

$$f_{cc} = \frac{P}{A} \qquad (12-28)$$

式中 f_{cc}——混凝土立方体试件抗压强度，MPa；

P——破坏荷载，N；

A——受压面积，mm²。

（2）抗压强度取值

以三个试件的算术平均值作为该组试件的抗压强度值（精确至 0.1MPa）。三个测定值的最大值或最小值中如有一个与中间值的差超过中间值的 15%，则把最大及最小值一并舍去，取中间值作为该组试件的抗压强度值。如有两个测定值与中间值的差超过中间值的 15%，则该组试件的试验结果无效。

（3）非标准试件强度计算

用非标准试件测得的强度值均应乘以尺寸换算系数（见表 12-7）。

12.4.6　混凝土劈裂抗拉强度试验

1. 试验目标

掌握混凝土抗拉测试方法，评价其抗裂性能；正确使用仪器与设备，并熟悉其性能；正确合理记录并处理数据。

2. 主要仪器设备

（1）压力试验机：试验机的精度（示值的相对误差）至少应为 ±2%，其量程应能使试件的预期破坏荷载不小于全量程的 20%，也不大于全量程的 80%。其装置如图 12-20（b）所示。

（2）垫条：采用直径为 150mm 的钢制弧形垫条，其长度不得短于试件的边长，其截面尺寸如图 12-20（a）所示。

（3）垫层：应为木质三合板。其尺寸：宽为 15 ~ 20mm，厚为 3 ~ 4mm，长度不应短于试件长。垫层不得重复使用。

（4）其他试验仪器：振动台、试模、捣棒、小铁铲、金属直尺、镘刀等。

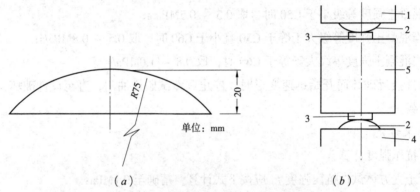

图 12-20　混凝土劈裂抗拉试验装置图
1—压力机上垫板；2—垫条；3—垫层；4—压力机下垫板；5—试件
（a）垫条示意图；（b）装置示意图

3. 试验步骤

（1）试件从养护地点取出后应及时进行试验。在试验前试件应保持与原养护地点相似的干湿状态。

（2）先将试件擦拭干净。在试件侧面中部画线定出劈裂面的位置，劈裂面应与试件成型时的顶面垂直。

（3）测量劈裂面的边长（精确至 1mm），并据此计算试件的劈裂面积。如实测尺寸与公称尺寸之差不超过 1mm，按公称尺寸计算劈裂面积。

（4）将试件放在压力机下压板的中心位置。在上下压板与试件之间加垫条和垫层各一条，垫条应与成型时的顶面垂直，使垫条的接触母线与试件上的荷载作用线对准。

（5）加荷必须连续而均匀地进行，使荷载通过垫条均匀地传至试件上，加荷速度为：

1）当混凝土强度等级小于 C30 时，取 0.02 ~ 0.05MPa/s；

2）当混凝土强度等级大于等于 C30 且小于 C60 时，取 0.05 ~ 0.08MPa/s；

3）当混凝土强度等级大于等于 C60 时，取 0.08 ~ 0.10MPa/s。

当试件接近破坏时，应停止调整试验机油门，直至试件破坏，然后记录破坏荷载。

4. 结果评定

（1）劈裂抗拉强度计算

混凝土立方体试件抗拉强度 f_{ts} 应按下式计算，精确至 0.1MPa：

$$f_{ts} = \frac{2P}{\pi A} = 0.637\frac{P}{A} \tag{12-29}$$

式中　f_{ts}——混凝土劈裂抗拉强度，MPa；

　　　P——破坏荷载，N；

　　　A——试件劈裂面积，mm^2。

（2）抗压强度取值

以三个试件测定值的算术平均值作为该组试件的劈裂抗拉强度值，其异常数据的取舍原则同混凝土抗压强度试验。

（3）非标准试件强度计算

一般采用边长为 150mm 的立方体试件作为标准试件，如采用边长为 100mm 的立方体试件，则测得的结果应乘以换算系数 0.85。当混凝土强度等级大于等于 C60 时，宜采用标准试件，当使用非标准试件时，换算系数应由试验确定。

12.4.7　混凝土强度现场无损检测

我国混凝土无损检测技术研究起始于 20 世纪 50 年代，无损检测技术与常规强度试验方法相比，具有以下主要优点：

（1）无损或微损混凝土构件或结构物不影响其使用性能，检测简便快速。

（2）可直接在新旧结构混凝土上作全面检测，能比较真实地反映混凝土工程的质量。

（3）可进行连续测试和重复测试，使测试结果有良好的可比性，还能了解环境因素和使用情况对混凝土性能的影响。

用于混凝土质量无损检验的方法很多，有回弹法、超声脉冲速率法、成熟度法、贯入阻力法、拔出法等。

（1）回弹法

通过回弹仪钢锤冲击混凝土表面的回弹值来估算混凝土强度。回弹值越大，说明混凝土表面层硬度越高，从而推断混凝土强度也越高。该法测试简便，但难以准确反映混凝土内部的强度。试验结果受到混凝土表面光滑度、碳化深度、含水量、龄期以及粗骨料种类的影响。

（2）超声脉冲速率法

通过测量超声脉冲在混凝土中的传播速率来估计混凝土的强度。传播速率越快，说明混凝土越密实，由此推测混凝土强度越高。超声速率和强度间的关系受到许多因素的影响，如混凝土龄期、含水状态、骨灰比、骨料种类和钢筋位置等。

（3）成熟度法

其基本原理是混凝土强度随时间和温度函数而变化。用热电偶或成熟度仪监测现场混凝土的成熟度，再由成熟度推算出混凝土的强度。

（4）贯入阻力法（又称射钉法）

用火药将探针射入混凝土，由探针的贯入深度或外露长度推定混凝土的强度。该法测定比较容易，但骨料硬度会影响试验结果。

（5）拔出法

在混凝土浇筑前预先埋设或在混凝土硬化后开孔设置锚盘，由拔出时的极限拉拔力推算混凝土抗压强度。拔出法检测精度较高，但对结构有一定的破坏。

（6）折断法

在混凝土浇筑前预先埋置塑性圆筒状模板或在混凝土硬化后钻制圆柱芯样，在圆柱芯样上面施加弯曲荷载，使芯底部断裂，由折断时的极限荷载推定混凝土抗压强度。

（7）钻芯法

用钻芯机钻取混凝土芯样，然后进行抗压试验，以芯样强度评定结构混凝土的强度。该法测量精度较高，但对结构破坏较大。

（8）综合法

采用两种或两种以上检测方法综合评定混凝土的强度，如超声—回弹、回弹—拔出、超声—钻芯综合法等。不同的检测方法具有各自的特点，同时也都受到一些因素的影响，综合法可获得更多的信息，有助于提高强度推定精度。

12.5 砂浆试验

12.5.1 砂浆取样及试样制备

1. 砂浆取样

（1）建筑砂浆试验用料应从同一盘砂浆或同一车砂浆中取样。取样量应不少于试验所需量的4倍。

（2）施工中取样进行砂浆试验时，其取样方法和原则应按相应的施工验收规范执行。一般在使用地点的砂浆槽、砂浆运送车或搅拌机出料口取样，应至少从三个不同部位取样。现场取来的试样，试验前应人工搅拌均匀。

（3）从取样完毕到开始进行各项性能试验不宜超过15min。

2. 试样制备

（1）在试验室制备砂浆拌合物时，所用材料应提前 24h 运入室内。拌合时试验室的温度应保持在 20±5℃。

（2）试验所用原材料应与现场使用材料一致，砂应通过公称粒径 5mm 筛（筛孔边长 4.75mm）。

（3）试验室拌制砂浆时，材料用量应以质量计。称量精度：水泥、外加剂、掺合料等为 ±0.5%；砂为 ±1%。

（4）在试验室搅拌砂浆时应采用机械搅拌，搅拌的用量宜为搅拌机容量的 30%～70%，搅拌时间不应少于 120s。掺有掺合料和外加剂的砂浆，其搅拌时间不应少于 180s。

12.5.2 砂浆稠度试验

通过测定一定重量的锥体自由沉入砂浆中的深度，反应砂浆抵抗阻力的大小；通过稠度测定，便于施工过程控制用水量，同时为确定砂浆配合比、合理选择砂浆稠度提供依据。

1. 试验目标

掌握砂浆稠度试验测试方法；正确使用仪器与设备，并熟悉其性能；正确合理记录并处理数据。

2. 试验依据

按照《建筑砂浆基本性能试验方法标准》JGJ/T 70—2009 进行砂浆稠度试验。

3. 主要仪器设备

（1）砂浆稠度仪：见图 12-21。

（2）其他试验仪器：捣棒、秒表等。

4. 试验步骤

（1）用少量润滑油轻擦滑杆，再将滑杆上多余的油用吸油纸擦净，使滑杆能自由滑动。

（2）用湿布擦净盛浆容器和试锥表面，将砂浆拌合物一次装入容器，使砂浆表面低于容器口约 10mm。用捣棒自容器中心向边缘均匀地插捣 25 次，然后轻轻地将容器摇动或敲击 5～6 下，使砂浆表面平整，然后将容器置于稠度测定仪的底座上。

（3）拧松制动螺钉，向下移动滑杆，当试锥尖端与砂浆表面刚接触时，拧紧制动螺钉，使齿条侧杆下端刚接触滑杆上端，读出刻度盘上的读数（精确至 1mm）。

（4）拧松制动螺钉，同时计时间，10s 时立即拧紧螺钉，将齿条测杆下端接触滑杆上端,从刻度盘上读出下沉深度（精

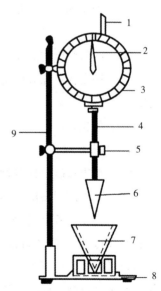

图 12-21 砂浆稠度测定仪
1—齿条测杆；2—摆针；
3—刻度盘；4—滑杆；5—制动螺钉；6—试锥；7—盛装容器；8—底座；9—支架

确至 1mm），二次读数的差值即为砂浆的稠度值。

（5）盛装容器内的砂浆只允许测定一次稠度，重复测定时，应重新取样测定。

5. 结果评定

取两次试验结果的算术平均值，精确至 1mm；如两次试验值之差大于 10mm，应重新取样测定。

12.5.3　砂浆的表观密度测定

测定砂浆拌合物捣实后的单位体积质量，以确定每立方米砂浆拌合物中各组成材料的实际用量。

1. 试验目标

掌握砂浆的表观密度测试方法；正确使用仪器与设备，并熟悉其性能；正确合理记录并处理数据。

2. 试验依据

按照《建筑砂浆基本性能试验方法标准》JGJ/T 70—2009 进行砂浆表观密度测定试验。

3. 主要仪器设备

（1）容量筒：金属制，圆柱形，内径应为 108mm，净高应为 109mm，筒壁厚应为 2 ~ 5mm，容量应为 1L。

（2）天平：称量 5kg，感量 5g。

（3）钢制捣棒：直径为 10mm，长度为 350mm，端部磨圆。

（4）砂浆密度测定仪：见图 12-22。

（5）振动台：振幅应为 0.5 ± 0.05mm，频率应为 50 ± 3Hz。

（6）秒表。

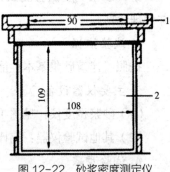

图 12-22　砂浆密度测定仪
1—漏斗；2—容量筒

4. 试验步骤

（1）首先将砂浆拌合物按稠度试验方法测定稠度。

（2）应先用湿布擦净容量筒的内表面，再称量容量筒质量（m_1），精确至 5g。

（3）捣实可采用手工或机械方法。当砂浆稠度大于 50mm 时，宜采用人工插捣法，当砂浆稠度不大于 50mm 时，宜采用机械振动法。采用人工插捣时，将砂浆拌合物一次装满容量筒，使稍有富余，用捣棒由边缘向中心均匀地插捣 25 次。当插捣过程中砂浆沉落到低于筒口时，应随时添加砂浆，再用木槌沿容器外壁敲击 5 ~ 6 下；采用振动法时，将砂浆拌合物一次装满容量筒，连同漏斗在振动台上振 10s，当振动过程中砂浆沉入到低于筒口时，应随时添加砂浆。

（4）捣实或振动后，应将筒口多余的砂浆拌合物刮去，使砂浆表面平整，然后将容量筒外壁擦净，称出砂浆与容量筒总质量（m_2），精确至 5g。

5. 结果评定

砂浆拌合物的表观密度（ρ）应按下式计算：

$$\rho = \frac{m_2 - m_1}{V} \times 1000 \qquad （12-30）$$

式中　ρ——砂浆拌合物的表观密度，kg/m³；

m_1——容量筒质量，kg；

m_2——容量筒及试样质量，kg；

V——容量筒容积，L。

取两次试验结果的算术平均值作为测定值，精确至 10kg/m³。

6. 容量筒容积校正

（1）选择一块能覆盖住容量筒顶面的玻璃板，称出玻璃板和容量筒的质量。

（2）向容量筒中灌入温度为 20±5℃的饮用水，灌到接近上口时，一边不断加水，一边把玻璃板沿筒口徐徐推入盖严。玻璃板下不得存在气泡。

（3）擦净玻璃板面及筒壁外的水分，称量容量筒、水和玻璃板质量（精确至 5g）。两次质量之差（以 kg 计）即为容量筒的容积（L）。

12.5.4　砂浆的分层度测定

测定砂浆拌合物的分层度，能够评定砂浆的保水性。

1. 试验目标

掌握砂浆分层度试验测试方法；正确使用仪器与设备，并熟悉其性能；正确合理记录并处理数据。

2. 试验依据

按照《建筑砂浆基本性能试验方法标准》JGJ/T 70—2009 进行砂浆分层度试验。

3. 主要仪器设备

（1）砂浆分层度筒：由钢板制成，内径 150mm，上节高度 200mm，下节带底净高 100mm，两节连接处应加宽 3～5mm，并应设有橡胶垫圈，见图 12-23。

（2）振动台：振幅应为 0.5±0.05mm，频率应为 50±3Hz。

（3）其他试验仪器：砂浆稠度仪、木槌等。

4. 试验步骤

（1）首先将砂浆拌合物按稠度试验方法测定稠度。

（2）将砂浆拌合物一次装入分层度筒内，待装满后用木槌在容器周围距离大致相等的四个不同部位轻

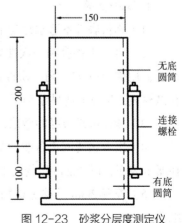

图 12-23　砂浆分层度测定仪

轻敲击 1 ～ 2 下，如砂浆沉落到低于筒口，则应随时添加，然后刮去多余的砂浆并用抹刀抹平。

（3）静置 30min 后，去掉上节 200mm 砂浆，剩余的 100mm 砂浆倒出放在拌合锅内拌 2min，再按稠度试验方法测其稠度。前后测得的稠度之差即为该砂浆的分层度值（mm）。

5. 结果评定

取两次试验结果的算术平均值作为该砂浆的分层度值；两次分层度试验值之差如大于 10mm，应重新取样测定。

12.5.5　砂浆的保水性测定

1. 试验目标

掌握砂浆保水性测定方法；正确使用仪器与设备，并熟悉其性能；正确合理记录并处理数据。

2. 试验依据

按照《建筑砂浆基本性能试验方法标准》JGJ/T 70—2009 进行砂浆保水性试验。

3. 主要仪器设备

（1）金属或硬塑料圆环试模，内径 100mm、内部高度 25mm。

（2）可密封的取样容器。

（3）2kg 的重物。

（4）金属滤网：网格尺寸 45um，圆形，直径为 110±1mm。

（5）超白滤纸：符合国家标准《化学分析滤纸》GB/T 1914 规定的中速定性滤纸；直径为 110mm，单位面积质量为 200g/m^2。

（6）2 片金属或玻璃的方形或圆形不透水片，边长或直径大于 110mm。

（7）天平：量程 200g，感量 0.1g；量程 2000g，感量 1g。

（8）烘箱。

4. 试验步骤

（1）称量底部不透水片与干燥试模质量（m_1）和 15 片中速定性滤纸质量（m_2）。

（2）将砂浆拌合物一次性填入试模，并用抹刀插捣数次，当填充砂浆略高于试模边缘时，用抹刀以 45° 角一次性将试模表面多余的砂浆刮去，然后再用抹刀以较平的角度在试模表面反方向将砂浆刮平。

（3）抹掉试模边缘的砂浆，称量试模、底部不透水片与砂浆总质量（m_3）。

（4）用金属滤网覆盖在砂浆表面，再在滤网表面放上 15 片滤纸，用上部不透水片盖在滤纸表面，以 2kg 的重物把上部不透水片压住。

（5）静置 2min 后移走重物及上部不透水片，取出滤纸（不包括滤网），迅速称量滤纸质量（m_4）。

（6）根据砂浆的配比及加水量计算砂浆的含水率，若无法计算，可按本节"6."的规定测定砂浆的含水率。

5. 结果评定

$$W=[1-\frac{m_4-m_2}{\alpha \times (m_3-m_1)}]\times 100\%$$ （12-31）

式中　W——砂浆保水率，%；

　　　m_1——底部不透水片与干燥试模质量，精确至 1g；

　　　m_2——15 片滤纸吸水前的质量，精确至 0.1g；

　　　m_3——试模、底部不透水片与砂浆总质量，精确至 1g；

　　　m_4——15 片滤纸吸水后的质量，精确至 0.1g；

　　　α——砂浆含水率，%。

取两次试验结果的算数平均值作为砂浆的保水率，精确至 0.1%，且第二次试验应重新取样测定。当两个测定值之差超过 2% 时，此组试验结果无效。

6. 砂浆含水率测试方法

称取 100±10g 砂浆拌合物试样，置于一干燥并已称重的盘中，在（105±5）℃的烘箱中烘干至恒重，砂浆含水率应按下式计算：

$$\alpha=\frac{m_6-m_5}{m_6}\times 100\%$$ （12-32）

式中　α——砂浆含水率，精确至 0.1%；

　　　m_5——烘干后砂浆样本的质量，精确至 1g；

　　　m_6——砂浆样本的总质量，精确至 1g。

取两次试验结果的算数平均值作为砂浆的含水率，精确至 0.1%。当两个测定值之差超过 2% 时，此组试验结果无效。

12.5.6　砂浆立方体抗压强度试验

砂浆立方体的抗压强度是评定砂浆强度的依据，它是砂浆质量的主要指标。将流动性和保水性符合要求的砂浆拌合物按规定成型，制成标准立方体试件。经 28d 养护后，测其抗压破坏荷载，以此计算抗压强度。通过砂浆试件抗压强度的测定，检测砂浆质量，确定校核配合比是否满足要求，并确定砂浆强度等级。

1. 试验目标

掌握砂浆立方体抗压强度试验方法；正确使用仪器与设备，并熟悉其性能；正确合理记录并处理数据。

2. 试验依据

按照《建筑砂浆基本性能试验方法标准》JGJ/T 70—2009 进行砂浆立方体抗压强度试验。

3. 主要仪器设备

（1）试模：尺寸为 70.7mm × 70.7mm × 70.7mm 的带底试模、捣棒等。

（2）压力试验机：精度为 1%，试件破坏荷载应不小于压力机量程的 20%，且不大于全量程的 80%。

（3）垫板：试验机上、下压板及试件之间可垫以钢垫板，垫板的尺寸应大于试件的承压面，其不平度应为每 100mm 不超过 0.02mm。

（4）振动台：空载中台面的垂直振幅应为 0.5 ± 0.05mm，空载频率应为 50 ± 3Hz，空载台面振幅均匀度不应大于 10%，一次试验至少能固定（或用磁力吸盘）三个试模。

4. 试件制作及养护

（1）试件的制作

1）采用立方体试件，每组试件三个。

2）应用黄油等密封材料涂抹试模的外接缝，试模内涂刷薄层机油或脱模剂，将拌制好的砂浆一次性装满砂浆试模，成型方法根据稠度而定。当稠度大于 50mm 时，采用人工振捣成型；当稠度不大于 50mm 时，采用振动台振实成型。人工振捣是用捣棒均匀地由边缘向中心按螺旋方式插捣 25 次，插捣过程中如砂浆沉落低于试模口，应随时添加砂浆，可用油灰刀插捣数次，并用手将试模一边抬高 5 ~ 10mm 各振动 5 次，使砂浆高出试模顶面 6 ~ 8mm。机械振动是将砂浆一次装满试模，放置到振动台上，振动时试模不得跳动，振动 5 ~ 10s 或持续到表面出浆为止，不得过振。

3）待表面水分稍干后，将高出试模部分的砂浆沿试模顶面刮去并抹平。

（2）试件的养护

试件制作后应在室温为 20 ± 5℃ 的环境下静置 24 ± 2h，当气温较低时可适当延长，但不应超过两昼夜，然后对试件进行编号、拆模。试件拆模后应立即放入温度为 20 ± 2℃、相对湿度为 90% 以上的标准养护室中养护。养护期间，试件彼此间隔不得小于 10mm，混合砂浆试件上面应覆盖，以防有水滴在试件上。

5. 试验步骤

（1）试件从养护地点取出后应及时进行试验。试验前将试件表面擦拭干净，测量尺寸，并检查其外观。据此计算试件的承压面积，如实测尺寸与公称尺寸之差不超过 1mm，可按公称尺寸进行计算。

（2）将试件安放在试验机的下压板（或下垫板）上，试件的承压面应与成型时的顶面垂直，试件中心应与试验机下压板（或下垫板）中心对准。开动试验机，当上压板（或上垫板）与试件接近时，调整球座，使接触面均衡受压。承压试验应连续而均匀地加荷，加荷速度应为 0.25 ~ 1.5kN/s（砂浆强度不大于 2.5MPa 时，宜取下限），当试件接近破坏而开始迅速变形时，停止调整试验机油门，直至试件破坏，然后记录破坏荷载。

6. 结果评定

砂浆立方体抗压强度应按下式计算：

$$f_{m,cu} = \frac{N_u}{A} \qquad\qquad (12-33)$$

式中 $f_{m,cu}$——砂浆立方体试件抗压强度，MPa；

N_u——试件破坏荷载，N；

A——试件承压面积，mm^2。

以三个试件测值的算术平均值的 1.3 倍作为该组试件的砂浆立方体抗压强度平均值（f_2）（精确至 0.1MPa）。

当三个测值的最大值或最小值中有一个与中间值的差值超过中间值的 15% 时，则把最大值及最小值一并舍去，取中间值作为该组试件的抗压强度值；当两个测值与中间值的差值均超过中间值的 15% 时，则该组试件的试验结果无效。

12.6　钢材试验

12.6.1　检验依据及规则

1. 检验依据

本试验采用的标准有《金属材料拉伸试验 第 1 部分：室温试验方法》GB/T 228.1—2010、《金属材料弯曲试验方法》GB/T 232—2010、《钢筋混凝土用钢 第 2 部分：热轧带肋钢筋》GB/T 1499.2—2018 和《钢筋混凝土用钢 第 1 部分：热轧光圆钢筋》GB/T 1499.1—2017。

2. 检验规则

（1）取样

钢筋应按批进行检查和验收，每批质量不大于 60t。每批应由同一牌号、同一炉罐号、同一规格、同一交货状态的钢筋组成。允许由同一牌号、同一冶炼方法、同一浇铸方法的不同炉罐号组成混合批，但每批不多于 6 个炉罐号，各炉罐号碳的质量分数之差不得大于 0.02%，锰的质量分数之差不得大于 0.15%。

拉伸试验取样原则及数量：自每批同一公称直径的钢筋中任意抽取两根，于每根钢筋距端部大于 50cm 处截取一段，每次取两根钢筋作试样，试样长度 $\geq 3a+2h+L_0$（a 为钢筋公称直径；h 为试验机夹具夹持长度；L_0 为原始标距）。

弯曲试验取样原则及数量：自每批同一公称直径的钢筋中任意抽取两根，于每根钢筋距端部大于 50cm 处截取一段，每次取两根钢筋作试样，试样长度 $\geq 0.5\pi(d+a)+140$（d 为弯心直径，π 取 3.1，单位为"mm"）。

拉伸、冷弯试验用钢筋试样不允许进行车削加工。

（2）判定与复验

热轧钢筋进行的两个拉伸、两个冷弯试验中，所有指标均符合标准要求，该试样对应的钢筋批判定合格。

任何检验如有某一项试验结果不符合标准要求，则从同一批中按取样规则再取双倍数量的试样进行该不合格项目的复验。复验结果（包括该项试验所要求的任一指标）即使有一个指标不合格，则整批钢筋对应供货单位不得交付用户，对使用单位不得使用。

（3）环境温度

除非另有规定，试验一般在室温 10 ~ 35℃进行。对温度要求严格的试验，试验温度应为 23 ± 5℃。

12.6.2 拉伸试验

1. 试验目标

拉伸试验是测定钢筋在拉伸过程中应力和应变之间的关系曲线以及屈服点、抗拉强度和断后伸长率三个重要指标，来评定钢材的质量。

2. 主要仪器设备

（1）万能材料试验机：准确度为 1 级或优于 1 级（测力示值相对误差 ±1%）；为保证机器安全和试验准确，所有测量值应在试验机被选量程的 20% ~ 80%。

（2）尺寸量具：公称直径 ≤ 10mm 时，分辨率为 0.01mn：公称直径 >10mm 时，分辨率为 0.05mm。

3. 试验步骤

（1）根据钢筋公称直径 d 确定试件的标距长度。原始标距 $L_0 = 5d_0$，如钢筋的平行长度（夹具间非夹持部分的长度）比原始标距长许多，可在平行长度范围内用小标记、细划线或细墨线均匀划分 5 ~ 10mm 的等间距标记，标记一系列套叠的原始标距，便于在拉伸试验后根据钢筋断裂位置选择合适的原始标记。

（2）试验机指示系统调零。

（3）将试件固定在试验机夹头内，应确保试样受轴向拉力的作用。开动机器进行拉伸，直至钢筋被拉断。拉伸速率要求：屈服前，应力增加速率按表 12-8 的规定进行；屈服后，平行长度的应变速率不应超过 0.008/s。

试件屈服前的应力速率 表 12-8

钢筋的弹性模量 / ($N \cdot mm^{-2}$)	应力速率（$N \cdot mm^{-2} \cdot s^{-1}$）	
	最小	最大
$< 1.5 \times 10^5$	2	20
$\geqslant 1.5 \times 10^5$	6	60

注：热轧钢筋的弹性模量约为 $2 \times 10^5 N/mm^2$。

4. 结果评定

（1）强度

1）从力—位移曲线图或测力盘读取不计初始瞬时效应时屈服阶段的最小力或屈服平台的恒定力（F_{eL}）和试验过程中的最大力（F_m），如图 12-24 所示。

2）按下式分别计算屈服强度（R_{eL}）、抗拉强度（R_m）：

$$R_{eL} = \frac{F_{eL}}{S_0} \qquad （12-34）$$

$$R_m = \frac{F_m}{S_0} \qquad （12-35）$$

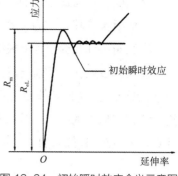

式中　S_0——钢筋的公称横截面积（表12-9），mm^2；

　　　F_{eL}——屈服阶段的最小力，N；

　　　F_m——试验过程中的最大力，N。

图12-24　初始瞬时效应含义示意图

3）强度数值修约至1MPa（$R \le 200MPa$）、5MPa（$200MPa < R < 1000MPa$），也可以使用自动装置（例如微处理机等）或自动测试系统测定下屈服强度和抗拉强度，而不绘制拉伸曲线图。

钢筋的公称横截面积　　　　　　　　　　　　　　　　　　　表12-9

公称直径（mm）	公称横截面积（mm²）	公称直径（mm）	公称横截面积（mm²）
6	28.27	22	380.1
8	50.27	25	490.9
10	78.54	28	615.8
12	113.1	32	804.2
14	153.9	36	1 018
16	201.1	40	1 257
18	254.5	50	1 963
20	314.2	—	—

（2）断后伸长率测定

1）选取平行长度中包含断裂处的一个L_0，将试样断裂的部分仔细地配接在一起，使其轴线处于同一直线上，并确保试样断裂部分适当接触后测量试样断裂后标距L_u，精确到$\pm 0.25mm$（请注意下面3）中L_u的确定原则）。

2）按下式计算断后伸长率（精确至0.5%）：

$$A = \frac{L_u - L_0}{L_0} \times 100\% \qquad （12-36）$$

式中　A——断后伸长率，%；

　　　L_u——断后标距，mm；

　　　L_0——原始标距，mm。

3）L_u的确定原则：

①若任取一个标距测量其L_u，计算断后伸长率大于或等于规定值，不管断裂位置处于何处，测量均为有效。

②当断裂处与最接近的标距标记距离不小于原始标距的 1/3 时，直接选取包含断裂处的一个标距测量其 L_u，为有效。

③当断裂处在标距点上或标距外，则试验结果无效，应重做试验。

④当断裂处在上述情况以外时，可按下述移位法确定断后标距 L_u：

在长段上，从拉断处 O 点取最接近等于短段的格数，得 B 点；再取长段所余格数（偶数，图 12-25a）的一半，得 C 点；或者取所余格数（奇数，图 12-25b）减 1 与加 1 之半，得 C 与 C_1 点。移位后的 L_u，分别为 $AO+OB+2BC$ 或者 $AO+OB+BC+BC_1$。

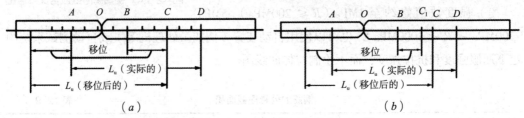

图 12-25　用移位法计算标距

12.6.3　冷弯试验

1. 试验目标

检验钢筋承受规定弯曲角度的弯曲变形能力。

2. 主要仪器设备

万能材料试验机或压力试验机、弯曲装置。

3. 试验步骤

（1）虎钳式弯曲

试样一端固定，绕弯心直径进行弯曲，如图 12-26（a）所示，试样弯曲到规定的角度或出现裂纹、裂缝或断裂为止。

（2）支辊式弯曲

1）试样放置于两个支点上，将一定直径的弯心在试样的两个支点中间施加压力，使试样弯曲到规定的角度，如图 12-26（b）所示，或出现裂纹、裂缝、断裂为止。两支辊间距离 $l=(d+3a)\pm0.5a$，并且在试验过程中不允许有变化。

2）当弯曲角度为 180° 时，弯曲可一次完成试验，亦可先弯曲到如图 12-26（b）所示的状态，然后放置在试验机平板之间继续施加压力，压至试样两臂平行。此时可以加与弯心直径相同尺寸的衬垫进行试验，如图 12-26（c）所示。

在做弯曲试验时，应缓慢施加弯曲力。

4. 结果评定

检查试件弯曲处的外表面，若无裂纹、裂缝或断裂，则评定试样合格。

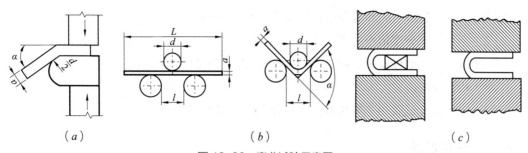

图 12-26　弯曲试验示意图
（a）虎钳式弯曲;（b）支辊式弯曲;（c）试样弯曲至两臂平行

12.7　烧结普通砖抗压强度试验

12.7.1　试验目标

测定砌墙砖的抗压强度，用于评定其强度等级。

12.7.2　取样方式

1. 检验批的构成

构成检验批的基本原则是尽可能使得批内砖质量分布均匀，具体实施中应做到:

（1）非正常生产与正常生产的砌墙砖不能混批。

（2）原料变化或不同配料比例的砌墙砖不能混批。

（3）不同质量等级的砌墙砖不能混批。

检验批的批量宜在 3.5 万 ~ 15 万块，但不得超过一条生产线的日产量。

2. 取样数量

进行抗压强度试验应抽取砖样 10 块。

3. 抽样方式

（1）从由随机数目确定的 10 个砖垛和砖垛中的抽样位置各抽取一块砖样，共 10 块组成一组用于抗压强度试验，或从已顺序编号经非破坏性检验（如外观质量检验）后的砖样中抽取 10 块组成一组砖样。

（2）不论抽样位置上砌墙砖质量如何，不允许以任何理由以别的砖替代。抽取样品后，在样品上标志表示检验内容的编号，检验时也不允许变更检验内容。

12.7.3　试验依据

本试验采用的标准有《砌墙砖试验方法》GB/T 2542—2012、《烧结普通砖》GB/T 5101—2017 和《砌墙砖检验规则》JC/T 466—1992（1996）。

12.7.4　主要仪器设备

（1）材料试验机：试验机的示值相对误差不超过 ±1%，其上、下加压板至少应有一个球铰支座，预期最大破坏荷载应在量程的 20% ~ 80%。

（2）钢直尺：分度值不应大于 1mm。

（3）振动台、制样模板、搅拌机：应符合 GB/T 25044 的要求。

（4）切割设备。

（5）抗压强度试验用净浆材料：应符合 GB/T 25183 的要求。

12.7.5　试验准备

制样方法有三种：一次成型制样、二次成型制样与非成型制样。

1. 一次成型制样

（1）一次成型制样适应于采用样品中间部分切割，交错叠加灌浆制成强度试验试样的方式。

（2）测定抗压强度砖样数量 10 块（样品用随机抽样法从外观质量和尺寸偏差检验后的样品中抽取）。将试样锯成两个半截砖，两个半截砖用于叠合部分的长度不得小于 100mm，如果不足 100mm，应另取备用试样补足。

（3）将已切割开的半截砖放入室温的净水中浸 20 ~ 30min 后取出，在铁丝网架上滴水 20 ~ 30min，以断口相反方向装入制样模具中，用插板控制两个半砖间距不应大于 5mm，砖大面与模具间距不应大于 3mm，砖断面、顶面与模具间垫以橡胶垫或其他密封材料，模具内表面涂油或脱模剂。制样模具及插板，如图 12-27（a）所示。

（4）将净浆材料按照配制要求，置于搅拌机中搅拌均匀。

（5）将装好试样的模具置于振动台上，加入适量搅拌均匀的净浆材料，震动时间为 0.5 ~ 1min，停止震动，静止至净浆材料达到初凝时间（15 ~ 19min）后拆模。

（6）一次成型制样应置于不低于 10℃的不通风室内养护 4h。

2. 二次成型制样

（1）二次成型制样适用于采用整块样品上下表面灌浆制成强度试验试样的方式。

（2）将整块试样放入室温的净水中浸 20 ~ 30min 后取出，在铁丝网架上滴水 20 ~ 30min。

（3）按照净浆材料配制要求，置于搅拌机中搅拌均匀。

（4）模具内表面涂油或者脱模剂，加入适量搅拌均匀的净浆材料，将整块试块一个

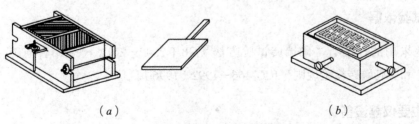

图 12-27　成型制样模具
（a）一次成型制样模具及插板；（b）二次成型制样模具

承压面与净浆接触，装入制样模具中，承压面找平厚度不应大于3mm。接通振动台电源，振动0.5～1min，停止振动，静置至净浆材料初凝（15～19min）后拆模。按同样方法完成整块试样另一承压面的找平。二次成型制样模具，如图12-27（b）所示。

（5）二次成型制样应置于不低于10℃的不通风室内养护4h。

3. 非成型制样

（1）非成型制样适应于试样无需进行平面找平处理制样的方式。

（2）测定抗压强度砖样数量10块（样品用随机抽样法从外观质量和尺寸偏差检验后的样品中抽取）。将砖样切成两个半截砖，断开的半截砖长度不得小于100mm，如果不足100mm，应另取备用试样补足。

（3）两半截砖切断口相反叠放，叠合部分不得小于100mm，即为抗压强度试样。

（4）非成型制样不需养护，试样气干状态直接进行试验。

12.7.6 试验步骤

（1）试验前，测量每块试件连接面的长、宽尺寸各两个，分别取其平均值，精确至1mm。

（2）将试件平放在压力机的承压板中央（图12-28），启动压力机并调整其零点后，开始加荷。加荷速度应控制在2～6kN/s，加荷时应均匀平稳，不得发生冲击或振动，直至试件破坏为止，记录破坏荷载 P（N）。

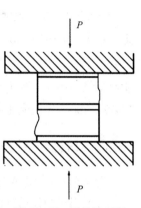

图12-28 砖的抗压强度试验示意图

12.7.7 结果评定

1. 抗压强度计算

每块试件的抗压强度（R_P）按下式计算，精确至0.1MPa：

$$R_P = \frac{P}{LB} \qquad (12-37)$$

式中 R_P——砖的抗压强度，MPa；

P——最大破坏荷载，N；

L——试件受压面（连接面）的长度，mm；

B——试件受压面（连接面）的宽度，mm。

2. 强度标准值计算

10块试件的强度标准值（f_k）按下式计算，精确至0.1MPa：

$$f_k = \overline{R}_P - 2.1S \qquad (12-38)$$

$$S = \sqrt{\frac{1}{9}\sum_{i=1}^{10}(R_{Pi} - \overline{R}_P)^2} \qquad (12-39)$$

式中 f_k——强度标准值，MPa；

$\overline{R_p}$——10块试件的抗压强度算术平均值，MPa；

R_{pi}——单块试件的抗压强度值，MPa；

S——10块试样的抗压强度标准差，MPa。

试验结果以试样抗压强度的算术平均值和标准值或单块最小值表示，精确至0.1MPa。

12.8 普通混凝土小型空心砌块试验

12.8.1 试验依据

本试验采用的标准有《混凝土砌块和砖试验方法》GB/T 4111—2013、《通用硅酸盐水泥》GB 175—2007、《水泥标准稠度用水量、凝结时间、安定性检验方法》GB/T 1346—2011、《建筑石膏力学性能的测定》GB/T 17669.3—1999、《水泥胶砂强度检验方法（ISO 法）》GB/T 17671—1999、《墙体材料术语》GB/T 18968—2019、《硫铝酸盐水泥》GB 20472—2006、《混凝土碳化试验箱》JG/T 247—2009。

12.8.2 试样制备与养护

1. 制作试件用试样的处理

（1）用于制作试件的试样应尺寸完整，若侧面有突出或不规则的肋，需先做切除处理，以保证制作的抗压强度试件四周侧面平整；块体孔洞四周应被混凝土壁或肋完全封闭。制作出来的抗压强度试件应是由一个或多个孔洞组成的直角六面体，并保证承压面100%完整，对于混凝土小型空心砌块，当其端面（砌筑时的竖灰缝位置）带有深度不大于8mm的肋或槽时，可不做切除或磨平处理，试件的长度尺寸仍取砌块的实际长度尺寸。

（2）试样应在温度 $20\pm5℃$、相对湿度 $50\%\pm15\%$ 的环境下调至恒重后，方可进行抗压强度试件制作。试样散放在试验室时，可叠层码放，孔应平行于地面，试样之间的间隔应不小于15mm。如需提前进行抗压强度试验，可使用电风扇以加快试验室内的空气流动速度。当试样2h后的质量损失不超过前次质量的0.2%，且在试样表面用肉眼观察不到有水分或潮湿现象时，可认为试样已恒重。不允许采用烘干箱来干燥试样。

2. 试件制备

（1）高宽比（H/B）的计算

计算试样在实际使用状态下的承压高度（H）与最小水平尺寸（B）之比，即试样的高宽比（H/B）。若 $H/B=0.6$ 时，可直接进行试件制备；若 $H/B<0.6$ 时，则需采取叠块方法来进行试件制备。

（2）当 $H/B=0.6$ 时的试件制备

1）在试件制备平台上先薄薄地涂一层机油或铺一层湿纸，将搅拌好的找平材料均匀摊铺在试件制备平台上，找平材料层的长度和宽度应略大于试件的长度和宽度。

2）选定试样的铺浆面作为承压面，把试样的承压面压入找平材料层，用直角靠尺来调控试样的垂直度，坐浆后的承压面至少与两个相邻侧面成90°垂直关系。找平材料层厚度应不大于3mm。

3）当承压面的水泥砂浆找平材料终凝后2h，或高强石膏找平材料终凝后20min，将试样翻身，按上述方法进行另一面的坐浆，试样压入找平材料层后，除坐浆后的承压面至少与两个相邻侧面成90°垂直关系外，需同时用水平仪调控上表面至水平。

4）为节省试件制作时间，可在试样承压面处理后立即在向上的一面铺设找平材料，压上事先涂油的玻璃平板，边压边观察试样上承压面的找平材料层，将气泡全部排除，并用直角靠尺使坐浆后的承压面至少与两个相邻侧面成90°垂直关系，用水平尺将上承压面调至水平。上、下两层找平材料层的厚度均应不大于3mm。

（3）当 $H/B < 0.6$ 时的试件制备

1）将同批次、同规格尺寸、开孔结构相同的两块试样，先用找平材料将它们重叠黏结在一起。黏结时，需用水平仪和直角靠尺进行调控，以保持试件的四个侧面中至少有两个相邻侧面是平整的。黏结后的试件应满足：

①黏结层厚度不大于3mm；

②两块试样的开孔基本对齐。

2）当试样的壁和肋厚度上下不一致时，重叠黏结时应是壁和肋厚度薄的一端，与另一块壁和肋厚度厚的一端相对接。

3）当黏结两块试样的找平材料终凝2h后，再进行试件两个承压面的找平。

（4）试件高度的测量

制作完成的试件，按本试验中"普通混凝土小型空心砌块尺寸测量与外观质量试验"中的方法测量试件的高度，若四个读数的极差大于3mm，试件需重新制备。

3. 试件养护

将制备好的试件放置在20±5℃、相对湿度50%±15%的试验室内进行养护。

找平和黏结材料采用快硬硫铝酸盐水泥砂浆制备的试件，1d后方可进行抗压强度试验；找平和黏结材料采用高强石膏粉制备的试件，2h后可进行抗压强度试验；找平和黏结材料采用普通水泥砂浆制备的试件，3d后可进行抗压强度试验。

12.8.3 普通混凝土小型空心砌块尺寸测量与外观质量试验

1. 试验目标

测定普通混凝土小型空心砌块的尺寸与外观质量。

2. 主要仪器设备

钢直尺或钢卷尺：分度值1mm。

3. 试验步骤

（1）尺寸测量

1）外形为完整直角六面体的块材，长度在条面的中间、宽度在顶面的中间、高度在顶面的中间测量。每项在对应两面各测一次，取平均值，精确至1mm。

2）辅助砌块和异形砌块，长度、宽度和高度应测量块材相应位置的最大尺寸，精确至1mm。特殊标注部位的尺寸也应测量，精确至1mm；块材外形非完全对称时，至少应在块材对立面的两个位置上进行全面的尺寸测量，并草绘或拍下测量位置的图片。

3）带孔块材的壁、肋厚应在最小部位测量，选两处各测一次，取平均值，精确至1mm。在测量时不考虑凹槽、刻痕及其他类似结构。

（2）外观质量

1）弯曲

将直尺贴靠坐浆面、铺浆面和条面，测量直尺与试件之间的最大间距（图12-29），精确至1mm。

2）缺棱掉角

将直尺贴靠棱边，测量缺棱掉角在长、宽、高度三个方向的投影尺寸（图12-30），精确至1mm。

（3）裂纹检查

用钢直尺测量裂纹在所在面上的最大投影尺寸（如图12-31中的L_2或h_3），如裂纹由一个面延伸到另一个面时，则累计其延伸的投影尺寸（如图12-31中的b_1+h_1），精确至1mm。

4. 结果评定

试件的尺寸偏差以实际测量的长度、宽度和高度与规定尺寸的差值表示，精确至1mm。

弯曲、缺棱掉角和裂纹长度的测量结果以最大测量值表示，精确至1mm。

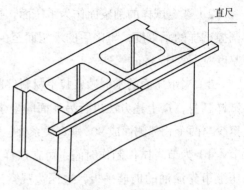

图 12-29 弯曲测量法

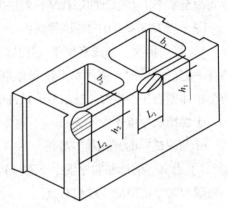

说明：
L——缺棱掉角在长度方向的投影尺寸；
b——缺棱掉角在宽度方向的投影尺寸；
h——缺棱掉角在高度方向的投影尺寸。

图 12-30 缺棱掉角尺寸测量法

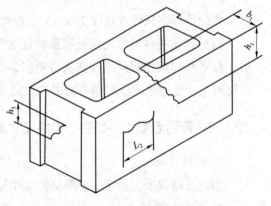

说明：
L——裂纹在长度方向的投影尺寸；
b——裂纹在宽度方向的投影尺寸；
h——裂纹在高度方向的投影尺寸。

图 12-31 裂纹长度测量法

12.8.4　普通混凝土小型空心砌块抗压强度试验

1. 试验目标

测定普通混凝土小型空心砌块的抗压强度。

2. 主要仪器设备

（1）材料试验机：材料试验机的示值相对误差不应超过 ±1%，其量程选择应能使试件的预期破坏荷载落在满量程的 20% ~ 80% 之间，试验机的上、下压板应有一端为球铰支座，可随意转动。

（2）辅助压板：当试验机的上压板或下压板支撑面不能完全覆盖试件的承压面时，应在试验机压板与试件之间放置一块钢板作为辅助压板。辅助压板的长度、宽度分别应至少比试件的长度、宽度大 6mm，厚度应不小于 20mm；辅助压板经热处理后的表面硬度应不小于 60HRC，平面度公差应小于 0.12mm。

（3）试件制备平台：试件制备平台应平整、水平，使用前要用水平仪检验找平，其长度方向范围内的平面度应不大于 0.1mm，可用金属或其他材料制作。

（4）玻璃平板：玻璃平板厚度不小于 6mm，面积应比试件承压面大。

（5）水平仪：水平仪规格为 250 ~ 500mm。

（6）直角靠尺：直角靠尺应有一端长度不小于 120mm，分度值为 1mm。

（7）钢直尺：分度值为 1mm。

3. 试验步骤

（1）按"普通混凝土小型空心砌块尺寸测量与外观质量试验"的方法测量每个试件承压面的长度（L）和宽度（B），分别求出各个方向的平均值，精确至 1mm。

（2）将试件放在试验机下压板上，要尽量保证试件的重心与试验机压板中心重合。

对于孔型分别对称于长（L）和宽（B）的中心线的试件，其重心和形心重合。对于不对称孔型的试件，可在试件承压面下垫一根直径 10mm、可自由滚动的圆钢条，分别找出长（L）和宽（B）的平衡轴（重心轴），两轴的交点即为重心。

除需特意将试件的开孔方向置于水平外，试验时块材的开孔方向应与试验机加压方向一致。实心块材测试时，摆放的方向需与实际使用时一致。

（3）试验机加荷应均匀平稳，不应发生冲击或振动。加荷速度以 4 ~ 6kN/s 为宜，均匀加荷至试件破坏，记录最大破坏荷载 P。

4. 结果评定

（1）结果计算

试件的抗压强度 f 按下式计算，精确至 0.01MPa：

$$f=\frac{P}{LB} \tag{12-40}$$

式中　f——试件的抗压强度，MPa；

P——最大破坏荷载，N；

L——承压面长度，mm；

B——承压面宽度，mm。

（2）试验结果评定

试验结果以五个试件抗压强度的平均值和单个试件的最小值来表示，精确至 0.1MPa。试件的抗压强度试验值应视为试样的抗压强度值。

12.8.5 普通混凝土小型空心砌块干燥收缩值试验

1. 试验目标

测定普通混凝土小型空心砌块的干燥收缩值。

2. 主要仪器设备

（1）手持应变仪：测量装置应用带表盘的千分表，并应有足够大的测量范围。

（2）恒温恒湿箱或电热鼓风干燥箱：恒温恒湿箱或电热鼓风干燥箱的最小容积应能放置三个完整的测试试件，并且每一个测试试件四周的净空间距至少为 25mm 以上；能满足 $50 \pm 1℃$ 的温度和 $17\% \pm 2\%$ 相对湿度控制精度要求。

（3）水池或水箱：最小容积应能放置一组试件。

（4）测长头：由不锈钢或黄铜制成，见图 12-32。

（5）台钻或麻花钻：带有深度限位尺，精度为 1mm。

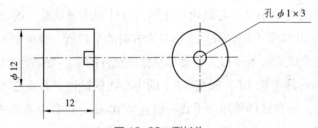

图 12-32 测长头

3. 试验准备

（1）试件数量

试件应为完整砌块，数量为三个。

（2）测长头安装

在每个试件任一条面上划出中心线，用手持应变仪配备的标距定位器在中心线上确定测长头安装插孔的位置，在确定的位置上用直径为 12mm 的钻头钻孔，孔深 14 ± 2mm。

安装测长头前，测长头插孔应干燥且无灰尘。用黏合剂（水泥—水玻璃浆或环氧树脂）注入插孔后，用标距杆把测长头挤压到合适的标距，擦掉多余的黏合剂。砌块试件的测量标距为 250_{-2}^{0}mm，砖试件的测量标距为 150_{-2}^{0}mm。

4. 试验步骤

（1）将测长头黏结牢固后的试件浸入室温 15 ~ 25℃的水中，水面高出试件 20mm 以上，浸泡 4d。但在测试前 4h 的水温应保持在 20±3℃。

（2）将试件从水中取出，放在铁丝网架上滴水 1min，再用拧干的湿布拭去内外表面的水分，立即用手持应变仪测量两个测长头之间的初始长度 L，记录初始千分表读数 M_1，精确至 0.001mm。手持应变仪在测长前需用标准杆（长度为 L_0，一般标注在标准杆上）调整或校核，并记录千分表原点读数 M_0，一般宜取千分表量程的一半。要求每组试件在 15min 内测完。

（3）将试件静置在温度 20±5℃、相对湿度大于 80% 的空气中；2d 后放入满足"（2）"步骤要求的恒温恒湿箱内或电热鼓风干燥箱内，相对湿度用放在浅盘中的氯化钙过饱和溶液控制。当电热鼓风干燥箱容量为 1m³ 时，溶液暴露面积应不小于 0.3m²；在整个测试过程中，在盘子或托盘内应含有充足的固体氯化钙，从而使晶体露出溶液的表面。氯化钙溶液每 24h 至少彻底的搅拌一次，如果需要的话，可以搅拌更多的次数，以防止氯化钙溶液形成块状或者表面生成渣壳。

（4）试件在满足"（2）"步骤的条件下放置 3d，然后在 20±3℃的条件下冷却 3h 后取出，用手持应变仪测长一次，并记录千分表读数 M_2。

（5）将试件进行第二周期的干燥。第二周期的干燥及以后各周期的干燥延续时间均为 2d。干燥结束后再按"（4）"步骤的规定冷却和测长。为了保证干燥的均匀一致性，在每一次测量时，在干燥箱里的每一个试样都要被轮换到不同的位置反复进行干燥和测长，直到试件长度达到稳定。

长度达到稳定系指试件在上述温、湿度条件下连续干燥三个周期后，三个试件长度变化的平均值不超过 0.005mm。此时的长度即为干燥后的长度，记录测量时千分表读数 M。

5. 结果评定

每个试件的干燥收缩值，按下式计算，精确至 0.001mm/m：

$$S = \frac{M_1 - M}{L_0 + M - M_0} \times 1000 \qquad (12-41)$$

式中　S——试件干燥收缩值，单位为 mm/m；

　　M_1——测量试件初始长度时千分表读数，单位为 mm；

　　M——测量试件干燥后长度时千分表读数，单位为 mm；

　　L_0——标准杆长度，单位为 mm；

　　M_0——千分表原点，单位为 mm；

　　1000——系数，单位为 mm/m。

块材的干燥收缩值以三个试件干燥收缩值的算术平均值表示，精确至 0.01mm/m。

12.8.6 普通混凝土小型空心砌块软化系数试验

1. 试验目标

测定普通混凝土小型空心砌块的软化系数。

2. 主要仪器设备

（1）材料试验机：材料试验机的示值相对误差不应超过 ±1%，其量程选择应能使试件的预期破坏荷载落在满量程的 20% ~ 80% 之间，试验机的上、下压板应有一端为球铰支座，可随意转动。

（2）辅助压板：当试验机的上压板或下压板支撑面不能完全覆盖试件的承压面时，应在试验机压板与试件之间放置一块钢板作为辅助压板。辅助压板的长度、宽度分别应至少比试件的长度、宽度大 6mm，厚度应不小于 20mm；辅助压板经热处理后的表面硬度应不小于 60HRC，平面度公差应小于 0.12mm。

（3）试件制备平台：试件制备平台应平整、水平，使用前要用水平仪检验找平，其长度方向范围内的平面度应不大于 0.1mm，可用金属或其他材料制作。

（4）玻璃平板：玻璃平板厚度不小于 6mm，面积应比试件承压面大。

（5）水平仪：水平仪规格为 250 ~ 500mm。

（6）直角靠尺：直角靠尺应有一端长度不小于 120mm，分度值为 1mm。

（7）钢直尺：分度值为 1mm。

（8）水池或水箱：最小容积应能放置一组试件。

3. 试验步骤

（1）试件数量为两组十个。

（2）从经过养护后的两组试件中任取一组五个试件浸入室温 15 ~ 25℃ 的水中，水面高出试件 20mm 以上，浸泡 4d 后取出，在铁丝网架上滴水 1min，再用拧干的湿布拭去内、外表面的水。另外一组五个试件放置在温度 20±5℃、相对湿度 50%±15% 的试验室内进行养护。

（3）将五个饱和面干的试件和其余五个同龄期的气干状态对比试件，按产品采用的抗压强度试验方法的规定进行试验。

4. 结果评定

块材的软化系数按下式计算，精确至 0.01：

$$K_1 = \frac{f_1}{f} \qquad\qquad (12-42)$$

式中　K_1——块材的软化系数；

　　　f_1——五个饱和面干试件的抗压强度平均值，MPa；

　　　f——五个气干状态的对比试件的抗压强度平均值，MPa。

12.8.7 普通混凝土小型空心砌块碳化系数试验

1. 试验目标

测定普通混凝土小型空心砌块的碳化系数。

2. 主要仪器设备

（1）材料试验机：材料试验机的示值相对误差不应超过 ±1%，其量程选择应能使试件的预期破坏荷载落在满量程的 20% ~ 80% 之间，试验机的上、下压板应有一端为球铰支座，可随意转动。

（2）辅助压板：当试验机的上压板或下压板支撑面不能完全覆盖试件的承压面时，应在试验机压板与试件之间放置一块钢板作为辅助压板。辅助压板的长度、宽度分别应至少比试件的长度、宽度大 6mm，厚度应不小于 20mm；辅助压板经热处理后的表面硬度应不小于 60HRC，平面度公差应小于 0.12mm。

（3）试件制备平台：试件制备平台应平整、水平，使用前要用水平仪检验找平，其长度方向范围内的平面度应不大于 0.1mm，可用金属或其他材料制作。

（4）玻璃平板：玻璃平板厚度不小于 6mm，面积应比试件承压面大。

（5）水平仪：水平仪规格为 250 ~ 500mm。

（6）直角靠尺：直角靠尺应有一端长度不小于 120mm，分度值为 1mm。

（7）钢直尺：分度值为 1mm。

（8）碳化试验箱：碳化试验箱应符合 JG/T 247 标准要求，容积至少放一组以上的试件，装置见图 12-33。箱内环境条件应能控制在二氧化碳体积浓度为 20%±3%、相对湿度为 70%±5%、温度为 20±2℃的范围内。

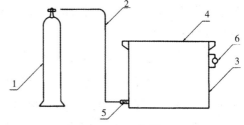

图 12-33 碳化装置示意图
1—二氧化碳钢瓶；2—通气橡皮管；3—碳化箱；4—箱盖；5—进气口；6—气体分析仪接口

（9）酚酞乙醇溶液：质量浓度为 1% ~ 2% 的酚酞乙醇溶液，用质量浓度为 70% 的乙醇配制。

3. 试验步骤

（1）试件数量为两组十二个。一组五块为对比试件，一组七块为碳化试件，其中两块用于测试碳化情况。当制作试件的块材试样的强度检测采用 12.8.4 中所示的方法、块材的高宽比 $H/B < 0.6$ 时，所需制作试件的块材数量要满足试验制备与养护所规定的制作两组十个强度试件需要的同时，再加两块块材试样。

（2）将需碳化的块材放入碳化箱内进行碳化试验，块材间距应不小于 20mm；抗压强度对比块材放置的环境条件为：相对湿度 70%±5%，温度 20±2℃。

（3）碳化 7d 后，每天将同一个测试碳化情况的块材端部敲开，深度不小于 20mm。用质量浓度为 1% ~ 2% 的酚酞乙醇溶液检查碳化深度，当测试块材剖面中心不显红色时，即测试块材已完全碳化，则认为碳化箱中全部块材已全部碳化，碳化试验结束；若测试块材剖面中心显红色，即测试块材尚未完全碳化，应继续进行碳化试验，直至28d碳化试验结束。

（4）将已完全碳化或已碳化28d仍未完全碳化的全部块材，与同龄期抗压强度对比块材同时按"普通混凝土小型空心砌块抗压强度试验"进行试件制备、养护和抗压强度试验。

4. 结果评定

块材的碳化系数按下式计算，精确至0.01：

$$K_c = \frac{f_c}{f} \qquad\qquad (12-43)$$

式中 K_c——砌块的碳化系数；

f_c——五个碳化后试件的平均抗压强度，MPa；

f——五个对比试件的平均抗压强度，MPa。

12.8.8 普通混凝土小型空心砌块抗冻性试验

1. 试验目标

测定普通混凝土小型空心砌块的抗冻性。

2. 主要仪器设备

（1）材料试验机：材料试验机的示值相对误差不应超过 ±1%，其量程选择应能使试件的预期破坏荷载落在满量程的 20% ~ 80% 之间，试验机的上、下压板应有一端为球铰支座，可随意转动。

（2）辅助压板：当试验机的上压板或下压板支撑面不能完全覆盖试件的承压面时，应在试验机压板与试件之间放置一块钢板作为辅助压板。辅助压板的长度、宽度分别应至少比试件的长度、宽度大6mm，厚度应不小于20mm；辅助压板经热处理后的表面硬度应不小于60HRC，平面度公差应小于0.12mm。

（3）试件制备平台：试件制备平台应平整、水平，使用前要用水平仪检验找平，其长度方向范围内的平面度应不大于0.1mm，可用金属或其他材料制作。

（4）玻璃平板：玻璃平板厚度不小于6mm，面积应比试件承压面大。

（5）水平仪：水平仪规格为 250 ~ 500mm。

（6）直角靠尺：直角靠尺应有一端长度不小于120mm，分度值为1mm。

（7）钢直尺：分度值为1mm。

（8）冷冻室、冻融试验箱或低温冰箱：最低温度可调至 −30℃。

（9）水池或水箱：最小容积应能放置一组试件。

（10）毛刷。

3. 试验步骤

（1）抗冻性试验的试件数量为两组十个。

（2）分别检查两组十个试件所需试样，用毛刷清除表面及孔洞内的粉尘，在缺棱掉角处涂上油漆，注明编号。将块材逐块放置在试验室内静置48h，块与块之间间距不得小于20mm。

（3）将一组五个冻融试件所需块材均浸入15～25℃的水池或水箱中，水面应高出试样20mm以上，试样间距不得小于20mm；另一组五个对比强度试样放置在试验室，室温宜控制在20±5℃。

（4）浸泡4d后从水中取出试样，在支架上滴水1min，再用拧干的湿布拭去内、外表面的水，在2min内立即称量每个块材饱和面干状态的质量m_3，精确至0.005kg。

（5）将冻融试样放入预先降至-15℃的冷冻室或低温冰箱中，试样应放置在断面为20mm×20mm的格栅上，间距不小于20mm。当温度再次降至-15℃时开始计时。冷冻4h后将试样取出，再置于水温为15～25℃的水池或水箱中融化2h。这样一个冷冻和融化的过程即为一个冻融循环。

（6）每经五次冻融循环，检查一次试样的破坏情况，如开裂、缺棱、掉角、剥落等，并做记录。

（7）在完成规定次数的冻融循环后，将试样从水中取出，立即用毛刷清除表面及孔洞内已剥落的碎片，再按前述第4步试验步骤的方法称量每个试样冻融后饱和面干状态的质量m_4。24h后与在试验室内放置的对比试样一起，按试样不同的抗压强度试验方法进行抗压强度试件的制备，在温度20±5℃、相对湿度50%±15%的试验室内养护24h后，再按前述第3步、第4步试验步骤进行饱水，然后进行试件的抗压强度试验。试件找平和黏结材料应采用水泥砂浆。

4. 结果评定

（1）外观检查结果

报告五个冻融试件所需试样的外观检查结果。

（2）抗压强度损失率计算

试件的单块抗压强度损失率按下式计算，精确至1%：

$$K_i = \frac{f_f - f_i}{f_f} \times 100 \qquad (12\text{-}44)$$

式中　K_i——试件的单块抗压强度损失率，%；

　　　f_f——五个未冻融试件的抗压强度平均值，MPa；

　　　f_i——单块冻融试件的抗压强度值，MPa。

（3）试件平均抗压强度损失率计算

试件的平均抗压强度损失率按下式计算，精确至1%：

$$K_R = \frac{f_f - f_R}{f_f} \times 100 \qquad (12\text{-}45)$$

式中　K_R——试件的平均抗压强度损失率，%；

f_f——五个未冻融试件的抗压强度平均值，MPa；

f_R——五个冻融试件的抗压强度平均值，MPa。

（4）试件单块质量损失率计算

试样的单块质量损失率按下式计算，精确至0.1%：

$$K_m = \frac{m_3 - m_4}{m_3} \times 100 \qquad (12-46)$$

式中 K_m——试样的质量损失率，%；

　　　m_3——试样冻融前的质量，kg；

　　　m_4——试样冻融后的质量，kg。

质量损失率以五个冻融试件所需试样质量损失率的平均值表示，精确至0.1%。

12.8.9 普通混凝土小型空心砌块抗渗性试验

1. 试验目标

测定普通混凝土小型空心砌块的抗渗性。

2. 主要仪器设备

（1）抗渗装置：抗渗装置见图12-34。试件套应有足够的刚度和密封性，在安装试件时不宜破损或变形，材质宜为金属；上盖板宜用透明玻璃或有机玻璃制作，壁厚不小于6mm。

（2）混凝土钻芯机：混凝土钻芯机，内径100mm；应具有足够的刚度、操作灵活，并应有水冷却系统。钻芯机主轴的径向跳动不应超过0.1mm，工作时噪声不应大于90dB。钻取芯样时宜采用金刚石或人造金刚石薄壁钻头。钻头胎体不应有肉眼可见的裂缝、缺边、少角、倾斜及喇叭口变形。钻头胎体对钢体的同心度偏差不应大于0.3mm，钻头的径向跳动不应大于1.5mm。

（3）支架：支架材质宜为金属，应有足够的刚度。

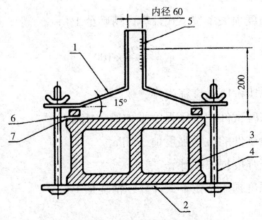

图12-34 抗渗装置示意图

1—上盖板；2—下托板；3—试件；4—紧固螺栓；5—带有刻度的玻璃管；6—橡胶海绵或泡沫橡胶条，厚100mm、宽20mm；7—20mm周边处涂黄油或其他密封材料

3. 试验步骤

（1）准备三个直径为 100mm 的圆柱体试件。

（2）在三个不同试样的条面上，采用直径为 100mm 的金刚石钻头直接取样；对于空心砌块应避开肋取样。将试件浸入 20±5℃ 的水中，水面应高出试件 20mm 以上，2h 后将试件从水中取出，放在钢丝网架上滴水 1min，再用拧干的湿布拭去内、外表面的水。

（3）试验在 20±5℃ 空气温度下进行。

（4）将试件表面清理干净后晾干，然后在其侧面涂一层密封材料（如黄油），随即旋入或在其他加压装置上将试件压入试件套中，再与抗渗装置连接起来，使周边不漏水。

（5）如图 12-35 所示，竖起已套入试件的试验装置，并用水平仪调平；在 30s 内往玻璃筒内加水，使水面高出试件上表面 200mm。

（6）记录自加水时算起 2h 后测量玻璃筒内水面下降的高度，精确至 0.1mm。

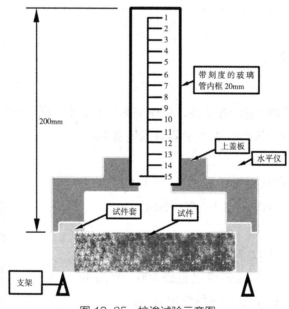

图 12-35 抗渗试验示意图

4. 结果评定

按三个试件测试过程中，玻璃筒内水面下降的最大高度来评定，精确至 0.1mm。

12.9 石油沥青针入度、延度、软化点的测定试验

12.9.1 试验取样

从桶、袋、箱中取样，应在样品表面以下及容器侧面以内至少 5cm 处采取。若沥青是能够打碎的，则用干净的适当工具打碎后取样；若沥青是软的，则用干净的适当工具切割取样。

当能确认是同一批生产的产品时，应随机取出一件按上述取样方式取 4kg 供检验用。当不能确认是同一批生产的产品或按同批产品取样取出的样品，经检验不符合规格要求时，则须按随机取样的原则选出若干件后再按上述取样方式取样，其件数等于总件数的立方根。表 12-10 给出了不同装载件数所要取出的样品件数。每个样品的重量应不少于 0.1kg，这样取出的样品经充分混合后取出 4kg 供检验用。

石油沥青取样数量 表 12-10

装载件数	选取件数	装载件数	选取件数
2 ~ 8	2	217 ~ 343	7
9 ~ 27	3	344 ~ 512	8
28 ~ 64	4	513 ~ 729	9
65 ~ 125	5	730 ~ 1 000	10
126 ~ 216	6	1 001 ~ 1 331	11

12.9.2 针入度试验

1. 试验目标

针入度反映了石油沥青的黏滞性，是评定牌号的主要依据。石油沥青的牌号主要根据针入度、延度和软化点等指标划分，并以针入度值表示。

2. 试验依据

试验采用的标准有《沥青取样法》GB/T 11147—2010、《沥青针入度测定法》GB/T 4509—2010。

3. 主要仪器设备

（1）针入度计（图 12-36）：试验温度为 25 ± 0.1℃时，标准针、连杆与附加砝码可以组成 100 ± 0.05g 和 200 ± 0.05g 的载荷以满足试验所需的载荷条件。

（2）标准针：硬化回火的不锈钢针，针长约 50mm，长针长约 60mm，所有针的直径为 1.00 ~ 1.02mm。

（3）试样皿：金属制或玻璃制，圆柱形平底皿。

（4）恒温水浴：容量不小于 10L，能保持温度在试验温度的 ±0.1℃范围内。水中应备有一带孔的支架，位于水面下不少于 100mm，距浴底不少于 50mm 处。

（5）平底保温皿：容量不小于 350mL，深度要没过最大的样品皿。内设一个不锈钢三角支架，以保证试样皿稳定。

（6）其他试验仪器：秒表（刻度为 0.1s 或小于 0.1s）、

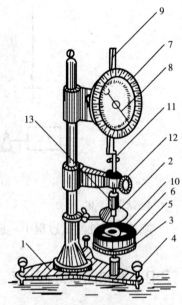

图 12-36 针入度计
1—底座；2—小镜；3—圈型平台；4—调平螺钉；5—保温皿；6—试样；7—刻度盘；8—指针；9—活杆；10—标准针；11—连杆；12—按钮；13—砝码

温度计（刻度范围为 -8 ~ 55℃，分度值为 0.1℃）等。

4. 试验准备

小心加热样品，不断搅拌以防局部过热，加热到使样品能够流动。加热时焦油沥青的加热温度不超过软化点的 60℃，石油沥青不超过软化点的 90℃。加热时间在保证样品充分流动的情况下尽量少。加热、搅拌过程避免试样中进入气泡。

将试样倒入预先选好的试样皿中。试样深度应至少是预计锥入深度的 120%，如果试样皿的直径小于 65mm，而预期针入度高于 200mm，每个试验条件都要倒三个样品。同时将试样倒入两个试样皿。

轻轻盖住试样皿以防灰尘落入。在室温（15 ~ 30℃）下冷却 45min ~ 1.5h（小试样皿）或 1 ~ 1.5h（中等试样皿）或 1.5 ~ 2h（大试样皿），然后将两个试样皿和平底玻璃皿一起放入恒温水浴中，水面应没过试样表面 10mm 以上。在规定的试验温度下恒温，小试样皿恒温 45min ~ 1.5h，中等试样皿恒温 1 ~ 1.5h，大试样皿恒温 1.5 ~ 2h。

5. 试验步骤

（1）调节针入度计的水平，检查针连杆和导轨，确保上面没有水和其他物质。如果预测针入度超过 350mm 应选择长针，否则选用标准针。先用合适的溶剂将针擦干净，再用干净的布擦干，然后将针插入针连杆中固定。按试验条件选用合适的砝码，并放好砝码。

（2）如果测试时针入度计是在水浴中，则直接将试样皿放在浸于水中的支架上，使试样完全浸在水中。如果试验时针入度计不在水浴中，将已经恒温到试验温度的试样皿放在平底玻璃皿中的三脚支架上，用与水浴相同温度的水完全覆盖样品，将平底玻璃皿放置在针入度计的平台上，慢慢放下针连杆，使针尖刚刚接触到试样的表面，必要时用放置在合适位置的光源观察针头位置使针尖与水中针头的投影刚刚接触为止。轻轻拉下活杆，使其与针连杆顶端相接触，调节针入度计上的表盘读数指零或归零。

（3）在规定时间内快速释放针连杆，同时启动秒表或计时装置，使标准针自由下落穿入沥青试样中，到规定时间使标准针停止移动。

（4）拉下活杆，再使其与针连杆顶端相接处，此时表盘指针的读数即为试样的针入度，或自动方式停止锥入，通过数据显示设备直接读出锥入深度数值，得到针入度，用 1/10mm 表示。

（5）用同一试样至少重复测定三次。每一试验点的距离和试验点与试验皿边缘的距离都不得小于 10mm。每次试验前都应将试样和平底玻璃皿放入恒温水浴中，每次测定都要用干净的针。当针入度小于 200mm 时，可将针取下用合适的溶剂擦净后继续使用。当针入度超过 200mm 时，每个试样皿中扎一针，三个试样皿得到三个数据；或者每个试样至少用三根针，每次试验用的针留在试样中，直到三根针扎完时再将针从试样中取出。

6. 结果评定

取三次测定针入度的平均值，取至整数作为试验结果。三次测定的针入度值相差不应大于表 12-11 所列数值，否则试验应重做。

针入度测试允许最大差值（单位：1/10mm） 表 12-11

针入度	0 ~ 49	50 ~ 149	150 ~ 249	250 ~ 349	350 ~ 500
最大差值	2	4	6	8	20

12.9.3 延度测定试验

1. 试验目标

延度反映了石油沥青的塑性，是评定牌号的依据之一，并且能够测定沥青材料拉伸性能。

2. 试验依据

试验采用的标准有《沥青取样法》GB/T 11147—2010、《沥青延度测定法》GB/T 4508—2010。

3. 主要仪器设备

（1）模具：模具应按图 12-37 所给样式进行设计。试件模具由黄铜制造，由两个弧形端模和两个侧模组成。

（2）水浴：水浴能保持试验温度变化不大于 0.1℃，容量至少为 10L，试件浸入水中深度不得小于 100mm，水浴中设置带孔搁架以支撑试件，搁架距水浴底部不得小于 50mm。

（3）延度仪：满足试件持续浸没于水中，能按照一定的速度拉伸试件的仪器。

（4）温度计：0 ~ 50℃，分度为 0.1℃和 0.5℃各一支。

（5）隔离剂：由两份甘油和一份滑石粉调制而成（以质量计）。

（6）支撑板：黄铜板，一面磨光至表面粗糙度为 Ra 0.63。

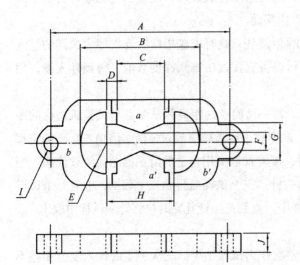

A——两端模环中心点距离 111.5 ~ 113.5mm；

B——试件总长 74.54 ~ 75.5mm；

C——端模间距 29.7 ~ 30.3mm；

D——肩长 6.8 ~ 7.2mm；

E——半径 15.75 ~ 16.25mm；

F——最小横断面宽 9.9 ~ 10.1mm；

G——端模口宽 19.8 ~ 20.2mm；

H——两半圆心间距离 42.9 ~ 43.1mm；

I——端模孔直径 6.54 ~ 6.7mm；

J——厚度 9.9 ~ 10.1mm。

图 12-37 延度仪模具

4. 试验准备

（1）将模具在支撑板上卡紧，调和均匀隔离剂并涂于支撑板表面及侧模的内表面。

（2）加热样品且充分搅拌以防止局部过热，直至样品容易倾倒。石油沥青加热温度不超过预计石油沥青软化点 90℃；煤焦油沥青样品加热温度不超过煤焦油沥青预计软化点温度 60℃。样品的加热时间在不影响样品性质和在保证样品充分流动的基础上应尽量短。将熔化后的样品充分搅拌后倒入模具中。倒样时使试样呈细流状，自模的一端至另一端往返倒入至试样略高出模具。

（3）浇筑好的试样在空气中冷却 30 ~ 40min，接着放在 25 ± 0.5℃的水浴中 30min 后取出，用热的刀或铲刮去高出模具部分的沥青，使沥青面与模面齐平。将试件、模具与支撑板一起放入水浴中，并在试验温度下保持 85 ~ 95min，然后取下试件，拆去侧模，立即进行拉伸试验。

5. 试验步骤

（1）将模具两边的空孔分别套在滑板及槽端的金属柱上，然后以 5 ± 0.25cm/min 的速度拉伸至断裂。拉伸速度允许误差在 ± 5% 以内，测量试件从拉伸到断裂的距离，以 cm 表示。水面距试样表面的距离应不小于 25mm，且温度保持在规定温度的 ± 0.5℃范围内。

（2）测定时如果沥青浮于水面或沉入槽底时，加入乙醇或食盐水，调整水的密度至与试样密度相近时再进行测定。

（3）正常的试验应将试样拉成锥形或线形或柱形，直至断裂时实际横断面面积接近于零或一均匀断面。

试件拉断时指针所指标尺上的读数即为试样的延度。

6. 结果评定

若三个试件测定值在其平均值的 5% 内，取平行测定三个结果的平均值作为测定结果。若三个试件测定值不在其平均值的 5% 以内，但其中两个较高值在平均值的 5% 之内，则弃去最低测定值，取两个较高值的平均值作为测定结果，否则重新测定。

12.9.4　软化点测定

1. 试验目标

软化点反映了石油沥青的温度稳定性，用于沥青分类，是沥青产品标准中的重要技术指标。

2. 试验依据

试验采用的标准有《沥青取样法》GB/T 11147—2010、《沥青软化点测定法环球法》GB/T 4507—2014。

3. 主要仪器设备

（1）沥青软化点测定仪（包括温度计、80mL 烧杯、测定架、黄铜环、套环、钢球），如图 12-38 所示。

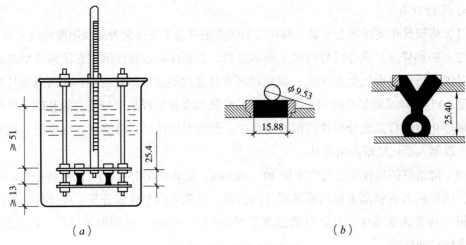

图 12-38　软化点测定仪
（a）软化点测定仪装置图；（b）试验前后钢球位置

（2）电炉或其他加热器、金属板（一面必须磨至光洁度 V8）或玻璃板、刀（切沥青用）、筛（筛孔 0.3 ~ 0.5mm）、甘油滑石粉隔离剂、新煮沸的蒸馏水、甘油。

4. 试验准备

（1）所有石油沥青试样的准备和测试必须在 6h 内完成，样品加热至倾倒温度的时间在不影响样品性质和在保证样品充分流动的基础上不超过 2h。石油沥青、改性沥青、天然沥青以及乳化沥青残留物加热温度不应超过预计沥青软化点 110℃。

（2）将黄铜环置于涂有隔离剂的金属板或玻璃上，将预先脱水的试样加热熔化，搅拌、过筛后注入黄铜环内至略高于环面为止，若估计软化点在 120 ~ 157℃，应将黄铜环与支撑板预热至 80 ~ 100℃，然后将铜环放到涂有隔离剂的支撑板上。否则会出现沥青试样从铜环中完全脱落的现象。

（3）向每个环中倒入略过量的沥青试样，让试件在室温下至少冷却 30min。对于在室温下较软的样品，应将试件在低于预计软化点 10℃以上的环境中冷却 30min。从开始倒试样时起至完成试验的时间不得超过 240min。

（4）当试样冷却后，用稍加热的小刀或刮刀干净地刮去多余的沥青，使得每一个圆片饱满且和环的顶部齐平。

（5）加热介质的选取应遵循：新煮沸过的蒸馏水适于软化点为 30 ~ 80℃的沥青，起始加热介质温度应为 5±1℃；甘油适于软化点为 80 ~ 157℃的沥青，起始加热介质温度应为 30±1℃。

5. 试验步骤

（1）从水浴或甘油保温槽中取出盛有试样的黄铜环放置在环架中层板上的圆孔中，并套上套环（钢球定位用），把整个环架放入烧杯内，调整水面或甘油液面至深度标记，环架上任何部分不得有气泡。将温度计由上层板中心孔垂直插入，使水银球与铜环下面齐平。

（2）移烧杯至放有石棉网的三脚架上或电炉上，然后将钢球放在试样上（须使各环的平面在全部加热时间内完全处于水平状态）立即加热，使烧杯内水或甘油温度在3min后保持每分钟上升5±0.5℃，否则重做。

（3）试样受热软化下坠至与下层底板面接触时的温度即为试样的软化点。

6.结果评定

当软化点在30～157℃时，重复测定两个结果间的差数不得大于1℃，否则重新试验。

12.10 建筑防水材料性能试验

12.10.1 试样取样方法及制备

1.取样方法

以同一类型、同一规格10000m²为一批，不足10000m²时亦可作为一批。在每批产品中随机抽取五卷进行单位面积质量、面积、厚度及外观检查。从单位面积质量、面积、厚度及外观合格的卷材中随机抽取一卷进行物理力学性能试验。

2.试样制备

将取样的一卷卷材切除距外层卷头2500mm后，取1m长的卷材按表12-12要求的尺寸和数量裁取试件。

卷材裁取尺寸及数量表　　　　　　　　　　　　　表12-12

序号	试件项目		试件尺寸（纵向×横向）(mm)	数量（个）
1	可溶性含量		100×100	3
2	耐热量		125×100	纵向3
3	低温柔性		150×25	纵向10
4	不透水性		150×150	3
5	拉力及延伸率		（250～320）×50	纵横向各5
6	浸水后质量增加		（250～320）×50	纵向5
7	热老化	拉力及延伸率保持率	（250～320）×50	纵横向各5
		低温柔性	150×25	纵向10
		尺寸变化率及质量损失	（250～320）×50	纵向5
8	渗油性		50×50	3
9	接缝剥离强度		400×200（搭接边处）	纵向2
10	钉杆撕裂强度		200×100	纵向5
11	矿物粒料黏附性		265×50	纵向3
12	卷材下表面沥青涂盖层厚度		200×50	纵向3
13	人工气候加速老化	拉力保持率	120×25	纵横向各5
		低温柔性	120×25	纵向10

3. 试验用水

物理性能试验所用的水应为蒸馏水或洁净的淡水（饮用水）。

12.10.2 沥青防水卷材的拉伸性能测定

将试样两端置于夹具内夹牢，然后在两端同时施加拉力，测定试件被拉断时能承受的最大拉力。

1. 试验目标

通过拉力试验，检验卷材抵抗拉力破坏的能力，作为选用卷材的依据。

2. 试验依据

试验采用的标准有《弹性体改性沥青防水卷材》GB 18242—2008、《建筑防水卷材试验方法第 8 部分：沥青防水卷材拉伸性能》GB/T 328.8—2007。

3. 主要仪器设备

（1）拉伸试验机：有连续记录力和对应距离的装置，能按规定的速度均匀地移动夹具，有足够的量程（至少 2000N），夹具移动速度 100±10mm/min，夹具宽度不小于 50mm。

（2）量尺：精确度 1mm。

4. 试验准备

（1）整个拉伸试样应制备两组试件。一组纵向五个试件，一组横向五个试件。

（2）试件在试样上距边缘 100mm 以上任意裁取，矩形试件宽为 50±0.5mm，长为 200±0.5mm，长度方向为试验方向。

5. 试验步骤

（1）试件在试验前在 23±2℃和相对湿度 30%～70% 的条件下放置不少于 20h。

（2）将试件紧紧地夹在拉伸试验机的夹具中，注意试件长度方向的中线与试验机夹具中心在一条线上。夹具间距离为 200±2mm，为防止试件从夹具中滑移应作标记。

（3）开动试验机，使受拉试件受拉，夹具移动的恒定速度为 100±10mm/min。

（4）连续记录拉力和对应的夹具间距离。

6. 结果评定

（1）数据处理

分别计算纵向或横向五个试件最大拉力的算术平均值作为卷材纵向或横向拉力，单位 N/50mm。平均值达到标准规定的指标时判为合格。

（2）延伸率计算：

延伸率 E 按下式计算：

$$E = \frac{L_1 - L_0}{L} \times 100 \qquad (12-47)$$

式中　E——试件延伸率，%；

L_1——试件最大拉力时的标距，mm；

L_0——试件初始标距，mm；

L——夹具间距离，mm。

分别计算纵向或横向五个试件最大拉力时延伸率的算术平均值作为卷材纵向或横向延伸率。平均值达到标准规定的指标时判为合格。

12.10.3　沥青防水卷材的不透水性测定

试验方法分为方法 A 和方法 B。

方法 A 试验适用于卷材低压力的使用场合，如屋面、基层、隔汽层。试件满足直到60kPa 压力 24h。方法 B 试验适用于卷材高压力的使用场合，如特殊屋面、隧道、水池。此处介绍方法 A。

方法 A 的试验原理是将试件置于不透水性试验装置的不透水盘上，压力水作用 24h。观察有无明显的水渗到上面的滤纸产生变色。

1. 试验目标

通过测定不透水性，检测卷材抵抗水渗透的能力。

2. 试验依据

试验采用的标准有《弹性体改性沥青防水卷材》GB 18242—2008、《建筑防水卷材试验方法第 10 部分：沥青和高分子防水卷材不透水性》GB/T 328.10—2007。

3. 主要仪器设备

一个带法兰盘的金属圆柱体箱体，孔径150mm，连接到开放管子末端或与容器连接。其间高差不低于 1m，如图 12-39 所示。

4. 试验准备

（1）试件尺寸：圆形试件，直径 200 ±2mm。

（2）试件在卷材宽度方向均匀裁取，最外一个距卷材边缘 100mm。试件数量最少三块。

（3）试验前试件在 23 ± 5℃放置至少 6h。

5. 试验步骤

（1）放试件在设备上，如图 12-39 所示，旋紧带翼螺母固定夹环。打开进水阀让水进入，同时打开排气阀排出空气，直至水出来关闭排气阀。

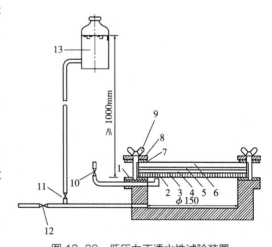

图 12-39　低压力不透水性试验装置
1—下橡胶密封垫圈；2—试件的迎水面是通常暴露于大气 / 水的面；3—实验室用滤纸；4—湿气指示混合物；5—实验室用滤纸；6—圆玻璃板；7—上橡胶密封垫圈；8—金属夹环；9—带翼螺母；10—排气阀；11—进水阀；12—补水和排水阀；13—提供和控制水压到 60kPa 的装置

（2）调整试件上表面所要求的压力。

（3）保持压力 24±1h。

（4）检查试件，观察上面滤纸有无变色。

6. 结果评定

试件有明显的水渗到上面的滤纸产生变色，认为试验不符合。所有试件通过，认为卷材不透水。

参考文献

[1] 王立久 . 建筑材料学（第 3 版）[M]. 北京：中国电力出版社，2008.

[2] 王立久，曹明莉 . 建筑材料新技术 [M]. 北京：中国建材工业出版社，2005.

[3] 汪澜 . 水泥混凝土组成、性能、应用 [M]. 北京：中国建材工业出版社，2004.

[4] 陈建奎 . 混凝土外加剂原理与应用 [M]. 北京：中国计划出版社，2004.

[5] 王立久，李振荣 . 建筑材料学（修订版）[M]. 北京：中国水利水电出版社，2000.

[6] 腾素珍 . 数理统计（第 2 版）[M]. 大连：大连理工大学出版社，1996.

[7] 湖南大学，等 . 建筑材料（第 3 版）[M]. 北京：中国建筑工业出版社，1989.

[8] 宋少民，王林 . 混凝土学 [M]. 武汉：武汉理工大学出版社，2013.

[9] 尤大晋，徐永红 . 预拌砂浆实用技术 [M]. 北京：化学工业出版社，2011.

[10] 姚燕，王玲，田培 . 高性能混凝土 [M]. 北京：化学工业出版社，2006.

[11] [意]Mario Collepardi. 混凝土新技术 [M]. 刘数华，冷发光，李丽华，译 . 北京：中国建材工业出版社，2008.

[12] [英]A·M·内维尔 . 混凝土的性能 [M]. 刘数华，冷发光，李新宇，陈霞，译 . 北京：中国建筑工业出版社，2011.

[13] [美]P·库马·梅塔，保罗·J·M·蒙特罗 . 混凝土微观结构、性能和材料 [M]. 覃维祖，王栋民，丁建彤，译 . 北京：中国电力出版社，2008.

[14] 牛伯羽，曹明莉 . 土木工程材料 [M]. 北京：中国质检出版社，2019.

[15] 李秋义，全洪珠，秦原 . 再生混凝土性能与应用技术 [M]. 北京：中国建材工业出版社，2010.

[16] 张大旺，王栋民 . 3D 打印混凝土材料及混凝土建筑技术进展 [J]. 硅酸盐通报，2015，34（6）：1583-1588.

[17] 钱觉时 . 建筑材料学 [M]. 武汉：武汉理工大学出版社，2007.

[18] 梁松，等 . 土木工程材料 [M]. 广州：华南理工大学出版社，2007.

[19] 吴科如，张雄 . 土木工程材料 [M]. 上海：同济大学出版社，2008.

[20] 严捍东 . 土木工程材料 [M]. 上海：同济大学出版社，2014.

[21] 张亚梅 . 土木工程材料 [M]. 南京：东南大学出版社，2013.

[22] 刘娟红，梁文泉 . 土木工程材料 [M]. 北京：机械工业出版社，2013.

[23] 贾兴文，等 . 土木工程材料 [M]. 重庆：重庆大学出版社，2017.

[24] 杨医博，等 . 土木工程材料（第二版）[M]. 广州：华南理工大学出版社，2016.

[25] 倪修全，殷和平，陈德鹏，等 . 土木工程材料 [M]. 武汉：武汉大学出版社，2014.

[26] 李辉，李坤，等 . 土木工程材料 [M]. 成都：西南交通大学出版社，2017.

[27] 王璐，王邵臻，等 . 土木工程材料 [M]. 杭州：浙江大学出版社，2013.

[28] 符芳，等 . 土木工程材料（第 3 版）[M]. 南京：东南大学出版社，2006.

[29] 董晓英，王栋栋，等 . 建筑材料 [M]. 北京：北京理工大学出版社，2016.

[30] 程玉龙，等 . 建筑材料 [M]. 重庆：重庆大学出版社，2016.

[31] 陈斌，等 . 建筑材料（第 3 版）[M]. 重庆：重庆大学出版社，2018.

[32] 杜红秀，周梅，等 . 土木工程材料（第 3 版）[M]. 北京：机械工业出版社，2020.